全国应用型高等院校 土建类“十一五”规划教材

JIANZHU CAILIAO

建筑材料

主 编 杜兴亮

副主编 李雅文 秦元毅 徐云博

中国水利水电出版社
www.waterpub.com.cn

内 容 提 要

本书根据应用型本科及高职高专教育的特点，精选了教学内容，突出试验及应用能力。主要讲述了建筑工程常用的石材、气硬性胶凝材料、水泥、混凝土、建筑砂浆、建筑钢材、墙体与屋面材料、沥青及防水材料、木材等材料的基本性能、技术标准及应用，还介绍了建筑塑料、绝热与吸声材料、建筑装饰材料等的基本知识，最后通过常用建筑材料的试验方法和材料质量评定方法，使读者掌握各种材料的性质、用途及使用方法，便于其合理选用材料。

本书既可作为应用型本科院校、高职高专建筑工程及相关专业的教材使用，也可作为广大自学者及工程技术人员的参考书。

图书在版编目（CIP）数据

建筑材料/杜兴亮主编. —北京：中国水利水电出版社，2009

全国应用型高等院校土建类“十一五”规划教材

ISBN 978-7-5084-6639-2

Ⅰ. 建… Ⅱ. 杜… Ⅲ. 建筑材料-高等学校-教材 Ⅳ. TU5

中国版本图书馆 CIP 数据核字（2009）第 118522 号

书　名	全国应用型高等院校土建类“十一五”规划教材 **建筑材料**
作　者	主编　杜兴亮　副主编　李雅文　秦元毅　徐云博
出版发行	中国水利水电出版社 （北京市海淀区玉渊潭南路 1 号 D 座　100038） 网址：www.waterpub.com.cn E-mail：sales@waterpub.com.cn 电话：(010) 68367658（营销中心）
经　售	北京科水图书销售中心（零售） 电话：(010) 88383994、63202643 全国各地新华书店和相关出版物销售网点
排　版	中国水利水电出版社微机排版中心
印　刷	北京市兴怀印刷厂
规　格	184mm×260mm　16 开本　17.5 印张　415 千字
版　次	2009 年 7 月第 1 版　2009 年 7 月第 1 次印刷
印　数	0001—4000 册
定　价	**29.00** 元

编 写 委 员 会

主任委员： 郭维俊　王皖临　李洪军

副主任委员： 王丽玫　王明道　郭大州　薛新强　张新华　杜俊芳

委　　员：（按拼音先后排序）

安　昶　白香鸽　曹雪梅　常积玉　陈志华　邓智勇
丁纯刚　丁小艳　杜兴亮　范建洲　樊松丽　归晓慧
韩　庆　贺　云　侯　捷　计荣利　江传君　李广辉
李松岭　李险峰　李学田　李艳华　李雅文　李　泽
刘　琦　刘　勇　刘永坤　刘玉芸　刘　云　雒六元
罗秋滚　马光鸿　马守才　暮雪华　彭　颖　皮凤梅
钱　军　覃爱萍　秦元毅　盛培基　汪　辉　王丽英
王　玲　汪　洋　王一举　魏大平　吴春光　邬琦姝
姚艳红　杨锦辉　杨文选　杨晓军　杨晓宁　杨志刚
许崇华　徐凤纯　徐云博　张国玉　张国珍　张海燕
张　军　张明朗　张彦鸽　张志鹏　赵冬梅　赵书远
赵珍玲　周　巍　庄　森　邹露萍

本册主编： 杜兴亮

本册副主编： 李雅文　秦元毅　徐云博

本册参编： 史　翔　闫振林　李洪彦

序

随着我国建设行业的快速发展，建筑行业对专业人才的需求也呈现出多层面的变化，从而对院校人才培养提出了更细致、更实效的要求。我国因此大力发展职业技术教育，大量培养高素质的技能型、应用型人才，教育部也就此提出了实施要求和教改方案。快速发展起来的高等职业教育和应用型本科教育是直接为地方或行业经济发展服务的，是我国高等教育的重要组成部分，应该以就业为导向，培养目标应突出职业性、行业性的特点，从而为社会输送生产、建设、管理、服务第一线需要的专门人才。

在上述背景下，作为院校三大基本建设之一的高等职业及应用型本科教育的教材改革和建设必须予以足够的重视。目前，技术型、应用型教育的办学主体多种多样，各种办学主体对培养目标也各有理解，使用的教材也复杂多样，但总体来讲，相关教材建设还处于探索阶段。

有鉴于此，中国水利水电出版社于2007年组织了全国几十所院校共同研讨土建类高职高专、应用型本科教学的现状、特点和发展，启动了《全国应用型高等院校土建类“十一五”规划教材》的编写和出版工作。

本套教材从培养技术应用型人才的总目标出发予以编写，具有以下特点：

（1）教材结合当前院校生源和就业特点、以培养“有大学文化水平的能工巧匠”为教学目标来编写。

（2）教材编写者均经过院校推荐、编委会资格审定筛选而来，均为院校一线骨干教师，具有丰富的教学和实践经验。

（3）教材结合新知识、新技术、新工艺、新材料、新法规、新案例，对基本理论的讲授以应用为目的，教学内容以“必需、够用”为度；在教材的编写中加强实践性教学环节，融入足够的实训内容，保证对学生实践能力的培养。

（4）教材编写力求周期短、更新快，并建立新法规、新案例等新内容的网上及时更新地址，从而紧跟时代和行业发展步伐，体现高等技术应用性人才的培养要求。

本套教材图文并茂、深入浅出、简繁得当，可作为高职高专院校、应用型本科院校土建类建筑工程、工程造价、建设监理等专业教材使用，其中小部分教材根据其内容特点明确了适用的细分专业；该套教材亦可为工程技术人员的参考借鉴，也可作为成人、函授、网络教育、自学考试等参考用书使用。

《全国应用型高等院校土建类“十一五”规划教材》的出版是对高职高专、应用型本科教材建设的一次有益探索，限于编者的水平和经验，书中难免有不妥之处，恳请广大读者和同行专家批评指正。

编委会

2008年5月

前　　言

本书根据应用型本科及高职高专教育的特点，以应用性、实用性为目的，精选了教学内容，主要讲述了建筑工程常用的石材、气硬性胶凝材料、水泥、混凝土、砂浆、钢材、墙体与屋面材料、沥青及防水材料、木材等材料的基本性能、技术标准及应用，还介绍了建筑塑料、绝热与吸声材料、建筑装饰材料等的基本知识，最后讲述了常用建筑材料的试验方法和材料质量评定方法。通过认真学习，读者将能掌握主要建筑工程材料的性质、用途、制备和使用方法，以及检测和质量控制方法，并了解材料性能改善的途径，能针对不同的工程合理选用材料。

本书叙述简练，语言流畅，文字上深入浅出，图文并茂，通俗易懂，以培养学生的动手能力为特点，并在每章后附有相应的复习思考题，以便组织教学和自学。在编写的过程中参阅了大量现行的规范、标准，理论联系实际，突出应用性，可以作为建筑工程及相关专业的教材，也可作为广大自学者用书和建筑工程技术人员培训用书，还可供有关工程技术人员阅读参考。

本书由杜兴亮任主编，李雅文、秦元毅、徐云博任副主编。各章编写人员如下：河南财政税务高等专科学校的杜兴亮编写绪论、第 4 章、第 5 章，并负责全书统稿，河南职业技术学院的李雅文编写第 1 章、第 3 章、第 11 章、第 12 章，河南财政税务高等专科学校的秦元毅编写第 6 章和第 13 章，河南工程学院的徐云博编写第 2 章、第 9 章、第 10 章，河南财政税务高等专科学校的史翔和闫振林分别编写第 8 章和第 14 章，中州大学的李洪彦编写第 7 章。

由于建筑工程材料发展很快，新材料、新工艺层出不穷，加之我们的水平所限，编写时间仓促，书中难免有不当、甚至错误之处，敬请读者批评指正。

编者

2009 年 3 月

目　　录

筑工程材料的用途、使用方法以及质量控制方法；熟悉建筑材料的基本性质，以及性能改善的途径；了解常用材料的组成、结构及其形成机理。为了学好建筑材料这门课，在学习过程中应注意以下几方面：

（1）认真听课，积极思考。善于进行知识的归纳整理；善于学习分析问题、解决问题的方法和步骤；善于课前预习，带着问题进课堂；善于请教问题，讨论问题。

（2）理论联系实际。建筑材料是一门实践性很强的课程，学习时应注意理论与实际的结合，为了及时理解课堂讲授的知识，应注意观察周围已经建成的或正在施工的建筑工程，在实践中理解和验证所学内容。

（3）重视试验操作。试验部分是本课程的重要内容之一，通过试验课验证所学的基本理论，学会检验常用建筑材料的试验方法，掌握一定的试验技能，并能对试验结果进行正确的分析和判断，在学习中培养严谨的科学态度。

第1章 建筑材料的基本性质

本章要点

掌握材料的密度、表观密度、堆积密度，材料的孔隙率、密实度，材料与水有关的性质及指标，材料的导热性及导热系数，材料的强度及强度等级，弹性及塑性、脆性与韧性的概念；

熟悉材料的各种基本性质的有关计算，材料的耐久性及提高措施，材料的组成、结构对材料性质的影响；

了解材料的比热和热容量、热变形性、耐燃性，材料的硬度和耐磨性。

建筑物要保证其正常使用，就必须具备一定的功能，例如强度、保温、隔热、防水等，这些功能往往是由建筑物所采用的材料决定的。建筑材料用在建筑物的各个部位均要承受到物理、化学、力学等因素的单独及综合作用，因此，要求建筑材料必须具备相应的基本性质。例如，结构材料必须具有良好的力学性能；墙体材料应具有绝热、隔声性能；屋面材料应具有抗渗防水性能；地面材料应具有耐磨损性能等。另外，由于建筑物长期暴露在大气中，经常要受到风吹、雨淋、日晒，寒冷地区还要受到冰冻等自然条件的影响，故还要求建筑材料应具有良好的耐久性能。

一般而言，建筑材料的基本性质主要包括物理性质、化学性质、力学性质、装饰性质和耐久性质等。本章主要讨论建筑材料的基本共性，材料的特性在相关章节中讨论。

材料的应用与其所具有的性质是密切相关的，工程中只要一种材料选用不当或施工方法违反了材料性质的要求，都将影响建筑物的使用效果以及耐久性与安全问题。根据材料科学的基本理论，材料所具有的各种性质，主要取决于材料的组成和结构状态，同时还受到环境条件的影响。所以，为了能够合理地选择和正确地使用材料，必须了解材料的各种性质以及性质与组成、结构状态的关系。

1.1 材料的组成与结构

材料的组成、结构和构造是决定材料性质的内在因素，要了解材料的性质，必须先了解材料的组成、结构与材料性质之间的关系。

1.1.1 材料的组成

材料的组成包括化学组成和矿物组成，它们是决定材料各种性质的最基本因素。

1. 材料的化学组成

化学组成是指构成材料的基本化合物或化学元素的种类与数量。无机非金属建筑材料的化学组成以各种氧化物含量的百分率形式表示，金属材料以其元素的百分含量来表示。

化学组成决定着材料的化学性质，影响着物理性质和力学性质。如碳素钢随含碳量的增加，其强度、硬度、冲击韧性将发生变化；另外钢材的锈蚀、材料的可燃性和耐火性、木材的腐蚀、混凝土的碳化及受到酸碱盐类物质的侵蚀等都是由材料的化学组成决定的。

2. 材料的矿物组成

材料中含有特定的晶体结构、特定物理力学性能的组织结构称为矿物。材料的矿物组成主要是指构成材料的矿物种类和数量，它决定着材料的许多重要性质。

无机非金属材料是由不同的矿物构成的，相同的化学组成，材料的性质却不尽相同，这是由于矿物的组成不同所致。例如硅酸盐类水泥的主要矿物组成为硅酸钙、铝酸钙、铁铝酸钙等，决定了水泥易水化成碱性凝胶体，并具有凝结硬化的性能；若提高硅酸盐水泥中硅酸三钙的含量，则水泥的硬化速度和强度都将提高。

1.1.2 材料的结构

材料的结构分宏观结构、细观结构和微观结构，它是决定材料各种性质的重要因素之一。

1. 宏观结构（也称构造）

建筑材料的宏观结构是指用肉眼或放大镜就能够观察到的粗大组织，其尺寸在 10^{-3}m 级以上。

材料宏观结构按孔隙特征可分为：

（1）致密结构：指孔隙率很低或趋近于零、结构致密的材料。具有该种构造的材料一般密度较大，吸水率低、抗渗性好、强度较高，如钢材、玻璃、塑料、致密的天然石材等。

（2）微孔结构：指材料内部有分布较均匀的微细孔隙的结构。具有该种构造的材料一般密度较小，吸水率高、抗渗性差、绝热性好、吸声性好，如建筑石膏制品、普通烧结砖等。

（3）多孔结构：指材料内部有粗大孔隙的结构。具有该种构造的材料一般都是轻质材料，吸水率高、抗渗性差，但绝热、吸声性好，如加气混凝土、泡沫塑料等。

材料宏观结构也可按存在状态或构造特征分为：

（1）聚集结构：由骨料与胶凝材料胶结成的结构，例如混凝土、砂浆等。

（2）纤维结构：由纤维状物质构成的材料结构，例如木材、玻璃纤维增强塑料、矿棉等。

（3）层状结构：天然形成或采用人工黏结等方法将材料叠合而成层状的结构，例如胶合板、纸面石膏板、夹芯板等。

（4）散粒结构：指松散颗粒状结构，例如砂、石及粉状或颗粒状的材料。

2. 细观结构（显微或亚微观结构）

建筑材料的细观结构是指用光学显微镜观察到的构造状况，其尺寸范围在 $10^{-6}\sim10^{-3}$m。该结构主要用于研究材料内部的晶粒、颗粒的大小和形态、晶界与界面、孔隙与微裂纹等，例如可分析金属材料晶粒的粗细；可分辨混凝土的粗细骨料、水泥石以及孔隙组织；可观察木材的木纤维、导管、髓线、树脂道等组织。

建筑材料的细观结构对材料的力学性质和耐久性影响很大，例如在钢材中加入钛、钒等合金元素，可以细化晶粒，显著提高强度。

3. 微观结构

建筑材料的微观结构是指用电子显微镜、X射线衍射仪等手段来分析研究材料的原子、分子层次的结构特征，其尺寸范围在$10^{-10}\sim10^{-6}$m。材料的微观结构决定材料的许多物理、力学性质，如强度、硬度、导热性、导电性等。同一组成、同样微观结构而构造不同，则材料的工程性质迥异。如同样组成的玻璃可做成玻璃砖（墙体承重材料），也可以做成泡沫玻璃（绝热材料）。若组成和微观结构不同，但只要有相同的构造，也会出现相同的性质，如泡沫玻璃与泡沫混凝土都可作为绝热材料。可以说材料的构造状态是决定材料工程性质的重要因素。对同一材料改变其构造状态从而达到改性是工程技术发展的重要手段。

在微观结构层次上，材料可分为晶体、玻璃体和胶体：

(1) 晶体：材料的质点（原子或分子、离子）按一定规律在空间重复排列的固体称为晶体。晶体材料一般都具有固定的熔点和化学稳定性，强度高、硬度大、机械性能较好，如钢铁、有色金属等。此外，晶体材料的性质还与晶粒的大小和分布状态有关，一般晶粒越细、分布越均匀的晶体材料的强度越高。

(2) 玻璃体：是指高温熔融物在急速冷却时形成的无定形体，组成物质的微观粒子在空间的排列呈无序混沌状态。玻璃体结构的材料具有化学活性高、无固定的熔点、力学性质各向同性的特点。粉煤灰、建筑用普通玻璃都是典型的玻璃体结构。

(3) 胶体：是指物质以极微小的质点分散在介质中所形成的结构。由于胶体中的分散质与分散介质带相反的电荷，胶体能保持稳定。分散质颗粒细小，使胶体具有黏结性。根据分散质与分散介质的相对比例不同，胶体结构可分为溶胶结构和凝胶结构。溶胶失水后成为具有一定强度的凝胶结构，可以把材料中的晶体或其他固体颗粒黏结为整体，如硅酸盐水泥石中的水化硅酸钙和水化铁酸钙都呈胶体结构，将砂和石黏结成一个整体，形成人工石材。胶体结构材料强度较低，变形较大，黏度较高。

总之，建筑材料的组成决定了材料的化学性质，微观结构决定了材料的物理性质，而宏观构造决定了材料的工程性质，它们三者是互相联系、互相制约的。随着材料科学与工程理论与技术的不断发展，深入研究材料的组成、结构、构造和材料性能之间的关系，不仅有利于为包括建筑工程在内的各种工程正确选用材料，而且会加速人类自由设计生产工程所需的特殊性能材料的进程。

1.2 材料的物理性质

材料的物理性质是指材料与各种物理过程（水、热作用）有关的性质。

1.2.1 材料与质量有关的性质

1. 材料的密度、表观密度、堆积密度

(1) 密度。材料在绝对密实状态下，单位体积的质量称为密度。按下式计算：

$$\rho = \frac{m}{V} \tag{1-1}$$

式中 ρ——材料的密度，g/cm^3 或 kg/m^3；

m——材料在干燥状态下的质量，g 或 kg；

V——干燥材料在绝对密实状态下的体积，cm^3 或 m^3。

材料在绝对密实状态下的体积是指不包括孔隙在内的固体物质部分的体积，也称实体积。在建筑材料中，除钢材、玻璃等少数材料外，绝大多数材料都含有一些孔隙。在测定可研磨的非密实材料（如砌块、石膏）的密度时，应把材料磨成细粉（粒径小于0.2mm），干燥后用密度瓶（李氏瓶）测定其体积，作为材料在绝对密实状态下的体积。材料磨得越细，测得的数值就越接近它的绝对密实体积，得到的密度值也越精确。

对于混凝土用砂、石等颗粒状外形不规则的坚硬颗粒，可用排水法求的体积，作为绝对密实体积的近似值。按该近似体积计算出的密度称为视密度，按下式计算：

$$\rho' = \frac{m}{V'} \tag{1-2}$$

式中 ρ'——材料的视密度，g/cm^3 或 kg/m^3；

m——材料在干燥状态下的质量，g 或 kg；

V'——干燥材料在自然状态下不含开口孔隙的体积，cm^3 或 m^3。

（2）表观密度。材料在自然状态下，单位体积的质量称为表观密度。按下式计算：

$$\rho_0 = \frac{m}{V_0} \tag{1-3}$$

式中 ρ_0——材料的表观密度，g/cm^3 或 kg/m^3；

m——材料的质量，g 或 kg；

V_0——材料在自然状态下的体积，cm^3 或 m^3。

材料在自然状态下的体积是指材料的固体物质部分体积与材料内部所含全部孔隙体积之和。对于外形规则的材料，如烧结砖、砌块，其体积的测定只需测定其外形尺寸，按几何公式计算；对于外形不规则的材料，要采用排液法测定，但在测定前，材料表面应用薄蜡密封，以防液体进入材料内部孔隙而影响测定值。

一定质量的材料，孔隙越多，则表观密度值越小；材料表观密度大小还与材料含水多少有关，含水越多，其值越大。通常所指的表观密度，是指干燥状态下的表观密度。

（3）堆积密度。散粒状（粉状、颗粒状、纤维状）材料在自然堆积状态下，单位体积的质量称为堆积密度。按下式计算：

$$\rho_0' = \frac{m}{V_0'} \tag{1-4}$$

式中 ρ_0'——材料的堆积密度，g/cm^3 或 kg/m^3；

m——散粒材料的质量，g 或 kg；

V_0'——散粒状材料在自堆积状态下的体积，又称堆积体积，cm^3 或 m^3。

测定散粒状材料的堆积密度时，材料的质量是指填充在一定容器内的材料质量，其堆积体积是指所用容器的体积。因此，散粒状材料在自然堆积状态下的体积，是指含有孔隙在内的散粒状材料的总体积与颗粒之间空隙体积之和。

堆积密度的大小不但取决于材料颗粒的表观密度，而且还与堆积的疏密程度有关。

在建筑工程中，计算材料的用量和构件自重，进行配料计算，确定材料堆放空间及组织运输时，经常要用到材料的密度、表观密度和堆积密度。常用建筑材料的密度、表观密度、堆积密度及孔隙率见表1-1。

表1-1　　常用建筑材料的密度、表观密度、堆积密度和孔隙率

材　　料	密度 ρ (g/cm^3)	表观密度 ρ_0 (kg/m^3)	堆积密度 ρ_0'(kg/m^3)	孔隙率 (%)
石灰岩	2.60	1800～2600	—	—
花岗岩	2.60～2.90	2500～2800	—	0.5～3.0
碎石（石灰岩）	2.60	—	1400～1700	—
砂	2.60	—	1450～1650	—
普通黏土砖	2.50～2.80	1600～1800	—	—
黏土空心砖	2.50	1000～1400	—	—
水泥	3.10	—	1200～1300	—
普通混凝土	—	2100～2600	—	5～20
木材	1.55	400～800	—	55～75
钢材	7.85	7850	—	0
泡沫塑料	—	20～50	—	—
玻璃	2.55	—	—	—

2. 材料的密实度与孔隙率

(1) 密实度。密实度是指材料内部固体物质填充的程度。按下式计算：

$$D=\frac{V}{V_0}\times 100\%=\frac{\rho_0}{\rho}\times 100\% \tag{1-5}$$

式中　D——材料的密实度；

V——干燥材料在绝对密实状态下的体积，cm^3 或 m^3；

V_0——材料在自然状态下的体积，cm^3 或 m^3；

ρ_0——材料的表观密度，g/cm^3 或 kg/m^3；

ρ——材料的密度，g/cm^3 或 kg/m^3。

(2) 孔隙率。孔隙率是指材料内部孔隙体积占总体积的百分率。按下式计算：

$$P=\frac{V_0-V}{V_0}\times 100\%=\left(1-\frac{V}{V_0}\right)\times 100\%=\left(1-\frac{\rho_0}{\rho}\right)\times 100\% \tag{1-6}$$

式中　P——材料的孔隙率；

V——干燥材料在绝对密实状态下的体积，cm^3 或 m^3；

V_0——材料在自然状态下的体积，cm^3 或 m^3；

ρ_0——材料的表观密度，g/cm^3 或 kg/m^3；

ρ——材料的密度，g/cm^3 或 kg/m^3。

孔隙率一般是通过试验确定的材料密度和表观密度求得。材料的孔隙率与密实度从两个不同的侧面来反映材料的致密程度，其关系为：$P+D=1$，但通常用孔隙率直接反映，孔隙率越大，则密实度越小。

建筑材料的许多工程性质如强度、吸水性、抗渗性、抗冻性、导热性、吸声性等都与材料的密实程度有关。这些性质除取决于孔隙率的大小外，还与材料的孔隙特征密切相关。材料的孔隙特征多种多样，如大小、形状、分布、连通性等。一般情况下，孔隙率大的材料宜选择作为保温隔热材料和吸声材料，同时还要考虑材料开口与闭口状态。孔隙按构造可分为开口孔隙和封闭孔隙两种。开口孔隙指材料内部孔隙不仅彼此互相贯通，并且与外界相连，开口孔隙对吸水、透水、吸声有利，对材料的强度、抗渗、抗冻和耐久性不利。闭口孔隙指材料内部孔隙彼此不贯通，而且与外界隔绝；微小而均匀的闭口孔隙可降低材料表观密度和导热系数，使材料具有轻质绝热的性能，并可提高材料的耐久性。

孔隙按孔径的大小又可分为粗大孔、毛细孔和极细微孔三种。粗大孔是指直径大于mm级的孔隙，它主要影响材料的密度、强度的等性能；毛细孔是指直径 μm～mm 级的孔隙，它主要影响材料的吸水性、抗冻性等性能；极细微孔是指直径在 μm 级以下的孔隙，它对材料的性能影响不大。矿渣、石膏制品、陶瓷锦砖分别以粗大孔、毛细孔、极细微孔为主。

3. 材料的填充率与空隙率

(1) 填充率。填充率是指散粒状材料在堆积体积中，被其颗粒填充的程度。按下式计算：

$$D' = \frac{V_0}{V_0'} \times 100\% = \frac{\rho_0'}{\rho_0} \times 100\% \tag{1-7}$$

式中 D'——材料的填充率；

V_0——材料在自然状态下的体积，cm^3 或 m^3；

V_0'——散粒状材料在自堆积状态下的体积，又称堆积体积，cm^3 或 m^3；

ρ_0——材料的表观密度，g/cm^3 或 kg/m^3；

ρ_0'——材料的堆积密度，g/cm^3 或 kg/m^3。

(2) 空隙率。空隙率是指散粒状材料在堆积体积中，颗粒之间的空隙体积占堆积体积的百分率。按下式计算：

$$\begin{aligned} P' &= \frac{V_0' - V_0}{V_0'} \times 100\% = \left(1 - \frac{V_0}{V_0'}\right) \times 100\% \\ &= \left(1 - \frac{\rho_0'}{\rho_0}\right) \times 100\% \end{aligned} \tag{1-8}$$

式中 P'——材料的填充率；

V_0——材料在自然状态下的体积，cm^3 或 m^3；

V_0'——散粒状材料在自堆积状态下的体积，又称堆积体积，cm^3 或 m^3；

ρ_0——材料的表观密度，g/cm^3 或 kg/m^3；

ρ_0'——材料的堆积密度，g/cm^3 或 kg/m^3。

散粒材料的空隙率与填充率的关系为：$P+D=1$。

空隙率与填充率也是相互关联的两个性质，空隙率的大小可直接反映散粒材料的颗粒之间相互填充的程度。散粒状材料空隙率越大，则填充率越小。在配制混凝土时，砂、石的空隙率是作为控制集料级配与计算混凝土砂率的重要依据。

1.2.2 材料与水有关的性质

1. 材料的亲水性与憎水性

材料在使用过程中，常与水或大气中的水汽相接触，但材料与水的亲和情况是不同的。材料与水接触时，根据材料是否能被水润湿，可将其分为亲水性和憎水性两类。亲水性是指材料表面能被水润湿的性质，具有亲水性的材料称为亲水性材料；反之为憎水性，具有憎水性的材料称为憎水性材料。

当材料与水在空气中接触时，将出现图 1-1 所示的两种情况。在材料、水、空气三相交点处，沿水滴的表面作切线，切线与水和材料接触面所成的夹角称为润湿角（用 θ 表示）。当 θ 越小，浸润性越好。一般认为，当 $\theta \leqslant 90°$ 时，如图 1-1（a）所示，材料表现为亲水性，材料分子与水分子之间的亲和作用力大于水分子间的内聚力，材料表面易被水润湿；当 $\theta > 90°$ 时，如图 1-1（b）所示，材料表现出憎水性，材料分子与水分子之间的亲和作用力小于水分子间的内聚力，材料表面不易被水润湿。

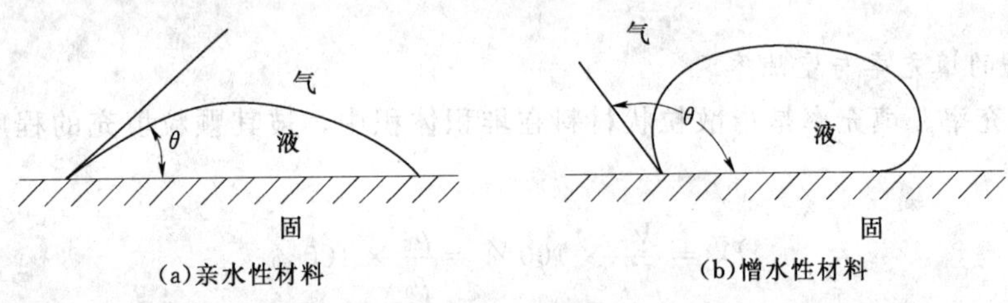

图 1-1 材料的润湿示意图

亲水性材料易被水润湿，且水能通过毛细管作用而被吸入材料内部。憎水性材料则能阻止水分渗入毛细管中，从而降低材料的吸水性。建筑材料中大多数材料为亲水性材料，如水泥、混凝土、砂、石、砖、木材等，只有少数材料为憎水性材料，如沥青、石蜡、某些塑料等。建筑工程中憎水性材料常被用作防潮、防水及防腐材料，或作为亲水性材料的覆面层，以提高其防水、防潮性能。

2. 材料的吸水性

材料在水中吸收水分的性质称为吸水性。吸水性的大小用吸水率表示，吸水率有两种表示方法：质量吸水率和体积吸水率。

(1) 质量吸水率。材料在吸水饱和时，所吸收水分的质量占材料干质量的百分率。按下式计算：

$$W_m = \frac{m_{湿} - m_{干}}{m_{干}} \times 100\% \tag{1-9}$$

式中 W_m——材料的质量吸水率，%；

$m_{湿}$——材料吸水饱和状态下的质量，g；

$m_{干}$——材料在干燥状态下的质量，g。

(2) 体积吸水率。材料在吸水饱和时，所吸收水分的体积占干燥材料总体积的百分率。按下式计算：

$$W_V = \frac{m_{湿} - m_{干}}{V_0} \times \frac{1}{\rho_{水}} \times 100\% \qquad (1-10)$$

式中　W_V——材料的体积吸水率，%；

V_0——干燥材料在自然状态下的体积，cm^3；

$\rho_{水}$——水的密度，g/cm^3。

由于在自然状态下，吸入水的体积与开口孔体积相等，因此材料体积吸水率与开口孔隙率数值相等。将上式变换可导出体积吸水率与质量吸水率的关系：

$$W_{体} = W_{质}\,\rho_0 \frac{1}{\rho_{水}} = W_{质}\,\rho_0 \qquad (1-11)$$

常用的建筑材料，其吸水率一般采用质量吸水率表示。对于某些轻质材料，如加气混凝土、木材等，由于其质量吸水率往往超过100%，一般采用体积吸水率表示。

材料吸水率的大小，不仅与材料的亲水性或憎水性有关，而且与材料的孔隙率和孔隙特征有关。材料所吸收的水分是通过开口孔隙吸入的。一般而言，孔隙率越大，开口孔隙越多，则材料的吸水率越大；但如果开口孔隙粗大，则不易存留水分，即使孔隙率较大，材料的吸水率也较小；另外，封闭孔隙水分不能进入，吸水率也较小。由于孔隙率和孔隙结构不同，各种材料的吸水率相差很大，如花岗岩等致密岩石的吸水率仅为0.5%～0.7%，普通混凝土为2%～3%，黏土砖为8%～20%，而加气混凝土、松木等轻质材料吸水率常大于100%。

材料含水后，不但可使材料的质量增加，而且会使强度降低，保温性能下降，抗冻性能变差，有时还会发生明显的体积膨胀。可见材料中含水对材料的性能往往是不利的。

3. 材料的吸湿性

材料在潮湿空气中吸收水分的性质称为吸湿性。吸湿性的大小用含水率表示，按下式计算：

$$W_{含} = \frac{m_{含} - m_{干}}{m_{干}} \times 100\% \qquad (1-12)$$

式中　$W_{含}$——材料的含水率，%；

$m_{含}$——材料在含水状态下的质量，g；

$m_{干}$——材料在干燥状态下的质量，g。

材料的吸湿作用是可逆的，材料既能在空气中吸收水分，又能向外界释放水分，当材料中的水分与空气的湿度达到平衡，此时的含水率就称为平衡含水率，此时的含水状态称为气干状态。一般情况下，材料的含水率多指平衡含水率。当材料内部孔隙吸水达到饱和时，此时材料的含水率等于吸水率。

材料的吸湿性主要取决于材料的组成及结构状态。一般说，开口孔隙率较大的亲水性材料具有较强的吸湿性。材料的含水率还受到环境条件的影响，它随空气的温度、湿度变化而改变。材料吸水后，会导致自重增加、保温隔热性能降低、强度和耐久性产生不同程度的下降。材料含水率的变化会引起体积的变化，影响使用。

4. 材料的耐水性

材料长期在饱和水作用下不破坏，强度也不显著降低的性质称为耐水性。对于结构材料，耐水性主要指保持强度不变的能力；对装饰材料则主要指颜色的变化、是否起泡、起层等；即材料不同，耐水性不同，耐水性表示方法也不同。结构材料耐水性用软化系数表示，按下式计算：

$$K_{软} = \frac{f_{饱}}{f_{干}} \tag{1-13}$$

式中　$K_{软}$——材料的软化系数；

$f_{饱}$——材料在吸水饱和状态下的抗压强度，MPa；

$f_{干}$——材料在干燥状态下的抗压强度，MPa。

软化系数的大小反映材料在浸水饱和后强度降低的程度。材料被水浸湿后，将会以不同方式减弱材料的内部结合力，使强度有不同程度的降低，因此，软化系数在0～1之间变化。软化系数越小，说明材料吸水饱和后的强度降低越多，其耐水性越差。工程中将$K_{软}>0.85$的材料称为耐水性材料。根据建筑物所处的环境，软化系数是选用建筑材料的重要依据。对于经常位于水中或潮湿环境中的重要结构的材料，必须选用$K_{软}>0.85$耐水性材料；对于用于受潮较轻或次要结构的材料，其软化系数不宜小于0.75。

5. 材料的抗渗性

材料抵抗压力水渗透的性质称为抗渗性。建筑工程中许多材料常含有孔隙、孔洞或其他缺陷，当材料两侧的水压差较高时，水可能从高压侧通过内部的孔隙、孔洞或其他缺陷渗透到低压侧。这种压力水的渗透，不仅会影响工程的使用，而且渗入的水还会带入能腐蚀材料的介质，或将材料内的某些成分带出，造成材料的破坏。

材料的抗渗性通常采用渗透系数表示。渗透系数是指一定厚度的材料，在单位压力水头作用下，单位时间内透过单位面积的水量，按下式计算：

$$K = \frac{Wd}{Ath} \tag{1-14}$$

式中　K——材料的渗透系数，cm/h；

W——透过材料试件的水量，cm^3；

d——材料试件的厚度，cm；

A——透水面积，cm^2；

t——透水时间，h；

h——静水压力水头，cm。

渗透系数反映了材料抵抗压力水渗透的能力，渗透系数越大，则材料的抗渗性越差。

对于混凝土和砂浆，其抗渗性常采用抗渗等级P表示。抗渗等级是以规定的试件，采用标准的试验方法测定试件所能承受的最大水压力来确定。如抗渗等级P6表示，其中该材料所能承受的最大渗水压力为0.6MPa。

材料抗渗性的大小，与其孔隙率和孔隙特征有关。材料中存在连通的孔隙，且孔隙率较大，水分容易渗入，故这种材料的抗渗性较差。孔隙率小的材料具有较好的抗渗性。封闭孔隙水分不能渗入，因此对于孔隙率虽然较大，但以封闭孔隙为主的材料，其抗渗性也较好。对于地下建筑、压力管道、水工构筑物等工程部位，因经常受到压力水的作用，要选择具有良好抗渗性的材料；作为防水材料，则要求其具有更高的抗渗性。

6. 材料的抗冻性

材料在吸水饱和状态下，能经受多次冻融循环作用而不破坏，且强度也不显著降低的性质，称为抗冻性。材料的抗冻性用抗冻等级表示。抗冻等级是以规定的试件，采用标准试验方法，测得其质量损失和强度降低均不低于规定值，也无明显损坏和剥落时所能经受的最大冻融循环次数来确定，以“Fn”表示，其中 n 为最大冻融循环次数。

材料经受冻融循环作用而破坏，主要是因为材料内部孔隙中的水分结冰产生体积膨胀（约 9%）所致。当材料内部孔隙充满了水，水结冰后产生的膨胀会对孔隙壁产生很大的拉应力，当此应力超过材料的抗拉强度时，孔壁将产生局部开裂，强度下降；随着冻融循环次数的增加，对材料的破坏越严重，甚至造成材料的完全破坏。

影响材料抗冻性的因素有内因和外因。内因是指材料的组成、结构、构造、孔隙率的大小和孔隙特征、强度、耐水性等。外因是指材料孔隙中充水的程度、冻结温度、冻结速度、冻融频率等。

抗冻性良好的材料，具有较强的抵抗温度变化、干湿交替等风化作用的能力，所以抗冻性常作为考察材料耐久性的一个指标。寒冷地区和寒冷环境的建筑必须选择抗冻性好的材料；处于温暖地区的建筑，虽无冻害作用，为抵抗大气的风化作用，确保建筑的耐久性，对材料也常提出一定的抗冻性要求。

1.2.3 材料的热工性质

在建筑中，建筑材料除满足强度及其他性能要求外，还要具有良好的热工性质，使建筑物具有保温和隔热性质，以达到节约建筑使用能耗、创造良好的室内小气候。

1. 材料的导热性

当材料两侧存在温差时，热量将从温度高的一侧通过材料传递到温度低的一侧，材料这种传导热量的能力称为导热性。材料导热性的大小用导热系数表示。导热系数是指厚度为 1m 的材料，当两侧温差为 1K 时，在 1h 时间内通过 $1m^2$ 面积的热量。按下式计算：

$$\lambda = \frac{Qd}{(T_1 - T_2)tA} \tag{1-15}$$

式中 λ——材料的导热系数，W/（m·K）；

Q——传导的热量，J；

d——材料的厚度，m；

A——材料的传热面积，m^2；

t——传热时间，h；

$T_1 - T_2$——材料两侧的温度差，K。

材料的导热系数是评定建筑材料保温隔热性的重要指标。导热系数愈小，材料的保温隔热性能愈好。一般将 $\lambda \leqslant 0.175$W/（m·K）的材料称为绝热材料。为了提高建筑物的保温效果，节省温控能耗，房屋建筑的围护结构应尽量采用导热系数小的材料。

影响材料导热系数大小的因素有材料的组成和结构、孔隙率大小、孔隙特征、含水率以及温度等。一般金属材料的导热系数要大于非金属材料，无机材料的导热系数大于有机材料，晶体结构材料的导热系数大于玻璃体或胶体结构的材料。孔隙率较大的材料，内部空气较多，由于密闭空气的导热系数很小［$\lambda=0.023$W/（m·K）］，其导热性较差；但如果孔隙粗大，空气会形成对流，材料的导热性反而会增大。材料受潮以后，水分进入孔隙，水的导热系数比空气的导热系数高很多［$\lambda=0.58$W/（m·K）］，从而使材料的导热性大大增加；材料若受冻，水结成冰，冰的导热系数是水导热系数的 4 倍，为 $\lambda=2.33$W/（m·K），材料的导热性将进一步增加。因此，保温材料在存放、施工、使用过程中一定要注意防潮防冻。

2. 材料的热阻

热阻是指热量通过材料层时所受到的阻力，即材料层厚度 d 与导热系数 λ 的比值，用 R 表示，即 $R=d/\lambda$（m^2·K/W）。材料的导热系数越小，其热阻越大，则材料的导热性能越差，其保温隔热性能越好。热阻或导热系数是评定材料绝热性能的主要指标。

3. 材料的比热与热容量

材料受热时吸收热量，冷却时放出热量的性质称为材料的热容量，其大小用比热表示。材料的比热 c 又称为比热容，是指单位质量的材料，温度每升高或降低 1K 时所吸收或放出的热量。按下式计算：

$$c=\frac{Q}{m(T_2-T_1)} \tag{1-16}$$

式中 c——材料的比热，J/（g·K）；

Q——材料吸收或放出的热量，J；

m——材料的质量，g；

T_2-T_1——材料受热或冷却前后的温差，K。

热容量值等于材料的比热容（c）与质量（m）的乘积。材料的热容量对保持建筑物室内温度的稳定、减少能耗、冬季施工等有很重要的作用。

比热是反映材料的吸热或放热能力大小的物理量。比热大的材料，能在热流变动或采暖设备供热不均匀时，缓和室内的温度波动。不同的材料其比热不同，即使是同种材料，由于物态不同，其比热也不同。

导热系数表示热量通过材料传递的速度，热容量或比热表示材料内部存储热量的能力。对于建筑物围护结构所用材料，设计时应选择导热系数较小而热容量较大的材料，来达到冬季保温、夏季隔热的目的。几种常用建筑材料的导热系数和比热值如表 1-2 所示。

表 1-2　几种典型材料的热工性质指标

材　料	导热系数 [W/（m·K）]	比热 [J/（g·K）]	材　料	导热系数 [W/（m·K）]	比热 [J/（g·K）]
钢材	58	0.48	泡沫塑料	0.035	1.30
花岗岩	3.49	0.92	冰	2.33	2.05
普通混凝土	1.51	0.84	水	0.58	4.19
烧结普通砖	0.8	0.88	密闭空气	0.023	1.00
松木	横纹 0.17 顺纹 0.35	2.5			

4. 材料的热变形性

材料随温度的升降而产生热胀冷缩变形的性质，称为材料的热变形性，习惯上称为温度变形。除个别材料以外，多数材料在温度升高时体积膨胀，温度下降时体积收缩。这种变化表现在单向尺寸时为线膨胀或线收缩，相应的技术指标为线膨胀系数（α），按下式计算：

$$\alpha = \frac{\Delta L}{L \Delta t} \tag{1-17}$$

式中 α——材料的线膨胀系数，1/K；

ΔL——试件的膨胀或收缩值，mm；

L——试件在升温前的长度，mm；

Δt——温度差，K。

线膨胀系数越大，表示材料的热变形性越大。

普通混凝土膨胀系数为 10×10^{-6}，钢材为 $10\times10^{-6}\sim12\times10^{-6}$，因此，它们能组成钢筋混凝土共同工作。

材料的热变形性对土木工程是不利的。如在大面积或大体积的混凝土工程中，当热变形产生的膨胀拉应力超过混凝土的抗拉强度时，可引起温度裂缝，所以，大体积的建筑工程，为防止热变形引起裂缝，应设置伸缩缝；石油沥青当温度降低到一定程度，产生脆裂。

5. 材料的耐燃性

材料在空气中遇火不着火燃烧的性能，称为材料的耐燃性。我国相关规范把材料按耐燃性分为非燃烧材料、难燃烧材料和燃烧材料。

（1）非燃烧材料：在空气中受到火烧或高温作用时，不起火、不碳化、不微烧的材料。无机材料均为非燃烧材料，如砖、混凝土、玻璃、钢材、陶瓷、铝合金材料等。但是，玻璃、混凝土、钢材、铝材等受到火焰作用会发生明显的变形而失去使用功能，所以虽然它们是非燃烧材料，有良好的耐燃性，但却是不耐火的。

（2）难燃烧材料：在空气中受到火烧或高温作用时，难燃烧、难碳化，离开火源后燃烧或微烧立即停止的材料。这类材料多为以可燃材料为基体的复合材料，如石膏板、水泥石棉板等，它们可以推迟发火时间或缩小火势的蔓延。

（3）燃烧材料：在空气中受到火烧或高温作用时，立即起火或燃烧，离开火源后继续燃烧或微烧的材料，如木材及大部分有机材料。

在建筑工程中，应根据建筑物的耐火等级和材料的使用部位，选用非燃烧材料或难燃烧材料。当采用燃烧材料时，应进行防火处理，如表面涂刷防火涂料的措施。

1.3 材料的力学性质

材料的力学性质是指材料在荷载作用下的变形及抵抗变形的能力。

1.3.1 材料的强度特征

1. 材料的强度

材料在荷载（外力）作用下抵抗破坏的能力称为材料的强度。

当材料受到外力作用时，其内部就产生抵抗外力作用的内力，单位面积上所产生的内力称为应力，在数值上等于外力除以受力面积。荷载增加，所产生的应力也相应增大，直至材料内部质点间结合力不足以抵抗所作用的外力时，材料即发生破坏。材料破坏时，达到应力极限，这个极限应力值就是材料的强度，又称极限强度。

强度的大小直接反映材料承受荷载能力的大小。由于荷载作用形式不同，材料的强度主要有抗压强度、抗拉强度、抗弯（抗折）强度及抗剪强度等，见表1-3。

表1-3　材料受力作用示意图及计算公式

强度（MPa）	受力示意图	计算公式	附　注
抗压强度 f_c	F F	$f_c=\frac{F}{A}$	f—材料的极限抗压（抗拉、抗剪、抗弯）强度，MPa； F—试件破坏时的最大荷载，N； A—试件受荷面积，mm²； l—试件两支点间的间距，mm； b—试件截面的宽度，mm； h—试件截面的高度，mm。
抗拉强度 f_t	F　F	$f_t=\frac{F}{A}$	
抗剪强度 f_v	F F	$f_v=\frac{F}{A}$	
抗弯强度 f_m	l/2　F　h　b　l	$f_m=\frac{3Fl}{2bh^2}$	

材料的强度与其组成、构造等因素有关。相同种类的材料因构造的特点不同，强度也有较大差异。一般来讲，材料的孔隙率越低，强度越高。不同种类的材料具有不同的抵抗外力的特点，如脆性材料（石材、砖、混凝土等）都具有较高的抗压强度，而抗拉及抗弯强度很低，所以多用于结构承压部位；木材的强度具有方向性，顺纹方向抗拉强度大于横纹抗拉强度，所以木材按顺纹方向用于梁、屋架等部位；钢材的抗压、抗拉强度基本相等，而且都很高，所以适用于各种受力构件。为了充分利于各种材料的力学特性，常常把几种材料复合用于建筑物上，如钢筋混凝土就利用了钢筋抗拉强度高和混凝土抗压强度高的特点，组成一种复合材料用在建筑物上。

常用材料的强度如表1-4所示。

表1-4　常用材料强度表　　单位：MPa

材　料	抗压强度	抗拉强度	抗弯强度
花岗岩	100～250	5～8	10～14
普通黏土砖	7.5～30	—	1.6～4.0
普通混凝土	7.5～60	1～9	—
松木（顺纹）	30～50	80～120	60～100
建筑钢材	240～1500	240～1500	—

试验测定的强度值除受材料本身的组成、结构、孔隙率大小等内在因素的影响外，还与试验条件有密切关系，如试件形状、尺寸、表面状态、含水率、环境温度及试验时加荷速度等。为了使测定的强度值准确且具有可比性，必须按规定的标准试验方法测定材料的强度。

2. 强度等级

为了便于人们掌握材料的力学性质，合理选择材料，正确进行设计和控制工程质量，将材料按极限强度（或屈服点）划分成不同的等级，即强度等级或称标号。如石材、混凝土、砖等脆性材料主要用于抗压，因此，以其抗压极限强度来划分等级，而建筑钢材主要用于抗拉，故以其屈服点作为划分等级的依据。

3. 比强度

对于不同材料的强度进行比较，可采用比强度这个指标。比强度等于材料的强度与其表观密度之比，其数值大者，表明材料轻质高强。比强度是评价材料是否轻质高强的一个主要指标。以钢材、木材和混凝土为例，见表 1-5。

表 1-5　　钢材、木材和混凝土的强度比较

材　料	表观密度（kg/m^3）	抗压强度 f_c（MPa）	比强度 f_c/ρ_0
低碳钢	7860	415	0.053
松木	500	34.3（顺纹）	0.069
普通混凝土	2400	29.4	0.012

由表 1-5 数值可见，松木的比强度最大，是轻质高强材料。混凝土的比强度最小，是质量大而强度较低的材料。选用比强度大的材料或者提高材料的比强度，对增加建筑物强度、减轻结构自重、降低工程造价等具有重大意义。

1.3.2　材料的弹性和塑性

材料受外力作用，其内部会产生一种用来抵抗外力作用的内力，同时还伴随着材料的变形。根据变形的特点，可将变形分为弹性变形与塑性变形。

1. 弹性变形

材料在外力作用下产生变形，当外力取消后，能够完全恢复原来形状的性质称为弹性。这种能够完全恢复的变形称为弹性变形。明显具有这种特征的材料称为弹性材料。弹性材料受力时的变形曲线如图 1-2 所示。

受力后材料的应力与应变的比值即为弹性模量。在弹性变形范围内，弹性模量 E 为常数，按下式计算：

$$E=\frac{\sigma}{\varepsilon} \tag{1-18}$$

式中　σ——材料的应力，MPa；

ε——材料的应变；

E——材料的弹性模量，MPa。

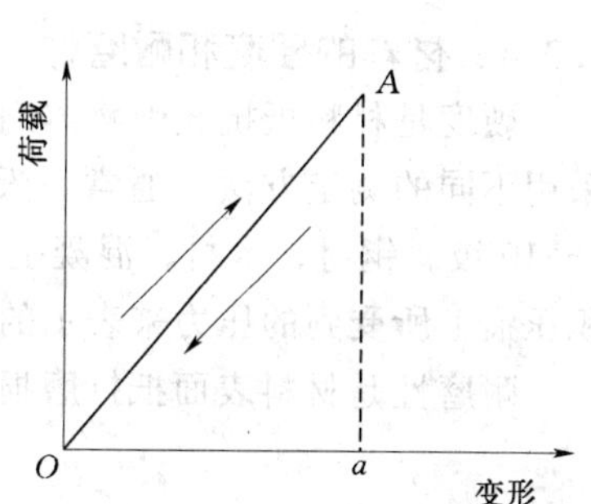

图 1-2　弹性材料的变形曲线

弹性模量是衡量材料抵抗变形能力的一个指标，弹性模量 E 值愈大，说明材料在相同外力作用下的变形愈小，即刚性好。

2. 塑性变形

材料在外力作用下产生变形，当外力取消后仍保持变形后的形状和尺寸的性质称为塑性。这种不能恢复的永久变形，称为塑性变形。具有这种明显特征的材料称为塑性变形材料。

实际上，只有单纯的弹性或塑性的材料是不存在的。通常一些材料在受力不大时只产生弹性变形，可视为弹性材料，而当外力达到一定值后，即产生塑性变形，如低碳钢，其变形曲线如图 1-3（a）所示。另外，一些材料在受力时，弹性变形和塑性变形同时产生，除去外力后，弹性变形可以恢复，而塑性变形不会消失，如普通混凝土，其变形曲线如图 1-3（b）所示，这类材料称为弹塑性材料。

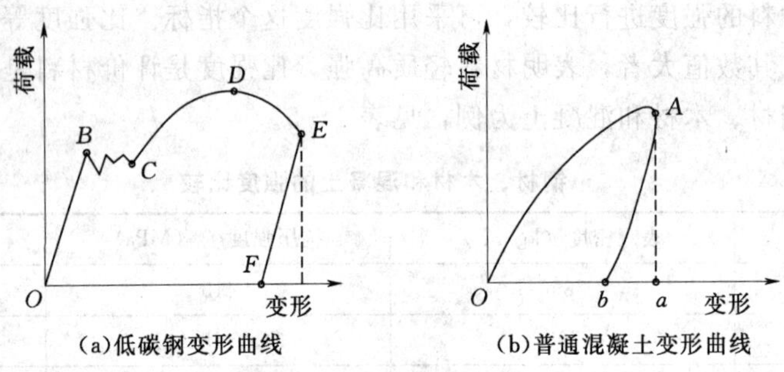

(a)低碳钢变形曲线　(b)普通混凝土变形曲线

图 1-3　材料的变形曲线

1.3.3　材料脆性和韧性

材料受外力作用，当外力达到一定限度时，材料发生突然破坏，且破坏时无明显塑性变形，这种性质称为脆性，具有脆性的材料称为脆性材料。脆性材料的特点是塑性变形很小，抗压强度远大于其抗拉强度，因此，其抵抗冲击荷载或震动作用的能力很差，常用于承受静压力作用的工程部位，如基础、墙体、柱子、墩座等。建筑材料中大部分无机非金属材料均为脆性材料，如混凝土、玻璃、天然岩石、砖瓦、陶瓷等。

材料在冲击荷载或震动荷载作用下，能吸收较大的能量，同时产生较大的变形而不破坏的性质称为韧性，又称冲击韧性。韧性材料的特点是塑性变形大，抗拉、抗压强度都较高。建筑钢材、木材、橡胶、沥青混凝土等都属于韧性材料。在建筑工程中，对于要求承受冲击荷载和有抗震要求的结构，如吊车梁、桥梁、路面等所用材料，均应具有较高的韧性。

1.3.4　材料的硬度和耐磨性

硬度是材料抵抗较硬物体刻划或压入其表面出现塑性变形的能力 。不同材料的硬度采用不同的测定方法。通常，天然矿物的硬度采用刻划法测定，称为莫氏硬度，划分为1～10 级。钢材、木材、混凝土等采用钢球压入法测定，如布氏硬度（HB）是以单位面积压痕上所受到的压力来表示的。材料的硬度越大，其耐磨性越好，也越难加工。

耐磨性是材料表面抵抗磨损的能力，通常用磨损率 N 表示。按下式计算：

$$N=\frac{m_1-m_2}{A} \tag{1-19}$$

式中　N——材料的磨损率，g/ cm²；

m_1——试件磨损前的质量，g；

m_2——试件磨损后的质量，g；

A——试件受磨面积，cm^2。

磨损率越大，材料的耐磨性越差。材料的耐磨性与材料的组成、结构及强度、硬度等有关。建筑中用于地面、踏步、台阶、路面等处的材料，应当考虑硬度和耐磨性。

1.4 材料的装饰性

装饰性能是指材料具有美化建筑物，并可保护建筑物，改善室内环境条件的性能。所以说材料的装饰性能实际上也是一个综合性能。

材料的装饰效果主要取决于材料的色彩、质感和线型。

1. 色彩

色彩是构成建筑物外观、乃至影响周围环境的重要因素，古今中外的许多建筑物都是利用材料的色彩来突出表现建筑物的美。一般以浅色为主的立面，常给人以明快、清新的感觉；以深色为主的立面，则显得端庄、稳重。在室内看到红、橙、黄等暖色，使人感到热烈、兴奋、温暖；看到绿、蓝、紫罗兰等冷色，使人感到宁静、幽雅、清凉。

由于生活条件、气候条件以及传统习惯等因素不同，人们对色彩的感觉和评价也不相同。

2. 质感

质感是材料表面的精细、软硬程度、凹凸不平、纹理构造、花纹图案、明暗色差等给人的一种综合感觉。如粗糙的混凝土或砖的表面，显得较为厚重、粗犷；平滑、细腻的玻璃和铝合金表面，显得较为轻巧、活泼。质感与材料的特性、表面的加工程度、施工方法以及建筑物的形体、立面风格等有关。

3. 线型

线型主要是指立面装饰的分格缝与凹凸线条构成的装饰效果。如抹灰、水刷石、干粘石、天然石材、加气混凝土等均应分格或分缝，既可获得不同的立面效果，又可防止开裂。分格缝的大小应与材料相配合，一般缝宽取10～30mm为宜，而分块大小不同，装饰效果也不同。

1.5 材料的耐久性

材料在使用过程中，能抵抗周围各种介质的侵蚀而不破坏，也不失去其原有性能的性质，称为耐久性。材料在使用过程中，除受到各种外力作用外，还长期受到周围环境因素和各种自然因素的破坏作用。这些破坏作用主要有以下几个方面：

（1）物理作用。包括环境温度、湿度的交替变化，即冷热、干湿、冻融等循环作用。材料经受这些作用后，将发生膨胀、收缩或产生应力，长期的反复作用，将使材料逐渐被破坏。

（2）化学作用。包括大气和环境水中的酸、碱、盐等溶液或其他有害物质对材料的侵蚀作用，使材料产生质变而被破坏，如钢材的锈蚀、水泥石的化学腐蚀等。此外，日光、紫外线等对材料也有不利作用。

(3) 生物作用。包括菌类、昆虫等的侵害作用，导致材料发生腐朽、虫蛀等而破坏。如木材及植物纤维材料的腐烂等。

(4) 机械作用。包括荷载的持续作用，交变荷载对材料引起的疲劳、冲击、磨损等。

材料耐久性的好坏说明材料在具体的气候和使用条件下能够保持工作性能的年限，因此，耐久性是材料的一项综合性质，一般包括材料的抗渗性、抗冻性、耐腐蚀性、抗老化性、耐溶蚀性、耐光性、耐热性、耐磨性等耐久性指标。材料的组成、结构、性质和用途不同，对耐久性的要求也不同。金属材料常由化学和电化学作用引起腐蚀和破坏；无机非金属材料常由化学作用、溶解、冻融、风蚀、温差、湿差、摩擦等因素中的某些因素或综合作用而引起破坏；有机材料常由生物作用（细菌、昆虫等）、溶蚀、化学腐蚀、光、热、大气等的作用而引起破坏。

对材料耐久性进行可靠的判断，需要很长的时间。一般采用快速检验法，这种方法是模拟实际使用条件，将材料在试验室进行有关的快速试验，根据试验结果对材料的耐久性做出判定。在试验室进行快速试验的项目主要有：冻融循环、干湿循环、碳化、化学介质浸渍等。

为了提高材料的耐久性，可采取提高材料本身对外界作用的抵抗能力（提高密实度、改变孔结构、选择合适的原材料等）、对主体材料施加保护层（覆面、刷涂料等）、减轻环境条件对材料的破坏作用等措施。提高材料的耐久性，对节约建筑材料、保证建筑物长期正常使用、减少维修费用、延长建筑物使用寿命等，均具有十分重要的意义。

复习思考题

1. 材料的组成和结构包括哪些内容？它们对建筑材料的基本性质有何影响？

2. 说明材料的体积构成与各种密度概念之间的关系。

3. 当某材料的孔隙率增大且连通孔增多时，该材料的密度、表观密度、强度、吸水性、抗冻性、导热性如何变化？

4. 亲水性材料和憎水性材料有什么区别？材料的亲水性和憎水性在建筑工程中有什么实际意义？

5. 一般来说，我们在选择墙体或屋面材料时认为其导热系数越小越好，热容量值适度为好，请说明其原因？

6. 什么是材料的脆性？什么是材料的韧性？工程中常用的脆性材料和韧性材料有哪些？

7. 材料的强度和强度等级之间有什么关系？

8. 何谓材料的耐久性？耐久性包括哪些内容？如何提高材料的耐久性？

第2章　石　　材

本章要点

掌握石材的物理、力学性质、性能、选用原则和应用范围；

熟悉工程中常用的石材种类；

了解天然岩石的地质成因及分类。

建筑石材有天然石材和人工石材两大类。由天然岩石开采的，经过或不经过加工而制得的材料，称为天然石材。天然石材是古老的建筑材料之一，具有强度高，耐久性与耐磨性好等优点，部分石材具有良好的装饰性，产源分布广，便于就地取材。

石材应用广泛，块状的毛石、片石、条石、块石等，常用于砌筑基础、墙体、勒脚、渠道、护坡与隧道衬砌等；石板用于内外墙的贴面和地面材料；页片状的石料可用作屋面材料。纪念性的建筑雕刻和花饰均可采用各种天然石材。散粒石料，如碎石、砾石、砂等，则广泛用作混凝土骨料、道渣和铺路材料、砂浆和人造石材的主要原料。有的天然石材还是生产砖、瓦、石灰、水泥、陶瓷、玻璃等建筑材料的原料。然而由于岩石的质地较脆，抗拉强度较低，体积密度大，硬度高，因此，开采和加工比较困难。

人造石材是利用各种方法加工制造的具有类似天然石材性质、纹理和质感的合成材料，例如人造大理石、花岗石等。从广义而言，各种混凝土也属这一类。由于人造材料可以人为控制其性能、形状、花色图案等且具有质轻、强度高、耐污染、耐腐蚀、施工方便等优点，在现代建筑中得到广泛应用。

2.1　天　然　石　材

天然石材来自岩石，岩石是由各种不同地质作用所形成的天然固态矿物的集合体。天然石材根据生成条件，按地质分类法可分为岩浆岩、沉积岩、变质岩三大类。

2.1.1　岩浆岩

1. 岩浆岩的形成和种类

岩浆岩又称火成岩，是地壳内的熔融岩浆在地下或喷出地面后冷凝而成的岩石。根据岩浆岩的冷却条件不同，可分为以下三种：

(1) 深成岩，是地壳深处的岩浆在受上部覆盖层压力的作用下，经缓慢且比较均匀的冷却而形成的岩石。

(2) 喷出岩，是熔融的岩浆冲破覆盖层喷出地表后，在压力急剧降低和迅速冷却的条件下而形成的岩石。

（3）火山碎屑岩，是火山爆发时喷到空中的岩浆急速冷却形成的岩石。

2. 建筑中常用的岩浆岩

（1）花岗岩，是岩浆岩中分布较广的一种岩石，主要由长石、石英和少量云母组成，有时还含有少量的暗色矿物如角闪石、辉石，具有致密的结晶结构和块状构造。其颜色一般为灰白、微黄、淡红。其按结晶颗粒大小不同，分为细粒、中粒、粗粒、斑状等不同种类。结晶颗粒细而均匀的花岗岩比粗粒、斑状的花岗岩强度高、耐久性好。花岗岩的体积密度为2500～2800kg/m^3，干燥抗压强度为80～250MPa，吸水率一般小于1.0%，可达100～200次冻融循环，抗冻性好、耐风化。表面经琢磨加工后光泽美观，是优良的装饰材料。在建筑中花岗岩常用于基础、台阶、路面、墙石和勒脚及纪念性建筑等。但在高温作用下，由于花岗岩内的石英膨胀而引起破坏，因此，其耐火性不好。

（2）玄武岩，主要由斜长石、辉石和橄榄石等矿物组成，是喷出岩中最普通的一种，呈玻璃质或隐晶质结构，有时也呈多孔状或斑状构造，颜色一般为黑色或棕黑色。体积密度为2900～3500kg/m^3，抗压强度为100～500MPa。致密玄武岩的强度和耐久性都很好，但因硬度高、脆性大，加工困难，主要用作筑路材料、堤岸的护坡材料等。

（3）辉绿岩，由长石、辉石和橄榄石等矿物组成，为全晶质的中粒或细粒结构，呈块状构造，呈深灰、墨绿等色。可用作建筑材料，铺砌道路；具有较高的耐酸性，可作耐酸混凝土骨料。

（4）火山灰，火山灰颗粒粒径小于2mm，磨细后在常温和有水的情况下，可与石灰（CaO）反应生成具有水硬性胶凝能力的水化物，可作为水泥的混合材及混凝土的掺和料。

（5）浮石，是粒径大于5mm并具有多孔构造（海绵状或泡沫状火山玻璃）的火山碎屑岩。其体积密度小，一般为300～600 kg/m^3，可作轻质混凝土的骨料。

（6）凝灰岩，是凝聚并胶结成大块的火山碎屑岩。具有多孔构造，体积密度小，抗压强度为5～20MPa，可作砌墙材料和轻混凝土的骨料。

2.1.2 沉积岩

1. 沉积岩的形成和种类

沉积岩又称为水成岩，是由地表岩石经长期风化后，成为碎屑颗粒状或粉尘状，经风力、雨水等的搬运、沉积和再造作用而形成的岩石。根据沉积岩的生成条件，可分为以下三种：

（1）机械沉积岩，由自然风化而逐渐破碎松散的岩石及砂等，经风、雨、冰川、沉积等作用的搬运逐渐沉积，在覆盖层的压力下或由自然胶结物胶结而成，如砂岩、砾岩、页岩等。

（2）化学沉积岩，由溶解于水中的矿物质经聚积、反应、重结晶等并沉积而形成的岩石，如石膏、白云岩等。

（3）有机沉积岩，由各种有机体的残骸沉积而成的岩石，如生物碎屑灰岩、贝壳岩、硅藻土等。

2. 建筑中常用的沉积岩

（1）石灰岩，俗称灰石或青石，主要化学成分为$CaCO_3$，属碳酸盐岩石。常呈灰白色、浅灰色，常因含有杂质而呈现深灰、灰黑、浅黄、浅红等颜色。

抗压强度较高，吸水率为2%～10%；若岩石中黏土含量不超过3%～4%，也有较好的耐水性和抗冻性。矿物成分主要为方解石，但常含有白云石、菱镁矿、石英、蛋白石、含铁矿物及黏土等，因此，各类石灰岩的化学成分、矿物组成、致密程度以及物理性质等差别甚大。

石灰岩来源广，硬度低，易劈裂，便于开采，具有一定的强度和耐久性，广泛用于建筑工程及水利工程中，不宜用于含游离CO_2较多或酸性较高的水中。其块石可作基础、墙身、阶石及路面等，其碎石是常用的混凝土骨料。此外，它也是生产水泥和石灰的主要原料。

(2) 砂岩，主要是由石英砂或石灰岩等的细小碎屑经天然胶合物重新胶结而成的岩石。其主要矿物为石英，次要矿物有长石、云母及黏土等。

砂岩的性质取决于胶结物的种类及胶结的致密程度。致密的硅质砂岩性能接近于花岗岩，密度大、强度高、硬度大、加工较困难，可用于纪念性建筑及耐酸工程等；钙质砂岩的性质类似于石灰岩，较易加工，应用较广，可做基础、踏步、人行道等，但不耐酸的侵蚀。

2.1.3 变质岩

1. 变质岩的形成及种类

变质岩是由原有岩石经变质后形成的岩石。根据原岩石种类不同，一般将由岩浆岩变质而成的称为正变质岩，如花岗岩变质后成为片麻岩等；由沉积岩变质而成的称为副变质岩，如石灰岩和白云岩变质后成为大理岩、砂岩变质后成为石英岩等。

2. 建筑中常用的变质岩

(1) 大理岩，又称大理石，是由石灰岩或白云岩变质而成的，主要矿物成分是方解石或白云石，是一种碳酸盐矿物大于50%的变质岩。体积密度为2500～2700kg/m^3，抗压强度为50～140MPa。纯大理石常呈雪白色，含有杂质时，呈现黑、红、黄、绿等各种色彩。

大理石构造致密，密度大，但硬度不大，易于分割，锯切、雕刻性能好，磨光后非常美观，常用于高级建筑物的装饰和饰面工程。但其抗风化性能差，因为大多数大理石的主要化学成分是碳酸钙等碱性物质，遇到酸雨及表面附水时遇到空气中的酸性氧化物会因侵蚀而失去光泽，变得粗糙多孔，降低装饰性能，故一般不宜用作室外装修。此外，大理石的硬度低，其板材的磨光面易损坏，也不宜用在人流较多的场所。我国的汉白玉、丹东绿、雪白红、红奶油、晶墨玉等大理石，均为世界著名的高级建筑装饰材料。

(2) 石英岩，是由硅质岩变质而成。经变质后，原来砂岩中的石英颗粒和天然胶结物重新结晶。因此，石英岩质地均匀致密，抗压强度高，达250～400MPa，耐久性好，但硬度大，加工困难。常用作重要建筑物的贴面石，耐磨耐酸的贴面材料，其碎块可用于道路或作混凝土的骨料。

(3) 片麻岩，常用的片麻岩是花岗片麻岩，是由花岗岩变质而成的，其矿物成分与花岗岩相似，结晶颗粒是等粒的或斑状的，呈片麻状或带状构造，因而各个方向的物理力学性质不同。在垂直于片理方向有较高的抗压强度，可达120～200MPa。沿片理方向易于开采加工，但在冻融循环过程中易剥落分离成片状，抗冻性差，易于风化。优质花岗片麻岩用途与花岗岩基本相同。

2.1.4 天然石材的技术性质

天然石材因形成条件各异，常含有不同种类的杂质，矿物成分也会有所变化，所以，即使是同一类岩石，它们的性质也可能有很大的差别。因此，在使用时，都必须进行检查和鉴定，以保证工程质量。天然石材的技术性质，可分为物理性质、力学性质和工艺性质。

1. 物理性质

(1) 体积密度，天然石材根据体积密度大小可分为：

1) 轻质石材，体积密度不大于 1800 kg/m^3，可作为建筑物的基础、贴面、地面、房屋外墙、桥梁和水工构筑物；

2) 重质石材，体积密度不小于 1800 kg/m^3，常用作墙体材料。

石材的体积密度与其矿物组成和孔隙率有关，并对其抗压强度、耐久性等产生影响。其体积密度的大小常间接地反映石材的致密程度与孔隙多少。在通常情况下，同种石材的体积密度愈大，则抗压强度愈高，吸水率愈小，耐久性好，导热性好。

(2) 吸水性。岩石吸水性的大小与其孔隙率及孔隙特征有关。岩浆深成岩以及许多变质岩，它们的孔隙率很小，故而吸水率很小，例如花岗岩的吸水率通常小于 0.5%，沉积岩由于形成条件、密实程度与胶结情况有所不同，因而孔隙率与孔隙特征的变动很大，导致石材吸水率的波动也很大，例如致密的石灰岩，它的吸水率可小于 1%，而多孔贝壳灰岩吸水率可高达 15%。

石材的吸水性对其强度与耐水性有很大影响。石材吸水后，会降低颗粒之间的黏结力，从而使强度降低，抗冻性变差，导热性增加，耐水性和耐久性下降。

(3) 耐水性。石材的耐水性以软化系数表示。并按软化系数大小，将石材分为高、中、低三个等级。岩石中含有较多的黏土或易溶物质时，软化系数则较小，耐水性较差。软化系数大于 0.90 为高耐水性，软化系数在 0.75～0.90 之间为中耐水性，软化系数在 0.60～0.75 之间为低耐水性，软化系数小于 0.80 的岩石，不允许用于重要建筑物中。

(4) 抗冻性。石材抵抗冻融破坏的能力，是衡量石材耐久性的重要指标。其值用石材在水饱和状态下按规范要求所能经受的冻融循环次数表示，先将石材在－15℃的温度下冻结后，再在 20℃的水中融化，这样的过程为一次冻融循环。能经受的冻融循环次数越多，则抗冻性越好。一般室外工程饰面石材的抗冻循环应大于 25 次。石材抗冻性与吸水性有密切的关系，吸水率大的石材其抗冻性也差。根据经验吸水率小于 0.5%的石材，认为是抗冻的，可不进行抗冻试验。

(5) 耐热性。石材的耐热性与其化学成分及矿物组成有关。如含有石膏的石材，在 100℃以上时就开始破坏；含有碳酸镁的石材，温度高于 725℃会发生破坏；含有碳酸钙的石材，温度达 827℃时开始破坏。石材经高温后，由于热胀冷缩、体积变化而产生内应力或因组成矿物发生分解和变异等导致结构破坏。如由石英和其他矿物所组成的结晶石材，像花岗岩等，当温度达到 700℃以上时，由于石英受热发生膨胀，强度迅速下降。

(6) 石材的安全性。少数天然石材中可能含有某些放射性元素，如镭－226、钾－40

等，若超过国家规定的标准是不安全的，它们对人体健康有害。用于室内及人口密集处的石材，应满足《建筑材料放射性核素限量》（GB 6566—2001）的要求。其中A类石材产品的应用不受限制；B类产品不可用于居室内饰面，可用于其他一切建筑物的内、外饰面。

（7）导热性。石材的导热性用导热率表示，主要与其致密程度有关。相同成分的石材，玻璃态比结晶态的导热率小。具有封闭孔隙的石材，导热性差。

2. 力学性质

天然石材的力学性质主要包括抗压强度、冲击韧性、硬度及耐磨性等。

（1）抗压强度。石材的强度等级是按抗压强度来划分的，用于砌体等的石材的抗压强度采用边长为70mm的标准立方体试块进行测试，并以三个试件抗压破坏强度的平均值表示。根据《砌体结构设计规范》（GB 50003—2001）的规定，石材共分为七个强度等级：MU100、MU80、MU60、MU50、MU40、MU30、MU20。抗压试件也可采用表2-1所列各种边长尺寸的立方体，但应对其试验结果乘以相应的换算系数。

表2-1　石材强度等级的换算系数

立方体边长（mm）	200	150	100	70	50
换算系数	1.43	1.28	1.14	1	0.86

此外，根据工程特殊要求，也可用抗弯强度作为选用时的参考指标。

（2）冲击韧性。石材的冲击韧性取决于岩石的矿物组成与构造。石英岩、硅质砂岩脆性较大。含暗色矿物较多的辉长岩、辉绿岩等具有较高的韧性。通常，晶体结构的岩石较非晶体结构的岩石，具有较高的韧性。

（3）硬度。它取决于石材的矿物组成的硬度与构造。由致密、坚硬矿物组成的石材，其硬度较高；结晶质结构硬度高于玻璃质结构；构造紧密的岩石硬度较高。岩石的硬度与抗压强度相关性很大，一般抗压强度低的硬度也小。岩石的硬度以莫氏硬度表示。

（4）耐磨性。石材的耐磨性可用磨耗率表示。石材的耐磨性是指它抵抗撞击、边缘剪力和摩擦的联合作用的能力。石料的耐磨性取决于其矿物组成、结构及构造。

3. 工艺性质

石材的工艺性质，主要指其开采和加工过程的难易程度及可能性，包括加工性、磨光性与抗钻性。

（1）加工性。石材的加工性，主要是指对岩石开采、锯解、切割、凿琢、磨光和抛光等加工工艺的难易程度。凡强度、硬度、韧性较高的石材，不易加工；质脆而粗糙，有颗粒交错结构，含有层状或片状构造，以及业已风化的岩石，都难以满足加工要求。

（2）磨光性。指石材能否磨成平整光滑表面的性质。致密、均匀、细粒的岩石，一般都有良好的磨光性，可以磨成光滑亮洁的表面。疏松多孔、有鳞片状构造的岩石，磨光性不好。

（3）抗钻性。指石材钻孔时的难易程度。影响抗钻性的因素很多，主要与石材的强度、硬度有关。一般石材的强度越高、硬度越大，越不易钻孔。

由于用途和使用条件不同，对石材的性质及其所要求的指标有所不同。工程中用于基础、桥梁、隧道以及石砌工程的石材，一般规定其抗压强度、抗冻性与耐水性必须达到一定标准。

2.1.5 天然石材的加工类型

建筑上使用的天然石材分为砌筑用石材、板材和颗粒状的石料等。

1. *砌筑石材*

砌筑石材分为毛石、料石两类。

(1) 毛石，又称片石或块石，是指以开采所得，未经加工的形状不规则的石块。按其表面的平整程度分为乱毛石和平毛石两类；乱毛石各个面的形状不规则；而平毛石是乱毛石略经加工后，形状较整齐，大致有两个平行面的毛石。建筑用毛石，一般要求石块中部厚度不小于150mm，长度为300～400mm，质量为20～30kg，其强度不宜小于10MPa，软化系数不应小于0.8。常用于砌筑基础、勒脚、墙身、堤坝、挡土墙等，也可配置片石混凝土等。致密坚硬的沉积岩可用于一般的房屋建筑，但对于重要的工程则应采用强度高、抗风性能好的岩浆岩。

(2) 料石，又称条石，是指以人工斩凿或机械加工而成，形状比较规则的六面体石材。其常用致密的砂岩、石灰岩、花岗岩等开采凿制，至少应有一个面的边角整齐，以便相互合缝。按料石表面加工的平整程度可分为以下四种：

1) 毛料石，一般不加工或仅稍加凿琢修整，为外形大致方正的石块。其厚度不应小于200mm，叠砌面凹凸深度不应大于25mm。可用于桥墩台的镶面工程、涵洞的拱圈与帽石、隧道衬砌的边墙，也可用作高大的或受力较大的桥墩台的填腹材料。

2) 粗料石，外形较方正，截面的宽度、高度不小于200mm，而且不小于长度的1/4，叠砌面凹凸深度不应大于20mm。

3) 半细料石，外形方正，规格尺寸同粗料石，但叠砌面凹凸深度不应大于10mm。常用作镶面的石料。

4) 细料石，经过细加工，外形规则，规格尺寸同粗料石，其叠砌面凹凸深度不应大于2mm。制作为长方形的称为条石，长、宽、高大致相等的称为方料石，楔形的称为拱石。主要用于镶面。

2. *板材*

板材是用结构致密的岩石经凿平或锯解而成的，一般为厚度10～30mm，长度和宽度300～1200mm的板状石材。作为饰面用的板材，一般由大理岩或花岗岩加工制成。饰面板材要求耐久、耐磨、色泽美观、无裂缝或水纹、色彩丰富、外表美观。根据加工方法分为剁斧板材（表面粗糙，具有规则的条状斧纹）和机刨板材（表面平整，具有相互平行的刨纹）；根据用途分为粗磨板材（表面平滑无光，主要用于建筑物外墙面、柱面、台阶及勒脚部位）和磨光板材（表面光滑如镜，主要用于室内外墙面、柱面）。

(1) 大理石板材，是用大理石荒料经锯切、研磨、抛光等加工后的石板。可分为普通型板材和异型板材，按产品质量分为优等品、一等品、合格品三个等级。各等级质量要求可见《天然大理石板材》（JC 79—92）标准的规定。大理石板材主要用于建筑物室内饰面，如墙面、地面、柱面、台面、栏杆、踏步等。因大理石抗风化能力差，易受空气中二氧化硫的腐蚀，而使表面层失去光泽，变色并逐渐破损，故一般不用于室外。通常，只有汉白玉、艾叶青等少数几种致密、质纯的品种可用于室外。

(2) 花岗石板材，是由火成岩中的花岗岩、闪长岩、辉长岩、辉绿岩等荒料加工而成的石板。该类板的品种、质地、花色繁多。按形状可分为普通板材和异型板材；按表面加工工程分为细面板、镜面板和粗面板。按产品质量分为优等品、一等品、合格品三个等级。各等级的技术要求可见《天然花岗石建筑板材》(JC 205—92) 的规定。质地坚硬、耐久性好，可用于各类高级建筑物的墙、柱、地、楼梯、台阶等的表面装饰及服务台、展示台及家具等。由于花岗石板材质感丰富，具有华丽高贵的装饰效果，所以是室内外高级饰面材料。

3. 颗粒状石料

(1) 碎石，指天然岩石经人工或机械破碎而成的粒径大于5mm的颗粒状石料。其性质取决于母岩的品质，主要用于配制混凝土或作道路、基础等的垫层。

(2) 卵石，指母岩经自然条件风化、磨蚀、冲刷等作用而形成的表面较光滑的颗粒状石料。用途同碎石，还可作为装饰混凝土（如粗露石混凝土等）的骨料和园林庭院地面的铺砌材料等。

(3) 石渣，指天然大理石或花岗石等的残碎料。因其具有多种颜色和装饰效果，故可作为人造大理石、水磨石、斩假石、水刷石等的骨料，还可用于制作干粘石制品。

2.1.6 石材的选用原则

在建筑设计和施工中，应根据建筑物类型、环境条件、使用要求和经济等选择使用合适的石材。一般应考虑以下几点。

1. 经济性

天然石材的密度大、运输不便、运费高，应综合考虑地方资源，尽可能做到就地取材。难于开采和加工的石料，将使材料成本提高，选材时应加注意。

2. 协调性

装饰用的构件（饰面板、拉杆、扶手等），需考虑石材本身的色彩与周围环境的协调性。

3. 安全性

由于天然石材是构成地壳的基本物质，因此可能含有放射性的物质。石材中的放射性物质主要是镭、钍等放射性元素，在衰变中会产生对人体有害的物质。花岗石的放射性较高，大理石较低。从颜色上看，红色、深红色的超标较多。因此，在选用天然石材时，应有放射性检验合格证明或检测鉴定。根据《天然石材产品放射性防护分类控制标准》(JC 518—93)，天然石材按放射性水平分为A、B、C三类。A类最安全，可在任何场合下使用；B类的放射性高于A类，不可用于居室的内饰面，但可用于其他一切建筑物的内外饰面；C类放射性较高，只可用于建筑物的外饰面；放射性超过C类标准控制的石材，只可用于海堤、桥墩及碑石等远离密集人群的地方。

4. 技术指标

石材的技术指标是重点考虑的一个方面，应根据石材在建筑物中的用途和部位及所处环境，来选定主要技术性能满足要求的岩石。如承重用的石材（基础、勒脚、柱、墙等），主要应考虑其强度等级、耐久性、抗冻性等技术性能；围护结构用的石材应考虑是否具有良好的绝热性能和耐久性；用作地面、台阶等的石材应考虑坚韧耐磨；对处在高温、高湿、严寒等特殊条件下的构件，还要分别考虑所用石材的耐久性、耐水性、抗冻性及耐化学侵蚀性等。

2.1.7 天然石材的破坏及其防护

天然石材在使用过程中受周围环境的影响，如大气中的阳光、水分、温度、空气中有害气体和杂质的侵蚀以及各种生物或外力的作用等，会发生风化而逐渐破坏。

水是石材发生破坏的主要原因，它能软化石材并加剧其冻害，且能与有害气体结合成酸，使石料发生分解与溶蚀。大量的水流还能对石材起冲刷与冲击作用，从而加速石材的破坏。因此，使用石材时应特别注意水的影响。

为了减轻与防止石材的风化与破坏，可以采取以下防护措施：

(1) 合理选材。石材的风化与破坏速度主要取决于石材抵抗破坏因素的能力，所以合理选用石材品种，是防止破坏的关键。如用于室外的石材不可忽视其抗风化性能的优劣；处于高温、高湿、严寒等特殊环境条件中的石材应考虑所用石材的耐热、抗冻及耐化学腐蚀性等。

(2) 表面处理。可在石材表面涂刷憎水性涂料，如各种金属皂、石蜡等。使石材表面由亲水性变为憎水性，并与大气隔绝，以延缓风化过程的发生。

2.2 人造石材

人造石材是用无机或有机胶结料、矿物质原料及各种外加剂配制而成。例如以大理石、花岗岩碎料、石英砂、石渣等为骨料，树脂或水泥等为胶结料，经拌和、成型、聚合或养护以后，研磨抛光、切割而成的人造花岗石、大理石和水磨石等。它们具有天然石材的花纹、质感和装饰效果，而且花色、品种、形状等多样化，兼具质量轻、强度高、耐腐蚀、污染小、施工方便等优点。目前常用的人造石材有以下四类：

(1) 水泥型人造石材。以白色、彩色水泥或硅酸盐、铝酸盐水泥或石灰磨细砂为胶结料，砂为细骨料，碎大理石、花岗石或工业废渣等为粗骨料，必要时再加入适量的耐碱颜料，经配料、搅拌、成型和养护硬化后，再进行磨平抛光而制成，例如各种水磨石制品。该类产品的规格、色泽、性能等均可根据使用要求制作。

(2) 树脂型人造石材。以不饱和聚酯为胶结料，加入石英砂、大理石渣、方解石粉等无机填料和颜料，经配料、混合搅拌、浇筑成型、固化、烘干、抛光等工序而制成。

树脂型人造石材是目前国内外使用最多的一种人造石材，主要原因在于：①与天然大理石相比，树脂型人造石材具有强度高、密度小、厚度薄、耐酸碱腐蚀及美观等优点；②该类产品光泽好、颜色浅，可调配成各种颜色鲜明的花色图案；③由于不饱和聚酯的黏度低，易于成型，且在常温下固化较快，便于制作形状复杂的制品。不过树脂型人造石材的耐老化性能不及天然花岗石，目前多用于室内装饰。

(3) 复合型人造石材。这种石材指制作过程中所使用的胶结料既有无机材料（各类水泥、石膏等），又有有机材料（不饱和聚酯或单体）共同组合而成。例如，可在廉价的水泥型板材（不需磨、抛光）表层复合聚酯型薄层，组成复合型板材，以获得最佳的装饰效果和经济指标；也可先将无机填料用无机胶结剂胶结成型、养护后，再将坯体浸渍于具有聚合性能的有机单体中并加以聚合，以提高制品的性能和档次。有机单体可用苯乙烯、甲基丙烯酸甲酯、醋酸乙烯、丙烯腈、二氯乙烯、丁二烯等。

（4）烧结型人造石材。这种人造石材的生产工艺与陶瓷装饰制品的生产工艺相近，即将长石、石英、辉石、方解石和赤铁矿以及高岭土等混合成矿粉，用泥浆法制成坯料，用半干压法成型和艺术加工后，再在窑炉中经1000℃左右的高温焙烧而成，如仿花岗石瓷砖、仿大理石陶瓷艺术板等。

复习思考题

1. 岩石按成因可分为哪几类？并举例说明。
2. 岩石孔隙率的大小对哪些性质有影响？为什么？
3. 天然石材的物理性质有哪些？
4. 如何确定石材的强度等级？
4. 选择天然石材应考虑哪些原则？为什么？
5. 人造石材有哪些类型？它们之间有何区别？

第3章 气硬性胶凝材料

本章要点

掌握胶凝材料的分类，石灰、石膏的主要特性及应用；

熟悉石灰熟化和硬化的过程，石灰陈伏对石灰质量的保证作用，石膏凝结硬化的过程；

了解石灰、石膏的品种，水玻璃、菱苦土的硬化特点、特性及用途。

在建筑工程中，能将散粒状材料（如砂、石等）或块状材料（如砖、石块、混凝土砌块等）黏结成为整体的材料，称为胶凝材料。胶凝材料经过一系列物理、化学作用，可由液态或半固态变为坚硬的固体。胶凝材料是建筑工程中重要的建筑材料。

建筑上使用的胶凝材料按其化学组成，可分为有机胶凝材料和无机胶凝材料两大类。

有机胶凝材料是以天然或人工合成的高分子化合物为基本组成，常用的有沥青、树脂等。

无机胶凝材料是以无机化合物为主要成分，当其遇到水后形成浆体，进而固化成固体的物质，主要有石灰、石膏、水泥等，这类胶凝材料在建筑工程中的应用最广泛，用量也较大。无机胶凝材料按其硬化所需条件的不同，可分为气硬性胶凝材料和水硬性胶凝材料。

气硬性胶凝材料只能在空气中凝结硬化，也只能在空气中保持和发展其强度，如石灰、石膏、水玻璃和菱苦土等。水硬性胶凝材料不仅能在空气中凝结硬化，而且能更好地在水中硬化，并且保持和继续发展其强度，如硅酸盐系列水泥。所以气硬性胶凝材料只适用于地上或干燥环境，不宜用于潮湿环境，更不可用于水中，而水硬性胶凝材料既适用于地上，也可用于地下或水中环境。

3.1 石　　灰

石灰是人类在建筑工程中最早使用的胶凝材料之一。实际上是不同化学成分和物理形态的生石灰、消石灰、水硬性石灰的统称。因其原料分布广泛，生产工艺简单，成本低廉，使用方便，所以一直得到广泛应用。

3.1.1 石灰的生产

1. 石灰的原料

生产石灰的主要原料是以碳酸钙为主要成分的天然岩石，常用的有石灰石、大理石、白云石、方解石、白垩等，这些天然原料中主要含 $CaCO_3$，以及少量黏土杂质，一般要求黏土杂质控制在8%以内。

除了用天然原料生产外，石灰的另一原料来源是化工副产品，例如电石渣（消化电石而得），其主要成分是氢氧化钙，即消石灰。

2. 石灰的生产

石灰石经过煅烧生成生石灰（CaO），其化学反应式如下：

$$CaCO_3 \xrightarrow{900℃} CaO + CO_2$$

碳酸钙煅烧温度达到900℃时，分解速度开始加快。但在实际生产中，由于石灰石致密程度、块度大小及杂质含量的不同，并考虑到煅烧中的热损失，所以，为了加速分解，实际煅烧温度控制在1000～1100℃。

正常温度下煅烧得到的生石灰具有多孔结构，即内部孔隙率大、晶粒细小、表观密度小，与水作用速度快。实际生产时，由于块度、受热状态、温度及煅烧时间的差异，常会含有欠火石灰和过火石灰。若煅烧温度过低，煅烧时间不足或块料过大，则碳酸钙不能完全分解，石灰中含有未分解的碳酸钙内核，外部为正常煅烧石灰，这种石灰称为欠火石灰。欠火石灰使用时，产浆量较低，质量较差，降低了石灰的利用率；若煅烧温度过高，煅烧时间过长，将生成颜色较深、密度较大的过火石灰。过火石灰的结构致密、孔隙率较小、表观密度大，并且晶粒粗大，甚至发生原料中黏土杂质和氧化钙形成熔融物，包裹在生石灰颗粒表面，因此，过火石灰熟化很慢（需数十天至数年以上），当使用这种未充分熟化的石灰抹灰后，会吸收空气中大量的水蒸气，继续熟化，体积膨胀，致使硬化的砂浆产生“崩裂”或“鼓泡”现象，严重影响工程质量。

生石灰是一种白色或灰色块状物质，其主要成分是氧化钙（CaO），其次是氧化镁（MgO）成分（因石灰原料中常含有一些碳酸镁成分）。通常把这种白色轻质的块状物质称为块灰；以块灰为原料经粉碎、磨细制成的生石灰称为磨细生石灰粉或建筑生石灰粉。

3.1.2 石灰的熟化

生石灰可以直接磨细制成生石灰粉使用，更多的是将生石灰熟化成消石灰粉或石灰膏之后再使用。

石灰的熟化，又称消化或消解，是指生石灰CaO与水作用生成熟石灰$Ca(OH)_2$的过程，其化学反应为

$$CaO + H_2O = Ca(OH)_2$$

生石灰遇水反应剧烈，同时放出大量的热。生石灰的熟化反应为放热反应，其放热量和放热速度比其他胶凝材料大得多（在最初1h所放出的热量几乎是硅酸盐水泥1d放热量的9倍）。

生石灰熟化后体积膨胀1～2.5倍，质量为1份的生石灰可生成1.31份质量的熟石灰。

生石灰熟化的理论需水量仅为石灰质量的32%。但由于一部分水分蒸发，为了使生石灰充分熟化，实际加水量为70%～100%。若加水过多，会使温度下降，熟化速度减慢，从而延长熟化时间。

为避免过火石灰在使用后，因吸收空气中的水蒸气而逐步水化膨胀，使硬化砂浆或石

灰制品产生隆起、开裂等破坏，在使用前必须使其熟化或将其去除。常采用的方法是在熟化过程中首先将较大的欠火石灰块利用筛网等去除，之后使石灰浆在灰坑中储存两周以上，以使生石灰得到充分熟化，这一过程称为“陈伏”。熟化时需防止石灰碳化，也就是在陈伏期间，应在其表面保留一定厚度的水层，以与空气隔绝。

熟石灰，又称为消石灰，有以下两种使用形式：

(1) 石灰膏。采用化灰法制成，在生石灰中加块灰质量 3～4 倍的水，经熟化、沉淀、陈伏等得到的膏状体。石灰膏的水分约占 50%。1kg 生石灰可熟化成 1.5～3.5L 石灰膏。

(2) 消石灰粉。采用淋灰法制成，在生石灰中均匀加入 60%～80%的水，经熟化、陈伏等得到的粉状物（略湿，但不成团），即是消石灰粉（利用块状生石灰熟化后体积膨胀，产生的膨胀压力会致使石灰块自动分散成为粉末）。工地上调制消石灰粉时，每堆放半米高的生石灰块，淋 60%～80%的水，分层堆放再淋水，以能充分消解而又不过湿成团为度。目前，多用机械方法将生石灰熟化为消石灰粉。

3.1.3 石灰的硬化

石灰浆体的硬化包含了干燥、结晶和碳化三个交错进行的过程。

(1) 干燥硬化。石灰浆体在干燥过程中，因水分蒸发或被基面吸收，使得由于水的表面张力作用而产生毛细管压力增大，石灰颗粒间的接触变得紧密，产生一定的强度，但同时也产生明显的体积收缩。但这种由于干燥获得的强度类似于黏土干燥后的强度，其强度值不高，而且，当再遇到水时，其强度又会丧失。

(2) 结晶硬化。随着浆体中游离水的减少，氢氧化钙会在过饱和溶液中结晶析出，形成结晶结构网，从而获得一定的强度。但由于结晶数量很少，故由此过程产生的强度很低。而且，若再遇水后，其强度又会丧失。

(3) 碳化硬化。浆体与空气中的 CO_2 和 H_2O 发生化学反应，生成不溶解于水的碳酸钙，并释放出水分，使强度提高。这个过程称为浆体的碳酸化（简称碳化），其反应式如下：

$$Ca(OH)_2 + CO_2 + nH_2O \longrightarrow CaCO_3 + (n+1)H_2O$$

新生成的碳酸钙晶体相互交叉连生或与氢氧化钙共生，构成紧密交织的结晶网，使浆体的强度进一步提高。显然，碳化作用对强度的提高和稳定是十分有利的。但是，由于空气中二氧化碳的浓度很低，而且石灰浆的碳化作用发生在与空气接触的表面，当其表面碳化生成碳酸钙薄层后，阻止二氧化碳继续透入，也影响内部水分蒸发，故自然状态下，碳化过程极为缓慢。

上述硬化过程中的各种变化是同时进行的。在内部，对强度增长起主导作用的是结晶硬化，干燥硬化起一定的附加作用。表层的碳化作用固然可以获得较高的强度，但进行很缓慢，而且从反应式看，这个过程一方面需要水分的存在，另一方面又放出较多的水分，这将不利于干燥和结晶硬化。由于石灰浆体的这种硬化机理，所以它不宜用于与水接触或潮湿的环境。

石灰浆在硬化过程中，由于大量水分蒸发，产生较大的收缩，会出现干裂，所以纯石灰膏不宜单独使用。一般需掺加填充或增强材料，如掺入砂、纸筋、麻刀等，可以减小收缩，节省建筑石灰用量，同时也能在浆体内部形成连通的毛细孔道，加速内部水分的蒸发并进一步碳化，有利于石灰的硬化。

3.1.4 石灰的技术要求

建筑工程中使用的石灰，分成三个品种：建筑生石灰、建筑生石灰粉和建筑消石灰粉。根据建材行业标准，建筑生石灰、建筑生石灰粉和建筑消石灰粉可划分为优等品、一等品和合格品共三个质量等级。产品的各项技术值均达到相应等级规定的指标时，则定为该等级。若有一项低于合格品指标时，则定为不合格品。通常优等品、一等品适用于饰面层；合格品仅用于砌筑。

1. 建筑生石灰

按石灰中氧化镁的含量，生石灰可分为钙质生石灰（MgO 含量不超过 5%）和镁质生石灰（MgO 含量超过 5%）。镁质生石灰的熟化速度较慢，但硬化后其强度较高。其技术性质见表 3-1。

表 3-1　建筑生石灰的技术指标（JC/T 479—92）

项目	钙质生石灰			镁质生石灰		
	优等品	一等品	合格品	优等品	一等品	合格品
CaO+MgO 含量不小于（%）	90	85	80	85	80	75
未消化残渣含量（5mm 圆孔筛筛余）不大于（%）	5	10	15	5	10	15
CO_2 含量不大于（%）	5	7	9	6	8	10
产浆量不小于（L/kg）	2.8	2.3	2.0	2.8	2.3	2.0

2. 建筑生石灰粉

建筑生石灰粉就是将块灰破碎、磨细并包装成袋的生石灰粉。它克服了一般生石灰熟化时间较长，且在使用前必须陈伏等缺点，在使用前不用提前熟化，直接加水即可使用，不需进行陈伏。使用磨细生石灰粉不仅能提高施工效率，节约场地，改善施工环境，加快硬化速度，而且还可以提高石灰的利用率；但其缺点是成本高，且不易储存。其技术指标见表 3-2。

表 3-2　建筑生石灰粉的技术指标（JC/T 480—92）

项目		钙质生石灰粉			镁质生石灰粉		
		优等品	一等品	合格品	优等品	一等品	合格品
CaO+MgO 含量不小于（%）		85	80	75	80	75	70
CO_2 含量不大于（%）		7	9	11	8	10	12
细度	0.90mm 筛筛余不大于（%）	0.2	0.5	1.5	0.2	0.5	1.5
	0.125mm 筛筛余不大于（%）	7.0	12.0	18.0	7.0	12.0	18.0

3. 建筑消石灰粉

建筑消石灰粉就是由生石灰加适量水充分消化所得的粉末，主要成分是 $Ca(OH)_2$。消石灰按其中氧化镁的含量分为钙质消石灰粉（MgO 含量不超过 4%）、镁质消石灰粉

（MgO 含量为 4%～24%）和白云石质消石灰粉（MgO 含量为 25%～30%）。其技术指标见表 3-3。

表 3-3 建筑消石灰粉的技术指标（JC/T 481—92）

项目		钙质消石灰粉			镁质消石灰粉			白云石质消石灰粉		
		优等品	一等品	合格品	优等品	一等品	合格品	优等品	一等品	合格品
CaO+MgO 含量不小于（%）		70	65	60	65	60	55	65	60	55
游离水（%）		0.4～2	0.4～2	0.4～2	0.4～2	0.4～2	0.4～2	0.4～2	0.4～2	0.4～2
体积安定性		合格	合格	—	合格	合格	—	合格	合格	—
细度	0.90mm 筛筛余不大于（%）	0	0	0.5	0	0	0.5	0	0	0.5
	0.125mm 筛筛余不大于（%）	3	10	15	3	10	15	3	10	15

3.1.5 石灰的特性

1. *凝结硬化缓慢，强度低*

石灰浆在空气中的碳化过程很缓慢，且结晶速度主要依赖于浆体中水分蒸发的速度，因此，石灰的凝结硬化速度很缓慢。生石灰熟化时的理论需水量较小，为了使石灰浆具有良好的可塑性，实际加入的水量是很大的，多余水分在硬化后蒸发，会留下大量孔隙，使硬化石灰的密实度较小，强度低。

2. *可塑性好，保水性好*

生石灰熟化为石灰浆时，能形成颗粒极细（粒径为 0.001mm）呈胶体分散状态的氢氧化钙粒子，对水的吸附能力强，使颗粒间的摩擦力减小，因而具有良好的可塑性。这一性质常用来改善砂浆的保水性。

3. *硬化后体积收缩较大*

石灰浆中存在大量的游离水，硬化后大量水分蒸发，导致石灰内部毛细管失水收缩，引起显著的体积收缩变形。这种收缩变形使得硬化石灰体产生开裂，因此，除调成石灰乳作薄层粉刷外，石灰不宜单独使用，通常工程施工中要掺入一定量的集料（砂）或纤维材料（麻刀、纸筋等）。

4. *吸湿性强，耐水性差*

生石灰具有很强的吸湿性，保水性好，是传统的干燥剂。石灰在硬化后，其内部成分大部分为氢氧化钙，仅有极少量的碳酸钙。由于氢氧化钙易溶于水，如果长期受潮或被水浸泡，会使已硬化的石灰溃散。若石灰浆体在完全硬化之前就处于潮湿环境中，石灰中的水分不能蒸发出去，其硬化就会被阻止。因此，它是一种气硬性胶凝材料，不宜用于潮湿的环境中，更不能用于水中。

3.1.6 石灰的应用

石灰是建筑工程中使用面广而且用量大的建筑材料之一，其常见的用途如下。

1. *石灰乳涂料*

将熟化好的石灰膏或消石灰粉加水稀释，成为石灰乳涂料，可用于建筑室内粉刷。石灰乳是一种廉价的涂料，且施工方便，颜色洁白，具有一定的装饰效果，因此在建筑中应用十分广泛。加入各种碱性矿物颜料，可变成彩色涂料。

2. 用于配制建筑砂浆

石灰膏或消石灰粉和砂或麻刀、纸筋可配制成石灰砂浆、麻刀灰、纸筋灰，主要用于内墙、顶棚的抹面；石灰膏与水泥和砂可配制成混合砂浆，主要用于墙体砌筑或抹面之用。

3. 配制三合土和灰土

三合土是采用消石灰粉、黏土和砂、石或炉渣等填料按一定比例配制而成。灰土是用消石灰粉和黏土按一定比例配制而成。常用的三七灰土和四六灰土，分别表示消石灰粉和黏土体积比例为 3∶7 和 4∶6。

三合土和灰土经夯实后的广泛应用于建筑物的基础、路面或地面垫层。三合土和灰土经强力夯打之后，其密实度大大提高，且黏土颗粒表面少量的活性 SiO_2 和 Al_2O_3 与石灰中的 $Ca(OH)_2$ 发生化学反应，生成水化硅酸钙和水化铝酸钙等不溶于水的水化产物，因而具有一定的抗压强度、耐水性和相当高的抗渗能力。

4. 制作碳化石灰板

碳化石灰板是将磨细生石灰粉、纤维状填料（如玻璃纤维等）或轻质骨料（如矿渣等）加水搅拌成型，然后经过人工碳化而成的一种轻质板材。这种板材可加工性能好，适宜作非承重内墙板、天花板等。

5. 生产硅酸盐制品

以生石灰粉和硅质材料（如粉煤灰、炉渣等）为原料，加水拌和，经成型、蒸养或蒸压处理等工序而制成的建筑材料，统称为硅酸盐制品，如粉煤灰砖、灰砂砖、加气混凝土砌块等。

6. 配制无熟料水泥

将具有一定活性的混合材料，按适当比例与生石灰配合，经共同磨细，可得到水硬性的胶凝材料，即为无熟料水泥。

生石灰具有很强的吸湿性，在空气中放置太久，会吸收空气中的水分和二氧化碳，生成碳酸钙粉末，从而失去黏结力。因此储存生石灰时，一定要注意防潮防水，而且存期不宜过长，通常进场后可立即陈伏，将储存期变为熟化期。另外，生石灰熟化时会释放大量的热，且体积膨胀，故在储存和运输生石灰时，还应注意将生石灰与易燃物品分开保管，以免引起火灾。

3.2 石　　膏

石膏是以硫酸钙为主要成分的气硬性胶凝材料。我国的石膏资源极其丰富，分布很广，石膏作为建筑材料使用已有悠久的历史。由于石膏及其制品具有许多优良性能，如轻质、耐火、隔音、绝热、易加工等，是一种比较理想的高效节能的材料，在建筑领域得到了广泛应用。

3.2.1 石膏的生产

生产石膏胶凝材料的原料主要是天然二水石膏（又称生石膏，主要成分为 $CaSO_4 \cdot 2H_2O$，又由于其质地较软，所以也称软石膏）、天然无水石膏（$CaSO_4$，又称硬石膏）和化工废石膏［含有二水石膏（$CaSO_4 \cdot 2H_2O$）或含有 $CaSO_4 \cdot 2H_2O$ 与 $CaSO_4$ 的混合物的化工副产品及废渣］。

在建筑工程中所使用的石膏主要是由天然二水石膏（$CaSO_4 \cdot 2H_2O$）经加工成的半水石膏$\left(CaSO_4 \cdot \frac{1}{2}H_2O\right)$，亦称熟石膏。

生产石膏的主要工序是加热和磨细。由于加热方式和加热温度的不同，可生产不同结构、性质、用途的石膏品种。

1. *建筑石膏和模型石膏*

建筑石膏是将天然二水石膏在常压非密闭状态下，加热到 107～170℃经脱水得到β型结晶的半水石膏，再经磨细制的。其反应式为

$$CaSO_4 \cdot 2H_2O \xrightarrow{107\sim170℃\text{常压}} CaSO_4 \cdot \frac{1}{2}H_2O + 1\frac{1}{2}H_2O$$

建筑石膏（又称β型半水石膏）呈白色或灰白色，粉末状。其晶体细小，将它调制成一定稠度的浆体的需水量较大，因而其制品的孔隙率较大，强度较低。

将在上述条件下煅烧得到的一等或二等的β型半水石膏磨得更细些，就得到模型石膏。模型石膏杂质少、色白，主要用于陶瓷的制坯工艺，少量用于装饰浮雕。

2. *高强度石膏*

高强度石膏是将天然二水石膏在 0.13MPa、124℃的密闭压蒸锅内蒸炼脱水生成的α型半水石膏，再经磨细制成。其反应式为

$$CaSO_4 \cdot 2H_2O \xrightarrow{124℃\text{压蒸}} CaSO_4 \cdot \frac{1}{2}H_2O + 1\frac{1}{2}H_2O$$

α型半水石膏与β型半水石膏相比，其晶粒较粗，比表面积较小，调成可塑性浆体时的需水量只是建筑石膏需求量的一半，因此硬化后具有较高的密实度和强度，其 3h 的抗压强度即可达到 9～24MPa，7d 的抗压强度可达 15～39MPa，因此，将之称为高强度石膏。

高强度石膏在应用中，一般用于强度要求较高的抹灰工程，制作装饰制品和石膏板等。加入防水剂可制成高强度抗水石膏，用于潮湿环境中。加入有机物如聚乙烯醇水溶液等，可配制成黏结剂，其特点是无收缩。

3. *硬石膏*

继续升温煅烧二水石膏，还可以得到下列品种的硬石膏（无水石膏）：

(1) 当煅烧温度升至 170～200℃，半水石膏继续脱水，成为可溶性硬石膏。结构变化不大，与水调和仍能很快凝结硬化。

(2) 当煅烧温度升至 200～250℃，石膏中残留很少的水分，凝结强度速度非常缓慢，但遇水后还能逐渐生成半水石膏直到二水石膏。

(3) 当煅烧温度升至 400～750℃，石膏完全失去水分，成为不溶性石膏，失去凝结硬化能力，称为死烧石膏。但加入适量激发剂混合磨细后又能凝结硬化，成为无水石膏

水泥。

(4) 当煅烧温度超过800℃，部分石膏分解出CaO，磨细后的产品是$CaSO_4$和CaO的混合物，称为高温煅烧石膏，此时CaO起碱性激发剂的作用，硬化后具有较高的强度和耐磨性，抗水性较好，也称地板石膏。

石膏的品种虽很多，但在建筑中使用最多的石膏胶凝材料是建筑石膏，其次是高强度石膏。

3.2.2 建筑石膏的凝结与硬化

建筑石膏与适量的水拌和后，最初形成具有良好可塑性的浆体，但很快就失去可塑性而发展成为具有一定强度的固体，这个过程就称为石膏的凝结硬化。发生这种现象的实质，是由于浆体内部发生了一系列的物理、化学变化，主要的化学反应式如下：

$$CaSO_4 \cdot \frac{1}{2}H_2O + 1\frac{1}{2}H_2O \longrightarrow CaSO_4 \cdot 2H_2O$$

首先是β型的半水石膏溶解于水中，很快形成饱和溶液，溶液中的β型半水石膏与水反应生成了二水石膏。由于二水石膏在水中的溶解度比β型半水石膏小得多（仅为β型半水石膏溶解度的1/5)，所以β型半水石膏的饱和溶液对于二水石膏来说，就成为过饱和溶液，二水石膏逐渐结晶析出，形成晶核，在晶核大到某一临界值以后，二水石膏就结晶析出。这时溶液浓度降低，使新的一批半水石膏又可继续溶解和水化。如此循环进行，直到β型半水石膏全部耗尽。随着水化的进行，二水石膏生成量不断增加，水分逐渐减少，浆体开始失去可塑性，这称为初凝。而后浆体继续变稠，颗粒之间的摩擦力、黏结力增加，并开始产生结构强度，表现为终凝。其间晶体颗粒亦逐渐长大、连生和互相交错，使浆体强度不断增长，直到剩余水分完全蒸发后，强度才停止发展。这就是建筑石膏的硬化过程。实际上，石膏的凝结和硬化是一个连续且复杂的物理、化学变化过程。

3.2.3 建筑石膏的技术要求

建筑石膏为白色粉末状材料，密度约为2.6～2.75g/cm^3，堆积密度约为800～1000kg/m^3。建筑石膏按原材料种类分为三类：天然建筑石膏（N)、脱硫建筑石膏（S)、磷建筑石膏（P)；按2h强度（抗折）分为3.0、2.0、1.6三个等级。其物理力学性能见表3-4所示。

表3-4　　建筑石膏的物理力学性能

等　级	细度（0.2mm方孔筛筛余）(%)	凝结时间（min）		2h强度（MPa）	
		初凝	终凝	抗折	抗压
3.0	≤10	≥3	≤30	≥3.0	≥5.0
2.0				≥2.0	≥4.0
1.6				≥1.6	≥3.0

建筑石膏是在高温条件下煅烧而成的一种白色粉末状材料，本身易吸湿受潮，而且其凝结硬化速度很快，因此在储存和运输过程中，应注意防潮防水及混入杂物。不同等级的石膏应分别贮运，不得混杂。同时，石膏的贮存期为3个月。贮存期超过3个月的建筑石

膏，强度会降低30%左右，超过贮存期限的石膏应重新检验，并确定其等级。

3.2.4 建筑石膏的特性

1. 凝结硬化快

在自然干燥条件下，建筑石膏浆体凝结硬化速度很快。一般石膏的初凝时间仅为10min左右，终凝时间不超过30min，达到完全硬化的时间约需一星期。为满足施工操作的要求，可加入适量的缓凝剂，如硼砂或柠檬酸、亚硫酸盐纸浆废液等。

2. 微膨胀性

建筑石膏在凝结硬化时具有微膨胀性，硬化时不出现裂痕，使得石膏可以不掺加填料而单独使用。这种微膨胀性可使硬化成型的石膏制品表面光滑饱满，干燥时不开裂，且能使制品造型棱角清晰，尺寸准确，有利于制造复杂花纹图案的石膏装饰制品。

3. 孔隙率高、表观密度小、强度低、保温隔热及吸声性能好

建筑石膏在拌和时，为使浆体具有施工要求的可塑性，需加入60%～80%的用水量，而建筑石膏水化的理论需水量为半水石膏质量的18.6%，石膏浆体硬化后，多余的水分蒸发，造成了建筑石膏制品多孔的性质（孔隙率可达50%～60%），并且表观密度小（800～1000kg/m^3），属于轻质材料，而且具有良好的保温隔热性能和吸声性能。但孔隙率大，使石膏制品的强度较低，其抗压强度仅为3.0～5.0MPa，只能满足作为隔墙和饰面的要求。

4. 耐水性及抗冻性差

石膏是气硬性胶凝材料，吸水性大，长期在潮湿环境中，水会削弱其晶体粒子间的结合力，直至溶解。若石膏制品吸水后受冻，会因孔隙中水分结冻膨胀而破坏，所以建筑石膏的耐水性和抗冻性都较差，在使用时应注意所处环境的条件。

5. 具有一定的调温调湿性能

由于石膏制品具有多孔结构，且其热容量较大，吸湿性强，当室内温度、湿度发生变化时，石膏制品能吸入水分或呼出水分，吸收热量或放出热量，可使环境的温度和湿度得到一定的调节。

6. 防火性好

建筑石膏硬化后的主要成分是二水石膏，当其遇火时，二水石膏释放出部分结晶水，而水的热容量很大，蒸发时会吸收大量的热，并在制品表面形成蒸汽幕，可有效地防止火势的蔓延。建筑石膏制品厚度越大，防火性能越好，但二水石膏脱水后，强度下降，所以建筑石膏不耐火。

7. 良好的装饰性和可加工性

石膏表面光滑饱满，颜色洁白，质地细腻，具有良好的装饰性。微孔结构使其脆性有所改善，硬度也较低，所以硬化石膏可锯、可刨、可钉，具有良好的可加工性。

3.2.5 建筑石膏的应用

建筑石膏具有许多优良的性能，在建筑工程中可用作室内粉刷、抹灰、油漆打底等材料，还可以制造建筑装饰制品、石膏板，以及水泥原料中的调凝剂和激发剂。

1. 用作室内粉刷和抹灰

建筑石膏加水、砂拌和成石膏砂浆，可用于室内抹灰。这种抹灰墙面具有绝热、阻

燃、阻隔、舒适、美观等特点。抹灰后的墙面和天棚还可以直接涂刷油漆及贴墙纸。

建筑石膏加水调成石膏浆体，还可以掺入部分石灰用于室内粉刷涂料。粉刷后的墙面光滑、细腻、洁白美观。但由于建筑石膏凝结很快，施工时应掺入适量的缓凝剂，以保证施工质量。

粉刷石膏是由建筑石膏或建筑石膏和不溶性硬石膏二者混合后再掺入外加剂、细骨料等制成的气硬性胶凝材料。粉刷石膏按用途分为面层粉刷石膏（F）、底层粉刷石膏（B）和保温层粉刷石膏（T）。

粉刷石膏应符合建材行业标准《粉刷石膏》（JC/T 517—2004）中细度、凝结时间、可操作时间、保水率、强度和体积密度的规定（见表3-5）。

表3-5　粉刷石膏的技术要求

产品类别		面层粉刷石膏	底层粉刷石膏	保温层粉刷石膏
抗折强度（MPa）		3.0	2.0	—
抗压强度（MPa）		6.0	4.0	0.6
剪切黏结强度（MPa）		0.4	0.3	—
保水率（%）		90	75	65
可操作时间（min）		≥30		
凝结时间	初凝（min）	≥60		
	终凝（h）	≤8		
细度	1.0mm方孔筛筛余（%）	0	—	
	0.2mm方孔筛筛余（%）	≤40	—	

2. 装饰制品

以石膏为主要原料，掺加少量的纤维增强材料和胶料，加水搅拌成石膏浆体，利用石膏硬化时体积微膨胀的性能，可制成各种石膏雕塑，饰面板及各种装饰品。

3. 石膏板

近年来随着框架轻板结构的发展，石膏板的生产和应用也迅速地发展起来。石膏板具有轻质、隔热保温、吸声、不燃以及施工方便等性能。除此之外，还具有原料来源广泛、燃料消耗低、设备简单、生产周期短等优点。我国目前生产的石膏板，主要有纸面石膏板、石膏空心条板、石膏装饰板、纤维石膏板等。

（1）纸面石膏板。它是石膏作芯材，两面用纸做护面而制成的。普通纸面石膏板的规格为：长度分为1800mm、2100mm、2400mm、2700mm、3000mm、3300mm和3600mm；宽度为900mm和1200mm；厚度分为9mm、12mm、15mm和18mm。主要用于内墙、隔墙、天花板等处。

（2）石膏空心条板。它以建筑石膏为主要原料，加水搅拌、浇筑成型、凝固抽芯、脱模、烘干制成，与普通混凝土空心板类似。规格为：长度2500～3500mm，宽度450～600mm，厚度60～100mm，孔数7～9，孔洞率30%～40%。这种石膏板强度高，可用作住宅和公共建筑的内墙和隔墙等，安装时不需要龙骨。

（3）石膏装饰板。它以建筑石膏为主要原料，规格为边长300mm、400mm、500mm、

600mm、900mm的正方形。石膏装饰板有平板、多孔板、花纹板、浮雕板及装饰薄板等，它尺寸精确，线条清晰，颜色鲜艳，造型美观，品种多样，施工简单，主要用于公共建筑，可作为墙面和天花板等。

(4) 纤维石膏板。将玻璃纤维、纸筋或矿棉等纤维材料先在水中松解，然后与建筑石膏及适量的浸润剂混合制成浆料，在长网成型机上经铺浆、脱水而制成纤维石膏板。它的抗折强度和弹性模量都高于纸面石膏板，抗弯强度高，可用于内墙和隔墙，也可用来替代木材制作家具。

此外，还有石膏蜂窝板、防潮石膏板、石膏矿棉复合板等品种，可分别用作绝热板、吸声板、内墙和隔墙板、天花板、地面基层板等。

4. 生石膏可作为水泥生产的原料

水泥生产过程中必须掺入适量的石膏作为缓凝剂，不掺、少掺或多掺都会导致水泥无法正常使用或根本无法使用。

3.3 水玻璃

水玻璃俗称泡花碱，是由碱金属氧化物和二氧化硅结合而成的一种能溶于水的硅酸盐物质，是一种气硬性胶凝材料。根据碱金属氧化物种类不同，水玻璃的主要品种有硅酸钠水玻璃（简称钠水玻璃，$Na_2O \cdot nSiO_2$）和硅酸钾水玻璃（简称钾水玻璃，$K_2O \cdot nSiO_2$）。在工程中，最常用的是硅酸钠液态水玻璃，由固体水玻璃溶解于水而得，质量好的水玻璃溶液微带淡黄色而透明。若其含杂质，则会呈现各种色泽。

3.3.1 水玻璃的生产

水玻璃的生产方法有湿法生产和干法生产两种。

湿法生产是将石英砂和氢氧化钠水溶液在压蒸锅内用蒸汽加热溶解而制成的水玻璃溶液。

干法生产是将石英砂（SiO_2）和纯碱（Na_2CO_3）磨细搅拌均匀，然后在1300～1400℃的熔炉中熔融，经冷却后得到固态水玻璃，其反应式如下：

$$NaCO_3 + nSiO_2 \longrightarrow Na_2O \cdot nSiO_2 + CO_2 \uparrow$$

固态水玻璃在0.3～0.8MPa的蒸压釜内加热，溶解成为无色、淡黄或青灰色透明或半透明黏稠液体，即可得到常用的液体水玻璃。

如果采用碳酸钾代替碳酸钠则可得到相应的硅酸钾水玻璃。由于钾、锂等碱金属盐类价格较贵，相应的水玻璃生产较少。不过，近年来水溶性硅酸钾生产也有所发展，多用于要求较高的涂料和胶黏剂。

3.3.2 水玻璃的硬化

液体水玻璃在空气中吸收二氧化碳，形成无定形的二氧化硅凝胶（又称为硅酸凝胶），凝胶脱水转变为二氧化硅而硬化，其反应式如下：

$$Na_2O \cdot nSiO_2 + CO_2 + mH_2O \longrightarrow Na_2CO_3 + nSiO_2 \cdot mH_2O$$

由于空气中CO_2浓度较低，这个过程进行得很慢，为了加速硬化和提高硬化后的耐水性，常加入氟硅酸钠（Na_2SiF_6）为促硬剂，促使硅酸凝胶加速析出。其反应如下：

$$2(Na_2O \cdot nSiO_2)+Na_2SiF_6+mH_2O \longrightarrow (2n+1)SiO_2 \cdot mH_2O+6NaF$$

加入氟硅酸钠（Na_2SiF_6），水玻璃的初凝时间可缩短到 30min 左右。氟硅酸钠的掺量一般为水玻璃质量的 12%～15%。如掺量太少，不但硬化慢、强度低，而且未经反应的水玻璃易溶于水，导致耐水性差；但掺量过多，又会引起凝结过速，造成施工困难，而且渗透性增大，强度较低。

水玻璃（$Na_2O \cdot nSiO_2$）的组成中，氧化硅和氧化钠的分子数比值 n，称为水玻璃的模数，一般在 1.5～3.5 之间。水玻璃的模数和相对密度，对于凝结硬化速度影响较大。当模数高时，硅胶容易析出，水玻璃凝结硬化快。当水玻璃相对密度小时，反应产物扩散速度快，水玻璃凝结硬化速度也快。而当模数又低且相对密度又大时，凝结硬化就很慢。

此外，环境温度和湿度对水玻璃的凝结硬化速度也有明显影响。温度高、湿度小时，水玻璃反应加快，生成的硅酸凝胶脱水也快；反之水玻璃的凝结硬化速度也慢。

3.3.3 水玻璃的特性

水玻璃模数的大小决定着水玻璃的品质及其应用性能。n 值越大，则水玻璃的黏度越大，黏结力、强度、耐酸性、耐热性越高，但也越难溶解于水中，且由于黏度太大，不利于施工。当 n 为 1 时能溶解于常温水中，模数增大则只能在热水中溶解，当 n 大于 3 时则需要在 0.4MPa 以上的蒸汽中才能溶解。建筑工程中常用水玻璃的模数一般为 2.5～2.8。

1. 黏结力强，抗压及抗拉强度较高

水玻璃硬化后具有较高的黏结强度、抗拉强度和抗压强度。如水玻璃胶泥的抗拉强度大于 2.5MPa，水玻璃混凝土的抗压强度在 15～40MPa 之间。此外，水玻璃硬化析出的硅酸凝胶还可堵塞材料的毛细孔隙，从而起到阻止水分渗透的作用。对于同一模数的液体水玻璃，其浓度越高，则黏结力越强、强度及耐热性、耐酸性越高。而不同模数的液体水玻璃，模数越大，其胶体组分越多，黏结力也随之增加。

2. 耐酸性好

硬化后的水玻璃，因其主要成分是 SiO_2，所以能抵抗大多数无机酸和有机酸的作用。但水玻璃不耐碱性介质的侵蚀。

3. 耐热性高

水玻璃不燃烧，硬化后形成的 SiO_2 空间网状骨架，具有良好的耐热性能，在高温下不分解，强度不降低，甚至有所增加。

3.3.4 水玻璃的应用

根据水玻璃的特性，在建筑工程中水玻璃的应用主要有以下几个方面。

1. 配制耐酸、耐热砂浆和混凝土

水玻璃具有很高的耐酸性和耐热性，以水玻璃为胶结材料，加入促硬剂和耐酸、耐热粗细集料，可配制成耐酸、耐热砂浆或混凝土。

2. 作为灌浆材料，加固地基

将模数为 2.5～3 的液体水玻璃和氯化钙溶液通过金属管交替压入地下，两种溶液发生化学反应，可析出吸水膨胀的硅酸凝胶，包裹土壤颗粒并填充其空隙，使土壤固结，从而大大提高地基的承载能力，而且还可以增强地基的不透水性。用这种方法加固的砂土，抗压强度可达 3～6MPa。

3. 作为涂刷或浸渍材料

将液体水玻璃直接涂刷在建筑物的表面，可提高其抗风化能力和耐久性。而用水玻璃浸渍多孔材料后，可使其密实度、强度、抗渗性均得到提高。这是因为水玻璃与材料中的 $Ca(OH)_2$ 反应生成硅酸钙凝胶，填充了材料间孔隙，从而使材料致密。同时硅酸钠本身硬化所析出的硅酸凝胶也有利于材料保护。选用不同的耐火填料，还可配制不同耐热度的水玻璃耐热涂料。

4. 配制防水剂

以水玻璃为基料，加入两种或四种矾，可以配制二矾或四矾防水剂。例如：四矾防水剂是以蓝矾（硫酸铜）、明矾（钾铝矾）、红矾（重铬酸钾）和紫矾（铬矾）各 1 份，溶于 60 份的沸水中，降温至 50℃，投入 400 份水玻璃溶液中，搅拌均匀而成的。这种防水剂可以在 1min 内凝结，适用于堵塞漏洞、缝隙等局部抢修工程。

水玻璃不耐氢氟酸、热磷酸及碱的腐蚀。以容器包装的水玻璃，应注意密封，以免水玻璃和空气中的二氧化碳反应而分解，并避免落进灰尘、杂质。加入促硬剂氟硅酸钠（Na_2SiF_6）时应注意安全，Na_2SiF_6 为白色结晶，易误当成白糖或食盐。

3.4 镁质胶凝材料

镁质胶凝材料是以 MgO 为主要成分的气硬性胶凝材料，主要产品有菱苦土（主要化学成分是 MgO）、苛性白云石（主要化学成分是 MgO 和 $CaCO_3$）等。

3.4.1 镁质胶凝材料的生产

菱苦土是一种白色或浅黄色的粉末，主要原料来源于天然菱镁矿（$MgCO_3$），也可利于蛇纹石（$3MgO \cdot 2SiO_2 \cdot 2H_2O$）、白云石（$MgCO_3 \cdot CaCO_3$）、冶炼镁合金的熔渣（MgO 含量不低于 25%）中提取，或从海水中提取。

菱镁矿中的 $MgCO_3$ 一般在 400℃时开始分解，600～650℃时反应剧烈进行，生成菱苦土时，煅烧温度通常控制在 750～850℃左右，其反应如下：

$$MgCO_3 \longrightarrow MgO + CO_2 \uparrow$$

煅烧得到的块状产物经磨细后，即可得到菱苦土，其密度为 3.1～3.4g/cm³，堆积密度为 800～900kg/m³。

将白云石（$MgCO_3 \cdot CaCO_3$）在 650～750℃温度下煅烧，可生成出以氧化镁和碳酸钙为主的混合物，称为苛性白云石，其反应如下：

$$MgCO_3 \cdot CaCO_3 \longrightarrow MgO + CaCO_3 + CO_2 \uparrow$$

苛性白云石的性质及用途和菱苦土相似。

3.4.2 菱苦土的硬化

菱苦土用水拌和时，MgO 发生化学反应，生成 $Mg(OH)_2$，并放出大量的热，其反应如下：

$$MgO + H_2O \longrightarrow Mg(OH)_2$$

用水调和浆体时，凝结硬化很慢，硬化后的强度也很低，所以在工程中使用时，一般不用水来调配菱苦土浆体，而是加入调和剂，最常用的就是 $MgCl_2$ 溶液，氯化镁的用量为 55%～60%（以 $MgCl_2 \cdot 6H_2O$ 计）。

加入调和剂后，反应生成的氯氧化镁和氢氧化镁从溶液中逐渐析出，并凝结和结晶，使浆体凝结硬化。加入调和剂后，不仅凝结硬化速度加快，而且强度也得到显著提高（此时又叫氯氧镁水泥、镁氧水泥）。初凝时间约为 30～60min，1d 的强度即可达最高强度的 60%～80%，7d 左右可达最高强度（40～70MPa）。体积密度约为 1000～1100kg/m^3。

3.4.3 菱苦土的应用

菱苦土与植物纤维黏结性好，而且其碱性较弱，不会腐蚀有机纤维。因此，常与木丝、木屑等木质纤维混合应用，制成菱苦土木屑地板、木丝及木屑板等制品。

为了提高制品的强度及耐磨性，在菱苦土中除加入木屑、木丝外，还加入滑石粉、石棉、细石英砂、砖粉等填充材料，应用大理石或中等硬度的岩石碎屑为骨料，可制成菱苦土磨石地板。菱苦土地板具有保温、无尘土、耐磨、防火、表面光滑和弹性好等特性，若掺加耐碱矿物颜料，可将地面着色，是良好的地面材料，宜用于纺织车间、办公室、教室、住宅等地面。

菱苦土板有较高的紧密度与强度，而且具有吸音、隔热的效果，可作内墙、天花板和其他建筑材料之用。

加筋的菱苦土具有较高的强度，可以代替木材制成垫木、柱子等构件。

在菱苦土中加入泡沫剂可制成轻质多孔的绝热材料。

菱苦土材料的缺点是易吸湿、表面泛霜（即返卤）、变形或翘曲，并且耐水性差，故这类制品不宜用于长期潮湿的地方。菱苦土在使用过程中，常用氯化镁溶液调制，其氯离子对钢筋有锈蚀作用，故其制品中不宜配置钢筋。

复习思考题

1. 什么是气硬性胶凝材料？什么是水硬性胶凝材料？二者有何区别？
2. 简述石灰的熟化特点。
3. 什么是欠火石灰、过火石灰？各有何特点？
4. 石灰熟化成石灰浆使用时，一般应在储灰坑中“陈伏”两星期以上，为什么？
5. 试述石灰的特性与应用。
6. 试述建筑石膏的特性与应用。
7. 水玻璃的主要特性和用途有哪些？
8. 为什么菱苦土在使用时，不单独用水拌和？

第4章 水 泥

本章要点

掌握硅酸盐水泥熟料的矿物组成，硅酸盐水泥技术性质和技术要求，硅酸盐水泥石腐蚀的种类、产生原因及防止措施，常用的掺混合料的硅酸盐水泥的种类及主要的技术性质；

熟悉我国水泥的分类，硅酸盐水泥的生产工艺，影响硅酸盐水泥水化、凝结硬化的主要因素；

了解其他品种的硅酸盐水泥的概念和相关技术要求，铝酸盐水泥及硫铝酸盐水泥的种类、概念及相关的技术性质。

水泥是重要的建筑材料之一，作为粉末状的无机水硬性胶凝材料，当它与水混合后，在常温下经物理、化学作用，能由可塑性浆体凝结硬化成坚硬的石状体，可用来制作混凝土、钢筋混凝土和预应力混凝土构件，也可配制各类砂浆用于建筑物的砌筑、抹面、装饰等。不仅大量应用于工业和民用建筑，还广泛应用于公路、桥梁、水利等工程，在国民经济中起着十分重要的作用。

4.1 水泥的分类

随着工程建设的需要及科学技术的发展，水泥的品种越来越多，水泥的种类可按以下划分。

1. 按水泥的性能和用途划分

按水泥的性能和用途可分通用水泥、专用水泥和特种水泥。如硅酸盐水泥、普通硅酸盐水泥、矿渣硅酸盐水泥、火山灰硅酸盐水泥、粉煤灰硅酸盐水泥、复合硅酸盐水泥等属于通用水泥；道路水泥、砌筑水泥、低热水泥等属于专用水泥；而白色硅酸盐水泥、快硬硅酸盐水泥、膨胀水泥、抗硫酸盐硅酸盐水泥等属于特种水泥。

2. 按化学成分划分

按化学成分可分为硅酸盐水泥、铝酸盐水泥、硫铝酸盐水泥、铁铝酸盐水泥等。其中以硅酸盐水泥应用最为广泛，按硅酸盐水泥所掺混合材料的种类与数量的不同，硅酸盐水泥又分为硅酸盐水泥、普通硅酸盐水泥、矿渣硅酸盐水泥、火山灰硅酸盐水泥、粉煤灰硅酸盐水泥、复合硅酸盐水泥。本章将重点介绍硅酸盐水泥。

4.2 硅酸盐水泥

凡由硅酸盐水泥熟料、0～5%的石灰石或粒化高炉矿渣、适量石膏磨细制成的水硬性胶凝材料，称为硅酸盐水泥。硅酸盐水泥分两类：不掺加混合材料的称Ⅰ型硅酸盐水泥，代号P·Ⅰ；在水泥磨细时掺入不超过水泥质量5%的石灰石或粒化高炉矿渣的称Ⅱ型硅酸盐水泥，代号P·Ⅱ。

4.2.1 硅酸盐水泥的生产及熟料的矿物组成

1. *硅酸盐水泥的原料及生产工艺*

生产硅酸盐水泥的原料主要是石灰石、黏土和铁矿石粉。石灰质原料主要提供CaO，黏土质原料主要提供SiO_2、Al_2O_3，及少量的Fe_2O_3，铁矿粉主要提供Fe_2O_3和SiO_2，其生产工艺流程如图4-1所示。

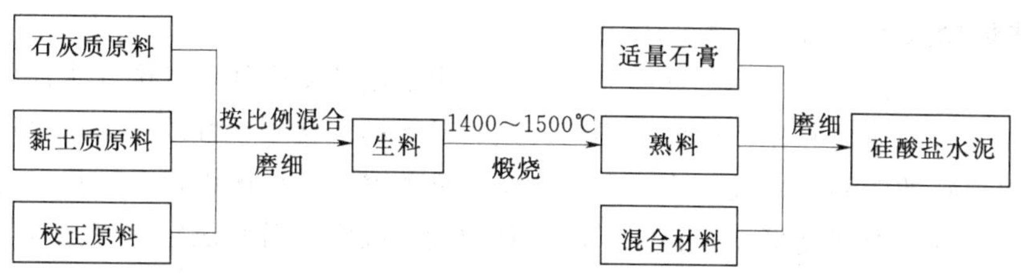

图4-1 硅酸盐水泥生产工艺流程图

硅酸盐水泥的生产过程可分为制备生料、煅烧熟料、粉磨水泥三个阶段，可简单概括为“两磨一烧”，具体步骤是：先把几种原材料按适当比例配合后磨细，制得具有适当化学成分的生料，再将生料在水泥窑中经过1400～1450℃的高温煅烧至部分熔融，冷却后即得硅酸盐水泥熟料，将生料经煅烧后形成熟料，这是生产水泥的关键；煅烧后的硅酸盐水泥熟料的矿物组成是硅酸三钙、硅酸二钙、铝酸三钙和铝酸四钙，再把煅烧好的熟料和适量石膏、0～5%的石灰石或粒化高炉矿渣混合磨细至一定的细度，即得硅酸盐水泥。

在硅酸盐水泥生产中加入适量的石膏的目的是延缓水泥的凝结速度，使之便于施工操作，如果不加入石膏，水泥熟料煅烧磨细与水拌和后会立即凝结。石膏的掺加量一般为水泥质量的3%。作为缓凝剂的石膏，可采用建筑石膏或工业副产品石膏。

2. *硅酸盐水泥熟料的矿物组成*

硅酸盐水泥熟料主要由四种矿物组成，分别为：硅酸三钙（$3CaO \cdot SiO_2$）、硅酸二钙（$2CaO \cdot SiO_2$）、铝酸三钙（$3CaO \cdot Al_2O_3$）和铁铝酸四钙（$4CaO \cdot Al_2O_3 \cdot Fe_2O_3$）。其中硅酸三钙、硅酸二钙的含量一般在总量的75%以上。硅酸盐水泥熟料除以上四种主要矿物外，还有少量的未反应的游离氧化钙、游离氧化镁和碱等，其总含量一般不超过水泥质量的10%，若这些成分的含量过高，对水泥的性能影响很大，如若游离氧化钙和游离氧化镁含量过高，会导致水泥的安全性不良，若含碱矿物的含量过高，易产生碱-骨料膨胀反应。

硅酸盐水泥熟料各主要矿物含量范围、特性如表4-1所示。水泥在水化过程中，四种矿物组成表现出不同的反应特性，可通过调整原材料的配料比例来改变熟料矿物组成的相对含量，使水泥的性质发生相应变化。如提高硅酸三钙含量，可制成高强快硬水泥；适当降低硅酸三钙和铝酸三钙含量，同时提高硅酸二钙含量，可制得低热水泥或中热水泥。

表 4-1　　　　硅酸盐水泥熟料的主要矿物及其特性

矿物组成				矿物特性				
矿物名称	简写式	含量（%）	密度（g/cm^3）	强度	水化热（J/g）	凝结硬化速度	耐腐蚀性	干缩
硅酸三钙	C_3S	37～60	3.25	高	大	快	差	中
硅酸二钙	C_2S	15～37	3.28	早期低 后期高	小	慢	好	中
铝酸三钙	C_3A	7～15	3.04	低	最大	最快	最差	大
铁铝酸四钙	C_4AF	10～18	3.77	低	中	中	中	小

4.2.2　硅酸盐水泥的水化、凝结硬化

硅酸盐水泥由熟料矿物和石膏组成，是一个多矿物的集合体，硅酸盐水泥熟料中的四种主要矿物成分的水化硬化特性各有不同，这些矿物的水化硬化性质决定了水泥的性质。

在水泥熟料的四种矿物成分中，C_3S 的水化速率较快，水化热较大，其水化产物主要在早期产生，其早期强度最高，且能不断得到增长，故它通常是决定水泥强度等级高低的最主要矿物。

C_2S 的水化速率最慢，水化热最小，其水化产物主要在后期产生，对水泥后期强度的增长至关重要，因此它是保证水泥后期强度增长的主要矿物。

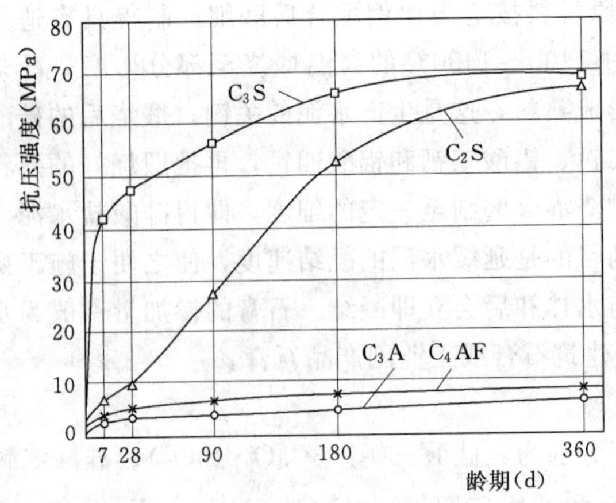

图 4-2　硅酸盐水泥熟料中各主要矿物强度增长曲线

C_3A 的水化速率极快，水化热也集中，其水化产物主要集中在早期，对水泥的 3d 强度有很大影响，硬化时体积减缩也比较明显，本身强度不高。

C_4AF 的水化速率也较快，但慢于 C_3A，抗折强度相对较高，有助于提高水泥的抗折强度，降低水泥的脆性。

硅酸盐水泥熟料中各主要矿物强度增长曲线如图 4-2 所示。

1. 硅酸盐水泥的水化

水泥加水拌和后，水泥颗粒立即分散于水中并与水发生化学反应，各组分开始溶解，形成水化物，放出一定热量，固相体积逐渐增加。水泥熟料各种矿物水化反应可近似用如下化学反应式表示：

$$2(3CaO \cdot SiO_2)+6H_2O \longrightarrow 3CaO \cdot SiO_2 \cdot 3H_2O+3Ca(OH)_2$$

（水化硅酸钙凝胶）（氢氧化钙晶体）

$$2(2CaO \cdot SiO_2)+4H_2O \longrightarrow 3CaO \cdot 2SiO_2 \cdot 3H_2O+Ca(OH)_2$$

$$CaO \cdot Al_2O_3+6H_2O \longrightarrow 3CaO \cdot Al_2O_3 \cdot 6H_2O$$

（水化铝酸三钙晶体）

$$4CaO \cdot Al_2O_3 \cdot Fe_2O_3+7H_2O \longrightarrow 3CaO \cdot Al_2O_3 \cdot 6H_2O+CaO \cdot Fe_2O_3 \cdot H_2O$$

（水化铁酸钙凝胶）

由此可见，水泥水化后的产物主要为：水化硅酸钙（$3CaO \cdot SiO_2 \cdot 3H_2O$）、氢氧化

钙［$Ca(OH)_2$］、水化铁酸钙（$CaO \cdot Fe_2O_3 \cdot H_2O$）和水化铝酸三钙（$3CaO \cdot Al_2O_3 \cdot 6H_2O$）。

另外还有水化铝酸三钙与石膏反应生成高硫型水化硫铝酸钙（又称钙矾石），呈针状结晶析出，反应式为

$$3CaO \cdot Al_2O_3 \cdot 6H_2O + 3(CaSO_4 \cdot 2H_2O) + 19H_2O \longrightarrow \underset{\text{(水化硫铝酸钙)}}{3CaO \cdot Al_2O_3 \cdot 3CaSO_4 \cdot 31H_2O}$$

钙矾石是一种难溶于水的针状晶体，沉淀在水泥颗粒表面，阻止了水分的进入，降低了水泥的水化速度，减缓了水泥的凝结时间。

以上是水泥水化的主要反应，在水化产物中，水化硅酸钙所占比例最大，占70%以上；氢氧化钙次之，占20%左右。其中，水化硅酸钙、水化铁酸钙为凝胶体；而氢氧化钙、水化铝酸钙、钙矾石皆为晶体。

硅酸盐水泥的水化应为放热反应，其放出的热量称为水化热。水化热的大小与水泥的细度、水灰比、温度等因素有关，水泥的颗粒越细，早期放热越显著。

2. 硅酸盐水泥的凝结、硬化

水泥加水拌和后形成可塑性的水泥浆，随着水化反应的进行，水泥浆体逐渐变稠失去可塑性，这一过程称为水泥的凝结；随着反应的继续进行，失去可塑性的水泥浆逐渐产生强度并发展成为坚硬的水泥石，这一过程称为水泥的硬化。水化是凝结硬化的前提，凝结硬化是水化的结果。水泥的凝结、硬化是人为划分的，实际上是一个连续、复杂的物理化学变化过程。目前通常把硅酸盐水泥凝结硬化过程由图4-3所示的几个过程来表示。

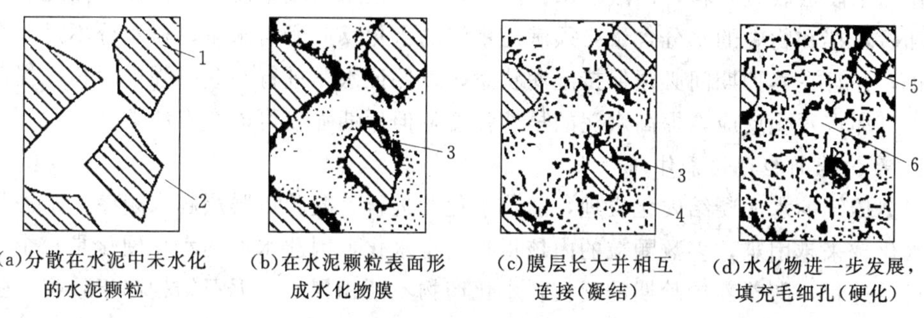

(a)分散在水泥中未水化的水泥颗粒　(b)在水泥颗粒表面形成水化物膜　(c)膜层长大并相互连接(凝结)　(d)水化物进一步发展，填充毛细孔(硬化)

图4-3　硅酸盐水泥的凝结硬化过程

1—水泥颗粒；2—水分；3—凝胶；4—晶体；5—水泥颗粒的未水化内核；6—毛细孔

水泥加水后，水泥颗粒迅速分散于水中，如图4-3（a）所示。从加水开始到拌和物初凝时止，水泥颗粒表面迅速发生水化反应，在水泥颗粒表面形成凝胶状膜层，并从中析出六方片状的氢氧化钙晶体和棒状钙矾石晶体，如图4-3（b）所示。之后水泥颗粒被水化硅酸钙形成的一层包裹膜完全包住，并不断向外增厚，逐渐在膜内沉积，同时，膜的外侧生长出长针状钙矾石晶体，膜内侧则生成低硫型水化硫铝酸钙。这期间膜层和长针状钙矾石晶体长大，将各颗粒连接起来，使水泥凝结，如图4-3（c）所示。同时，大量形成的水化硅酸钙长纤维状晶体和钙矾石晶体一起，使水泥石网状结构不断致密，逐步发挥出强度，大约是1d以后直到水化结束，水泥水化反应渐趋减缓，各种水化产物逐渐填满原

来由水占据的空间，由于颗粒间间隙较小，水化硅酸钙呈短纤维状，水化产物不断填充水泥石网状结构，使之不断致密，渗透率降低，强度增加，如图 4-3（d）所示。随着水化的进行，凝胶体膜层越来越厚，水泥颗粒内部的水化越来越困难，经过几个月甚至若干年的长时间水化后，多数颗粒仍剩余未水化的内核。因此，在硬化水泥石中，同时包含有水泥熟料的水化产物、未水化的水泥颗粒、水（自由水和吸附水）和孔隙（毛细孔和凝胶孔），它们在不同时期相对数量的变化，使水泥石的性质随之改变。

4.2.3 影响硅酸盐水泥凝结硬化的主要因素

影响水泥凝结硬化的因素很多，主要有水泥的组成成分、水泥细度、养护的温度和湿度、养护龄期、拌和物用水量、存储条件等。

1. 水泥的组成成分的影响

如表 4-1 所示，水泥中各矿物成分的含量不同，水泥性质就会有所变化。如适当提高 C_3S 和 C_3A 的含量，可得到快硬高强水泥；加入石膏可延缓水泥凝结；降低 C_3A 的含量可降低水化热，提高耐腐蚀性能。

2. 水泥细度的影响

水泥的细度直接影响水泥的水化速率，颗粒越细小，其表面积越大，与水的接触面积就越大，水化作用就越迅速越充分，使凝结硬化速率加快，早期强度越高。但水泥颗粒过细时，在磨细时的成本会显著提高，硬化时会产生较大的体积收缩，水泥的细度要控制在一个合理的范围。

3. 养护条件的影响

作为水硬性胶凝材料，硅酸盐水泥的水化反应是水泥凝结硬化的前提。因此，水泥加水拌和后，拌和物中的水分含量必须满足水泥的水化反应所需水量，若水分不足，会使水化停止，并且在养护期间必须保持湿润状态，以保证水化进行和获得强度增长。提高养护温度，可加速水化反应，提高水泥的早期强度，但后期强度可能会有所下降。

4. 养护龄期和存储条件的影响

根据传统的水泥凝结硬化机理，随着水化的进行，凝胶体膜层越来越厚，水泥颗粒内部的水化越来越困难，多数颗粒的内核很难完全水化，因此水泥的水化硬化是一个长期不断进行的过程，随着养护龄期的延长，水化产物不断积累，水泥石结构趋于致密，强度不断增长。

水泥应该储存在干燥的环境里。如果水泥受潮，其部分颗粒会因水化而结块，从而失去胶结能力，强度严重降低。即使是在良好的干燥条件下，也不宜储存过久。

4.2.4 硅酸盐水泥的技术性质及技术要求

按照国家标准《通用硅酸盐水泥》（GB 175—2007）的规定，硅酸盐水泥的技术性质和技术要求有以下几方面。

1. 水泥化学性质

（1）氧化镁、三氧化硫含量。水泥中氧化镁的含量不宜超过 5.0%。如果水泥经蒸压安定性试验合格，则水泥中氧化镁的含量允许放宽到 6.0%。水泥熟料中氧化镁水化后体积膨胀，可导致水泥安全性不良。

水泥中三氧化硫含量不得超过3.5%。水泥中过量的三氧化硫会与铝酸三钙形成较多的钙矾石，体积膨胀，导致水泥体积安定性不良。

凡氧化镁、三氧化硫含量不符合规定的水泥为废品。

（2）碱含量。碱含量是指水泥中 Na_2O 和 K_2O 的含量。水泥中碱含量（按 Na_2O+$0.658K_2O$ 计算）不得大于0.60%。

（3）烧失量。Ⅰ型硅酸盐水泥中烧失量不得大于3.0%，Ⅱ型硅酸盐水泥中烧失量不得大于3.5%。用烧失量来限制石膏和混合材料中杂质含量，以保证水泥质量。

（4）不溶物。Ⅰ型硅酸盐水泥中不溶物含量不得超过0.75%，Ⅱ型硅酸盐水泥中不溶物含量不得超过1.5%。不溶物主要是指煅烧过程中存留的残渣，不溶物含量高对水泥质量有不良影响。

2. 水泥的物理和力学性质

（1）细度。水泥的细度是指水泥颗粒的粗细程度。细度是影响水泥的重要指标。硅酸盐水泥的细度用比表面积表示，硅酸盐水泥的比表面积应大于300m^2/kg。凡细度不合格的水泥为不合格品。

（2）凝结时间。水泥的凝结时间分为初凝时间和终凝时间。初凝时间是指从水泥净浆加水拌和到标准稠度净浆开始失去可塑性的时间；终凝时间是指从水泥净浆加水拌和到水泥标准稠度净浆完全失去可塑性的时间。按国家标准《水泥标准稠度用水量、凝结时间、安定性检验方法》（GB 1346—2001）的规定，水泥的凝结时间是以标准稠度用水量拌和成的水泥净浆，在标准温度、湿度下测定的。

硅酸盐水泥的初凝时间不得早于45min，终凝时间不迟于390min。初凝时间不符合规定的水泥为废品，严禁使用。终凝结时间不符合规定的水泥为不合格品。

（3）标准稠度用水量。水泥净浆标准稠度是对水泥净浆以标准方法拌制、测试并达到规定的可塑性程度时的稠度。水泥净浆标准稠度用水量是指水泥净浆达到标准稠度时所需的加水量，常以水和水泥质量之比的百分数表示。水泥的标准稠度用水量一般为24%～33%，根据水泥中矿物成分或掺料的含量不同时，标准稠度用水量也有所差别。在测定水泥凝结时间和体积安定性时，为了具有可比性，必须采用标准稠度的水泥浆。

水泥的标准稠度用水量按国家标准《水泥标准稠度用水量、凝结时间、安定性检验方法》（GB 1346—2001）的规定进行测定。

（4）体积安定性。水泥体积安定性是指水泥在凝结硬化过程中体积变化的均匀性。体积安定性不合格的水泥为废品，不得用于任何工程。

水泥体积安定性不良的原因是由于水泥熟料中游离氧化钙、游离氧化镁过多或石膏掺量过多，其水化产物体积膨胀使水泥石开裂。

根据国家标准《水泥标准稠度用水量、凝结时间、安定性检验方法》（GB 1346—2001）的规定，由游离氧化钙引起的水泥体积安定性不良可采用沸煮法检验，用沸煮法检验必须合格，可以用试饼法也可用雷氏法，有争议时以雷氏法为准。

（5）水化热。水化热是指水泥在水化过程中放出的热量。水化放热量和放热速度不仅影响其凝结硬化速度，而且由于热量的积蓄会产生某些不良后果。如在大体积混凝土中宜采用水化热较低的硅酸盐水泥，以免产生温度裂缝。

硅酸盐水泥中水化热的多少不仅取决于矿物成分，而且还与水泥细度、水泥中所掺混合材料及外加剂的品种和数量有关。

(6) 强度及强度等级。水泥强度测定按国家标准《水泥胶砂强度检验方法（ISO 法）》(GB/T 17671—1999) 进行。强度等级按 3d 和 28d 的抗压强度和抗折强度来划分，分为 42.5、42.5R、52.5、52.5R、62.5 和 62.5R 六个等级，硅酸盐水泥的型号分为普通型和早强型（R）两个型号。各强度等级的各龄期强度不得低于表 4-2 中规定的数值。

表 4-2　　硅酸盐水泥各龄期的强度要求

强度等级	抗压强度 (MPa)		抗折强度 (MPa)	
	3d	28d	3d	28d
42.5	17.0	42.5	3.5	6.5
42.5R	22.0	42.5	4.0	6.5
52.5	23.0	52.5	4.0	7.0
52.5R	27.0	52.5	5.0	7.0
62.5	28.0	62.5	5.0	8.0
62.5R	32.0	62.5	5.5	8.0

注　带 R 的为早强型水泥。

4.2.5　水泥石的腐蚀与防止

1. 硅酸盐水泥石的腐蚀

在通常使用条件下，硅酸盐水泥硬化后形成的水泥石有较好的耐久性。但当水泥石长时间处于侵蚀性介质中（如流动的淡水、酸性水、强碱等）会发生腐蚀，导致强度降低，甚至破坏。

(1) 软水侵蚀。软水是指暂时硬度较小的水，即水中重碳酸盐较小的水。雨水、雪水、蒸馏水、冷凝水、含碳酸盐较少的河水和湖水等都是软水，水泥石长期与这些水相接触，会溶出氢氧化钙。在静水或无水压的水中，溶出的氢氧化钙容易达到饱和，溶出仅限于表层，对水泥石结构的危害不大。但在有流动的软水及压力水作用时，氢氧化钙不断溶解流失，而且由于水泥石中碱度的降低还会引起其他水化物的分解溶蚀，使水泥石中孔隙不断增多，侵蚀不断深入，从而导致水泥石进一步破坏。

(2) 酸类侵蚀。

1) 碳酸侵蚀。碳酸侵蚀是指当工业污水、地下水中溶解有较多的二氧化碳时，容易形成碳酸水，碳酸水与水泥石中的氢氧化钙发生化学反应，从而造成对水泥石的侵蚀。反应式如下：

$$Ca(OH)_2 + CO_2 + H_2O \longrightarrow CaCO_3 + 2H_2O$$

$$CaCO_3 + CO_2 + H_2O \longrightarrow Ca(HCO_3)_2$$

所生成的重碳酸钙易溶于水，将导致水泥石中的氢氧化钙通过重碳酸盐而溶失，碱度降低，还会导致水泥石中其他水化物的分解，使腐蚀作用进一步加强。

2) 一般酸的侵蚀。由于水泥水化生成大量氢氧化钙，故硅酸盐水泥水化产物呈碱性，当遇到酸类或酸性水时则会发生中和反应，生成的化合物或者易溶于水，或体积膨胀，在水泥石内部造成内应力而导致破坏。如盐酸、硫酸与氢氧化钙就会发生如下反应：

$$Ca(OH)_2 + 2HCl \longrightarrow CaCl_2 + 2H_2O$$

$$Ca(OH)_2 + 2H_2SO_4 \longrightarrow CaSO_4 \cdot 2H_2O$$

（3）盐类侵蚀。在海水及某些地下水中，常含有不同程度的镁盐、硫酸盐、氯盐等，它们对水泥石都有不同程度的腐蚀作用，尤其是镁盐和硫酸盐对水泥石的腐蚀最严重。

1）硫酸盐腐蚀。在地下水和工业污水中常含有硫酸盐，以硫酸钠为例，它们与水泥石中 $Ca(OH)_2$ 会发生如下反应：

$$Ca(OH)_2 + Na_2SO_4 + 2H_2O \longrightarrow CaSO_4 \cdot 2H_2O + 2NaOH$$

$$4CaO \cdot Al_2O_3 \cdot 19H_2O + 3(CaSO_4 \cdot 2H_2O) + 7H_2O \longrightarrow 3CaO \cdot Al_2O_3 \cdot 3CaSO_4 \cdot 31H_2O + Ca(OH)_2$$

$$3CaO \cdot Al_2O_3 \cdot 6H_2O + 3(CaSO_4 \cdot 2H_2O) + 19H_2O \longrightarrow 3CaO \cdot Al_2O_3 \cdot 3CaSO_4 \cdot 31H_2O$$

生成的高硫型水化硫铝酸钙含大量结晶水，体积膨胀 1.5 倍以上，在水泥石中造成极大的膨胀性破坏。高硫型水化硫铝酸钙呈针状结晶体，故称为“水泥杆菌”。

2）镁盐腐蚀。镁盐主要是硫酸镁与氯化镁，它们与水泥石中的 $Ca(OH)_2$ 会发生如下反应：

$$Ca(OH)_2 + MgSO_4 + 2H_2O \longrightarrow CaSO_4 \cdot 2H_2O + Mg(OH)_2$$

$$Ca(OH)_2 + MgCl_2 \longrightarrow CaCl_2 + Mg(OH)_2$$

反应生成的 $Mg(OH)_2$ 松软而无胶凝能力，$CaCl_2$ 易溶于水，而 $CaSO_4 \cdot 2H_2O$ 还会进一步引起硫酸盐腐蚀。故硫酸镁对水泥石起着镁盐和硫酸盐的双重侵蚀作用。

（4）强碱侵蚀。碱类溶液浓度不大时一般对水泥石是无害的。当碱的浓度很大且水泥中铝酸三钙含量较高时，会发生如下反应：

$$3CaO \cdot Al_2O_3 + 6NaOH \longrightarrow 3Na_2O \cdot Al_2O_3 + 3Ca(OH)_2$$

当水泥石被氢氧化钠溶液浸透后又在空气干燥，与空气中的二氧化碳作用生成碳酸钠，碳酸钠在水泥石毛细孔中结晶沉积，可使水泥石胀裂。

实际工程中水泥石的腐蚀是一个复杂的物理化学作用过程，腐蚀的作用往往不是单一的，而是几种同时存在，相互影响的。

2. 防止水泥石腐蚀的措施

水泥石的腐蚀是多种介质同时作用的一个极其复杂的物理化学作用过程。引起水泥石腐蚀的原因既有外界因素又有内部因素，主要有三个基本原因：①水泥石中存在易被腐蚀的组分（如氢氧化钙和水化铝酸钙）；②水泥石本身不密实，有许多毛细孔，为侵蚀介质能进入其内部提供了通道（对水泥石产生侵蚀作用的介质多为达到一定浓度的溶液）；③有能产生腐蚀的介质和环境条件（如酸、强碱等介质）。根据水泥石产生腐蚀的原因，可采取以下措施防止水泥石的腐蚀：

（1）根据水泥使用环境的特点，合理选用水泥品种。

（2）提高水泥石的密实度，改善孔隙结构，阻碍侵蚀介质溶液的侵入。

（3）采用耐腐蚀的石料、陶瓷、塑料、沥青等材料加做表面保护层，隔断侵蚀性介质与水泥石的接触。

4.2.6 硅酸盐水泥的特性

（1）凝结硬化快、强度高。硅酸盐水泥凝结硬化速度快，早期强度和后期强度都较高。

(2) 水化热大、抗冻性好。硅酸盐水泥中硫酸三钙和铝酸三钙的含量高，水化时放出的热量较大；硅酸盐水泥硬化后的水泥石结构密实，抗冻性好。

(3) 干缩小、耐磨性好，由于干缩小，表面不易起粉尘，因此耐磨性也较好。

(4) 耐腐蚀性差。由于硅酸盐水泥石中有较多的氢氧化钙，故耐软水和耐化学腐蚀性差。

(5) 耐热性差。硅酸盐水泥石当受热达到300℃时，水化产物开始脱水，体积收缩强度下降，温度达700～1000℃时，强度下降很大，甚至完全破坏。

4.2.7 硅酸盐水泥的应用

根据硅酸盐水泥的特性，由于其快硬、高强，因此，适用于早期强度有较高要求的混凝土、重要结构的高强度混凝土和预应力混凝土工程；由于其水化热大，故不宜用于大体积混凝土工程，但适用于严寒地区遭受反复冻融的工程和抗冻性要求高的工程；由于其耐腐蚀性差，故适用于一般地上工程和不受侵蚀的地下工程、无腐蚀性水中的受冻工程，不宜用于海水和有腐蚀介质存在的工程。

水泥在使用过程中，应按不同品种、强度等级及出厂日期分别贮运，不得混杂，并注意防水防潮。袋装水泥的堆放高度不得超过10袋。一般水泥的储存期为三个月，使用存放三个月以上的水泥，必须重新检验其强度，否则不得使用。

4.3 掺混合材料的硅酸盐水泥

凡在硅酸盐水泥熟料中，掺入一定量（大于5%）的混合材料和适量石膏共同磨细制成的水硬性胶凝材料称为掺混合材料的硅酸盐水泥。混合材料的加入可以改善水泥的某些性能，拓宽水泥强度等级，扩大应用范围，并能降低水泥生产成本；如果掺加的混合材料为工业废料，还能减少环境污染。

4.3.1 水泥混合材料

混合材料是指在磨制水泥时加入的各种矿物材料。水泥混合材料包括非活性混合材料、活性混合材料，其中活性混合材料的应用量最大。在水泥生产过程中，所掺加的混合材料的种类和数量不是任意，必须符合国家有关标准的规定，否则严禁使用。

1. 非活性混合材料（填充性混合材料）

非活性混合材料是指掺入水泥后在常温下不与水泥组分发生化学反应，仅起填充作用的矿物材料。非活性混合材料加入水泥中的作用是提高水泥产量，降低生产成本，降低强度等级，减少水化热，改善耐腐蚀性和和易性等。这类材料有磨细的石灰石、石英砂、硬矿渣、黏土和各种符合要求的工业废渣等。窑灰作为水泥回转窑窑尾废气中收集下的粉尘，活性较低，一般也作为非活性混合材料。由于非活性混合材料加入会降低水泥强度，其加入量一般较少。

2. 活性混合材料

活性混合材料是指能与水泥熟料的水化产物$Ca(OH)_2$、石灰或石膏等发生化学反应，并形成水硬性胶凝材料的矿物质材料。因活性混合材料的掺加量较大，改善水泥性质的作用更加显著，而且当其活性激发后可使水泥后期强度有较大提高。常用的活性混合材料有粒化高炉矿渣、火山灰质材料和粉煤灰等。

(1) 粒化高炉矿渣。粒化高炉矿渣是高炉炼铁所得的以硅酸钙和铝酸钙为主要成分的熔融物，经急速冷却而成的颗粒。粒化高炉矿渣中含有活性 SiO_2 和活性 Al_2O_3，与水化产物 $Ca(OH)_2$、水等作用形成新的水化产物而产生凝胶作用。

(2) 火山灰质混合材料。火山灰质混合材料的品种很多，天然矿物材料有火山灰、凝灰岩、浮石和硅藻土等；工业废渣和人工制造的有天然煤矸石、煤渣、烧黏土和硅灰等。此类材料的活性成分也是活性 SiO_2 和活性 Al_2O_3，其潜在水硬性原理同粒化高炉矿渣。

(3) 粉煤灰混合材料。粉煤灰是火力发电厂用收尘器从烟道中收集的灰粉，主要成分是活性 SiO_2 和活性 Al_2O_3，其潜在水硬性原理同粒化高炉矿渣。

活性混合材料在常温下与水拌和时，本身不会水化或水化硬化极为缓慢，基本没有强度。但在 $Ca(OH)_2$ 溶液中，会发生显著的水化作用，并随 $Ca(OH)_2$ 浓度的提高反应越快。活性混合材料水化较水泥熟料慢，其温度敏感性较高，低温下反应缓慢，高温下水化速率迅速加快，适合于在高温湿热条件下养护。

4.3.2 普通硅酸盐水泥

凡由硅酸盐水泥熟料、适量的活性混合材料和石膏共同磨细制成的水硬性胶凝材料，称为普通硅酸盐水泥（简称普通水泥），代号为 P·O。当掺活性混合材料时，最大掺量不得超过水泥质量的 20%，其中允许用不超过水泥质量 5%的窑灰或不超过水泥质量 8%的非活性混合材料来代替；当掺非活性混合材料时，最大掺量不得超过水泥质量的 10%。

普通硅酸盐水泥的主要组分仍然是硅酸盐水泥熟料，故其特性与硅酸盐水泥相似，但由于掺加了一定的混合材料，所以某些特性又与硅酸盐水泥有所不同，如抗冻性、耐磨性较硅酸盐水泥稍差，早期硬化速度稍慢等。普通硅酸盐水泥是我国目前建筑工程中用量最大的水泥品种之一。

国家标准《通用硅酸盐水泥》(GB 175—2007) 对普通硅酸盐水泥的技术要求如下：

(1) 细度。以比表面积表示，不小于 $300m^2/kg$。

(2) 凝结时间。初凝时间不早于 45min，终凝时间不得迟于 600min。

(3) 强度和强度等级。普通硅酸盐水泥的强度等级及 3d、28d 的抗折和抗压强度要求如表 4-3 所示。

表 4-3　普通硅酸盐水泥各龄期的强度要求

强度等级	抗压强度 (MPa)		抗折强度 (MPa)	
	3d	28d	3d	28d
42.5	17.0	42.5	3.5	6.5
42.5R	22.0	42.5	4.0	6.5
52.5	23.0	52.5	4.0	7.0
52.5R	27.0	52.5	5.0	7.0

注　带 R 的为早强型水泥。

4.3.3 矿渣硅酸盐水泥

由硅酸盐水泥熟料、适量的粒化高炉矿渣（大于20%且不超过70%）和石膏共同磨细制成的水硬性胶凝材料称为矿渣硅酸盐水泥，并分为A与B型，当矿渣掺量大于20%且不超过50%时为A型，代号为P·S·A，当矿渣掺量大于50%且不超过70%时为B型，代号为P·S·B；允许用石灰石、窑灰、粉煤灰和火山灰质混合材料中的一种材料代替矿渣，代替数量不得超过水泥质量的8%，替代后水泥中粒化高炉矿渣不得少于20%。

根据《通用硅酸盐水泥》(GB 175—2007)，矿渣硅酸盐水泥的技术性质和不同强度等级的矿渣硅酸盐水泥各龄期强度要求应如表4-4所示。

由于矿渣硅酸盐水泥中掺加了大量的混合材料，故其水化、凝结和固化与硅酸盐水泥有较大差别。由于矿渣硅酸盐水泥中掺加了大量矿渣，水泥熟料相对减少，硅酸三钙(C_3S)和(C_3A)的含量也相对减少，其水化产物的浓度与相对减少，并且矿渣与氢氧化钙[$Ca(OH)_2$]二次反应，氢氧化钙的浓度降低，因此其水化热较低，抗软水、硫酸盐侵蚀性较强，抗碳化能力较强；由于矿渣硅酸盐水泥中掺加的矿渣主要活性成分是SiO_2和Al_2O_3，熟料磨细比较困难，SiO_2和Al_2O_3需要氢氧化钙激活并且在常温下反应较慢，故矿渣硅酸盐水泥的保水性较差，凝结速度慢、早期强度低、后期强度增长潜力较大，受环境温度影响较大。

矿渣水泥耐热性好，可用于高温车间和耐热要求高的混凝土工程，不适合用于有抗渗要求的混凝土工程。

4.3.4 火山灰质硅酸盐水泥

凡由硅酸盐水泥熟料和火山灰质混合材料、适量石膏磨细制成的水硬性胶凝材料称为火山灰质硅酸盐水泥（简称火山灰水泥），代号P·P。水泥中火山灰质混合材料掺加量大于20%且不超过40%。

根据《通用硅酸盐水泥》(GB 175—2007)，火山灰质硅酸盐水泥的技术性质和不同强度等级的矿渣硅酸盐水泥各龄期强度要求应如表4-4所示。

火山灰质硅酸盐水泥的很多特性与矿渣硅酸盐水泥相似，但也有自己的特性。由于火山灰质混合材料内部含有大量的微细孔隙，故火山灰水泥的保水性好；火山灰水泥水化后形成较多的水化硅酸钙凝胶，使水泥石结构致密，因而其抗渗性好；火山灰水泥的干缩大，水泥石易产生微细裂纹，且空气中的二氧化碳能使水化硅酸钙凝胶分解成为碳酸钙和氧化硅的混合物，使水泥石的表面产生起粉现象。

火山灰水泥适合用于有抗渗要求的混凝土工程，不宜用于干燥环境中的地上混凝土工程，也不宜用于有耐磨性要求的工程。

4.3.5 粉煤灰硅酸盐水泥

由硅酸盐水泥熟料、适量的粉煤灰（大于20%且不超过40%）和石膏共同磨细制成的水硬性胶凝材料称为粉煤灰硅酸盐水泥，简称粉煤灰水泥，代号为P·F。

根据《通用硅酸盐水泥》(GB 175—2007)，粉煤灰硅酸盐水泥的技术性质和不同强度等级的粉煤灰硅酸盐水泥各龄期强度要求应如表4-4所示。

表 4-4　矿渣水泥、火山灰水泥、粉煤灰水泥的技术标准

技术性质	细度 80μm 方孔筛筛余量（%）	凝结时间		安定性（沸煮法）	MgO 含量（%）	SO_3 含量（%）		碱含量（%）
		初凝（min）	终凝（h）			火山灰水泥 粉煤灰水泥	矿渣水泥	
指标	≤10.0	≥45	≤10	必须合格	≤6.0①	≤3.5	≤4.0	供需双方商定②

强度等级	抗压强度（MPa）		抗折强度（MPa）	
	3d	28d	3d	28d
32.5	10.0	32.5	2.5	5.5
32.5R	15.0	32.5	3.5	5.5
42.5	15.0	42.5	3.5	6.5
42.5R	19.0	42.5	4.0	6.5
52.5	21.0	52.5	4.0	7.0
52.5R	23.0	52.5	4.5	7.0

① 如果水泥中氧化镁的含量超过 6.0%。则应进行水泥蒸压试验并合格，P·S·B 型无要求。

② 水泥中碱含量按 $Na_2O+0.658K_2O$ 计算值来表示。若使用活性骨料，用户要求提供低碱水泥时，水泥中碱含量不大于 0.60%或由供需双方商定。

粉煤灰硅酸盐水泥的水化、凝结固化与火山灰质硅酸盐水泥相似，但由于粉煤灰颗粒呈球形，较为致密，吸水性差，加水拌和时的内摩擦阻力小，需水性小，所以其干缩小，抗裂性好，同时配制的混凝土、砂浆和易性好，因此具有良好的抗裂性和和易性，其抗裂性甚至比硅酸盐水泥和普通硅酸盐水泥还要好。

利用粉煤灰硅酸盐水泥的干缩性小、抗裂性好、和易性好等特性，粉煤灰硅酸盐水泥可广泛应用于地下工程、大体积混凝土工程。

4.3.6 复合硅酸盐水泥

凡由硅酸盐水泥、两种或两种以上规定的混合材料和适量石膏共同磨细制成的水硬性胶凝材料，称为复合硅酸盐水泥（简称复合水泥），代号为 P·C。水泥中混合材料总掺量（按质量百分比计）为大于 20%且不超过 50%，允许用不超过 8%的窑灰代替部分混合材料。掺矿渣时混合材料掺量不得与矿渣水泥重复。

复合硅酸盐水泥的特征取决于所掺混合材料的种类、掺量及相对比例。复合硅酸盐水泥各龄期的强度不得低于表 4-5 中规定的数值。

表 4-5　复合硅酸盐水泥各龄期的强度要求

强度等级	抗压强度（MPa）		抗折强度（MPa）	
	3d	28d	3d	28d
32.5	10.0	32.5	2.5	5.5
32.5R	15.0	32.5	3.5	5.5
42.5	15.0	42.5	3.5	6.5
42.5R	19.0	42.5	4.0	6.5
52.5	21.0	52.5	4.0	7.0
52.5R	23.0	52.5	4.5	7.0

注　带 R 的为早强型水泥。

4.3.7 硅酸盐系水泥的技术性能比较与选用

目前，在我国广泛使用的硅酸盐系水泥主要有硅酸盐水泥、普通硅酸盐水泥、矿渣硅酸盐水泥、火山灰质硅酸盐水泥、粉煤灰硅酸盐水泥和复合硅酸盐水泥，这六种水泥统称通用水泥。各种水泥的技术要求如表 4－6 所示，各种水泥的性能比较如表 4－7 所示，在混凝土结构工程中，多种水泥的使用可参照表 4－8 选择。

表 4－6　　通用水泥的技术要求比较

项　目	硅酸盐水泥		普通水泥 P·O	矿渣水泥 P·S	火山灰水泥 P·P 粉煤灰水泥 P·F 复合水泥 P·C
	P·Ⅰ	P·Ⅱ			
不溶物含量（%）	⩽0.75	⩽1.50	—		
烧失量（%）	⩽3.0	⩽3.5	⩽5.0	—	
细度	比表面积大于 300m²/kg		80μm 方孔筛的筛余量小于 10%		
初凝时间	>45min				
终凝时间	<390min		<600min		
MgO 含量	⩽5.0%，若水泥蒸压试验合格，可放宽至 6.0%			⩽6.0%，若超过 6.0%，则需做水泥蒸压安定性试验并合格；P·S·B 无要求	
SO_3 含量	⩽3.5%			⩽4.0%	⩽3.5%
安定性	沸煮法合格				
强度	各强度等级水泥的各龄期强度不得低于各标准规定的数值				
碱含量	⩽0.60%或商定				

表 4－7　　通用水泥的性能比较

项目		硅酸盐水泥	普通水泥	矿渣水泥	火山灰水泥	粉煤灰水泥	复合水泥
组成	组成	硅酸盐水泥熟料、石膏、0～5%混合材料	硅酸盐水泥熟料、石膏、5%～20%混合材料	硅酸盐水泥熟料、石膏、20%～70%矿渣	硅酸盐水泥熟料、石膏、20%～40%火山灰	硅酸盐水泥熟料、石膏、20%～40%粉煤灰	硅酸盐水泥熟料、石膏、20%～50%混合材料
	区别	无或很少混合材料	少量混合材料	多量活性混合材料			多量混合材料
				矿渣	火山灰	粉煤灰	两种或两种以上
性能		1. 凝结硬化快； 2. 早期、后期强度高； 3. 水化热大、放热快； 4. 抗冻性好； 5. 耐磨性好； 6. 抗碳化性好； 7. 干缩小； 8. 耐腐蚀性差； 9. 耐热性差	基本同硅酸盐水泥。早期强度、水化热、抗冻性、耐磨性和抗碳化性略有降低，耐腐蚀性、耐热性略有提高	凝结硬化较慢，早期强度低，后期强度高			早期强度较高
				温度敏感性好、水化热低、耐腐蚀性好、抗冻性差、耐磨性差、抗碳化性差			
				耐热性好、泌水性大、抗渗性差、干缩较大	保水性好、抗渗性好、干缩大	干缩小、抗裂性好、泌水性大、抗渗较好	与掺入种类比例有关

表 4-8 通用水泥的选用

混凝土工程特点或所处的环境条件		优先选用	可以使用	不宜使用
普通混凝土	在普通气候环境中的混凝土	普通硅酸盐水泥	矿渣硅酸盐水泥、火山灰硅酸盐水泥、粉煤灰硅酸盐水泥	
	在干燥环境中的混凝土	普通硅酸盐水泥	矿渣硅酸盐水泥	粉煤灰硅酸盐水泥、火山灰硅酸盐水泥
	在高湿环境中的混凝土或永远处在水下的混凝土	矿渣硅酸盐水泥	普通硅酸盐水泥、火山灰硅酸盐水泥、粉煤灰硅酸盐水泥	
	大体积混凝土	粉煤灰硅酸盐水泥、矿渣硅酸盐水泥、火山灰硅酸盐水泥	普通硅酸盐水泥	硅酸盐水泥、快硬硅酸盐水泥
有特殊要求的混凝土	要求快硬的混凝土	快硬硅酸盐水泥、硅酸盐水泥	普通硅酸盐水泥	矿渣硅酸盐水泥、火山灰硅酸盐水泥、粉煤灰硅酸盐水泥
	高强混凝土（≥C40）	硅酸盐水泥	普通硅酸盐水泥、矿渣硅酸盐水泥	火山灰硅酸盐水泥、粉煤灰硅酸盐水泥
	严寒地区的露天混凝土和处在水位升降范围的混凝土	普通硅酸盐水泥	矿渣硅酸盐水泥	火山灰硅酸盐水泥、粉煤灰硅酸盐水泥
	严寒地区处在水位升降范围内的混凝土	普通硅酸盐水泥		火山灰硅酸盐水泥、矿渣硅酸盐水泥、粉煤灰硅酸盐水泥
	有抗渗要求的混凝土	普通硅酸盐水泥、火山灰硅酸盐水泥		矿渣硅酸盐水泥
	有耐磨要求的混凝土	硅酸盐水泥、普通硅酸盐水泥	矿渣硅酸盐水泥	火山灰硅酸盐水泥、粉煤灰硅酸盐水泥

4.4 其他水泥

在建筑工程中，除了前面介绍的通用水泥外，还需使用一些特性水泥和专用水泥来满足工程要求。本节主要介绍砌筑水泥、膨胀水泥、白色硅酸盐水泥、彩色硅酸盐水泥、低水化热硅酸盐水泥。

4.4.1 砌筑水泥

砌筑水泥是专用水泥之一，按《砌筑水泥》（GB/T 3183—2003）的规定，凡由一种或一种以上的水泥混合材料，加入适量硅酸盐水泥熟料和石膏，经磨细制成的工作性能较好的水硬性胶凝材料，称为砌筑水泥，代号为 M。

砌筑水泥用混合材料可采用矿渣、粉煤灰、煤矸石、沸腾炉渣和沸石等，掺加量应大于 50%，允许掺入适量石灰石或窑灰。凝结时间要求初凝不早于 60min，终凝不迟于

12h；按砂浆吸水后保留的水分计，保水率应不低于80%。砌筑水泥的各龄期强度应不低于表4-9的要求。

表4-9　　砌筑水泥的各龄期强度值

强度等级	抗压强度（MPa）		抗折强度（MPa）	
	3d	28d	3d	28d
12.5	7.0	12.5	1.5	3.0
22.5	10.0	22.5	2.0	4.0

砌筑水泥的强度低，硬化较慢，但其和易性、保水性较好。主要用于工业与民用建筑的砌筑砂浆、内墙抹面砂浆，也可用于配制蒸养混凝土砌块，不得用于钢筋混凝土结构和构件。

4.4.2　膨胀水泥

一般水泥在硬化过程中都会产生一定的收缩，而膨胀水泥就是在硬化过程中体积产生膨胀的水泥。利用水泥在硬化过程中较大的膨胀性还可以使其在约束条件下产生自应力，因此，根据水泥膨胀效果可将其分为两类，当其自应力值小于2.0MPa时称为膨胀水泥，当其自应力值不小于2.0MPa时称为自应力水泥。

膨胀水泥的膨胀源主要来自在水化过程中产生的钙矾石，从而产生明显的体积膨胀。

常用硅酸盐系膨胀水泥主要是明矾石膨胀水泥（标准代号为JC/T 311—2004）、低热微膨胀水泥（标准代号为GB 2938—2008）。

明矾石膨胀水泥是以一定比例的硅酸盐水泥熟料、天然明矾石、无水石膏和矿渣（或粉煤灰）共同粉磨制成。适用于收缩补偿混凝土结构、防渗混凝土、补强和防渗抹面工程、接缝和接头等。

凡以粒化高炉矿渣为主要组分，加入适量硅酸盐水泥熟料和石膏，磨细制成的具有低水化热和微膨胀性能的水硬性胶凝材料，称为低热微膨胀水泥。主要用于要求低水化热和要求补偿收缩的混凝土、大体积混凝土工程，也可用于要求抗渗和抗硫酸盐腐蚀的工程。

4.4.3　白色硅酸盐水泥

白色硅酸盐水泥是以硅酸钙为主要成分的白色硅酸盐水泥熟料，严格控制水泥中氧化铁含量，加入适量石膏磨细制成的水硬性胶材料，简称白水泥。

通用硅酸盐水泥的颜色之所以多呈灰色，主要是含有较多的氧化铁，并且氧化铁含量越多，颜色越深，因此白水泥要保持白色，就要严格控制氧化铁及着色物质氧化锰、氧化钛的含量，并在生产过程中严防有色物质对水泥的污染。白水泥中氧化铁的含量一般是普通硅酸盐水泥的1/10。

按国家标准《白色硅酸盐水泥》（GB/T 2015—2005）规定，白水泥的细度要求为80μm方孔筛筛余不得超过10.0%；凝结时间初凝不早于45min，终凝不迟于10h；体积安定性用沸煮法检验必须合格；水泥中三氧化硫含量不得超过3.5%。

白水泥的强度分为32.5、42.5、52.5三个等级，各龄期的强度不得低于表4-10的规定。

表 4-10　白水泥各龄期强度要求

强度等级	抗压强度（MPa）		抗折强度（MPa）	
	3d	28d	3d	28d
32.5	12.0	32.5	3.0	6.0
42.5	17.0	42.5	3.5	6.5
52.5	22.0	52.5	4.0	7.0

4.4.4 彩色硅酸盐水泥

彩色硅酸盐水泥简称彩色水泥，根据其着色方法不同，有三种生产方式：①直接烧成法，在水泥生料中加入着色原料而直接燃烧成彩色水泥熟料，再加入适量石膏共同磨细；烧成法制得的彩色水泥，色泽均匀，颜色保持持久，但生产成本较高。②染色法，将白色硅酸盐水泥熟料或硅酸盐水泥熟料、适量石膏和碱性着色物质共同磨细制得彩色水泥。③将干燥状态的着色物质直接掺入白水泥或硅酸盐水泥中。采用后两种方法制得的彩色水泥，色泽不易均匀，长期使用易出现褪色，但生产成本较低。

染色法使用的颜料多为无机矿物颜料，要求不溶于水、分散性好、大气稳定性好、抗碱性强、着色力强，并不得显著影响水泥的强度和其他性质。有机颜料易老化，只能作为辅助用途使用，通常只加入少量，以提高水泥色彩的鲜艳度。

白色和彩色硅酸盐水泥，主要用于建筑装饰工程中，常用于配制各种装饰混凝土和装饰砂浆，如水磨石、水刷石、人造大理石等，也可配制彩色水泥浆用于建筑物的墙面、柱面、天棚等处的粉刷，或用于陶瓷铺贴的勾缝等。

根据行业标准《彩色硅酸盐水泥》（JC/T 870—2000）的规定，彩色硅酸盐水泥强度等级分为27.5、32.5、42.5三级，各龄期的强度不得低于表4-11的要求。

表 4-11　彩色硅酸盐水泥的强度要求

强度等级	抗压强度（MPa）		抗折强度（MPa）	
	3d	28d	3d	28d
27.5	7.5	27.5	2.0	5.0
32.5	10.0	32.5	2.5	5.5
42.5	15.0	42.5	3.5	6.5

4.4.5 低水化热硅酸盐水泥

在大体积混凝土工程施工中，由于混凝土体积较大，其内部的水化热比较集中，从而导致混凝土内外温差过大，出现温度裂缝，因此，在大体积混凝土中宜使用低水化热的水泥。国家标准《中热硅酸盐水泥 低热硅酸盐水泥 低热矿渣硅酸盐水泥》（GB 200—2003）对此种水泥做出了规定，主要有以下三种：

（1）以适当成分的硅酸盐水泥熟料，加入适量石膏，磨细制成的具有中等水化热的水硬性胶凝材料，称为中热硅酸盐水泥（简称中热水泥），代号P·MH。

（2）以适当成分的硅酸盐水泥熟料，加入适量石膏，磨细制成的具有低水化热的水硬性胶凝材料，称为低热硅酸盐水泥（简称低热水泥），代号P·LH。

(3) 以适当成分的硅酸盐水泥熟料，加入粒化高炉矿渣、适量石膏，磨细制成的具有低水化热的水硬性胶凝材料，称为低热矿渣硅酸盐水泥（简称低热矿渣水泥），代号P·SLH。

生产低水化热水泥，主要是降低水泥熟料中的高水化热组分 C_3S、C_3A 的含量。各水泥的强度不得低于表 4-12 的要求。

表 4-12　　低水化热水泥各龄期强度

品种	强度等级	抗压强度（MPa）			抗折强度（MPa）		
		3d	7d	28d	3d	7d	28d
中热水泥	42.5	12.0	22.0	42.5	3.0	4.5	6.5
低热水泥	42.5	—	13.0	42.5	—	3.5	6.5
低热矿渣水泥	32.5	—	12.0	32.5	—	3.0	5.5

4.5 铝酸盐水泥及硫铝酸盐水泥

4.5.1 铝酸盐水泥

铝酸盐系水泥是应用较多的非硅酸盐系水泥，是具有快硬早强性能和较好耐高温性能的胶凝材料，还是膨胀水泥的主要组分，是重要的水泥系列之一。

按国家标准《铝酸盐水泥》（GB 201—2000）的规定，凡以铝酸钙为主的铝酸盐水泥熟料，磨细制成的水硬性胶凝材料称为铝酸盐水泥（又称高铝水泥、矾土水泥），代号为CA。

按国家标准《铝酸盐水泥》（GB 201—2000）规定，我国铝酸盐水泥按 Al_2O_3 含量分为四类，分类及化学成分范围见表 4-13。铝酸盐水泥的细度、凝结时间和强度等级要求如表 4-14 所示。

表 4-13　　铝酸盐水泥类型及化学成分范围

类型	Al_2O_3	SiO_2	Fe_2O_3	R_2O	S*	Cl
CA—50	≥50，<60	≤8.0	≤2.5	≤0.4	≤0.1	≤0.1
CA—60	≥60，<68	≤2.0	≤2.0			
CA—70	≥68，<77	≤1.0	≤0.7			
CA—80	≥77	≤0.5	≤0.5			

* 当用户需要时，生产厂应提供结果和测定方法。

表 4-14　　铝酸盐水泥的技术要求

项目		水泥类型			
		CA—50	CA—60	CA—70	CA—80
细度		比表面积不小于 $300m^2/g$ 或 0.045mm 筛筛余不得超过 20%			
凝结时间	初凝，min，不早于	30	60	30	30
	终凝，h，不迟于	6	18	6	6

续表

项目		水泥类型			
		CA—50	CA—60	CA—70	CA—80
抗压强度（MPa）	6h	20*	—	—	—
	1d	40	20	30	25
	3d	50	45	40	30
	28d	—	85	—	—
抗折强度（MPa）	6h	3.0*	—	—	—
	1d	5.5	2.5	5.0	4.0
	3d	6.5	5.0	6.0	5.0
	28d	—	10.0	—	—

* 当用户需要时，生产厂应提供结果。

铝酸盐水泥的性能与应用有以下几方面：

（1）具有快硬早强的特性，适用于工期紧急的工程。

（2）放热速率快，早期放热比较集中，适用于冬季及低温环境下施工，不宜用于大体积混凝土工程。

（3）抗硫酸盐腐蚀性及耐磨性良好，适用于耐磨性要求较高的工程，及受软水、酸性水和受硫酸盐腐蚀的工程。

（4）抗碱性差，不宜用于与碱溶液相接触的工程，也不得与硅酸盐水泥、石灰等能析出 $Ca(OH)_2$ 的胶凝材料混合使用。

4.5.2 硫铝酸盐水泥

以适当成分的生料，经煅烧所得以无水硫铝酸钙和硅酸二钙为主要矿物成分的水泥熟料掺加不同量的石灰石、适量石膏共同磨细制成，具有水硬性的胶凝材料。

硫铝酸盐水泥是现代水泥中的新型系列，它是快硬早强水泥的主要品种，干缩小，抗冻性、抗渗性良好，抗腐蚀性强，耐热性较差。主要应用是有早强要求的工程，如基坑的支护等；冬季施工工程；高强度混凝土工程；有抗渗要求、抗腐蚀性要求的工程。

根据《硫铝酸盐水泥》（GB 20472—2006），硫铝酸盐水泥主要有以下品种：

（1）快硬硫铝酸盐水泥。以适当成分硫铝酸盐水泥熟料和少量的石灰石、适量石膏共同磨细制成，具有早期强度高的水硬性的胶凝材料，代号为 R·SAC。其中石灰石的掺量不应大于水泥质量的 15%。

（2）低碱度硫铝酸盐水泥。以适当成分硫铝酸盐水泥熟料和较多量的石灰石、适量石膏共同磨细制成，具有碱度低的水硬性的胶凝材料，代号为 L·SAC。其中石灰石的掺量不应小于水泥质量的 15%，且不应大于水泥质量的 35%。

（3）自应力硫铝酸盐水泥。以适当成分硫铝酸盐水泥熟料加入适量石膏共同磨细制成，具有膨胀性的水硬性的胶凝材料，代号为 S·SAC。

复习思考题

1. 硅酸盐水泥的生产过程有哪些阶段？

2. 硅酸盐水泥熟料的矿物组成有哪些？每种矿物成分在水泥的水化、凝结硬化过程中有何特性？

3. 影响硅酸盐水泥凝结硬化的主要因素有哪些？

4. 硅酸盐水泥的物理及力学性质有哪些？

5. 常见的硅酸盐水泥石腐蚀有哪几种？并简述各由什么原因引起。防止这些腐蚀的措施有哪些？

6. 常用的掺混合材料的硅酸盐水泥有哪些？各有何特性？

7. 水泥在储存和运输过程中应注意哪些事项？水泥过期或受潮后如何处理？

8. 何为白色水泥、彩色水泥？各有何特性？适用于哪些工程？

第5章 混 凝 土

本章要点

掌握混凝土各组成材料的特性、技术要求，混凝土拌和物的和易性及影响拌和物和易性的主要因素，混凝土的强度及影响混凝土强度的主要因素，普通混凝土的配合比设计方法；

熟悉混凝土的种类及其特点，混凝土组成材料的种类和选用，混凝土的变形性能、耐久性，混凝土的掺料及外加剂的种类、特性、技术要求及对混凝土性能的影响；

了解混凝土的配制原理，混凝土的评定原理及方法，混凝土技术的发展趋势及常用的其他品种混凝土。

5.1 概 述

混凝土是由胶凝材料、粗骨料、细骨料、水（或不加水）及其他材料为原料按适当的比例配合、拌和制成混合物，经一定时间后硬化而成的人造石材。混凝土常简写为“砼”。

普通水泥混凝土，简称混凝土，是以水泥为胶凝材料配制而成的混凝土，自19世纪30年代出现以来，它的应用领域不断扩展，随着混凝土技术的不断进步，它不仅成为重要的结构材料，而且也成为重要的装饰、防水、防护等功能材料，已成为建筑工程中最常用的建筑材料之一。自20世纪70年代以来，混凝土的应用水平和施工技术不断提高，应用范围更加广泛、用量逐年增加，目前全世界普通混凝土年用量达40多亿m^3，我国年用量在15亿m^3以上，同时，人们对混凝土的性能要求越来越高，主要表现为对混凝土综合性能的全面改善，目前，混凝土技术正朝着超高强、轻质、高耐久性、多功能和智能化方向发展。

5.1.1 混凝土的分类

混凝土经过170多年的发展，已演变成了有多个品种的工程材料，通常从以下几个方面分类。

1. 按所用胶凝材料分类

按所用胶凝材料可分为水泥混凝土、石膏混凝土、沥青混凝土、水玻璃混凝土、聚合物胶结混凝土和硅酸盐混凝土等几种。

2. 按强度等级分类

（1）普通混凝土。

1）低强混凝土。抗压强度小于30MPa的混凝土为低强度混凝土。

2）中强混凝土。抗压强度为30～60MPa（C30～C60）的混凝土为中强度混凝土。

（2）高强混凝土 。其抗压强度大于或等于60MPa。

（3）超高强混凝土。其抗压强度在100MPa以上。

3. 按用途分类

混凝土按用途可分为结构混凝土、装饰混凝土、防水混凝土、道路混凝土、防辐射混凝土、耐热混凝土、耐酸混凝土、大体积混凝土、膨胀混凝土等。

4. 按表观密度分类

（1）重混凝土。其表观密度大于2600kg/m^3，是采用密度很大的重晶石等重骨料和钡水泥、锶水泥等重水泥配制而成。重混凝土具有防射线的性能，又称防辐射混凝土，主要用作核能工程的屏蔽结构材料。

（2）普通混凝土。其表观密度为2000～2600kg/m^3，是用水泥、水与普通的天然砂、石为骨料配制而成，为建筑工程中用的最多的混凝土，主要用作各种建筑的承重结构材料。

（3）轻混凝土。其表观密度小于1950kg/m^3，包括采用陶粒等轻质多孔骨料配制的轻骨料混凝土、无砂的大孔混凝土和不采用骨料而掺入加气剂或泡沫剂的多孔混凝土，可用作承重结构、保温结构和承重兼保温结构。

5. 按施工工艺分类

混凝土按施工工艺可分为泵送混凝土、喷射混凝土、碾压混凝土、真空脱水混凝土、离心混凝土、压力灌浆混凝土、预拌混凝土（商品混凝土）等。

6. 按掺和料分类

按掺和料可分为粉煤灰混凝土、硅灰混凝土、碱矿渣混凝土和纤维混凝土等多种。

5.1.2 混凝土的特点

混凝土作为最重要的建筑材料之一，其技术与经济意义是其他建筑材料所无法比拟的，之所以能得到广泛的应用，其根本原因是混凝土材料具备很多优点。

（1）组成材料中的80%以上可以就地取材，这些材料资源丰富、价格便宜，可以有效降低工程成本。

（2）新拌混凝土具有良好的可塑性。可根据设计要求浇筑成各种形状和尺寸的结构或构件。

（3）混凝土可与钢筋、纤维或其他增强材料拌和后能有效协同工作。

（4）可根据混凝土的用途来配制不同性质的混凝土。

（5）混凝土的施工方法简单。

（6）混凝土具有较高的抗压强度和良好的耐久性。硬化后的混凝土的抗压强度一般可达20～40MPa，有的高达80～100MPa，因此混凝土常作为抗压构件。混凝土在使用过程中的维修费比其他常用建筑材料偏少。

但混凝土自重大、比强度小、不利于建筑物（构筑物）向高层、大跨度方向发展；具有抗拉强度低、变形能力差、绝热性差、易开裂、生产周期长等缺点。但混凝土与钢筋或其他增强材料有效协同工作后，可克服混凝土自身的一些缺点，制成各种结构或构件，广泛应用于工业与民用建筑工程中。

5.2 普通混凝土的组成材料

普通混凝土是由水泥、水、砂和石子组成，另外还常掺入适量的外加剂和掺和料。在混凝土中各组成材料起着不同的作用。砂和石子在混凝土中起骨架作用，故称为骨料（又称集料），砂称为细骨料，石子称为粗骨料。水泥和水形成水泥浆包裹在骨料的表面并填充骨料之间的空隙，在混凝土硬化之前起润滑作用，赋予混凝土拌和物流动性，便于施工；硬化之后起胶结作用，将砂石骨料胶结成一个整体，使混凝土产生强度，成为坚硬的人造石材。外加剂起改性作用。掺和料起降低成本和改性作用，硬化后的混凝土的结构如图 5-1 所示。

混凝土的质量和技术性能，除了与施工工艺（配料、搅拌、振捣等）有关外，很大程度上取决于原材料的性质和相对含量，因此，要全面了解混凝土的技术性质，就应该首先了解其组成材料的性质、作用及其质量要求。

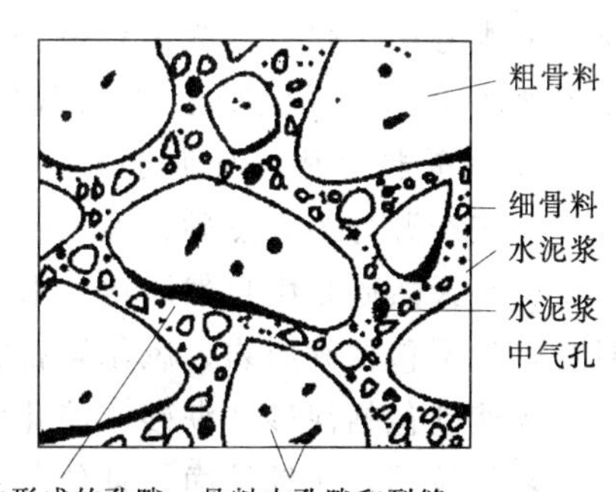

图 5-1 混凝土的结构

5.2.1 水泥

水泥是混凝土中最重要的组分，同时是混凝土组成材料中总价最高的材料。正确、合理地选择水泥的品种和强度等级，是影响混凝土强度、耐久性及经济性的重要因素。

1. 水泥品种的选择

配制混凝土时，应根据工程性质、部位、施工条件和环境状况等选择水泥的品种。

2. 水泥强度等级的选择

水泥强度等级的选择应与混凝土的设计强度等级相适应，可遵循以下原则：

(1) 原则上当配制高强度等级的混凝土时，宜选用高强度等级的水泥；配制低强度等级的混凝土时，选用低强度等级的水泥。

(2) 在选择水泥强度等级时，应做到技术上可行，经济上合理，同时又兼顾耐久性。若用低强度等级的水泥配制高强度等级混凝土时，要满足强度要求，必然增大水泥用量，不经济，同时混凝土易于出现干缩开裂和温度裂缝等劣化现象。反之，用高强度等级的水泥配制低强度等级的混凝土时，若只考虑满足混凝土强度要求，水泥用量将较少，但难以满足混凝土和易性和耐久性的要求；但若水泥用量兼顾了耐久性等性能，常又会导致混凝土超强和不经济。因此，在选择水泥强度等级时，要做到统筹考虑。表 5-1 所示是各水泥强度等级的水泥宜配制的混凝土。

表 5-1 水泥强度等级可配制的混凝土强度等级

水泥强度等级	宜配制的混凝土强度等级	水泥强度等级	宜配制的混凝土强度等级
32.5	C25 以下	52.5	C40～C60
42.5	C30～C40	62.5	C60 以上

5.2.2 骨料

混凝土用骨料，按其粒径大小不同分为细骨料和粗骨料。粒径在0.15～4.75mm之间的岩石颗粒，称为细骨料；粒径大于4.75 mm的称为粗骨料。粗细骨料的总体积占混凝土体积的70%～80%，因此，骨料的性能对所配制的混凝土性能有很大影响。为保证混凝土的质量，对骨料技术性能的要求主要有：有害杂质含量少；具有良好的颗粒形状，适宜的颗粒级配和细度；表面粗糙，与水泥部结牢固；性能稳定，坚固耐久等。

5.2.2.1 细骨料（砂）

根据国家标准《建筑用砂》（GB/T 14684—2001）的规定，粒径在150μm～4.75mm之间的骨料称为细骨料。同时还规定，砂按细度模数（M_x）大小分为粗、中、细三种规格；按技术要求分为Ⅰ类、Ⅱ类、Ⅲ类三种类别。Ⅰ类宜用于强度等级大于C60的混凝土；Ⅱ类宜用于强度等级为C30～C60及抗冻、抗渗或其他要求的混凝土；Ⅲ类宜用于强度等级小于C30的混凝土和建筑砂浆。

1. 细骨料的种类及其特性

砂按产源分为天然砂、人工砂两类。一般在当地缺乏天然砂源时，采用人工砂。

（1）天然砂是由自然风化、水流搬运和分选、堆积形成的粒径小于4.75 mm的岩石颗粒，但不包括软质岩、风化岩石的颗粒。

天然砂包括河砂、湖砂、淡化海砂和山砂，河砂和湖砂因长期经受流水和波浪的冲洗，颗粒较圆，比较洁净，且分布较广，一般工程都采用这种砂。海砂因长期受到海流冲刷，颗粒圆滑，比较洁净且粒度一般比较整齐，但常混合有贝壳及盐类等有害杂质，在配制钢筋混凝土时，海砂中Cl含量应严格控制，使Cl含量降低至0.06%以下。山砂是从山谷或旧河床中采运而得到，其颗粒多带棱角，表面粗糙，但含泥量和有机物杂质较多，使用时应加以限制。

（2）人工砂包括机制砂和混合砂。

1）机制砂是由机械破碎、筛分制成的，粒径小于4.75 mm的岩石颗粒，但不包括软质岩、风化岩石的颗粒。机制砂单纯由矿石、卵石或尾矿加工而成，其颗粒尖锐，有棱角，较洁净，但片状颗粒及细粉含量较多，成本较高。

2）混合砂是由机制砂和天然砂混合成的，可充分利用地方资源，降低机制砂的生产成本。它执行人工砂的技术要求和试验方法。

2. 细骨料的质量和技术要求

细骨料质量的优劣，直接影响到混凝土质量的好坏。国家标准《建筑用砂》（GB/T 14684—2001）对混凝土用砂的质量提出了下列要求：

（1）含泥量、石粉含量和泥块含量。含泥量是指天然砂中粒径小于0.075mm的颗粒含量；石粉含量，是指人工砂中粒径小于0.075 mm的颗粒含量；泥块含量，则指砂中粒径大于1.180 mm，经水浸洗、手捏后小于0.600 mm的颗粒含量。

泥、石粉和泥块对混凝土是有害的。泥包裹于砂粒表面妨碍水泥与砂的黏结，增大混凝土用水量，降低混凝土的强度和耐久性，增大干缩；泥块本身强度很低，浸水后溃散，干燥后收缩；但人工砂中适量的石粉对混凝土质量是有益的，因为人工砂颗粒尖锐、多棱角，对混凝土的和易性不利，特别是低强度等级的混凝土和易性很差，而适量的石粉存在，可弥补这一缺陷。此外，由于石粉主要是由 0.040～0.075mm 的微粒组成，它能完善细骨料的级配，从而提高混凝土密实性。根据国家标准，天然砂的含泥量和泥块含量及人工砂的石粉含量和泥块含量应分别符合表 5－2 和表 5－3 的规定。

表 5－2　　天然砂含泥量和泥块含量

项　　目	指　　标		
	Ⅰ类	Ⅱ类	Ⅲ类
含泥量（按质量计,%）	<1.0	<3.0	<5.0
泥块含量（按质量计,%）	0	<1.0	<2.0

表 5－3　　人工砂石粉含量和泥块含量

项　　目			指　　标		
			Ⅰ类	Ⅱ类	Ⅲ类
亚甲蓝试验	MB值<1.40或合格	石粉含量（按质量计,%）	<3.0	<5.0	<7.0*
		泥块含量（按质量计,%）	0	<1.0	<2.0
	MB值≥1.40或不合格	石粉含量（按质量计,%）	<1.0	<3.0	<5.0
		泥块含量（按质量计,%）	0	<1.0	<2.0

* 根据使用地区和用途，在试验验证的基础上，可由供需双方协商确定。

（2）有害物质含量。砂中不应混有草根、树叶、树枝、塑料、煤块、炉渣等杂物。砂中如含有云母、轻物质、有机物、硫化物及硫酸盐、氯盐等，其含量应符合表 5－4 的规定。

表 5－4　　砂中有害物质含量

项　　目	指　　标		
	Ⅰ类	Ⅱ类	Ⅲ类
云母（按质量计,%）	<1.0	<2.0	<2.0
轻物质（按质量计,%）	<1.0	<1.0	<1.0
有机物（比色法）	合格	合格	合格
氯化物及硫酸盐（按 SO_3 质量计,%）	<0.5	<0.5	<0.5
氯化物（以氯离子质量计，%）	<0.01	<0.02	<0.06

注　轻物质指表观密度小于 2000kg/m³ 的物质。

云母是表面光滑的小薄片，它与水泥的黏结性差，影响混凝土的强度和耐久性；硫化物可与水泥石中固态水化铝酸钙反应生成钙矾石，从而引起混凝土膨胀开裂。有机物会延缓水泥的水化硬化，降低混凝土的强度，尤其是早期强度。氯化物对钢筋有锈蚀作用。

（3）砂的颗粒级配及粗细程度。砂的颗粒级配是指粒径大小不同的砂粒的搭配情况。粒径相同的砂粒堆积在一起，会产生很大的空隙率，如图 5－2（a）所示；要想减小砂粒间的空隙，就必须将大小不同的颗粒搭配起来使用，如图 5－2（b）、（c）所示，在粗颗粒砂的空隙中由中颗粒砂填充，中颗粒砂的空隙再由细颗粒砂填充，这样逐级的填充，使砂形成最密集的堆积，空隙率达到最小程度，从而达到节约水泥和提高混凝土强度的目的。

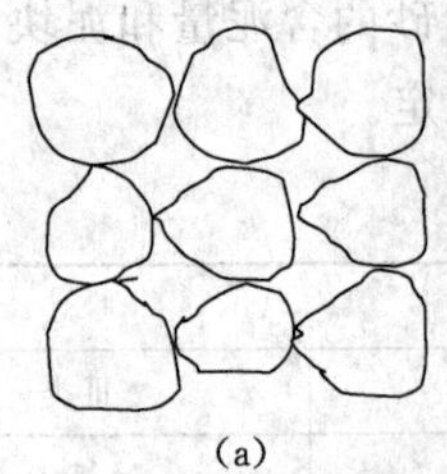
(a)

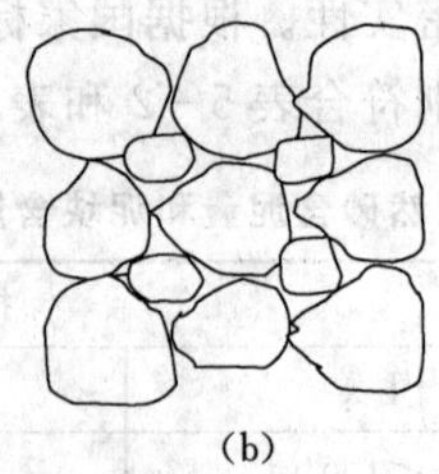
(b)

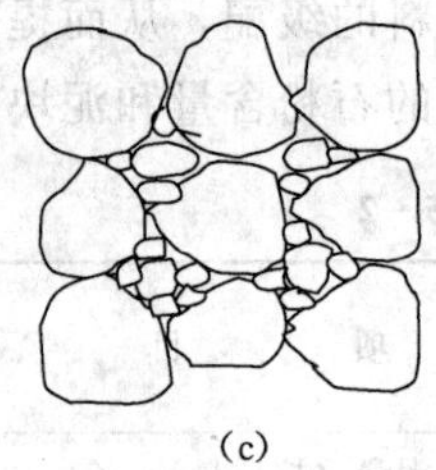
(c)

图 5-2 细骨料的颗粒级配

砂的粗细程度是指不同粒径的砂粒混合在一起后的平均粗细程度，通常有粗砂、中砂与细砂之分。砂的粗细程度与其总表面积有直接的关系，对于相同重量的砂，细砂的总表面积较大，粗砂的总表面积较小。一般用粗砂拌制的混凝土比用细砂拌制混凝土所需的水泥浆要少。在混凝土中砂子的表面需要水泥浆包裹，赋予系统流动性和黏结强度，砂子的总表面积越大，则需要包裹砂粒表面的水泥浆就越多。但若砂子过粗，易使混凝土拌和物产生离析、泌水等现象。因此，混凝土用砂不宜过细，也不宜过粗。

在拌制混凝土时，砂的颗粒级配和粗细程度应同时考虑。当砂中含有较多的粗颗粒，并以适量的中颗粒及少量的细颗粒填充其空隙，则可达到空隙率及总表面积均较小，这是比较理想的，不仅水泥用量少，而且还可以提高混凝土的密实度与强度。

砂的颗粒级配和粗细程度常用筛分析的方法进行测定。用级配区表示砂的颗粒级配，用细度模数表示砂的粗细程度。筛分析的方法，是用一套孔径（径尺寸）为 9.5mm、4.75mm、2.36mm、1.18mm、0.6mm、0.3mm 和 0.15mm 的标准筛（方孔筛）将 500g 的干砂试样（已筛除大于 9.50 mm 的颗粒）由粗到细依次过筛，然后称量留在各筛上的砂量（9.5 mm 筛除外），并计算出各筛上的分计筛余百分率 a_1、a_2、a_3、a_4、a_5 和 a_6（各筛上的筛余量占砂样总质量的百分率）及累计筛余百分率 A_1、A_2、A_3、A_4、A_5 和 A_6（各筛和比该筛粗的所有分计筛余百分率之和）。累计筛余与分计筛余的关系见表 5-5。

表 5-5 分计筛余和累计筛余的关系

筛孔尺寸	分计筛余（%）	累计筛余（%）	筛孔尺寸	分计筛余（%）	累计筛余（%）
4.75mm	a_1	$A_1=a_1$	600μm	a_4	$A_4=a_1+a_2+a_3+a_4$
2.36mm	a_2	$A_2=a_1+a_2$	300μm	a_5	$A_5=a_1+a_2+a_3+a_4+a_5$
1.18mm	a_3	$A_3=a_1+a_2+a_3$	150μm	a_6	$A_6=a_1+a_2+a_3+a_4+a_5+a_6$

砂的粗细程度用细度模数（M_x）表示，即

$$M_x=\frac{(A_2+A_3+A_4+A_5+A_6)-5A_1}{100-A_1} \tag{5-1}$$

细度模数越大，表示砂越粗，普通混凝土用砂的模数范围一般在 3.7～1.6 之间，并按细度模数将砂分为粗、中、细三种规格，其中粗砂的细度模数为 3.7～3.1，中砂的细度模数为 3.0～2.3，细砂的细度模数为 2.2～1.6。

《建筑用砂》（GB/T 14684—2001）规定，根据 600μm 筛孔的累计筛余，把 M_x 在 3.7～1.6 之间的常用砂的颗粒级配分为三个级配区，如表 5-6 所示。

表 5-6　砂的级配区范围

方孔筛（mm）	累计筛余（%）		
	1区	2区	3区
9.5	0	0	0
4.75	10～0	10～0	10～0
2.36	35～5	25～0	15～0
1.18	65～35	50～10	25～0
0.6	85～71	70～41	40～16
0.3	95～80	92～70	85～55
0.15	100～90	100～90	100～90

为了直观、方便地反映砂的级配情况，常用筛分曲线来判断。所谓筛分曲线是指以累计筛余百分率为纵坐标，以筛孔尺寸为横坐标所画的曲线。用表 5-6 的规定值画出 1、2、3 三个级配区上下限值的筛分曲线，如图 5-3 所示。试验时，将砂样筛分析试验得到的各筛累计筛余百分率标注在图 5-3 中，然后可观察此筛分曲线是否完全落在级配区的某一区内，据此判断该砂的级配是否合格。同时也根据筛分曲线的偏向情况，大致判断砂的粗细情况，当筛分曲线偏向右下方时，表示砂较粗；当筛分曲线偏向左上方时，表示砂较细。

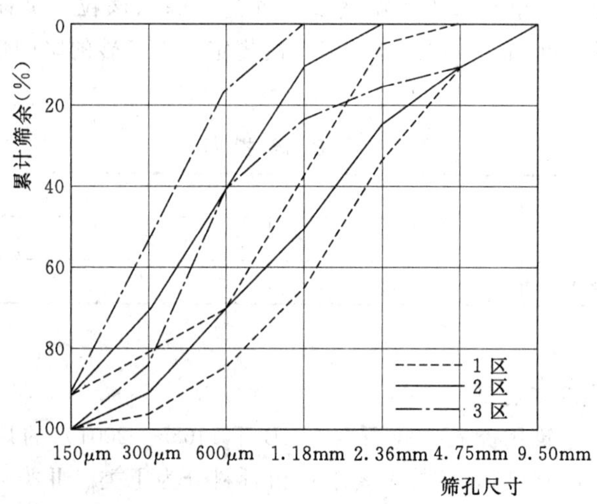

图 5-3　砂的级配区曲线

根据对筛分曲线的分析，配制混凝土时宜优先选用 2 区砂。当采用 1 区砂时，应适当提高砂率，并保证足够的水泥用量，以满足混凝土的工作性；当采用 3 区砂时，宜适当降低砂率，以保证混凝土的强度。

如果某地区的砂子自然级配不符合要求，可采用人工级配砂。配制方法是当有粗、细两种砂时，将两种砂按合适的比例掺配在一起。当仅有一种砂时，筛分分级后，再按一定比例配制。

(4) 碱-骨料反应。碱-骨料反应是指水泥、外加剂等混凝土组成物及环境中的碱与骨料中碱活性矿物在潮湿环境下缓慢发生并导致混凝土开裂破坏的膨胀反应。

对重要工程的混凝土用砂，应根据混凝土结构的使用条件和要求，按规定方法对砂子进行碱活性检验。

(5) 砂的坚固性。砂的坚固性是指砂在气候、环境或其他物理因素作用下抵抗碎裂的能力。

1) 天然砂的坚固性。

天然砂的坚固性根据砂在硫酸钠溶液中经五次浸泡循环后质量损失的大小来判定。根据《建筑用砂》(GB/T 14684—2001) 的规定，天然砂的坚固性指标应符合表 5-7 的规定。

表 5-7 砂的坚固性指标

项目	指标		
	Ⅰ类	Ⅱ类	Ⅲ类
质量损失 (%)	<8	<8	<10

2) 人工砂的坚固性。

人工砂采用压碎指标法进行检验。将砂筛分成 300μm～600μm、600μm～1.18mm、1.18mm～2.36mm、2.36mm～4.75mm 四个单粒级，按规定方法对单粒级砂样施加压力，施压后重新筛分，用单粒级下限筛的试样通过量除以该粒级试样的总量即为压碎指标。根据《建筑用砂》(GB/T 14684—2001) 的规定，人工砂的坚固性指标应符合表 5-8 的规定。

表 5-8 砂的压碎指标

项目	指标		
	Ⅰ类	Ⅱ类	Ⅲ类
单级最大压碎指标 (%)	<20	<25	<30

5.2.2.2 粗骨料

1. 粗骨料的种类及其特性

根据国家标准《建筑用卵石、碎石》(GB/T 14685—2001) 的规定，粒径在 4.75～90mm 之间的骨料称为粗骨料，按技术要求将粗骨料分为Ⅰ类、Ⅱ类和Ⅲ类。Ⅰ类粗骨料宜用于强度等级大于 C60 的混凝土；Ⅱ类粗骨料宜用于强度等级 C30～C60 及抗冻、抗渗或其他要求的混凝土；Ⅲ类粗骨料宜用于强度等级小于 C30 的混凝土。

普通混凝土常用的为粗骨料有碎石和卵石 (砾石)。

(1) 碎石是由天然岩石或大卵石经破碎，筛分而得的粒径大于 4.75 mm 的岩石颗粒。碎石表面粗糙，棱角多，且较洁净，与水泥石黏结比较牢固。

(2) 卵石是由天然岩石经自然风化、水流搬运和分选、堆积形成的粒径大于 4.75 mm 的岩石颗粒，按其产源可分为河卵石、海卵石、山卵石等几种。卵石表面光滑，有机杂质含量较多，与水泥石胶结力较差。

2. 粗骨料的技术要求

粗骨料作为混凝土的组成材料之一，其质量的优劣，直接影响到混凝土质量的好坏。《建筑用卵石、碎石》（GB/T 14685—2001）对卵石和碎石的质量及技术要求主要有以下几个方面：

（1）含泥量和泥块含量。粗骨料中的泥、泥块对混凝土的危害与细骨料的相同。卵石、碎石的含泥量和泥块含量应符合表5-9的规定。

表5-9　碎石、卵石中含泥量和泥块含量

项　目	指　标		
	Ⅰ类	Ⅱ类	Ⅲ类
含泥量（按质量计，%）	<0.5	<1.0	<1.5
泥块含量（按质量计，%）	0	<0.5	<0.7

（2）有害物质含量。粗骨料中不应混有草根、树叶、树枝、塑料、煤块和炉渣等杂物，粗骨料中的有害物质主要有硫化物、硫酸盐、有机物及氯化物等，它们对混凝土的危害与细骨料的相同。粗骨料有害物质含量应符合表5-10的要求。

表5-10　碎石、卵石中有害物质含量

项　目	指　标		
	Ⅰ类	Ⅱ类	Ⅲ类
硫化物及硫酸盐（以 SO_3 质量计，%）	≤0.5	≤1.0	≤1.0
有机质	合格	合格	合格

（3）碱-骨料反应。与细骨料一样，粗骨料也存在碱-骨料反应，而且所产生的危害比细骨料更严重。当对粗骨料的碱活性有怀疑时或用于重要工程的粗骨料，应根据混凝土结构的使用条件和要求，按规定方法对石子进行碱活性检验。

（4）针、片状颗粒含量。粗骨料的颗粒形状以球形或立方体形颗粒为好，而针、片状颗粒形状较差。粗骨料中针、片状颗粒不仅本身受力时容易折断，影响混凝土的强度，而且会增大骨料的空隙率，使混凝土拌和物的和易性变差，其含量应加以限制。根据标准规定，粗骨料中的针、片状颗粒含量应符合表5-11的规定。

表5-11　碎石、卵石中的针、片状颗粒含量

项　目	指　标		
	Ⅰ类	Ⅱ类	Ⅲ类
针、片状颗粒（按质量计，%）	≤5	≤15	≤25

（5）最大粒径及颗粒级配。粗骨料公称粒级的上限称为该粒级的最大粒径。当骨料用量一定时，其比表面积随着粒径的增大而减小，因而包裹其表面所需的水泥浆量减少，可节约水泥；而且在一定和易性和水泥用量条件下，能减少用水量而提高强度，特别是在大体积混凝土中，能有效降低水泥水化热，对控制大体积混凝土的温度裂缝尤为重要。因此，粗骨料的最大粒径应在条件许可的情况下，尽量选大些。但对于普通的结构混凝土，

尤其是高强混凝土，粗骨料粒径对混凝土强度也有一定的影响，当粗骨料粒径大于 40mm 后，由于大粒径粗骨料的不均匀性会造成混凝土强度的降低，此外粗骨料的最大粒径还受结构型式、配筋间距及施工条件的影响，因此，结构混凝土中应适当限制粗骨料的最大粒径。

《混凝土结构工程施工及验收规范》(GB 50204—2002) 规定，混凝土用粗骨料的最大粒径不得大于结构截面最小边长尺寸的 1/4，同时不得大于钢筋间最小净距的 3/4。对于混凝土实心板，骨料的最大粒径不宜超过板厚的 1/3，且不得超过 40mm。对于泵送混凝土，粗骨料最大粒径与输送管内径之比，当泵送高度在 50m 以下时，碎石不宜大于 1∶3，卵石不宜大于 1∶2.5；当泵送高度在 50～100m 时，碎石不宜大于 1∶4，卵石不宜大于 1∶3；高度在 100m 以上时，碎石不宜大于 1∶5，卵石不宜大于 1∶4。

与细骨料的要求一样，粗骨料也要求有良好的颗粒级配，使空隙率及总表面积比较小，从而节约拌制混凝土的水泥用量，提高混凝土的密实度。特别是配制高强混凝土，粗骨料级配特别重要。

粗骨料的颗粒级配分连续级配和间断级配两种。连续级配是石子由小到大各粒级相连的级配；间断级配是指用小颗粒的粒级石子直接与大颗粒的粒级石子相配，中间缺了一段粒级的级配。建筑工程中多采用连续级配，级配不良的粗骨料，容易导致新拌混凝土的施工性能很差，降低混凝土的质量。

粗骨料的级配可根据《建筑用卵石、碎石》(GB/T 14685—2001) 的规定，通过筛分析试验来确定。普通混凝土用碎石和卵石的颗粒级配应符合表 5-12 的规定。

表 5-12　碎石和卵石的颗粒级配范围

级配情况	公称粒径 (mm)	累计筛余 (%)											
		方孔筛 (mm)											
		2.36	4.75	9.50	16.0	19.0	26.5	31.5	37.5	53.0	63.0	75.0	90.0
连续粒级	5～10	95～100	80～100	0～15	0								
	5～16	95～100	85～100	30～60	0～10	0							
	5～20	95～100	90～100	40～80		0～10	0						
	5～25	95～100	90～100		30～70		0～5	0					
	5～31.5	95～100	90～100	70～90		15～45		0～5	0				
	5～40		95～100	70～90			30～65		0～5	0			
单粒粒级	10～20		95～100	85～100		0～15	0						
	16～31.5		95～100		85～100			0～10	0				
	20～40			95～100		80～100			0～10	0			
	31.5～63				95～100			75～100	45～75		0～10	0	
	40～80					95～100			70～100		30～60	0～10	0

(6) 含水状态。骨料的含水状态可分为干燥状态、气干状态、饱和面干状态和湿润状态四种。干燥状态下的骨料含水率等于或接近于零，气干状态的骨料含水率与大气湿度相平衡，但未达到饱和状态；饱和面干状态的骨料其内部孔隙含水达到饱和而其表面干燥；

湿润状态的骨料不仅内部孔隙含水达到饱和，而且表面还附着一部分自由水。

在工程施工过程中，应随时测定现场骨料的含水率，以便及时调整混凝土组成材料的实际用量的比例，从而保证所配制的混凝土的质量。

（7）骨料的强度。为保证所拌制混凝土的强度，粗骨料都必须具有足够的强度。粗骨料强度可以通过岩石立方体强度和压碎指两种方法来表示。

1）岩石立方体强度。岩石立方体强度，就是将制作粗骨料的母岩制成边长为 50mm 的立方体（或直径与高均为 50mm 的圆柱体）试件，浸水 48h 后，所测定的极限抗压强度值。《建筑用卵石、碎石》（GB/T 14685—2001）规定，在水饱和状态下测其抗压强度，火成岩应不小于 80MPa，变质岩应不小于 60MPa，水成岩应不小于 30MPa。

2）压碎指标。压碎指标检验，可以模拟粗骨料在混凝土中的实际受力状态，就是将一定质量气干状态下 9.5～19.0mm 的石子除去针、片状颗粒，装入一定规格的圆筒内，在压力机上按 1kN/s 速度均匀加荷至 200kN，并稳荷 5kN/s，卸荷后用孔径为 2.36mm 的筛筛去被压碎的细粒，称取试样的筛余量。压碎指标可按下式计算：

$$Q=\frac{G_0-G_1}{G_0}\times100\% \tag{5-2}$$

式中 Q——压碎指标，%；

G_0——试样质量，g；

G_1——试样的筛余量，g。

用压碎指标值可以间接反映粗骨料的强度大小。压碎指标值越小，说明粗骨料抵抗受压破碎能力越强，其强度越大。《建筑用卵石、碎石》（GB/T 14685—2001）规定，粗骨料压碎指标符合表 5-13 的规定。

表 5-13　　粗骨料压碎指标

项目	指标		
	Ⅰ类	Ⅱ类	Ⅲ类
碎石压碎指标（%）	<10	<20	<30
卵石压碎指标（%）	<12	<16	<16

（8）表观密度、堆积密度、空隙率。《建筑用卵石、碎石》（GB/T 14685—2001）规定，粗骨料的表观密度大于 2500kg/m³，松散堆积密度大于 1350kg/m³，空隙率小于 47%。

（9）坚固性。粗骨料的坚固性，是指粗骨料在自然风化和其他外界物理、化学因素作用下抵抗碎裂的能力。具有某种特征孔结构的岩石会表现出不良的体积稳定性，这些颗粒遭受冻融循环后引起体积变化，从而导致混凝土破坏。骨料越密实，强度高，吸水率小时，其坚固性越好；结构疏松，矿物成分越复杂、不均匀，其坚固性越差。

粗骨料的坚固性用试样在硫酸钠溶液中经五次浸泡循环后质量损失的大小来判定。《建筑用卵石、碎石》（GB/T 14685—2001）规定，粗骨料的坚固性指标应符合表 5-14 的规定。

表 5-14　　粗骨料的坚固性指标表

项　目	指　标		
	Ⅰ类	Ⅱ类	Ⅲ类
质量损失（%）	<5	<8	<12

5.2.3　混凝土用水

混凝土用水包括拌和水及养护用水。混凝土用水对保证混凝土的各项技术性能有十分重要的作用，《混凝土用水标准》（JGJ 63—2006）规定，混凝土拌和及养护用水中均不应含有影响混凝土的凝结硬化、强度发展、耐久性及引起钢筋锈蚀的成分，也不得污染混凝土表面。具体要求如表 5-15 所示。

表 5-15　　混凝土用水中的物质含量限值

项　目	预应力混凝土	钢筋混凝土	素　混　凝　土
pH 值	≥5.0	≥4.5	≥4.5
不溶物（mg/L）	≤2000	≤2000	≤5000
可溶物（mg/L）	≤2000	≤5000	≤10000
氯化物（以 Cl^- 计，mg/L）	≤500	≤1000	≤3500
硫酸盐（以 SO_4^{2-} 计，mg/L）	≤600	≤2000	≤2700
碱含量（rag/L）	≤1500	≤1500	≤1500

混凝土用水的水源有多种，但无论何种水源，在拌制或养护混凝土时必须符合《混凝土用水标准》（JGJ 63—2006）的规定，当对水质有怀疑时，应将待检验水与蒸馏水分别做水泥凝结时间和砂浆或混凝土强度对比试验。对比试验测得的水泥初凝时间差和终凝时间差，均不得超过 30min，且其初凝和终凝时间应符合水泥标准的规定。

5.3　普通混凝土掺和料及外加剂

5.3.1　混凝土掺和料

在混凝土拌和配制时，为了节约水泥、改善混凝土性能、调节混凝土强度等级而加入的天然或人造的矿物材料，统称为混凝土掺和料。

掺和料与水泥混合材料在种类上基本相同，主要有粉煤灰、硅灰、磨细自燃煤矸石以及其他工业废渣。粉煤灰是目前用量最大，使用范围最广的掺和料。

5.3.1.1　粉煤灰

当锅炉以磨细的煤粉作为燃料时，煤粉喷入炉膛中，以细颗粒火团的形式进行燃烧，释放出热量，煤中的有机物燃烧后挥发，而煤中的固定碳和矿物杂质燃烧后收缩成球状液，经迅速冷却而成为粉煤灰。

掺入一定量粉煤灰的混凝土称为粉煤灰混凝土。粉煤灰混凝土可用于配制泵送混凝土、大体积混凝土、抗渗混凝土、抗硫酸盐和抗软水侵蚀混凝土、蒸养混凝土、轻骨料混凝土、地下工程和水下工程混凝土、碾压混凝土等。

1. 粉煤灰的分类

粉煤灰主要从火力发电厂的烟气中收集而得到。粉煤灰按收集方法的不同分为静电收尘灰和机械收尘灰两种；按排放方式不同分为湿排灰和干排灰；按 CaO 的含量高低分为高钙灰（CaO 含量大于 10%）和低钙灰（CaO 含量小于 10%）两类。我国绝大多数电厂排放的粉煤灰为低钙灰，湿排灰活性不如干排灰。

《用于水泥和混凝土中的粉煤灰》（GB/T 1596—2005 ）规定，粉煤灰按煤种分为 F 类（由无烟煤或烟煤煅烧收集的粉煤灰）和 C 类（由褐煤或次烟煤煅烧收集的粉煤灰，其氧化钙含量一般大于 10%），拌制混凝土和砂浆用粉煤灰可分为Ⅰ、Ⅱ、Ⅲ三个等级。

2. 粉煤灰的化学成分

粉煤灰的化学成分主要有 SiO_2、Al_2O_3、Fe_2O_3、CaO、MgO、SO_3 等，我国火力发电厂粉煤灰的化学成分范围如表 5－16 所示。

表 5－16　粉煤灰的化学成分

化学成分	SiO_2	Al_2O_3	Fe_2O_3	CaO	MgO	SO_3	烧失量
含量范围（%）	40～60	17～35	2～15	1～10	0.5～2	0.1～2	1～26

3. 粉煤灰的开发应用

我国每年的粉煤灰产量近 2 亿吨，粉煤灰在建筑工程中的应用主要有以下几个方面：

（1）作混凝土和砂浆的掺和料。

（2）作水泥的混合材料或生产原料。

（3）烧制普通砖和粉煤灰陶粒。

（4）生产硅酸盐制品，如蒸养粉煤灰砖、粉煤灰加气混凝土、空心或实心粉煤灰砌块、粉煤灰板材等。

国家标准《用于水泥和混凝土中的粉煤灰》（GB/T 1596—2005）对工程中所使用的粉煤灰提出了相应的技术要求，如表 5－17 所示。

表 5－17　用于混凝土中的粉煤灰技术要求

项　目	技　术　要　求		
	Ⅰ类	Ⅱ类	Ⅲ类
细度（0.045mm 方孔筛筛余）（%）	≤12.0	≤25.0	≤45.0
需水量比（%）	≤95	≤105	≤115
烧失量（%）	≤5.0	≤8.0	≤15.0
含水量（%）	≤1.0		
三氧化硫含量（%）	≤3.0		
游离氧化钙（%）	F 类粉煤灰≤1.0；C 类粉煤灰≤4.0		
安定性 雷氏法沸煮后增加距离（m）	C 类粉煤灰≤5.0		

掺粉煤灰的混凝土，其放射性应符合《建筑材料放射性核素限量》（GB 6566—2001）。粉煤灰的有毒有害物质来源于原煤，原煤的有毒有害成分越多，粉煤灰的环境危害性就越大。

5.3.1.2 硅灰

硅灰又称硅粉或硅烟灰，是从生产硅铁合金或硅钢等所排放的烟气中收集到的颗粒极细的烟尘，色呈浅灰到深灰。硅灰颗粒极细，平均粒径为 0.1～0.2μm，比表面积 20000～25000m^2/kg，密度 2.2g/cm^3，堆积密度 250～300kg/m^3。

由于硅灰具有高比表面积，因而其需水量很大，将其作为混凝土掺和料须配以减水剂才能保证混凝土的和易性。硅灰用作混凝土的掺和料有以下作用：①配制高强、超高强混凝土；②改善混凝土的孔结构，提高混凝土的抗渗性和抗冻性；③抑制碱-骨料反应。

在土建工程中，硅灰取代水泥量常为 5%～15%，且必须同时掺入高效减水剂。若掺量过大，将会使水泥浆变得十分黏稠。

5.3.1.3 磨细自燃煤矸石粉

自燃煤矸石粉是由煤矿洗煤过程中排出的矸石，经自燃而成的。自燃煤矸石具有一定的火山灰活性，磨细后可作为混凝土的掺和料。

5.3.2 混凝土外加剂

混凝土外加剂是指在混凝土拌和前或拌和时掺入的用以改善混凝土性能的物质。掺量一般不超过水泥质量的 5%。

混凝土外加剂不包括生产水泥时加入的混合材料、石膏和助磨剂，也不同于在混凝土拌制时掺入的掺和料。混凝土外加剂的使用是混凝土技术的重大突破，它不仅是提高混凝土强度和改善其各种性能的有效措施，而且是满足现代工程建设对混凝土某些特殊性能的有效手段。外加剂的发展历史虽然不长，但在混凝土中的应用已非常普遍。外加剂已被公认为现代混凝土的第五组分。

5.3.2.1 外加剂的分类

根据国家标准《混凝土外加剂定义、分类、命名与术语》（GB/T 8075—2005）的规定，混凝土外加剂按其主要功能可分为以下 4 类：

(1) 改善混凝土拌和物流变性能的外加剂，包括各种减水剂和泵送剂等。

(2) 调节混凝土凝结时间、硬化性能的外加剂，包括缓凝剂、促凝剂和速凝剂等。

(3) 改善混凝土耐久性的外加剂，包括引气剂、防水剂、阻锈剂和矿物外加剂等。

(4) 改善混凝土其他性能的外加剂，包括膨胀剂、防冻剂、着色剂等。

5.3.2.2 混凝土常用外加剂

1. 减水剂

减水剂是在混凝土坍落度基本相同的条件下，能显著减少混凝土拌和水量的外加剂。根据减水剂的作用效果及功能情况，可分为普通减水剂、高效减水剂、早强减水剂、缓凝减水剂、引气减水剂等。

减水剂之所以能减水，是由于它是一种表面活性剂，其分子是由亲水基团和憎水基团两部分组成。水泥加水拌和后，由于颗粒之间分子凝聚力的作用，会形成絮凝结构，将一部分拌和用水包裹在絮凝结构内，从而使混凝土拌和物的流动性降低，当水泥中加入减水剂后，减水剂的憎水基团定向吸附于水泥颗粒表面，使水泥颗粒表面带有相同的电荷，产生静电斥力，使水泥颗粒相互分开，絮凝结构解体，释放出游离水，从而增大了混凝土拌和物的流动性。另外，减水剂还能在水泥颗粒表面形成一层稳定的溶剂化水膜，这层水膜是很好的润滑剂，有利于水泥颗粒的滑动，从而使混凝土拌和物的流动性进一步提高。

（1）减水剂的技术经济效果。在混凝土中加入减水剂后，可取得以下技术经济效果：

1）增加流动性。在拌和物用水量不变时，混凝土流动性显著增大，混凝土拌和物坍落度可增大100～200mm，且不影响混凝土强度。

2）提高混凝土强度。保持混凝土拌和物坍落度和水泥用量不变，可减水5%～15%，混凝土强度可提高5%～20%，特别是早期强度会显著提高。

3）节约水泥。保持流动性、混凝土强度不变时，可节约水泥用量5%～15%。

4）提高混凝土的抗渗性和抗冻性。由于减水剂的掺入，显著地改善了混凝土的孔结构，使混凝土的密实度提高，从而可提高抗渗、抗冻能力。

此外，掺用减水剂后，还可以改善混凝土拌和物的泌水、离析现象，延缓混凝土拌和物的凝结时间，减慢水泥水化放热速度。

（2）减水剂的掺加方法。减水剂的掺加方法，对其技术经济效果影响很大。减水剂的掺法有同掺法、先掺法和后掺法。

1）同掺法是指将减水剂预先溶于水中形成溶液，再加入拌和物中一起搅拌的方法，该掺法计量准确，搅拌均匀，工程上经常采用。

2）先掺法是指将减水剂与水泥混合后再与骨料和水一起搅拌的方法，该掺法使用方便，但减水剂有粗粒时不易分散，搅拌时间要延长，工程上不常采用。

3）后掺法是指在混凝土拌和物运送到浇筑地点后，再分次加入减水剂进行搅拌的方法，该方法可避免混凝土在运输途中的分层、离析和坍落度损失，提高水泥的适应性，常用于商品混凝土。

2. 引气剂

引气剂是指在搅拌混凝土过程中能引入大量均匀分布、稳定而封闭的微小气泡（直径10～100μm）的外加剂。

引气剂属憎水性表面活性剂，使水溶液在搅拌过程中极易产生许多微小的封闭气泡，同时因引气剂定向吸附在气泡表面，形成较为牢固的液膜，使气泡稳定而不破裂。由于大量微小、封闭并且均匀分布的气泡的存在，引气剂能显著改善混凝土的某些性能。

（1）引气剂的技术经济效果。

1）改善混凝土拌和物的和易性。在混凝土拌和物中，加入引气剂后，由于气泡的存在，浆体黏度增大，从而减少分层离析现象，显著提高混凝土的保水性。同时，封闭的小气泡在混凝土拌和物中好如滚珠，减少了骨料间的摩擦，增强了润滑作用，从而提高了混凝土拌和物的流动性。

2）提高混凝土的抗渗性和抗冻性。大量均匀分布的封闭气泡切断了混凝土中的毛细管渗水通道，改变了混凝土的孔结构，使混凝土抗渗性显著提高。同时，封闭气泡有较大的弹性变形能力，对由水结冰所产生的膨胀应力有一定的缓冲作用，因而混凝土的抗冻性得到提高。

（2）引气剂的应用。在混凝土凝土拌和物中，加入引气剂后，由于大量气泡的存在，减少了混凝土的有效受力面积，使混凝土强度有所降低。故《混凝土外加剂应用技术规范》（GB 50119—2003）规定了掺引气剂混凝土的含气量，如表5-18所示。

表 5-18　掺引气剂混凝土的含气量

粗骨料最大粒径（mm）	20	25	40	50	80
混凝土含气量（%）	5.5	5.0	4.5	4.0	3.5

引气剂及引气减水剂可用于抗冻混凝土、抗渗混凝土、抗硫酸盐混凝土、泌水严重的混凝土、轻骨料混凝土、人工骨料配制的普通混凝土、高性能混凝土以及有饰面要求的混凝土。

3. 缓凝剂

缓凝剂是指能延缓混凝土凝结时间，而不显著影响混凝土后期强度的外加剂。

(1) 缓凝剂的种类。目前，缓凝剂主要有以下 4 类：

1) 糖类，如糖蜜。

2) 木质素磺酸盐类，如木钙、木钠。

3) 羟基羟酸及其盐类，如柠檬酸、酒石酸。

4) 无机盐类，如锌盐、硼酸盐等。

常用的缓凝剂是木钙和糖蜜，其中糖蜜的缓凝效果最好。

(2) 缓凝剂的应用。缓凝剂具有缓凝、减水、降低水化热和增强作用，对钢筋也无锈蚀作用。缓凝剂、缓凝减水剂及缓凝高效减水剂可用于大体积混凝土、碾压混凝土、炎热气候条件下施工的混凝土、大面积浇筑的混凝土、避免冷缝产生的混凝土、需较长时间停放或长距离运输的混凝土、自流平免振混凝土、滑模施工的混凝土及其他需要延缓凝结时间的混凝土。它们宜用于最低气温 5℃以上施工的混凝土，不宜单独用于有早强要求的混凝土及蒸养混凝土。缓凝高效减水剂可制备高强高性能混凝土。

4. 早强剂

早强剂是指能加速混凝土早期强度发展且对后期混凝土强度无显著影响的外加剂。

(1) 早强剂的种类。目前常用的有氯盐类、硫酸盐类、有机胺类以及其复合类。

1) 氯盐类早强剂。主要有氯化钙、氯化钠、氯化钾、氯化铝等，其中氯化钙应用最广。氯化钙为白色粉末，能使混凝土 3d 强度提高 50%～100%，7d 强度提高 20%～40%。同时，能降低混凝土中水的冰点，防止混凝土早期受冻。

2) 硫酸盐类早强剂。主要有硫酸钠、硫代硫酸钠、硫酸钙、硫酸铝及硫酸钾铝等，其中硫酸钠应用最广。硫酸钠为白色粉末，达到混凝土强度的 60%的时间可缩短一半，尤其对矿渣水泥混凝土效果更好，但会影响后期强度，28d 强度稍有降低。

3) 有机胺类早强剂。主要有三乙醇胺、三异丙醇胺等，其中三乙醇胺应用最广。三乙醇胺一般不单独使用，常与其他早强剂复合用，能使水泥的凝结时间延缓 1～3h，使混凝土早期强度提高 50%左右，28d 强度不变或略有提高，对普通水泥的早强作用大于矿渣水泥。

4) 复合类早强剂。采用两种或两种以上的早强剂复合而成的。可以弥补相互的不足，取得更好的效果。

(2) 早强剂的应用。早强剂可促进水泥的水化和硬化进程，加快施工进度，提高模板周转率，特别适用于冬季施工或紧急抢修工程。早强剂可用于蒸汽养护的混凝土及常温、低温和最低温度不低于－5℃环境中施工的有早强要求的混凝土工程。炎热环境条件下不宜使用早强剂和早强减水剂。

为了防止氯离子引起钢筋锈蚀，《混凝土外加剂应用技术规范》（GB 50119—2003）规定，下列结构中严禁采用含有氯盐配制的早强剂及早强减水剂：预应力混凝土结构；相对湿度大于80%环境中使用的结构；大体积混凝土；直接接触酸、碱或其他侵蚀性介质的结构；经常处于温度为60℃以上的结构，需经蒸养的钢筋混凝土预制构件；有装饰要求的混凝土，特别是要求色彩一致的或是表面有金属装饰的混凝土；薄壁混凝土结构，中级和重级工作制吊车的梁、屋架、落锤及锻锤混凝土基础等结构；使用冷拉钢筋或冷拔低碳钢丝的结构；骨料具有碱活性的混凝土结构。

5. 防冻剂

防冻剂是指在规定温度下，能显著降低混凝土的冰点，使混凝土液相不冻结或仅部分冻结，以保证水泥的水化作用，并在一定的时间内获得预期强度的外加剂。

（1）防冻剂的种类。目前常用的防冻剂主要有以下三类：

1）有氯盐类，主要有氯化钙、氯化钠。

2）氯盐阻锈类，主要有以氯盐与亚硝酸钠阻锈剂复合而成。

3）无氯盐类，主要以硝酸盐、亚硝酸盐、碳酸盐、乙酸钠或尿素复合而成。

（2）防冻剂的应用。防冻剂应用于负温条件下施工的混凝土。氯盐类防冻剂适用于无筋混凝土；氯盐阻锈类防冻剂适用于钢筋混凝土；无氯盐类防冻剂可用于钢筋混凝土工程和预应力钢筋混凝土工程。目前国产防冻剂适用于在0～－15℃气温下施工混凝土，当在更低气温下施工混凝土时，应加用其他的混凝土冬季施工措施。为了防止部分防冻剂的组分对混凝土等产生危害，《混凝土外加剂应用技术规范》（GB 50119—2003）规定：含强电解质无机盐类防冻剂，其严禁使用的范围与氯盐类、强电解质无机盐类早强剂的相同；含亚硝酸盐、碳酸盐的防冻剂严禁用于预应力混凝土结构；含有六价铬盐、亚硝酸盐等有害成分的防冻剂，严禁用于饮水工程及与食品相接触的工程；含有硝铵、尿素等产生刺激性气味的防冻剂，严禁用于办公、居住等建筑工程；有机化合物防冻剂、有机化合物与无机盐复合防冻剂、复合防冻剂可用于素混凝土、钢筋混凝土及预应力混凝土工程。

6. 膨胀剂

膨胀剂指能使混凝土产生补偿收缩或微膨胀的外加剂。

（1）膨胀剂的种类。目前，建筑工程中常用的膨胀剂主要有三类，即硫铝酸钙类、氧化钙类、硫铝酸钙—氧化钙类。

（2）膨胀剂的应用。膨胀剂通过膨胀源（钙矾石或氢氧化钙）不仅使混凝土体积产生了适度的膨胀，减少了混凝土的收缩，而且能填充、堵塞和隔断混凝土中的毛细孔及其他孔隙，从而改善混凝土的孔结构，提高了混凝土的密实度、抗渗性和抗裂性。因此，膨胀剂常用于补偿收缩混凝土、填充用膨胀混凝土、灌浆用膨胀砂浆和自应力混凝土。

7. 防水剂

防水剂指能降低混凝土在静水压力下的透水性的外加剂。

（1）防水剂的种类。目前常用的防水剂主要包括以下三类：

1）无机化合物类，如氯化铁、硅灰粉末等。

2）有机化合物类，如脂肪酸及其盐类、有机硅表面活性剂等。

3）混合物类，如无机类混合物、有机类混合物、无机类与有机类混合物。

（2）防水剂的应用。防水剂可用于工业与民用建筑的屋面、地下室、给排水池、水泵站等有防水抗渗要求的混凝土工程。

8. 泵送剂

泵送剂是在新拌混凝土的泵送过程中能显著改善其泵送性能的外加剂。

（1）泵送剂的种类。目前常用的泵送剂主要包括以下两类：

1）引气型，常用泵送剂多为引气型，主要组分为高效减水剂、引气剂等。

2）非引气型，主要组分为缓凝型减水剂、保塑剂等。

（2）泵送剂的应用。混凝土掺加泵送剂后，能使其流动性显著增加，并降低其泌水性和离析现象，从而方便其泵送施工操作，并容易保证混凝土的质量。

5.3.2.3　外加剂的选择和使用

在混凝土中掺入外加剂，可明显改善混凝土的技术性能，取得显著的技术经济效果。若选择和使用不当，可能会造成事故。因此，在选择和使用外加剂时，应注意以下问题。

1. 外加剂产品质量必须合格

《混凝土外加剂应用技术规范》（GB 50119—2003）规定，在混凝土工程中所选用的外加剂产品，必须经检验，其各项指标合格后才能使用。

2. 外加剂品种的选择

外加剂品种、品牌很多，效果各异，特别是对于不同品种的水泥效果不同。在选择外加剂时，应根据工程需要、现场的材料条件，并参考有关资料，通过试验确定。

3. 外加剂的使用要求

（1）掺量的确定。混凝土外加剂掺量均应通过试验试配确定，掺量过小，往往达不到预期效果；掺量过大，则会影响混凝土质量，甚至造成质量事故。

（2）掺加的方法。掺加的方法对外加剂的使用效果有很大影响，因此，必须根据外加剂的特点和现场具体条件来确定外加剂的掺加方法。

（3）材料的保管。外加剂在使用过程中，应按不同品种、规格、型号分别存放和严格保管，并有明显标志，严禁混用和错用。

5.4　混凝土拌和物的和易性

对混凝土技术性能的研究主要包括两个部分：一是混凝土硬化之前的性能，即混凝土拌和物的和易性；二是混凝土硬化之后的性能，包括强度、变形性能和耐久性等。

由混凝土组成材料拌和而成、尚未硬化的混合料，称为混凝土拌和物，又称新拌混凝土。

和易性是指混凝土拌和物易于各工序（搅拌、运输、浇筑、捣实）施工操作，并获得质量均匀、成型密实的混凝土性能。和易性良好的混凝土在施工操作过程中应具有流动性好、不易产生分层离析或泌水现象等性能，以便获得质量均匀、成型密实的混凝土结构。

和易性是一项综合的技术指标，包括流动性、黏聚性和保水性三方面的含义：

（1）流动性是指混凝土拌和物在自重或机械振捣作用下，能产生流动，并均匀密实地填满模板的性能。流动性是混凝土结构成型密实的保证。

（2）黏聚性又称抗离析性，是指混凝土各组成材料间具有一定的黏聚力，在运输和浇筑过程中不致产生分层和离析的现象，使混凝土保持整体均匀的性能。它是混凝土拌和物保持均匀、一致的条件。

（3）保水性是指混凝土拌和物具有一定的保持内部水分的能力，在施工过程中不致产生严重的泌水现象。保水性反应混凝土拌和物的稳定性。

混凝土拌和物的流动性、黏聚性、保水性，三者之间互相关联又互相矛盾。如黏聚性好则保水性往往也好，但当流动性增大时，黏聚性和保水性往往变差；反之亦然。因此，良好的和易性，正是这三方面的性能在某种具体条件下的矛盾统一。

5.4.1 新拌混凝土和易性检测

由于和易性是一项综合性的技术性质，目前尚难以用一种简单的测定方法和指标来恰当地反映混凝土拌和物的和易性。以流动性、黏聚性和保水性三方面的性质来分析，流动性对混凝土拌和物性质影响最大，《普通混凝土拌和物性能试验方法标准》（GB/T 50080—2002）规定，用坍落度和维勃稠度来测定混凝土拌和物的流动性，并辅以直观经验来评定黏聚性和保水性。

1. 坍落度法

坍落度筒法是将混凝土拌和物分三层（每层装料约 1/3 筒高）装入坍落度筒内（见图 5-4），每层用捣棒插捣 25 次，待装满刮平后，垂直平稳地向上提起坍落度筒，在圆锥筒垂直向上提起时，新拌混凝土锥体就会在自重作用下产生向下的坍落趋势，用尺量测筒高与坍落后混凝土拌和物最高点之间的高度差（mm），即为该混凝土拌和物的坍落度值。坍落度越大，表明混凝土拌和物的流动性越好。

测定混凝土拌和物坍落度后，观察拌和物的黏聚性和保水性。具体的检测和检查方法详见第 14 章。

由于坍落度试验方法操作简便，已成为建筑工程中检测新拌混凝土和易性时普遍采用的方法。但是该方法只适用于骨料最大粒径不大于 40mm，且坍落度值在 10～220mm 的新拌混凝土。对于坍落度大于 220mm 的新拌混凝土，应以坍落度扩展度法检测。

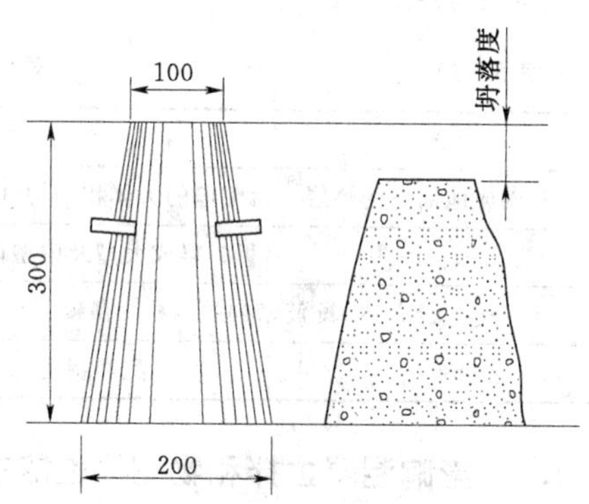

图 5-4　新拌混凝土坍落度测定示意图（单位：mm）

根据新拌混凝土坍落度值的大小不同，可将混凝土拌和物的流动性分为四级，如表 5-19 所示。

表 5-19　依据坍落度值对新拌混凝土流动性的分级

级　别	名　称	坍落度值（mm）	级　别	名　称	坍落度值（mm）
T_1	低塑性混凝土	10～40	T_3	流动性混凝土	100～150
T_2	塑性混凝土	50～90	T_4	大流动性混凝土	≥160

2. 维勃稠度法

对于坍落度值小于 10mm 的干硬性混凝土，通常采用维勃稠度仪（见图 5-5）来测定混凝土拌和物的流动性。具体试验方法详见第 14 章。维勃稠度试验适用于骨料最大粒径不大于 40mm，维勃稠度在 5～30s 之间的混凝土。

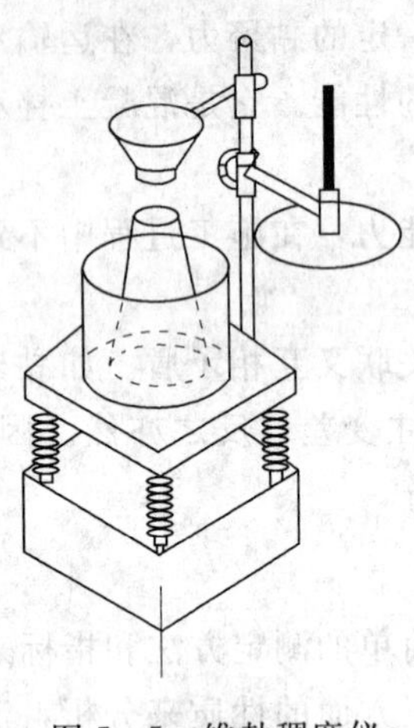

图 5-5 维勃稠度仪

根据维勃稠度，将混凝土拌和物分为四级，如表 5-20 所示。

表 5-20 依据维勃稠度对新拌混凝土流动性的分级

级别	名称	维勃稠度（s）
V_1	超干硬性混凝土	≥31
V_2	特干硬性混凝土	30～21
V_3	干硬性混凝土	20～11
V_4	半干硬性混凝土	10～5

3. 流动性（坍落度）的选择

正确选择新拌混凝土的坍落度，对保证混凝土的施工质量及节约水泥有重要意义。在选择坍落度值时，原则上应在不妨碍施工操作并能保证振捣密实的情况下，尽可能选择较小的坍落度，以节约水泥并获得较好质量的混凝土。

选择混凝土拌和物的坍落度，要根据结构类型、构件截面大小、配筋疏密、输送方式和施工捣实方法等因素来确定。当构件截面较小或钢筋较密，或采用人工插捣时，坍落度可选大些；反之，坍落度可选择小些。混凝土浇筑时的坍落度值应符合《混凝土结构工程施工质量验收规范》（GB 50204—2002）的规定，如表 5-21 所示。

表 5-21 混凝土浇筑时的坍落度

结构种类	坍落度值（mm）
基础或地面等的垫层、无配筋的大体积结构（挡土墙、基础等）或配筋稀疏的结构	10～30
板、梁或大型及中型截面的柱子等	35～50
配筋密列的结构（薄壁、斗仓、筒仓、细柱等）	55～70
配筋特密的结构	75～90

5.4.2 影响混凝土拌和物和易性的主要因素

影响新拌混凝土和易性的因素很多，主要有以下几方面。

1. 水泥浆的数量及稠度

混凝土拌和物的流动性要靠拌和物中的水泥浆来实现，在水灰比一定的情况下，增加水泥浆的用量，拌和物的流动性随之增大，但水泥浆量过多不仅浪费水泥，而且会出现流浆现象，使混凝土拌和物的黏聚性和保水性变差，对混凝土强度及耐久性也会产生一定的影响；水泥浆量过少，则其不能填满骨料空隙或不能很好地包裹骨料表面时，拌和物就会产生崩塌现象，黏聚性也变差。

在水泥用量一定的情况下，水灰比越小，水泥浆就越稠，混凝土拌和物的流动性便越小。当水灰比过小时，水泥浆干稠，混凝土拌和物流动性太低会使施工困难，不能保证混凝土的密实性。增大水灰比会使流动性增大，但水灰比太大，又会造成拌和物的黏聚性和保水性不良，产生流浆、离析现象，并严重影响混凝土的强度，降低混凝土的质量。

无论是水泥浆的多少或是水泥浆的稀稠，实际上都反映了用水量是对混凝土拌和物流动性起决定性作用的因素。因为在一定条件下，要使混凝土拌和物获得一定的流动性，所需的单位用水量基本是一个定值。单纯加大用水量会降低混凝土的强度和耐久性，因此，对混凝土拌和物流动性的调整，应在保持水灰比不变的条件下，以改变水泥浆量的方法来调整，使其满足施工要求。

2. 砂率

砂率是指混凝土中砂的质量占砂石总质量的百分率。砂率过小，砂浆不能够包裹石子表面、不能填充满石子间隙，使拌和物黏聚性和保水性变差，产生离析和流浆等现象。当砂率在一定范围内增大，混凝土拌和物的流动性提高，但是当砂率增大超过一定范围后，流动性反而随砂率增加而降低。因为随着砂率的增大，骨料的总表面积必随之增大，润湿骨料的水分需增多，在单位用水量一定的条件下，混凝土拌和物的流动性降低。

由此可见，在配制混凝土时，砂率不能过大，也不能过小，应有合理砂率。当采用最佳砂率时，混凝土拌和物能获得所要求的流动性和良好的黏聚性、保水性，且水泥用量最少。砂率与坍落度的关系如图 5 - 6 所示，合理砂率与水泥用量的关系如图 5 - 7 所示。

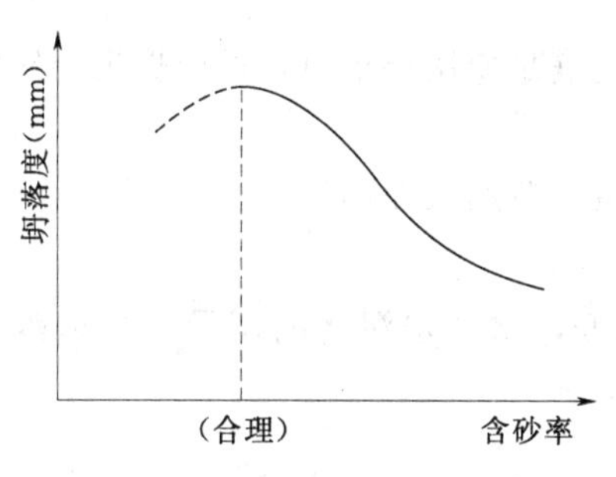

图 5 - 6　砂率与坍落度的关系

（水与水泥用量一定）

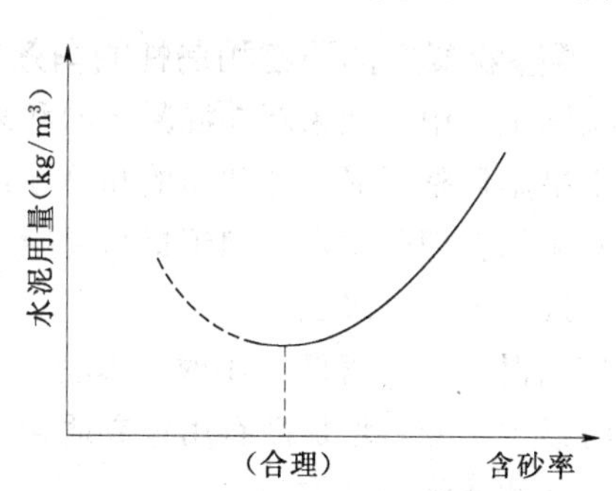

图 5 - 7　砂率与水泥用量的关系

（坍落度不变）

3. 时间及温度

混凝土拌和物随时间的延长而变干稠，流动性降低，这是由于拌和物中一些水分被骨料吸收，一些水分蒸发，一些水分与水泥水化反应变成水化产物结合水。在这些因素的综合作用下，新拌混凝土的坍落度随时间的延长而表现出逐渐损失的现象，如图 5 - 8 所示。

由于温度的升高可使水分蒸发及水化反应的速率加快，因此，随着温度的升高，坍落度损失加快，如图 5 - 9 所示。

4. 组成材料的性质

（1）水泥。不同品种的水泥需水量不同，因此在相同配合比时，拌和物的坍落度也将有所不同。水泥颗粒越细，总表面积越大，润湿颗粒表面及吸附在颗粒表面的水越多，在其他条件相同的情况下，拌和物的流动性变小。

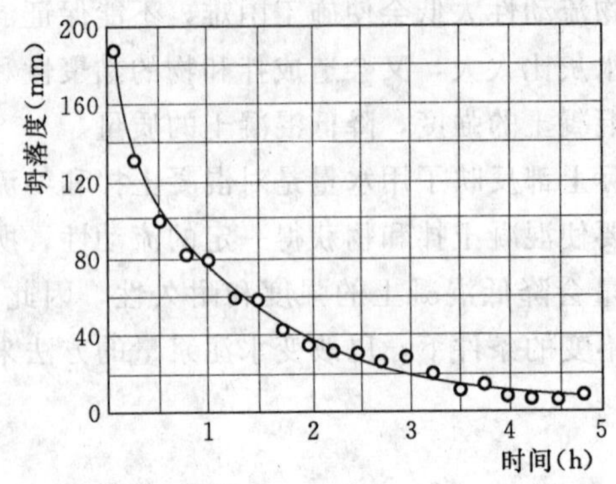

图 5-8　新拌混凝土坍落度与时间的关系

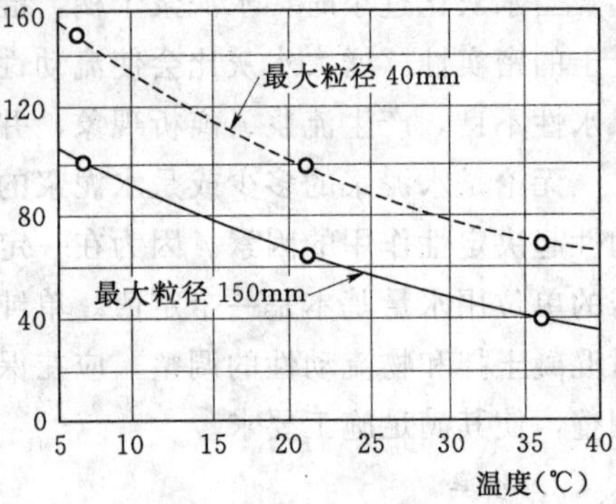

图 5-9　新拌混凝土坍落度与时间的关系

（2）骨料。骨料级配、颗粒形状、表面特征及粒径会对拌和物的和易性产生影响。采用级配良好、较粗大的骨料，因其骨料的空隙率和总表面积小，包裹骨料表面和填充空隙的水泥浆量少，在相同配合比时拌和物的流动性好些，但砂、石过粗大也会使拌和物的黏聚性和保水性下降。

（3）外加剂。如本章“5.3　普通混凝土掺和料及外加剂”中所述，适量的外加剂能使混凝土拌和物在不增加水泥用量的条件下，获得良好的和易性。

5.4.3　调整混凝土拌和物和易性的有效措施

在实际工程中，如果新拌混凝土的和易性不能满足使用要求时，可根据现场实际情况采用以下措施调整混凝土拌和物的和易性：

（1）采用合理砂率，有利于提高混凝土的质量和节约水泥用量。

（2）改善砂、石级配。

（3）当混凝土坍落度太小时，保持水灰比不变，增加水泥浆的用量；当坍落度太大时，保持砂率不变，增加砂石用量或适当增大砂率。

（4）掺和适量的外加剂。

5.5　混凝土的强度

混凝土的强度包括抗压强度、抗拉强度、抗弯强度、抗折强度等，是混凝土硬化后的重要力学性能指标。其中混凝土的抗压强度最大，抗拉强度最小，约为抗压强度的 1/10～1/20，因此，在结构工程中混凝土主要承受压力作用。混凝土强度通常作为评定和控制混凝土质量的依据之一。

5.5.1　混凝土的抗压强度

按照国家标准《普通混凝土力学性能试验方法标准》（GB/T 50081－2002），制作 150mm×150mm×150mm 的标准立方体试件，在标准条件（温度 20℃±3℃，相对湿度 90%以上）下，养护到 28d 龄期，所测得的抗压强度值为混凝土立方体抗压强度，以 f_{cu}

表示。

如果试件尺寸满足粗骨料的最大粒径的前提下，也可采用非标准尺寸的试件（通常为100mm×100mm×100mm，200mm×200mm×200mm），但在计算抗压强度时，应将其抗压强度换算成标准试件的抗压强度，《普通混凝土力学性能试验方法标准》（GB/T 50081—2002）规定，混凝土强度等级小于C60时，用非标准试件测得的强度值均应乘以尺寸换算系数，200mm×200mm×200mm试件换算系数为1.05，100mm×100mm×100mm试件换算系数为0.95。当混凝土强度等级大于或等于C60时，宜采用标准试件，使用非标准试件时，尺寸换算系数应由试验确定。

5.5.2 混凝土的强度等级

混凝土立方体抗压强度标准值（以 $f_{cu,k}$ 表示）系指按照标准方法制作养护的边长为150mm的立方体试件，在28d龄期用标准试验方法测得的具有95%保证率的抗压强度。

按《混凝土强度检验评定标准》（GBJ 107—1987）的规定，根据混凝土立方体抗压强度标准值的大小不同将混凝土划分为12个强度等级，分别为C7.5、C10、C15、C20、C25、C30、C35、C40、C45、C50、C55和C60。“C”代表混凝土，是concrete的第一个英文字母，C后面的数字为立方体抗压强度标准值（MPa）。

5.5.3 混凝土的轴心抗压强度

虽然在确定混凝土强度等级时采用的是立方体试件，但在实际结构中，主要受压的钢筋混凝土构件多为棱柱体或圆柱体。为了使测得的混凝土强度与实际情况接近，在进行钢筋混凝土受压构件（如柱子、桁架的腹杆等）计算时，都是采用混凝土的轴心抗压强度。

《普通混凝土力学性能试验方法标准》（GB/T 50081—2002）规定，混凝土轴心抗压强度是指按标准方法制作的，标准尺寸为150mm×150mm×300mm的棱柱体试件，在标准养护条件下养护到28d龄期，以标准试验方法测得的抗压强度值，又称为棱柱体抗压强度，以 f_{cp} 表示。

轴心抗压强度比同截面的立方体抗压强度小，棱柱体试件的高宽比越大，轴心抗压强度越小，但高宽比达到一定值后，强度就不再降低。当标准立方体抗压强度在10～50MPa范围内时，两者之间的比值近似为0.7～0.8。

5.5.4 混凝土的抗拉强度

由于混凝土的抗拉强度只有抗压强度的1/20～1/10，因此，混凝土构件在实际工程中通常作为受压构件，并且在钢筋混凝土结构设计中，一般也不考虑混凝土的承拉能力。但抗拉强度对混凝土抗裂性具有重要作用，是结构设计时确定混凝土抗裂度的重要指标，有时也用它来间接衡量混凝土与钢筋的黏结强度。

由于混凝土的脆性特点，直接测定混凝土的抗拉强度非常困难，目前，我国采用劈裂抗拉试验来间接测定混凝土的抗拉强度，并称之劈裂抗拉强度，以 f_{ts} 表示。劈裂抗拉强度测定时，采用150mm的立方体试件，在试件两个相对的表面轴线上，作用着均匀分布的压力，这样就能使在此外力作用下的试件竖向平面内，产生均布拉应力，如图5-10所示。

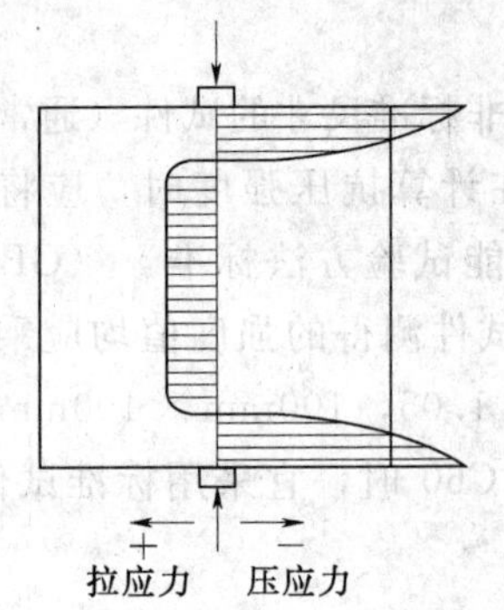

图 5-10　劈裂试验时垂直于受力面的应力分布

混凝土劈裂抗拉强度按下式计算：

$$f_{ts}=\frac{2F_p}{\pi A}=0.637\frac{F_p}{A} \tag{5-3}$$

式中　f_{ts}——混凝土劈裂抗拉强度，MPa；

F_p——破坏荷载，N；

A——试件劈裂面积，mm^2。

混凝土劈裂抗拉强度较轴心抗拉强度低，试验证明两者的比值为 0.9 左右。

试验研究证明，混凝土的劈裂抗拉强度与立方体抗压强度之间的关系，可由以下经验公式表达：

$$f_{ts}=0.35f_{cu}^{3/4} \tag{5-4}$$

式中　f_{ts}——混凝土劈裂抗拉强度，MPa；

f_{cu}——混凝土立方体抗压强度，MPa。

5.5.5　影响混凝土强度的主要因素

混凝土是由水泥、粗骨料、细骨料及其他掺料或外加剂组成的复合材料，它是一种结构复杂的非匀质多相堆聚体，因此混凝土的强度受混凝土组成材料的性质，以及组成材料之间的界面胶结能力的影响。此外，混凝土强度的测定条件和方法对其影响也很大。

1. 水泥实际强度与水灰比

水泥的实际强度和水灰比是决定混凝土强度的主要因素，也是决定性因素。

(1) 水泥强度。试验证明，普通混凝土受力破坏一般出现在骨料和水泥石的界面上，即常见的黏结面破坏的形式。另外，当水泥石强度较低时，水泥石本身破坏也是常见的破坏形式。这主要是由于普通混凝土中骨料的强度往往大大超过水泥石及界面的强度，所以，当混凝土受力发生破坏时，主要发生于水泥石与骨料的界面处。而水泥强度又是影响水泥石的强度及水泥石与骨料间黏结力的决定性因素。很显然，水泥强度越高，水泥石本身的强度就越高，水泥石与骨料间界面的黏结强度也越高，从而表现为混凝土的强度也越高。因此，在水灰比不变的情况下，水泥强度越高，所配制的混凝土强度也越高。

(2) 水灰比。在配制混凝土时，为了获得良好的和易性，一般在混凝土中所加的水约为水泥硬化所需水量的 3 倍左右，混凝土中这些多加的水，不仅使水泥浆变稀，胶结力变弱，而且当混凝土硬化后，多余的水分或残留在混凝土中，或蒸发，使得混凝土内部形成各种不同尺寸的孔隙，这些孔隙的存在会大大减少混凝土抵抗荷载的有效截面，而且会在孔隙周围形成应力集中，降低了混凝土的强度。当然，如果水灰比过小，拌和物过于干稠，施工困难大，会出现蜂窝、孔洞，导致混凝土强度严重下降。当水泥品种、水泥强度等级不变时，在满足施工要求并保证混凝土均匀密实的条件下，水灰比越小，强度越高，反之亦然（见图 5-11）。

根据工程经验与试验研究，对于 C60 以下的混凝土，鲍罗米公式建立了混凝土强度与水泥实际强度及灰水比等因素之间的线性经验公式：

$$f_{cu}=\alpha_a f_{ce}\left(\frac{C}{W}-\alpha_b\right) \tag{5-5}$$

式中　f_{cu}——混凝土28d抗压强度，MPa；

α_a、α_b——回归系数，它们与粗骨料、细骨料、水泥有关，可通过历史资料统计计算得到；若无统计资料，可按《普通混凝土配合比设计规程》（JGJ 55—2000）取经验值：对于碎石混凝土 $\alpha_a=0.46$，$\alpha_b=0.07$；对于卵石混凝土 $\alpha_a=0.48$，$\alpha_b=0.33$；

f_{ce}——水泥28d实测抗压强度，MPa；

C——混凝土中的水泥用量，kg；

W——混凝土中的用水量，kg。

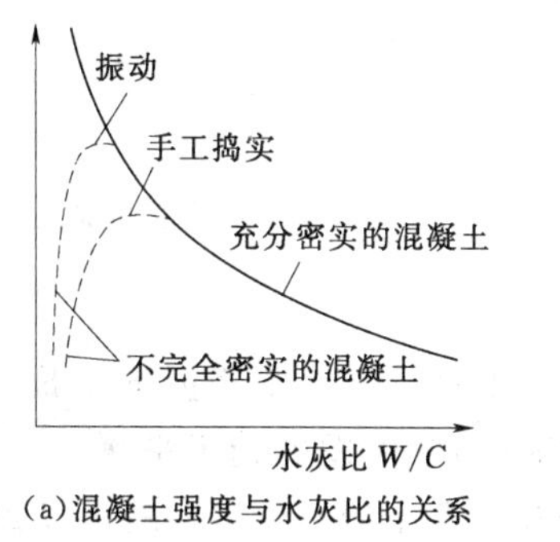

(a)混凝土强度与水灰比的关系

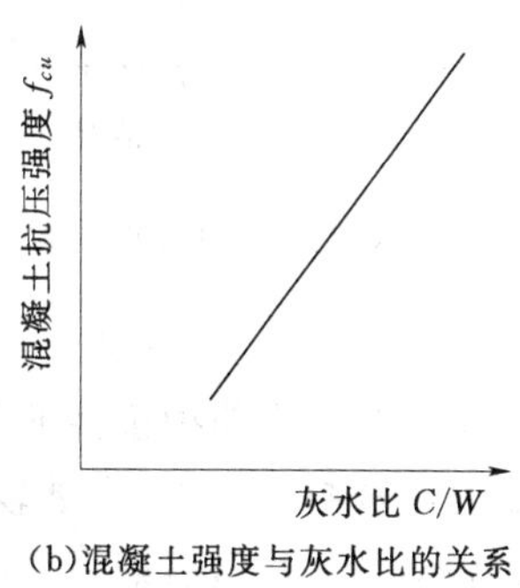

(b)混凝土强度与灰水比的关系

图5-11　混凝土强度与水灰比及灰水比的关系

2. 骨料

如前所述，混凝土中骨料的强度一般都大于水泥石的强度，所以骨料对混凝土强度的影响没有水泥强度和水灰比明显。但是如果骨料本身质量较差，或有害杂质含量较大、级配不良时，也会对混凝土的强度有很大影响。这是因为当骨料级配良好、砂率适当时，它们组成了混凝土坚强密实的骨架，有利于混凝土强度的提高。因此，一般骨料强度越高，所配制的混凝土强度也越高，这在低水灰比和配制高强混凝土时，特别明显。

3. 养护条件

养护条件对混凝土强度的影响主要是养护温度和湿度对混凝土强度的影响，混凝土的硬化，就是水泥的水化与凝结、硬化的过程，而水泥的水化与凝结、硬化的过程要在一定的温度和湿度的条件下才能进行，其实也是温度和湿度对水泥水化速度和程度的影响。

(1) 温度。养护温度高，水泥的水化速度越快，混凝土的强度发展也越快；反之，混凝土的强度发展迟缓。当温度降至冰点以下时，则由于混凝土中的水分大部分结冰，水泥停止水化，混凝土强度停止发展，而且由于混凝土孔隙中的水结冰产生体积膨胀而对孔壁产生相当大的压应力，从而使硬化中的混凝土结构遭到破坏。尤其是新拌混凝土在养护初期遭受冻结，出现混凝土的早期冻害，对混凝土结构的强度影响非常大，试验表明，若混凝土浇筑后立即受冻，抗压强度会损失50%左右。混凝土早期养护温度不宜过高，当超过40℃以后，因水泥水化产物来不及扩散而使混凝土后期强度反而降低。养护温度对混凝土强度的影响如图5-12所示。

(2) 湿度。水是水泥水化反应的必要成分，如果湿度不够，水泥水化反应不能正常进行，甚至停止水化，严重降低混凝土强度，为此，施工规范规定，在混凝土浇筑完毕后，应及时覆盖和浇水养护。混凝土强度与保湿养护时间的关系如图 5－13 所示。

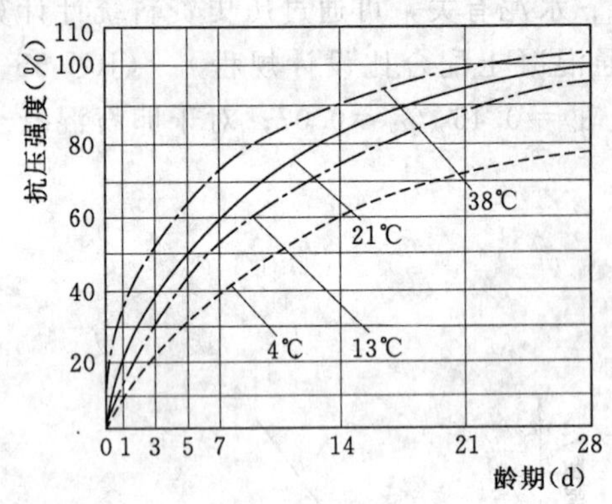

图 5－12　养护温度对混凝土强度的影响

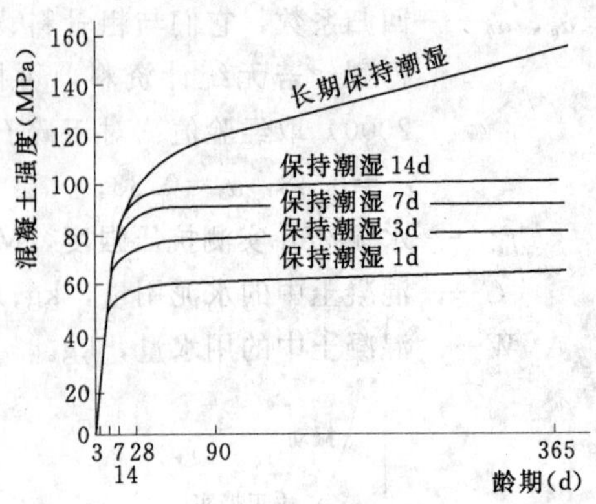

图 5－13　混凝土强度与保湿养护时间的关系

4. 龄期

龄期是指混凝土在正常养护条件下所经历的时间。在正常养护条件下，混凝土强度随龄期的增长而增大，最初 7～14d 发展较快，28d 后强度发展趋于平缓（见图 5－13），其增长过程可延续数年之久，但后期强度的增长速度非常慢，所以混凝土以 28d 龄期的强度作为质量评定依据。

根据实践经验与有关理论研究，普通水泥混凝土强度的发展大致与其龄期的对数成正比关系，在我国，常用下面的经验公式来估算 28d 后不同龄期的混凝土强度。

$$\frac{f_n}{f_{28}}=\frac{\lg n}{\lg 28} \tag{5-6}$$

式中　f_{28}——混凝土 28d 龄期的抗压强度，MPa；

f_n——混凝土 nd 龄期的抗压强度，MPa；

n——养护龄期（d），$n\geqslant 3$d。

该公式仅适用于对在标准条件下养护、中等强度的混凝土进行不同龄期强度的大致估算，估算结果有时偏差较大，仅作为参考。

5. 试验条件与试验方法

在测定混凝土的强度时，试验条件与试验方法对强度的测定值有很大影响。

(1) 试件成型。在制作混凝土试件时，混凝土的取样方式及振捣方式对混凝土强度有一定影响。试件取样时如果不具有代表性，则不能反映混凝土结构的真实强度；一般机械振捣要比人工振捣的效果好，混凝土的强度测定值也会有所提高。

(2) 试件尺寸和形状。相同配合比的混凝土，试件的尺寸越小，测得的强度越高，试件尺寸对强度测定值的影响参见本节“5.5.1　混凝土的抗压强度”。试件的高宽比越大，抗压强度越小。

试件尺寸和形状对混凝土强度的影响规律可以从试验时试件受压面与试验机垫板间的摩擦力来解释，两者间的摩擦力就如同在试件上下端各加了一个套箍（见图 5－14），约束了试件的横向变形，延缓了裂缝的开展，从而提高了其抗压强度，即所谓的“套箍”作用，这种作用越靠近试件中部越不明显。这种作用的效果表现为试件破坏后，其上、下部多呈现出近似的棱锥体（见图 5 - 15）。

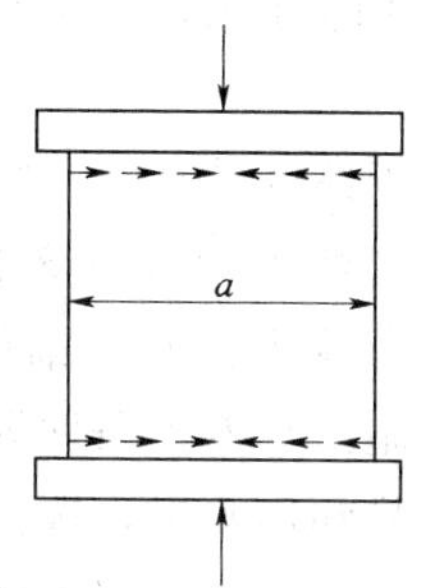

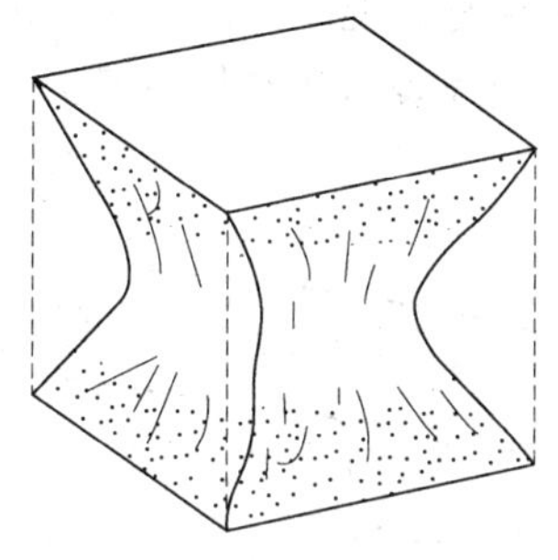

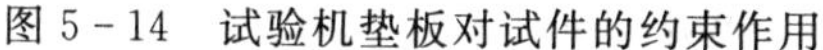

图 5 - 14　试验机垫板对试件的约束作用　　图 5 - 15　试件破坏后的形状

（3）试验操作方法。在测定混凝土的强度时，试件的承压面必须与试件的轴线垂直，即在试验机垫板上放置试件时，试件必须居中，且承压面必须平整。

加荷速度对混凝土强度值影响也很大，加荷速度越快，测得的强度值偏高，加荷速度越快，这种趋势也越明显。我国标准规定检测混凝土抗压强度时，加荷速度为 0.3～0.8 MPa/s，且应连续均匀进行加荷。

5.6　混凝土的变形性能

混凝土在硬化和使用过程中，由于受到物理、化学和力学等因素的作用，常发生各种变形。混凝土的变形根据其产生的机理分为非荷载作用下的变形和在荷载作用下的变形。

5.6.1　非荷载作用下的变形

非荷载作用下的变形，包括化学收缩、干湿变形、碳化收缩及温度变形等。

1. 化学收缩

由于水泥水化生成物的体积比反应前物质的总体积小，从而引起混凝土的收缩称为化学收缩。混凝土的化学收缩是不可恢复的，化学收缩量随混凝土硬化龄期的延长而增加，一般在混凝土成型后 40d 内增长较快，以后逐渐趋于稳定。化学收缩值很小（小于 1%），对混凝土结构没有破坏作用，但有时会产生细微裂纹，从而降低混凝土的耐久性。

2. 干湿变形

由于混凝土内部某些水分随周围环境湿度变化的增减，从而引起混凝土产生干燥收缩和湿胀，统称为干湿变形。混凝土内部所含水分有三种形式：自由水、毛细管水、凝胶颗粒吸附水。当后两种水发生变化时，混凝土就会产生干湿变形。

当混凝土在水环境中硬化时，由于胶体颗粒表面的吸附水膜增厚，使胶体粒子间距离增大，使混凝土体积产生微小的湿膨胀，这种湿膨胀的变形量很小，一般无明显的破坏作用。

当混凝土在干燥空气中硬化时，首先失去的是自由水，继续干燥则毛细孔水就会蒸发，使毛细孔中负压增大而产生收缩力，如果再继续干燥，吸附水蒸发而引起胶体失水紧缩，从而使混凝土产生干缩变形。

已干缩的混凝土如果重新吸水后，大部分干缩变形可以恢复，但一般仍有40%左右的变形不能恢复。混凝土的湿胀干缩变形规律如图 5-16 所示，图中实线表示混凝土在水中养护，点划线表示在空气中养护。

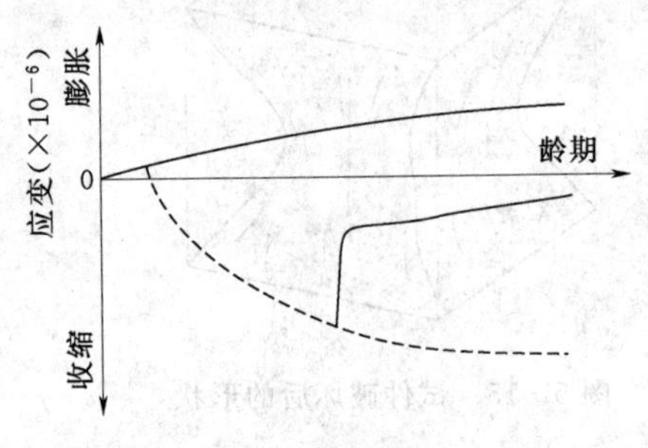

图 5-16 混凝土的湿胀干缩变形

混凝土的干缩变形是有一定危害的，可以导致混凝土的开裂，严重的可以降低混凝土的耐久性。混凝土的干缩与水泥品种、细度、用量及水灰比、骨料的种类、施工与养护条件等有关，因此，可通过减少水泥用量和用水量，选择级配好的骨料，加强混凝土的养护来减少混凝土的干缩。

3. 温度变形

混凝土同其他材料一样，也会随着温度的变化而产生热胀冷缩变形。混凝土的温度膨胀系数一般取 1.0×10^{-5}/℃，即温度每1℃改变，1m 混凝土将产生 0.01mm 膨胀或收缩变形。

混凝土在硬化过程中，由于水泥的水化会产生热量，当水化热不能及时有效地散失，热量积聚会导致温度不断升高，内部膨胀与外部收缩相互制约，会产生温度应力，从而导致混凝土产生裂缝，即温度裂缝，在大体积混凝土施工中尤为常见，因此，在大体积混凝土施工过程中，采取有效措施控制温度裂缝非常重要。

5.6.2 在荷载作用下的变形

由荷载作用引起的变形称为在荷载作用下的变形，包括在短期荷载作用下的变形及长期荷载作用下的变形。

1. 在短期荷载作用下的变形

(1) 混凝土的弹塑性变形。混凝土是多相材料的堆聚体，包括骨料、水泥石、水分、气泡和一些凝胶或颗粒，这就决定了混凝土本身的不匀质性。因此，它不是一种完全的弹性体，而是一种弹塑性体，在受力时，既会产生可以恢复的弹性变形，又会产生不可恢复的塑性变形，其应力与应变之间的关系不是直线而是曲线，如图 5-17 所示。当在图中 A 点卸荷时，曲线沿 AC 回复，卸荷后弹性变形 $\varepsilon_{弹}$ 恢复了，而残留下塑性变形 $\varepsilon_{塑}$。

(2) 混凝土的弹塑性模量。在应力-应变曲线上任一点的应力与其应变的比值，称为混凝土在该应力下的变形模量，它反映混凝土所受应力与所产生应变之间的关系。通过对混凝土在静力受压加荷与卸荷的重复荷载作用下的 $\sigma-\varepsilon$ 曲线（见图 5-18）的分析可知，在轴心抗压强度的30%～50%的应力水平下，反复加荷卸荷，混凝土的塑性变形的增量逐渐减少，最后得到的 $\sigma-\varepsilon$ 曲线 $A'C'$ 几乎与初始切线平行，用该条近似直线的斜率来表示混凝土的弹性模量，就是混凝土的割线弹性模量。由于割线模量表示了曲线上某点总应力与总应变之比，而总应变包括弹性变形

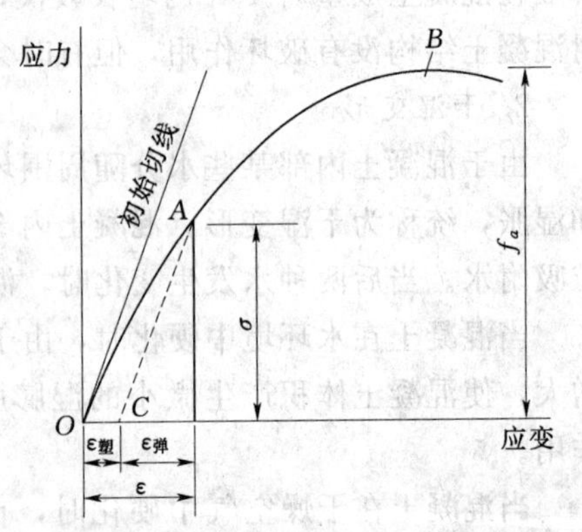

图 5-17 混凝土在压力作用下的应力-应变曲线

和塑性变形，所以割线模量也称为混凝土的变形模量。

《普通混凝土力学性能试验方法标准》（GB/T 50081—2002）规定，混凝土弹性模量的测定，采用标准尺寸为150mm×150mm×300mm的棱柱体试件，试验控制应力荷载值为轴心抗压强度的1/3，经3次以上反复加荷和卸荷后，测定应力与应变的比值，得到混凝土的弹性模量。

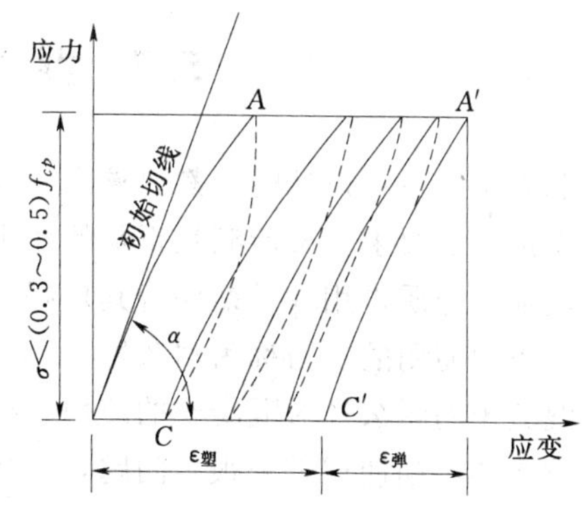

图5-18　混凝土在低应力水平下反复加、卸荷时的应力-应变曲线

混凝土的弹性模量主要取决于骨料的含量和弹性模量、养护条件与混凝土的强度等因素。骨料弹性模量越大、骨料用量越多、养护条件越好、龄期越长，混凝土强度越高，其弹性模量也就越大。

2. 混凝土在长期荷载作用下的变形

混凝土在长期荷载作用下会发生徐变。所谓徐变是指混凝土在长期恒载作用下，随着时间的延长，沿作用力的方向并随时间的发展而发生的变形。

混凝土产生徐变的原因，一般认为是由于在长期荷载作用下，水泥石中的凝胶体产生黏性流动，向毛细孔中迁移，或者凝胶体中的吸附水或结晶水向内部毛细孔迁移渗透所致。

混凝土的徐变在加荷早期增长较快，然后逐渐减慢，2～3年才趋于稳定。混凝土在长期荷载作用下，变形与持荷之间的关系如图5-19所示。当变形稳定以后卸掉荷载，这时将产生瞬时变形，这个瞬时变形的符号与原来的弹性变形相反，而绝对值则较原来的小，称为瞬时恢复，在卸荷后的一段时间内变形还会继续恢复，称为徐变恢复。剩余的变形是不可恢复部分，称作残余变形。

混凝土不论是受压、受拉或受弯时，均有徐变现象。混凝土的徐变对混凝土及钢筋混凝土结构物的影响有利也有弊，徐变有利于削弱由温度、干缩等引起的约束变形，从而防止裂缝的产生。但在预应力结构中，徐变将产生应力松弛，引起预应力损失。

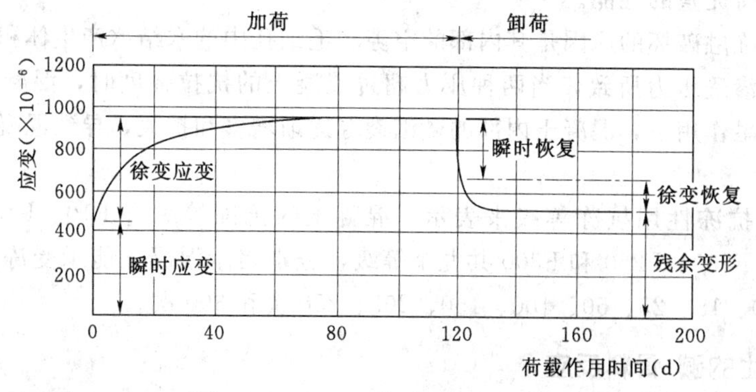

图5-19　混凝土的应变与持荷之间的关系

5.7 混凝土的耐久性

混凝土结构在设计时，都要求有一定的使用年限，在合理的设计使用年限内要求混凝土既满足强度要求，又能满足正常的使用要求，因此要求混凝土具有一定的耐久性。混凝土抵抗环境介质作用并长期保持其良好的使用性能和外观完整性，从而维持混凝土结构的安全、正常使用的能力称为耐久性。

混凝土的耐久性对混凝土的使用具有重要意义，如果混凝土的耐久性较差，则会给混凝土结构的后期使用带来很多问题，比如维修费用增加、使用年限缩短、使用功能受影响等。因此混凝土除了满足强度要求外，还要满足耐久性要求。

混凝土结构耐久性包括材料耐久性和结构耐久性两方面，本节只介绍混凝土的材料耐久性，主要有以下几方面。

5.7.1 混凝土的抗渗性

混凝土的抗渗性是指混凝土抵抗压力液体（水、油和溶液等）渗透作用的能力。混凝土的抗渗性是决定混凝土耐久性的最主要因素，若混凝土的抗渗性差，水等液体物质易渗入内部，而且当遇有负温或环境水中含有侵蚀性介质时，混凝土就易遭受冰冻或侵蚀作用而破坏，对钢筋混凝土还将引起内部钢筋锈蚀并导致表面混凝土保护层开裂与剥落。因此，必须要求混凝土具有一定的抗渗性。

混凝土渗水的主要原因是其内部存在连通的渗水孔道。这些孔道来源于水泥浆中多余水分蒸发留下的毛细管道、混凝土浇筑过程中泌水产生的毛细孔道、混凝土振捣不密实形成的孔洞、混凝土干缩和热胀产生的裂缝等。

混凝土抗渗标号分为 P4、P6、P8、P10 和 P12 级，相应表示混凝土能抵抗 0.4MPa、0.6MPa、0.8MPa、1.0MPa 和 1.2MPa 的水压不渗漏。

提高混凝土抗渗性的根本措施是增加混凝土的密实度。

5.7.2 混凝土的抗冻性

混凝土的抗冻性是指混凝土在水饱和状态下，经受多次冻融循环作用，强度不严重降低，外观能保持完整的性能。

混凝土受冻融破坏的原因是其内部的空隙和毛细孔中的水结冰产生体积膨胀，从而产生静水压力和渗透压力所致，当两种压力超过混凝土的抗拉强度时，混凝土发生微细裂缝。在反复冻融作用下，混凝土内部的微细裂缝逐渐增多和扩大，导致混凝土强度降低甚至破坏。

混凝土的抗冻性用抗冻等级来表示。混凝土的抗冻等级有 F10、F15、F25、F50、F100、F150、F200、F250 和 F300 共九个等级，分别表示混凝土能承受冻融循环的最大次数不小于 10、15、25、50、100、150、200、250 次和 300 次。

5.7.3 混凝土的碱-骨料反应

碱-骨料反应是指混凝土中的碱与具有碱活性的骨料之间发生反应，反应产物吸水膨胀或反应导致骨料膨胀，造成混凝土开裂破坏的现象。

根据骨料中活性成分的不同，碱-骨料反应有多种类型，其中碱-硅酸反应是最常见的碱-骨料反应，该反应是指混凝土内的碱与骨料中的活性 SiO_2 反应，生成碱-硅酸凝胶，并从周围介质中吸收水分而膨胀，导致混凝土开裂破坏的现象。

混凝土发生碱-骨料反应一般应具备三个条件：①水泥或混凝土中的含碱量较高；②骨料中含有 SiO_2 等活性成分；③要有水存在，只有在潮湿环境中才会发生碱-骨料反应。

5.7.4 混凝土的抗侵蚀性

当混凝土所处环境中含有侵蚀性介质时，混凝土便会遭受侵蚀。通常有软水侵蚀、硫酸盐侵蚀、镁盐侵蚀、碳酸侵蚀、一般酸侵蚀与强碱侵蚀等，其侵蚀机制及提高混凝土抗侵蚀性的主要措施详见本书第 4 章“水泥”。

5.7.5 混凝土的碳化

混凝土的碳化是指混凝土内水泥石中的 $Ca(OH)_2$ 与空气中的 CO_2，在一定湿度条件下发生化学反应，生成 $CaCO_3$ 和 H_2O 的过程，也称中性化。

混凝土的碳化是 CO_2 由表及里逐渐向混凝土内部扩散的过程。碳化引起水泥石化学组成及组织结构的变化，对混凝土的碱度、强度和收缩产生影响。

碳化对混凝土性能既有有利的影响，也有不利的影响。混凝土中的钢筋因失去碱性保护而锈蚀，并引起混凝土顺筋开裂；碳化收缩会引起微细裂纹，使混凝土强度降低。但是碳化时生成的碳酸钙填充在水泥石的孔隙中，使混凝土的密实度和抗压强度提高，对防止有害杂质的侵入有一定的缓冲作用。

CO_2 的浓度、水泥品种、水灰比、环境湿度等是影响混凝土碳化速度的主要因素。提高混凝土密实度（如降低水灰比、采用减水剂、保证骨料级配良好、加强振捣和养护等），是提高混凝土碳化能力的根本措施。在实际工程中，为减少碳化作用对钢筋混凝土结构的不利影响，可采取以下措施：

（1）在钢筋混凝土结构中采用足够的保护层，或涂刷保护层，防止 CO_2 的侵入。

（2）根据工程所处环境的使用条件合理选择水泥品种，并尽可能降低水灰比。

（3）使用减水剂，降低水灰比或引入封闭小气泡，可使混凝土碳化速度明显减慢。改善混凝土的和易性，提高混凝土的密实度。

（4）加强施工质量控制，保证振捣质量，减少或避免混凝土出现蜂窝、孔洞等质量事故。

5.7.6 提高混凝土耐久性的措施

根据以上对混凝土耐久性的分析，可采取以下措施来提高混凝土的耐久性：

（1）根据工程所处环境和使用条件，合理选择原材料。

（2）适当控制水泥用量与水灰比，保证混凝土的密实度要求。

（3）加强混凝土的施工管理，确保混凝土的施工质量。

5.8 普通混凝土的强度评定

根据《混凝土及预制构件质量控制规程》（CECS 40—1992）的要求，在正常生产控制的条件下，用数理统计的方法，求出混凝土强度的算术平均值、标准差和混凝土强度保证率等指标，用以综合评定混凝土强度。

5.8.1 评定混凝土强度的指标

1. 混凝土强度平均值

混凝土强度平均值可用下式计算：

$$\overline{f}_{cu}=\frac{1}{n}\sum_{i=1}^{n}f_{cu,i} \tag{5-7}$$

式中 $\overline{f}_{cu}$——n 组抗压强度的算术平均值，MPa；

$f_{cu,i}$——第 i 组试件的抗压强度，MPa；

n——试件的组数。

混凝土强度平均值仅表示混凝土强度总体的平均水平，但不能反映混凝土强度的波动情况。

2. 混凝土强度标准差

混凝土强度标准差又称均方差，可用下式计算：

$$\sigma=\sqrt{\frac{\sum_{i=1}^{n}f_{cu,i}^{2}-n\overline{f}_{cu}^{2}}{n-1}} \tag{5-8}$$

式中 n——试验组数（$n\geqslant25$）；

σ——n 组抗压强度的标准差，MPa；

$\overline{f}_{cu}$——n 组抗压强度的算术平均值，MPa；

$f_{cu,i}$——第 i 组试件的抗压强度，MPa。

混凝土强度标准差值是评定混凝土质量均匀性的一种指标。

3. 混凝土强度保证率

混凝土强度保证率可用下式计算：

$$p=\frac{N_{0}}{N} \tag{5-9}$$

式中 p——强度百分率，%；

N_0——统计周期内同批混凝土试件强度大于或等于规定强度等级值的组数；

N——统计周期内同批混凝土试件总组数，$N\geqslant25$。

混凝土强度应分批进行检验评定。由强度等级相同、龄期相同以及生产工艺条件和配合比基本相同的混凝土组成一个验收批，进行分批验收。

5.8.2 混凝土强度的评定方法

根据国家标准《混凝土强度检验评定标准》（GBJ 107—1987）规定，混凝土强度评定可分为统计方法及非统计方法两种，前者适用于预拌混凝土厂、预制混凝土构件厂和采用现场集中搅拌的混凝土；后者适用于零星生产的预制构件厂或现场搅拌批量不大的混凝土。

1. 用统计方法评定

用统计方法评定混凝土强度又分为以下两种情况：

(1) 方案一。当混凝土的生产条件在较长时间内能保持一致，且同一品种混凝土的强度变异性能保持稳定时，验收批混凝土立方体抗压强度的标准差可按已知考虑。

$$\sigma_0 = \frac{0.59}{m}\sum_{i=1}^{m}\Delta f_{cu,i} \tag{5-10}$$

式中 σ_0——验收批混凝土立方体抗压强度的标准差，MPa；

$\Delta f_{cu,i}$——第 i 批试件立方体抗压强度最大值与最小值之差；

m——用以确定验收批混凝土立方体抗压强度标准差的数据总批数。

强度评定应由连续的三组试件组成一个验收批，同时强度满足下列要求：

$$\overline{f}_{cu} \geqslant f_{cu,k} + 0.7\sigma_0 \tag{5-11}$$

$$f_{cu,\min} \geqslant f_{cu,k} - 0.7\sigma_0 \tag{5-12}$$

当混凝土强度等级不高于 C20 时，其强度的最小值还应满足式 (5-13) 要求：

$$f_{cu,\min} \geqslant 0.85 f_{cu,k} \tag{5-13}$$

当混凝土强度等级高于 C20 时，其强度的最小值还应满足式 (5-14) 要求：

$$f_{cu,\min} \geqslant 0.90 f_{cu,k} \tag{5-14}$$

式中 $\overline{f}_{cu}$——同一验收批混凝土立方体抗压强度的算术平均值，MPa；

$f_{cu,k}$——混凝土立方体抗压强度的标准值，MPa；

$f_{cu,\min}$——同一验收批混凝土立方体抗压强度的最小值，MPa。

上述检验期不应超过 3 个月，且在该期间内强度数据的总批数不得低于 15。

(2) 方案二。当混凝土的生产条件在较长时间内不能保持一致，且混凝土强度变异性不能保持稳定时，或在前一个检验期内的同一品种混凝土没有足够的数据以确定验收批混凝土立方体抗压强度的标准差时，应由不少于 10 组的试件组成一个验收批，其强度应满足下列要求：

$$\overline{f}_{cu} - \lambda_1\sigma_0 \geqslant 0.9 f_{cu,k} \tag{5-15}$$

$$f_{cu,\min} \geqslant \lambda_2 f_{cu,k} \tag{5-16}$$

$$\sigma_0 = \sqrt{\frac{\sum_{i=1}^{n} f_{cu,i}^2 - n\overline{f}_{cu}^{\,2}}{n-1}} \tag{5-17}$$

式中 σ_0——同一验收批混凝土立方体抗压强度的标准差，MPa；

λ_1、λ_2——合格批判定系数，按表 5-22 取用。

表 5-22　　混凝土强度的合格判定系数

合格判定系数	试件组数		
	10～14	15～24	≥25
λ_1	1.70	1.65	1.60
λ_2	0.9	0.85	0.85

2. 用非统计方法评定

用非统计方法评定混凝土强度时，其强度应同时满足下列要求：

$$\overline{f}_{cu} \geqslant 1.15 f_{cu,k} \tag{5-18}$$

$$f_{cu,\min} \geqslant 0.95 f_{cu,k} \tag{5-19}$$

当一个验收批的混凝土试件仅有一组时，则该组试件强度值应不低于强度标准值的115%。

3. 混凝土强度的合格性判定

混凝土强度分批检验结果能满足以上评定的规定时，则该批混凝土判为合格，否则，为不合格。对不合格的混凝土构件，必须及时进行处理，当对混凝土试件强度的代表性有怀疑时，可采用结构检验方法进行检测。

5.9 普通混凝土的配合比设计

混凝土配合比设计是根据材料的技术性能、工程要求和施工条件来确定混凝土各组成材料数量之间的比例关系。其实质就是确定水泥、水、砂子及石子这四项基本组成材料之间的比例关系。水与水泥之间的比例关系，用水灰比表示；砂与石子之间的比例关系，用砂率表示；水泥浆与骨料之间的比例关系，用单位用水量表示。

5.9.1 混凝土配合比设计的基本要求

混凝土配合比设计的基本要求如下：

(1) 达到混凝土结构设计的强度等级。

(2) 满足混凝土施工所需和易性的要求。

(3) 满足工程所处环境和使用条件对混凝土耐久性的要求。

(4) 合理选用混凝土掺料和外加剂，提高混凝土的性能。

(5) 能经济合理，节约水泥，降低成本。

5.9.2 混凝土配合比设计的基本步骤

混凝土配合比设计的基本步骤有以下环节：

(1) 混凝土配合比的资料准备，以掌握拟配制混凝土的技术性能要求。

(2) 确定初步配合比。

(3) 经试验室试拌调整，确定基准配合比。

(4) 经强度复核，确定设计配合比。

(5) 经施工现场调整，确定施工配合比。

1. 混凝土配合比的资料准备

在设计混凝土的配合比之前，应先了解原材料的性能和拟配混凝土的技术性质，具体有以下几方面：

(1) 了解拟配混凝土的耐久性要求，以便确定水灰比和水泥用量。

(2) 了解工程结构形式和工程需要，合理选用原材料，确定骨料的最大粒径。

(3) 了解拟配混凝土的强度等级要求，以便确定配制强度。

2. 混凝土初步配合比的计算

(1) 确定配制强度。混凝土的配制强度可按下式计算：

$$f_{cu,0} \geqslant f_{cu,k} + 1.645\sigma \tag{5-20}$$

式中　$f_{cu,0}$——混凝土的配制强度，MPa；

$f_{cu,k}$——混凝土立方体抗压强度的标准值，MPa；

σ——混凝土强度标准差，MPa，可按下列规定确定。

1）当施工单位具有近期同一品种混凝土（系指强度等级相同，配合比和生产工艺条件基本相同）的强度资料时，混凝土强度标准差按下式计算：

$$\sigma=\sqrt{\frac{\sum_{i=1}^{n}f_{cu,i}^{2}-n\bar{f}_{cu}^{2}}{n-1}} \tag{5-21}$$

同时应满足：当混凝土强度等级不高于 C25 时，若标准差的计算值低于 2.5MPa，则取 2.5MPa；当混凝土强度等级不低于 C30 时，若标准差的计算值低于 3.0MPa，则取 3.0MPa。

2）当施工单位不具有近期同类混凝土强度统计资料时，其强度标准差可按表 5-23 规定取用。

表 5-23　　混凝土强度标准差

混凝土强度等级	≤C20	C20～C35	≥C35
混凝土强度标准差	4.0	5.0	6.0

（2）初步确定水灰比。根据已确定的混凝土配制强度，按下式计算水灰比：

$$\frac{W}{C}=\frac{\alpha_a f_{ce}}{f_{cu,0}+\alpha_a\alpha_b f_{ce}} \tag{5-22}$$

式中　$f_{cu,0}$——混凝土的配制强度，MPa；

f_{ce}——水泥实际测定强度，MPa；

α_a、α_b——粗骨料回归系数。

为了满足混凝土的耐久性要求，根据《普通混凝土配合比设计规程》（JGJ/T 55—2000）的规定，若计算所得的水灰比大于表 5-24 中规定的最大水灰比，则应按表中规定取值。

表 5-24　　混凝土的最大水灰比和最小水泥用量

环境条件		结构类别	最大水灰比			最小水泥用量（kg）		
			素混凝土	钢筋混凝土	预应力混凝土	素混凝土	钢筋混凝土	预应力混凝土
干燥环境		正常的居住或办公用房屋内部件	不作规定	0.65	0.60	200	260	300
潮湿环境	无冻害	1. 高湿度的室内部件； 2. 室外部件； 3. 在非侵蚀性土或水中的部件	0.70	0.60	0.60	225	280	300
潮湿环境	有冻害	1. 经受冻害的室外部件； 2. 在非侵蚀性土或水中的部件且经受冻害的部件； 3. 高湿度且经受冻害的室内部件	0.55	0.55	0.55	250	280	300

续表

环境条件	结构类别	最大水灰比			最小水泥用量（kg）		
		素混凝土	钢筋混凝土	预应力混凝土	素混凝土	钢筋混凝土	预应力混凝土
有冻害和除冰剂的潮湿环境	经受冻害和除冰剂作用的室内和室外部件	0.50	0.50	0.50	300	300	300

注 当用活性掺和料取代部分水泥时，表中的最大水灰比及最小水泥用量即为取代前的水灰比和水泥用量。配制C15及其以下等级的混凝土，可不受本表限制。

（3）选取单方混凝土的用水量。在设计混凝土配合比时，混凝土的用水量应力求最小，根据《普通混凝土配合比设计规程》（JGJ/T 55—2000）的规定，混凝土配合比用水量在无经验数据的情况下可按表5-25和表5-26选取。

表5-25　塑性混凝土的用水量

项目	指标	卵石最大粒径（mm）				碎石最大粒径（mm）			
		10	20	31.5	40	16	20	31.5	40
坍落度（mm）	10～30	190	170	160	150	120	185	175	165
	35～50	200	180	170	160	210	195	185	175
	55～70	210	190	180	170	220	205	195	185
	75～90	215	195	185	175	230	215	205	195

表5-26　干硬性混凝土的用水量

项目	指标	卵石最大粒径（mm）			碎石最大粒径（mm）		
		10	20	40	16	20	40
维勃稠度（s）	16～20	175	160	145	180	170	155
	10～15	180	165	150	185	175	160
	5～10	185	170	155	190	180	165

注 1. 本表用水量系采用中砂时的平均取值，采用粗砂或细砂时，每立方米混凝土用水量可增减5～10kg。
2. 掺用各种外加剂或掺料时，用水量应调整。
3. 本表不适用于水灰比小于0.4或大于0.8的混凝土以及特殊成型工艺的混凝土。

（4）计算单方混凝土的水泥用量。根据已确定的水灰比、用水量，可按下式计算每立方混凝土的水泥用量：

$$m_{c0}=\frac{m_{w0}}{W/C}=m_{w0}\left(\frac{C}{W}\right) \tag{5-23}$$

式中　m_{c0}——每立方米混凝土的水泥用量，kg；
m_{w0}——每立方米混凝土的用水量，kg；
W/C——水灰比。

为了保证混凝土的耐久性，根据《普通混凝土配合比设计规程》（JGJ/T 55—2000）的规定，混凝土配合比设计时的水泥最小用量应不低于表5-24中的规定值。

（5）确定合理的砂率。根据骨料的种类、最大粒径和水灰比，可通过试验确定混凝土配合比的合理砂率，或根据《普通混凝土配合比设计规程》（JGJ/T 55—2000）的规定，按表 5－27 规定的范围选用。

表 5－27　混凝土的砂率　单位：%

水灰比（W/C）	卵石最大粒径（mm）			碎石最大粒径（mm）		
	10	20	40	16	20	40
0.40	26～32	25～31	24～30	30～35	29～34	27～32
0.50	30～35	29～34	28～33	33～38	32～37	30～35
0.60	33～38	32～37	31～36	36～41	35～40	33～38
0.70	36～41	35～40	34～39	39～44	38～43	36～41

注　1. 表中数值系中砂选用的砂率，对细砂或粗砂可相应地减少或增大砂率。
2. 只用一个单粒级粗骨料配制混凝土时，砂率应适当增大。
3. 对薄壁构件砂率取偏大值。

（6）计算粗骨料和细骨料的用量。如果混凝土拌和物的表观密度比较稳定，接近一个固定值，可按质量法计算，如下式：

$$m_{c0}+m_{w0}+m_{s0}+m_{g0}=m_{cp}$$

$$\beta_s=\frac{m_{s0}}{m_{s0}+m_{g0}} \tag{5-24}$$

式中　m_{c0}、m_{w0}、m_{s0}、m_{g0}——每立方米混凝土中的水泥、水、砂、石的用量，kg；

m_{cp}——每立方米混凝土拌和物的假定质量，kg；

β_s——砂率。

如果假定混凝土拌和物的体积等于各组成材料绝对体积和拌和物中所含空气体积的总和，可按体积法用下式计算：

$$\frac{m_{c0}}{\rho_c}+\frac{m_{w0}}{\rho_w}+\frac{m_{s0}}{\rho_s}+\frac{m_{g0}}{\rho_g}+0.01\alpha=1$$

$$\beta_s=\frac{m_{s0}}{m_{s0}+m_{g0}} \tag{5-25}$$

式中　ρ_s、ρ_g——砂和石子的表观密度，kg/m^3；

ρ_c——水泥的密度，kg/m^3，可取 $2900\sim3100kg/m^3$；

ρ_w——水的密度，kg/m^3，可取 $1000kg/m^3$；

β_s——砂率；

α——混凝土的含气量百分数，在不使用引气型外加剂时，可取 1。

（7）确定初步配合比。经以上计算，就可以确定混凝土的初步配合比，配合比可用以下两种方法表示：

1）以每立方米混凝土中的各种材料用量表示，即得出 m_{c0}、m_{w0}、m_{s0}、m_{g0}。

2）以水泥用量为 1 的各材料的比值表示：

$$m_{c0}:m_{w0}:m_{s0}:m_{g0}=1:\frac{m_{w0}}{m_{c0}}:\frac{m_{s0}}{m_{c0}}:\frac{m_{g0}}{m_{c0}}$$

$$\frac{W}{C}=\frac{m_{w0}}{m_{c0}} \tag{5-26}$$

3. 混凝土基准配合比的确定

混凝土的初步配合比是借助经验公式或数据，并根据理论关系计算出来的，在计算过程中不可能将影响混凝土技术性能的所有因素都考虑周全，因此初步配合比能否满足设计要求，还需要通过试拌及试配调整来完成。

试拌混凝土拌和物时，所用原材料及搅拌方法宜与实际生产时相同，试配混凝土时，每盘拌和物的数量应符合表 5-28 的规定。

表 5-28　　混凝土试配的拌和物数量

骨料粒径（mm）	拌和物数量（L）	骨料粒径（mm）	拌和物数量（L）
31.5 以下	15	40	25

根据试配拌和物的数量，按初步配合比确定原材料用量，并搅拌均匀后，检验混凝土拌和物的和易性，若和易性不符合设计要求，则可做如下调整。

当坍落度偏大或偏小时，可保持水灰比不变，相应地减少或增加水泥浆用量，对普通混凝土每增加或减少 10mm 坍落度，一般需增加或减少 3%～5%的水泥浆。这样重复测试，直到符合要求为止。

经试配与调整，得到满足和易性要求的拌和物后，测出混凝土拌和物的湿表面密度，并计算出单方混凝土中各组成材料的用量，从而确定满足和易性要求的基准配合比。

$$m'_{c0}:m'_{w0}:m'_{s0}:m'_{g0}=1:\frac{m'_{w0}}{m'_{c0}}:\frac{m'_{s0}}{m'_{c0}}:\frac{m'_{g0}}{m'_{c0}} \tag{5-27}$$

4. 混凝土设计配合比的确定

通过调整水灰比，对基准配合比进行强度检验，复核时至少应采用三个不同的配合比，其中一个为基准配合比，另外两个配合比的水灰比较基准配合比增加和减少 0.05，用水量与基准配合比相同，砂率可分别增加和减少 1%。

用三个不同配合比配制的拌和物均应满足和易性要求，并分别制作一组（3 块）试块，标准养护 28d 后测其立方体抗压强度。三个不同配合比中的水灰比分别对应不同的抗压强度，以此对应关系，拟合出抗压强度与灰水比的线性关系，再根据该线性关系确定出与配制强度相对应的水灰比值，即所需的设计水灰比值。在此基础上，还需对配合比中的各种材料用量进行修正。

（1）按设计水灰比（或强度）进行修正。

1）用水量。用水量在基准配合比的基础上，根据制作强度试件时测得的坍落度值进行调整。

2）水泥用量。取修正后的用水量乘以设计水灰比值，即得到修正后的水泥用量。

3）骨料用量。在基准配合比中的骨料用量基础上，按选定的设计水灰比值进行调整。

（2）按实测的拌和物湿表观密度值进行修正。按设计水灰比进行调整配合比的过程中，混凝土的配合比可能发生了变化，其各原材料的质量之和可能已不等于实测的拌和物的质量，或各原材料的体积之和已不等于实测拌和物的体积，因此需再按实测的拌和物湿表观密度进行修正。按下式计算：

$$\delta=\frac{\rho_{c,t}}{\rho_{c,c}}=\frac{\rho_{c,t}}{m''_c+m''_s+m''_g+m''_w} \tag{5-28}$$

式中 δ——校正系数；

m''_c、m''_s、m''_g、m''_w——修正配合比中单方混凝土中水泥、砂、石子和水的用量，kg；

$\rho_{c,t}$——混凝土拌和物湿表观密度实测值，kg/m^3；

$\rho_{c,c}$——混凝土拌和物湿表观密度按强度修正配合比的计算值，kg/m^3。

若混凝土表观密度实测值与计算值之差的绝对值不超过计算值的2%，配合比可不进行修正。若超过2%，将混凝土配合比中的每项材料用量均乘以修正系数，即得设计配合比：

水泥用量：$m'_c=\delta m''_c$

砂用量：$m'_s=\delta m''_s$

石用量：$m'_g=\delta m''_g$

水用量：$m'_w=\delta m''_w$

式中 m'_c、m'_s、m'_g、m'_w——设计配合比中的水泥、砂、石、水的用量，kg。

5. 混凝土施工配合比的确定

设计配合比中的骨料均是以干燥状态为准，而施工现场的骨料会含有一定的水分，因此需根据骨料的含水率对设计配合比进行修正，修正后的配合比即为施工配合比。

假定施工现场的砂子的含水率为$a\%$，石子的含水率为$b\%$，则施工配合比为

$$m_c=m'_c$$

$$m_s=m'_s(1+a\%)$$

$$m_g=m'_g(1+b\%)$$

$$m_w=m'_w-(m'_s\times a\%+m'_g\times b\%)$$

$$m_c:m_w:m_s:m_g=1:\frac{m_w}{m_c}:\frac{m_s}{m_c}:\frac{m_g}{m_c}$$

5.9.3 普通混凝土配合比设计实例

【例】 某医院办公楼，钢筋混凝土结构，柱子混凝土设计强度等级为C25，施工要求坍落度为35～50mm，采用机械搅拌、机械振捣。根据施工单位近期统计资料，混凝土标准差为4.4MPa，采用的材料如下：

水泥：32.5级普通硅酸盐水泥，实测28d强度为36.0MPa，密度为$3000kg/m^3$；

砂：中砂，表观密度为$2650kg/m^3$；

石：碎石，公称粒径5～20mm，表观密度为$2690kg/m^3$；

水：自来水，密度为$1000kg/m^3$；

试设计混凝土配合比。若施工现场测得砂子的含水率为3%，石子的含水率为1%，试求施工配合比。

解：1. 计算初步配合比

(1) 确定混凝土的试配强度。

$$f_{cu,0} = f_{cu,k} + 1.645\sigma = 25 + 1.645 \times 4.4 = 32.2\text{MPa}$$

(2) 计算水灰比。

对于碎石，应取 $\alpha_a=0.46$，$\alpha_b=0.07$。

$$\frac{W}{C} = \frac{\alpha_a f_{ce}}{f_{cu,0} + \alpha_a \alpha_b f_{ce}} = \frac{0.46 \times 36.0}{32.2 + 0.46 \times 0.07 \times 36.0} = 0.50$$

$$\frac{C}{W} = 2.0$$

查表 5-24，结构处于干燥环境，要求$\frac{W}{C}\leqslant 0.65$，故取$\frac{W}{C}=0.50$。

(3) 确定用水量。

根据题中要求，坍落度为 35～50mm，碎石最大粒径为 20mm，查表 5-25，取 $m_{w0}=195\text{kg}$。

(4) 计算水泥用量。

$$m_{c0} = \frac{m_{w0}}{W/C} = \frac{195}{0.50} = 390.0\text{kg}$$

查表 5-24，结构处于干燥环境，钢筋混凝土的最小水泥用量应为 260kg，小于 390.0kg，故取 $m_{c0}=390.0\text{kg}$。

(5) 确定砂率。

$\frac{W}{C}=0.50$，碎石最大粒径为 20mm，查表 5-27，取 $\beta_s=0.33$。

(6) 计算砂、石用量。

砂、石的用量计算既可采用体积法，也可采用质量法。若采用体积法，根据题意，混凝土中未掺入引气剂，故取 $\alpha=1$；若采用质量法，需根据统计资料假定混凝土拌和物的表观密度（普通硅酸盐水泥混凝土可假定 2400kg/m^3）。本题采用体积法计算如下：

体积法的计算公式为

$$\beta_s = \frac{m_{s0}}{m_{s0} + m_{g0}}$$

$$\frac{m_{c0}}{\rho_c} + \frac{m_{w0}}{\rho_w} + \frac{m_{s0}}{\rho_s} + \frac{m_{g0}}{\rho_g} + 0.01\alpha = 1$$

代入数据，可得联立方程：

$$0.33 = \frac{m_{s0}}{m_{s0} + m_{g0}}$$

$$\frac{390.0}{3000} + \frac{195}{1000} + \frac{m_{s0}}{2650} + \frac{m_{g0}}{2690} + 0.01 \times 1 = 1$$

解方程可得： $m_{s0} = 587\text{kg}\quad m_{g0} = 1192\text{kg}$

(7) 计算混凝土初步配合比。

根据以上计算的每立方米混凝土中各种材料的用量，可得初步配合比为

$$m_{c0} : m_{w0} : m_{s0} : m_{g0} = 406.3 : 195 : 565 : 1200 = 1 : 0.48 : 1.39 : 2.95$$

$$\frac{W}{C} = 0.50$$

2. 计算基准配合比

(1) 试拌调整。

题中骨料最大粒径为20mm，查表5-28，取15L混拌和物，各材料用量为每立方米的材料用量乘以0.015，具体用量如下：

$$m_{c0,1} = 390.0 \times 0.015 = 5.85\text{kg}$$

$$m_{w0,1} = 195 \times 0.015 = 2.93\text{kg}$$

$$m_{s0,1} = 587 \times 0.015 = 8.81\text{kg}$$

$$m_{g0,1} = 1192 \times 0.015 = 17.88\text{kg}$$

(2) 和易性调整。

经拌制混凝土拌和物，作和易性试验，观察其黏聚性、保水性良好，但测出坍落度为30mm，坍落度偏小，故需调整。先增加5%水泥浆（即水泥0.29kg，水0.15kg），再进行第二次试拌，测得坍落度为40mm，满足要求，且其黏聚性、保水性良好，拌和物的湿表观密度为2450kg/m^3；此时各材料的具体用量为

$$m_{c0,2} = 5.85 + 0.29 = 6.14\text{kg}$$

$$m_{w0,2} = 2.93 + 0.15 = 3.08\text{kg}$$

$$m_{s0,2} = 587 \times 0.015 = 8.81\text{kg}$$

$$m_{g0,2} = 1192 \times 0.015 = 17.88\text{kg}$$

根据实测表观密度，计算单方混凝土的各项材料用量为

$$m'_{c0} = \frac{6.14}{6.14 + 3.08 + 8.81 + 17.88} \times 2450 = 419.0\text{kg}$$

$$m'_{w0} = \frac{3.08}{6.14 + 3.08 + 8.81 + 17.88} \times 2450 = 210.0\text{kg}$$

$$m'_{s0} = \frac{8.81}{6.14 + 3.08 + 8.81 + 17.88} \times 2450 = 601.0\text{kg}$$

$$m'_{g0} = \frac{17.88}{6.14 + 3.08 + 8.81 + 17.88} \times 2450 = 1220.0\text{kg}$$

则得基准配合比为

$$m'_{c0} : m'_{w0} : m'_{s0} : m'_{g0} = 1 : 0.50 : 1.43 : 2.91$$

3. 计算设计配合比

(1) 强度检验。

通过调整水灰比，对基准配合比进行强度检验，其中一个为基准配合比，水灰比为0.50，另外两个配合比的水灰比较基准配合比增加和减少0.05，分别为0.55和0.45，用水量与基准配合比相同，砂率可分别减少和增加1%。

经检验，用三个不同配合比配制的拌和物均应满足和易性要求，并分别制作一组（3块）试块，标准养护28d后测其立方体抗压强度。实测强度值分别为

$$\frac{W}{C} = 0.45,\ \frac{C}{W} = 2.22,\ f_{cu,o} = 35.7\text{MPa}$$

$$\frac{W}{C} = 0.50,\ \frac{C}{W} = 2.0,\ f_{cu,o} = 31.7\text{MPa}$$

$$\frac{W}{C}=0.55,\ \frac{C}{W}=1.82,\ f_{cu,o}=28.0\text{MPa}$$

三个不同配合比中的水灰比分别对应不同的抗压强度，以此对应关系，拟合出抗压强度与灰水比的线性关系，即

$$f_{cu,o}=16.35\times\frac{C}{W}-1.16$$

由于配制强度为32.2MPa，根据该线性关系确定出与相对应的灰水比为2.04，水灰比值为0.49，即所需的设计水灰比值。

按强度修正后的各材料用量如下：

用水量： $m''_w=m'_{w0}=210\text{kg}$

水泥用量： $m''_c=210\times2.04=428.4\text{kg}$

由于设计水灰比与基准配合比中的水灰比相差不大，故骨料用量取基准配合比中的用量：

砂用量： $m''_s=601.0\text{kg}$

石用量： $m''_g=1220.0\text{kg}$

(2) 按拌和物表观密度进行修正。

按强度修正后的配合比拌制拌和物，做和易性试验，测得坍落度为40mm，黏聚性、保水性良好，满足要求。测得拌和物的表观密度为2455kg/m^3。

校正系数为

$$\delta=\frac{\rho_{c,t}}{\rho_{c,c}}=\frac{\rho_{c,t}}{m''_c+m''_s+m''_g+m''_w}=\frac{2455}{428.4+601+1220+210}=0.998$$

且
$$\left|\frac{\rho_{c,t}-\rho_{c,c}}{\rho_{c,c}}\right|=0.002<0.02$$

故每立方混凝土各材料用量不需要调整，混凝土设计配合比如下：

$$m'_c=428.0\text{kg}$$
$$m'_w=210.0\text{kg}$$
$$m'_s=601.0\text{kg}$$
$$m'_g=1220.0\text{kg}$$

即
$$m'_c:m'_w:m'_s:m'_g=1:0.49:1.40:2.85$$
$$\frac{W}{C}=0.49$$

4. 换算施工配合比

根据现场的骨料含水率对设计配合比做如下调整，即得施工配合比。

$$m_c=m'_c=428.0\text{kg}$$
$$m_s=m'_s\times(1+a\%)=601.0\times(1+3\%)=619\text{kg}$$
$$m_g=m'_g\times(1+b\%)=1220.0\times(1+1\%)=1232\text{kg}$$
$$m_w=m'_w-m'_s\times a\%-m'_g\times b\%=210.0-18-12=190\text{kg}$$

5.10 其他品种混凝土

目前，普通混凝土已广泛应用于建筑工程，但在某些特殊领域，普通混凝土仍难满足

某些环境和使用条件的要求，随着科学技术的发展，一些具有特殊性能的新品种混凝土不断涌现，它们的出现，不仅使混凝土品种增多，而且也使混凝土在建筑工程中的应用更加广泛。

1. 高强混凝土

高强混凝土是指强度等级为C60及C60以上的混凝土。高强混凝土的特点是强度高、耐久性好、变形小，能适应现代工程结构向大跨度、重载、高耸发展和承受恶劣环境条件的需要。使用高强混凝土可获得明显的工程效益和经济效益。高效减水剂及超细掺和料的使用，使在普通施工条件下制得高强混凝土成为可能。但高强混凝土的脆性比普通混凝土大，拉压强度比降低。

配制高强混凝土时，应选用质量稳定、强度等级不低于42.5级的硅酸盐水泥或普通硅酸盐水泥。应掺用优质或超细矿物掺和料，且宜复合使用矿物掺和料，应掺用高效减水剂或缓凝高效减水剂。

2. 轻骨料混凝土

《轻骨料混凝土技术规程》(JGJ51—2002) 规定，用轻粗骨料、轻砂、水泥和水配制而成的混凝土，其干表观密度不大于1950kg/m^3 者，称为轻骨料混凝土。

轻骨料混凝土按细骨料不同，又分为全轻混凝土（粗、细骨料均为轻骨料）和轻砂混凝土（细骨料全部或部分为普通砂)。

轻骨料混凝土的表观密度比普通混凝土减少1/4～1/3，隔热性能好，可使结构尺寸减小，增加使用面积，降低基础工程费用和材料运输费用，其综合效益良好。因此，轻骨料混凝土主要适用于高层和多层建筑。软土地基、大跨度结构、抗震结构、要求节能的建筑和旧建筑的加层等。

3. 加气混凝土

加气混凝土用含钙材料（水泥、石灰)、含硅材料（石英砂、粉煤灰、粒化高炉矿渣等）和发气剂为原料，经过磨细、搅拌、浇筑、成型、切割和压蒸养护等工序生产而成。

加气混凝土制品主要有砌块和条板两种。砌块可作为三层或三层以下房屋的承重墙，也可作为工业厂房，多层、高层框架结构的非承重填充墙。配有钢筋的加气混凝土条板可作为承重和保温合一的屋面板。加气混凝土还可以与普通混凝土预制成复合板，用于外墙，兼有承重和保温作用。由于利用了工业废料，产品成本较低，可大幅度降低建筑物自重，保温效果好，因此具有较好的技术经济效果。

4. 大体积混凝土

大体积混凝土就是指结构物实体最小尺寸不小于1m，或预计会因水泥水化热引起混凝土内外温差过大而导致开裂的混凝土。

高层建筑的基础等工程所用的混凝土，由于混凝土体积大，在水化过程中水化热产生的温度应力与大体积混凝土收缩而产生的收缩应力的共同作用下，引起混凝土开裂，影响混凝土的强度、耐久性和防水性，因此，应按大体积混凝土设计和施工，在混凝土配合比设计中，应选用水化热低和凝结时间长的水泥，如低热矿渣硅酸盐水泥、粉煤灰硅酸盐水泥等，粗骨料宜选用连续级配，细骨料宜采用中砂，大体积混凝土应掺用缓凝剂、减水剂和减少水泥水化热的掺和料。

5. 防水混凝土

采用水泥、砂、石或掺加少量外加剂、聚合物等材料，通过调整配合比而配制成等级不小于P6的刚性防水材料称为防水混凝土。

防水混凝土具有质地密实、孔隙率小的特点，主要用于有抗渗要求的工程部位。为了提高混凝土的抗渗性，可通过合理选择原材料，减少水灰比及掺加适量外加剂，使混凝土内部密实或堵塞混凝土内部毛细管道等方法来实现。

目前常用的防水混凝土有以下三种：

(1) 普通防水混凝土。是以调整配合比的方法来提高自身密实度和抗渗性的一种混凝土，在保证和易性的前提下，采用较小的水灰比，较高的水泥用量和砂率，提高水泥浆的质量和数量，减少混凝土孔隙率。

(2) 外加剂防水混凝土。是在混凝土中掺加适当品种的适量外加剂，提高混凝土的密实性，改变混凝土的内部孔结构，隔断或堵塞渗水通道，从而达到提高抗渗的目的。常用的外加剂有引气剂、减水剂等。

(3) 膨胀水泥抗渗混凝土。用膨胀水泥配制的抗渗混凝土称为膨胀水泥抗渗混凝土，由于膨胀水泥在水化过程中能使混凝土产生一定的体积膨胀，改善混凝土的孔结构，减少毛细孔径，从而提高混凝土的抗渗性。

6. 泵送混凝土

混凝土拌和物的坍落度不低于100mm，并用泵送施工的混凝土称为泵送混凝土。泵送混凝土是在输送泵压力作用下，将混凝土拌和物通过输送管道送到浇筑地点，因此要求混凝土拌和物具有良好的可泵性。所谓可泵性是指混凝土拌和物顺利通过管道，不离析、不堵塞的性质。

泵送混凝土能一次连续完成水平或垂直运输，效率高，节约劳动力。

7. 纤维混凝土

纤维混凝土是以普通混凝土为基材，通过掺加各种纤维材料而制成的复合材料。

由于纤维具有良好的抗拉、抗拔、抗冲击性能，通过在普通混凝土中掺加各种纤维材料，可显著提高混凝土的抗拉强度，提高其延性和抗震性能，试验研究证明，纤维混凝土在承载力、延性、耗能、抗裂性能等方面均比普通混凝土有明显改善。纤维的品种材料较多，目前常用的有钢纤维、玻璃纤维、碳纤维、合成纤维等。其中钢纤维成本较低且弹性模量高，目前应用较广。

纤维混凝土目前在建筑工程中主要用于薄壁结构、屋面板、梁柱节点、牛腿等部位。

8. 聚合物混凝土

聚合物混凝土是由聚合物与水泥混凝土配制而成。聚合物混凝土抗拉、抗压、抗弯强度高，抗冻、抗渗性能好，耐化学腐蚀强，分为聚合物浸渍混凝土、聚合物水泥混凝土和聚合物混凝土。

(1) 聚合物浸渍混凝土。是将已硬化并干燥的混凝土浸入有机单体液体（如苯已烯、环氧树脂等）中，经加热或辐射，使渗入混凝土孔隙的单体进行聚合，形成坚硬的整体。主要用于强度和耐久性要求高的工程。

(2) 聚合物水泥混凝土。是在水泥拌和物中掺和聚合物乳液，以水泥和聚合物共同作为胶凝材料并将粗骨料胶结成为整体混凝土。常用聚合物有聚氯已烯等，主要用于耐腐蚀地面及修补工程。

（3）聚合物混凝土。是用聚合物代替水泥作为胶结材料与骨料结合而成的混凝土。聚合物多用合成树脂，主要用于强度高、耐腐蚀的工程。

9. 膨胀混凝土

膨胀混凝土是利用其中某些组分在凝结硬化过程中的膨胀效应，而使混凝土产生均匀的体积膨胀以消除或补偿其各种收缩，从而获得抗裂、防渗等效果的混凝土。

根据使混凝土产生膨胀的方法不同，分为膨胀水泥混凝土和掺膨胀剂水泥混凝土两大类。膨胀混凝土主要用于建筑物地下室、地下构筑物等要求抗裂防渗的工程，也适合于后浇缝、二次灌注的填充性混凝土。

复习思考题

1. 混凝土作为重要的建筑材料，有哪些特点？

2. 普通混凝土的基本组成材料有哪些？这些材料在混凝土中起何作用？

3. 砂的种类是如何划分的，各有何特性？

4. 石子的种类是如何划分的，各有何特性？

5. 混凝土常用的掺和料有哪些，各有何特性？对混凝土的性能有何影响？

6. 混凝土常用的外加剂有哪些，各有何特性？对混凝土的性能有何影响？

7. 何为混凝土的和易性，影响混凝土和易性的主要因素有哪些？

8. 何为混凝土的强度，影响混凝土强度的主要因素有哪些？

9. 如何理解混凝土的变形性能和耐久性？

10. 普通混凝土的配合比设计的基本要求及基本步骤有哪些？

11. 混凝土配合比为1∶0.6∶2.4∶4.0（$C:W:S:G$）。已知每立方米混凝土拌和物中水泥用量为300kg，现场有砂20m^3，此砂含水量为4%，堆积密度为1450kg/m^3。求现场砂能生产多少立方混凝土？

12. 某办公楼现浇框架结构梁，混凝土设计强度等级为C25，要求坍落度为35～50mm，采用机械拌和，机械振捣。施工单位无历史统计资料。采用的原材料为：普通水泥42.5级，密度为3000kg/m^3；中砂，表观密度为2650kg/m^3；碎石，最大粒径为20mm，密度为2700kg/m^3；拌和水为自来水。试求初步配合比。

第6章 建 筑 砂 浆

本章要点

掌握建筑砂浆的和易性和强度等方面的技术性质、水泥混合砂浆配合比的计算公式应用方法以及配合比试配、调整与确定的方法、装饰砂浆的常用品种、特点和应用情况；

熟悉建筑砂浆的组成材料和强度等级、砌筑砂浆配合比设计的基本要求和工程应用情况、普通抹面砂浆的品种及组成材料；

了解建筑砂浆的变形性和抗冻性、砌筑砂浆的种类和水泥砂浆的配合比选用方法、特种砂浆的种类、特点和用途。

建筑砂浆是由无机胶凝材料、细骨料和水，有时也掺入某些掺加料，按比例配制而成，它是建筑工程中用量大、用途广泛的建筑材料。在结构工程中，利用砂浆将砖、石块和砌块等胶结成砌体；在装配式结构中，利用砂浆进行接缝和勾缝；在装饰工程中，利用砂浆对外墙面、内墙面、楼面、地面、天棚及钢筋混凝土梁、柱等结构构件的表面进行抹面，有时也直接用砂浆饰面；在天然石材、人造石材、陶瓷面砖、马赛克以及陶瓷地砖等材料的施工中，通常利用砂浆来进行黏结和嵌缝。

建筑砂浆的种类很多，根据砂浆的用途不同，可分为砌筑砂浆、抹面砂浆、装饰砂浆及特种砂浆。根据砂浆所用胶结材料的不同，可分为水泥砂浆、石灰砂浆、水泥混合砂浆、石膏砂浆和聚合物水泥砂浆等。

6.1 砂浆的组成材料和技术性质

6.1.1 砂浆的组成材料

6.1.1.1 胶凝材料

建筑砂浆通常采用的胶凝材料有水泥、石灰膏、建筑石膏和黏土等，在砂浆中起到胶结的作用。胶凝材料的选用应根据砂浆的用途及使用环境来决定，对于干燥环境中使用的砂浆，可选用气硬性胶凝材料，对于潮湿环境或水中用的砂浆，则必须用水硬性胶凝材料。

1. 水泥

水泥是砂浆的主要胶凝材料，通常利用普通水泥、矿渣水泥、火山灰水泥、粉煤灰水泥、复合水泥以及砌筑水泥等来配制砂浆。实际工程中可根据设计文件要求、使用部位及所处的环境条件来选用适宜的水泥品种。配制砂浆时，所选用水泥的强度等级一般为砂浆强度等级的4～5倍。若水泥强度等级过高，会使砂浆中水泥用量较少，导致保水性不良。由于常用砂浆的强度等级要求不高，选用低强度等级的水泥可节省材料，故常用的为32.5级水泥。若选用的水泥强度等级过高，应掺入掺加料进行调整。在实际工程中可根据需要选用专供配制砌筑砂浆和内墙抹灰砂浆的砌筑水泥；对于配制一些特殊用途的砂浆，如用于预制构件接头、接缝或构件补强加固、裂缝维修等方面的砂浆，应选用膨胀水泥。

2. *石灰*

生石灰熟化成石灰膏时，应用孔径不大于3mm×3mm的网过滤，熟化时间不得少于7d；磨细生石灰粉的熟化时间不得小于2d。沉淀池中储存的石灰膏，应采取防止干燥、冻结和污染的措施。石灰膏应洁白、细腻，不得含有未消化颗粒，严禁使用已冻结风化或脱水硬化的石灰膏。所用的石灰膏的稠度应控制在120mm左右。消石灰粉不得直接用于砌筑砂浆中。

3. *石膏*

制作电石膏的电石渣应用孔径不大于3mm×3mm的网过滤，检验时应加热至70℃并保持20min，没有乙炔气味后，可以用来配制砂浆。

4. *黏土*

通常采用黏土或粉质黏土制备黏土膏，一般应选用颗粒细、含砂量及有机物含量少的土料。当采用干法时，应将土料磨细后，直接投入搅拌机；当采用湿法时，应将土料加水淋浆，通过孔径不大于3mm×3mm的网过筛，沉淀后用来配制砂浆。

6.1.1.2 细骨料

细骨料在砂浆中起着骨架和填充作用，对砂浆的工作性能、强度、收缩变形性能等有较大的影响。质量好的细骨料对提高砂浆的质量作用较大。建筑砂浆采用的细骨料主要为天然河砂，原则上应达到混凝土用砂的技术要求。由于砂的粒径大小对砂浆的技术性能影响较大，再加上实际工程中采用的砂浆层通常较薄，因此对于砂子的最大粒径应有所限制。对于毛石砌体所用的砂，最大粒径应小于砂浆层厚度的1/5～1/4。对于砌体以使用中砂为宜，粒径不得大于2.5mm。对于光滑抹面和勾缝用的砂浆则应使用细砂，最大粒径不应超过1.25mm。对于特种砂浆，有时还应采用白色砂、彩色砂和轻砂等。

砂中的含泥量对砂浆的流动性、保水性、强度、变形及耐久性等有不同程度的影响。对于强度等级为M2.5以上的砂浆，砂中含泥量不应大于5%；对于强度等级为M2.5的砂浆，砂中含泥量不应超过10%。

6.1.1.3 水

拌和砂浆用水的技术要求与混凝土拌和用水的技术要求一样，应选用无有害杂质的洁净水来拌制砂浆。

6.1.1.4 外加剂和掺加料

在砂浆中掺加一定种类的外加剂，可以改善或提高砂浆的某些性能，可以更好地满足施工条件和使用功能的要求。常用的外加剂有早强剂、缓凝剂、增塑剂、减水剂、防水剂、防冻剂等。对所选外加剂的品种和掺量要通过试验确定。在实际工程中，既要考虑外加剂对砂浆本身性能的影响，又要考虑外加剂对砂浆的使用功能的影响。如在配筋砌体所采用的砂浆中掺加氯盐类外加剂时，氯盐掺量按无水状态计算不得超过水泥重量的1%。

在砂浆中掺入无机材料等掺加料可以改善砂浆的和易性。如粉煤灰就是一种掺加料，在砂浆中掺入符合要求的粉煤灰，一方面可以改善砂浆的和易性，另一方面可以充分利用工业废料，节省水泥、石灰的用量。

6.1.2 砂浆的技术性质

6.1.2.1 新拌砂浆的和易性

新拌砂浆的和易性是指新拌砂浆是否便于施工并保证质量的综合性质。新拌砂浆应具有良好的和易性。新拌制好的砂浆应容易在粗糙的砖、石及砌体表面上铺设成均匀的薄层，并且能够与底面紧密黏结，达到这种状态的砂浆，说明其具有良好的和易性，使用这样的砂浆，施工简便，工作效率高，工程质量好。新拌砂浆的和易性包括流动性和保水性。

1. 流动性

砂浆流动性又称稠度，是指新拌砂浆在自重或外力的作用下产生流动的性质。影响砂浆流动性的因素很多，通常有胶凝材料的种类及用量、用水量、砂的粗细和级配以及砂浆的搅拌时间、放置时间、环境温度、湿度等方面因素。无论是采用手工施工，还是采用机械施工，砂浆都要有一定的流动性。其流动性的大小要用砂浆稠度仪来测定，用所测出的沉入量大小来确定砂浆流动性的大小。沉入度数值大表示砂浆流动性大，但流动性过大，硬化后砂浆的强度将会降低。流动性过小，则不便于施工操作。

配制砂浆稠度值的选择要考虑砌体材料的吸水性能、砌体受力特点、施工时的气象情况和施工方法等因素，通常情况下，基底为多孔吸水材料或在干热条件下施工时，配制砂浆的稠度值要选择大一些。相反，如基底为密实的、吸水很少的材料，或在湿冷条件下施工，配制砂浆的稠度值要选择小一些。根据《砌体砂浆配合比设计规程》（JGJ 98—2000）的规定，砌体砂浆的稠度值可以利用表6-1选取。

表6-1　砌体砂浆稠度选择　单位：mm

砌体种类	砂浆稠度（沉入量）	砌体种类	砂浆稠度（沉入量）
烧结普通砖砌体	70～90	烧结普通砖平拱式过梁 空斗墙，筒拱 普通混凝土小型空心砌块砌体 加气混凝土砌块砌体	50～70
轻骨料混凝土小型空心砌块砌体	60～90		
烧结多孔砖，空心砖砌体	60～80	石砌体	30～50

2. 保水性

保水性是指新拌砂浆保持其内部水分不泌出流失的能力，也是指砂浆中各种组成材料不易离析的性质。保水性不好的砂浆在存放、运输和施工过程容易产生泌水和离析现象，当铺抹于基层后，水分很快被基面吸走，从而使砂浆短时间内变得干涩，难以铺抹成均匀密实的砂浆薄层，使砌体之间的砂浆层不饱满形成空洞，强度和黏结力下降，降低了砌体的强度。因此，在砂浆的存放、运输和使用过程中要改善其保水性，保持其中的水分不会很快流失，进而形成均匀密实的砂浆缝，保证砌体的质量。

砂浆保水性用砂浆分层度测定仪测定，以分层度（mm）表示。将搅拌均匀的砂浆，先测出其沉入度，然后装入分层度圆筒内（筒内径 150mm，筒高 300mm），静置 30min 后，去掉筒上部 200mm 厚的砂浆，然后测定剩余 100mm 厚砂浆的沉入度，两次沉入度的差值就称为分层度。

砂浆的分层度通常在 10～20mm 为宜，不得大于 30mm。分层度大于 30mm 的砂浆，保水性不好，容易产生离析，不利于施工和水泥的硬化。当分层度过小，如分层度接近于零的砂浆，虽然保水性好，但往往是由于胶凝材料用量过多，或者砂过细，砂浆硬化后容易产生干缩裂缝，影响黏结力。

砂浆的保水性主要取决于新拌砂浆所用的胶凝材料的种类、用量以及所用砂的品种、细度和用量，如胶凝材料用量过少，就会降低砂浆的保水性。为了改善砂浆的保水性，常在砂浆中掺入石膏粉、粉煤灰或塑化剂等。

6.1.2.2 硬化砂浆的强度和强度等级

1. 砂浆强度和强度等级

砂浆的强度是指砂浆标准试件，在标准条件下养护 28d 后，用标准试验方法测得的抗压强度平均值。标准试件是指 70.7mm×70.7mm×70.7mm 的立方体试件，一组六块。砂浆以抗压强度值作为其强度指标，通常根据抗压强度的大小划分为六个强度等级，即 M20、M15、M10、M7.5、M5、M2.5。

2. 影响砂浆强度的因素

砂浆强度主要与砂浆本身的组成材料和配合比有关，同种砂浆在配合比相同的情况下，砂浆强度还与基层材料的吸水性有关。

（1）不吸水基层（如致密的石材）。在这种情况下，砂浆强度的影响因素与混凝土相似，即主要决定于水泥强度和水灰比。当用普通水泥时，砂浆强度可用经验公式表示为

$$f_m = 0.29 f_{ce}\left(\frac{C}{W} - 0.4\right) \tag{6-1}$$

其中 $$f_{ce} = \gamma_c f_{ce,k}$$

式中 f_m——砂浆 28d 抗压强度，MPa；

f_{ce}——水泥的实测强度，MPa；

γ_c——水泥强度等级富余系数，该值应按实际统计资料确定，无统计资料时，γ_c 可取 1.0；

$f_{ce,k}$——水泥强度等级对应的强度值；

$\frac{C}{W}$——灰水比。

（2）吸水基层（如黏土砖或其他多孔材料）。当砂浆铺设在吸水的多孔基层上被吸水后，砂浆中保留水分的多少就取决于其本身的保水性，因而具有良好保水性的砂浆，不论拌和时用多少水，经基层吸水后，保留在砂浆中的水大致相同，而与初始水灰比关系不大。因而在分析影响砂浆强度的因素时，除水泥强度外，还将水泥用量列为主要因素，对大量试验结果进行统计分析表明，水泥强度和水泥用量与砂浆强度之间存在如下关系：

$$f_m = \alpha f_{ce}\frac{Q_c}{1000} + \beta \tag{6-2}$$

其中 $$f_{ce}=\gamma_c f_{ce,k}$$

式中 f_m——砂浆 28d 抗压强度，MPa；

f_{ce}——水泥的实测强度，MPa；

γ_c——水泥强度等级富余系数，该值应按实际统计资料确定，无统计资料时，γ_c 可取 1.0；

$f_{ce,k}$——水泥强度等级对应的强度值；

Q_c——每立方米砂浆的水泥用量，kg；

α、β——砂浆的特征系数，其中 $\alpha=3.03$，$\beta=-15.09$。

6.1.2.3 砂浆黏结力

砖、石、砌块等块状材料可以利用砂浆砌筑成整体的砌体结构。为保证砌体在抗剪强度、稳定性、抗裂性、耐久性及抗震性能等方面达到设计要求，砂浆与基层材料或块状材料之间应有足够的黏结力。通常情况下，砂浆的抗压强度越高，其黏结力越大。另外，砂浆的黏结力还与基层材料的表面状态、清洁程度、湿润情况及施工养护等因素有关，在洁净、粗糙、湿润的基层表面上，并且还做好施工养护工作时，砂浆的黏结力就较大。

6.1.2.4 砂浆变形性

砂浆在承受荷载或发生温度、湿度变化等情况时，均会产生一定的变形。通常情况下，砂浆的受压变形比砌体中的砖、石等材料的变形大，会在砖、石等材料中产生一定的拉应力，如果砂浆的变形过大或不均匀，就会降低砌体的质量，引起砌体的沉降或开裂。采用轻骨料配制的砂浆，或者掺入的掺加料过多的砂浆，其收缩变形性均会比普通砂浆大。

6.1.2.5 砂浆抗冻性

在某些使用环境下，当用于某些建筑部位的砂浆受冻融作用影响时，应要求砂浆具有一定的抗冻性。根据工程设计中有关技术指标的规定，具有冻融循环次数要求的建筑砂浆，必须作抗冻性能试验。冻融试验后，当冻融试件的抗压强度损失率不大于 25%，且质量损失率不大于 5%时，即该组试件两项指标已同时满足上述规定，说明其抗冻性能已达到合格要求，否则为不合格。

6.2 砌筑砂浆

6.2.1 常用砌筑砂浆的种类

砌筑砂浆是指将砖、石、砌块等粘结成为砌体的砂浆。常用的砌筑砂浆有水泥砂浆、水泥混合砂浆和石灰砂浆等，工程中应根据工程类别、砌体性质以及所处环境条件等进行选用。水泥砂浆是指由水泥、细骨料和水配制成的砂浆，通常用于片石基础、砖基础、一般地下构筑物、砖平拱、钢筋砖过梁、水塔、烟囱等环境潮湿或强度要求较高的砌体；水泥混合砂浆是指由水泥、细骨料、掺加料和水配制而成的砂浆，一般适用于地面以上干燥环境中的承重和非承重的砖石砌体；石灰砂浆通常用于地面以上强度要求不高的平房或临时性建筑。

6.2.2 砌筑砂浆的配合比设计

根据《砌筑砂浆配合比设计规程》(JGJ 98—2000)规定，砂浆的配合比以质量比表示，砂浆配合比的设计常采用两种方法，一种是采用查规范、手册等资料的方法来确定，另一种方法是采用计算的方法确定。本书主要介绍根据原材料的性能和砂浆的技术要求进行计算，并经试配后确定砂浆配合比的设计方法。

6.2.2.1 砌筑砂浆配合比设计的基本要求

(1) 砂浆拌和物的和易性应满足施工要求，且新拌水泥砂浆的密度不宜小于 1900kg/m³，水泥混合砂浆的密度不宜小于 1800kg/m³。

(2) 砌筑砂浆的稠度、分层度、试配抗压强度必须同时符合要求。

(3) 水泥和掺加料的用量应经济合理，水泥砂浆中水泥用量不应小于 200kg/m³，水泥混合砂浆中水泥和掺加料总量宜为 300～350kg/m³。

6.2.2.2 砌筑砂浆配合比设计

1. 水泥混合砂浆配合比计算

(1) 确定砂浆的试配强度。为保证砂浆具有 95% 的强度保证率，试配强度可由以下公式计算：

$$f_{m,o} = \overline{f} + 0.645\sigma \tag{6-3}$$

式中 $f_{m,o}$——砂浆的试配强度，精确至 0.1MPa；

$\overline{f}$——砂浆抗压强度平均值，精确至 0.1MPa；

σ——砂浆现场强度标准差，精确至 0.01MPa。

当有统计资料时，砌筑砂浆现场强度标准差应按下式确定：

$$\sigma = \sqrt{\frac{\sum_{i=1}^{n} f_{m,i}^2 - n\mu_{fm}^2}{n-1}} \tag{6-4}$$

式中 $f_{m,i}$——统计周期内同一品种砂浆第 i 组试件的强度，MPa；

μ_{fm}——统计周期内同一品种砂浆 n 组试件强度的平均值，MPa；

n——统计周期内同一品种砂浆试件的总组数，$n \geqslant 25$。

当不具有近期统计资料时，砂浆现场强度标准差可按表 6-2 选取。

表 6-2　不同施工水平的砂浆强度标准差　单位：MPa

施工水平	砂浆强度等级					
	M2.5	M5	M7.5	M10	M15	M20
优良	0.5	1.00	1.50	2.00	3.00	4.00
一般	0.62	1.25	1.88	2.50	3.75	5.00
较差	0.75	1.50	2.25	3.00	4.50	6.00

(2) 计算水泥用量。砂浆中的水泥用量可按下式计算：

$$Q_c = \frac{1000(f_{m,o} - \beta)}{\alpha f_{ce}} \tag{6-5}$$

式中 Q_c——每立方米砂浆的水泥用量，精确至 1kg；

$f_{m,o}$——砂浆的试配强度，精确至 0.1MPa；

f_{ce}——水泥的实测强度，精确至 0.1MPa；

α、β——砂浆的特征系数，其中 $\alpha=3.03$，$\beta=-15.09$。

(3) 计算掺加料用量。砂浆中的掺加料可按下式计算：

$$Q_D = Q_A - Q_C \tag{6-6}$$

式中 Q_D——每立方米砂浆的掺加料用量，精确至 1kg；

Q_C——每立方米砂浆的水泥用量，精确至 1kg；

Q_A——每立方米砂浆中水泥和掺加料的总量，精确至 1kg。

(4) 计算砂子用量。砂浆中的胶结材料、掺加料和水是用来填充砂子中的空隙的，每立方米砂浆中的砂子的用量应按砂子干燥状态（含水率小于 0.5%）的堆积密度值来进行计算：

$$Q_S = 1 \times \rho_{0干} \tag{6-7}$$

式中 Q_S——每立方米砂浆中砂子的用量，精确至 1kg；

$\rho_{0干}$——砂子干燥状态（含水率小于 0.5%）的堆积密度，精确至 1kg/m³。

当砂子含水率大于 0.5%时，应考虑砂子含水率的影响。

(5) 计算用水量。砂浆中用水量的多少，对其强度等性能的影响不大，根据经验以施工所需稠度等的要求，每立方米砂浆中的用水量 Q_w 可选用 240～310kg。在实际应用中应注意下列事项：

1) 水泥混合砂浆中的用水量，不包括石灰膏或黏土膏中的水。

2) 当采用细砂或粗砂时，用水量分别取上限或下限。

3) 稠度小于 70mm 时，用水量小于下限。

4) 施工现场气候炎热或干燥季节，可酌量增加用水量。

2. 水泥砂浆配合比选用

水泥砂浆的材料用量按照《砌筑砂浆配合比设计规程》(JGJ 98—2000) 进行计算，通常会出现水泥用量偏少的情况，这主要是因为水泥强度较高，砂浆强度过低所造成的结果，为此，参照国内外的工程经验，可采用直接查表的方法确定水泥砂浆的配合比，每立方米砂浆材料用量可按表 6-3 选用。

表 6-3　每立方米水泥砂浆材料用量　单位：kg

强度等级	水泥用量	砂子用量	用水量
M2.5～M5	200～230	1m³ 砂子的堆积密度值	270～330
M7.5～M10	220～280		
M15	280～340		
M20	340～400		

在实际应用中，应注意下列事项：

(1) 表 6-3 中水泥采用 32.5 级，当大于 32.5 级时，水泥用量宜按下限选用。

(2) 根据施工水平合理选择水泥用量。

(3) 当采用细砂或粗砂时，用水量分别取上限或下限。

(4) 稠度小于 70mm 时，用水量可小于下限。

(5) 施工现场气候炎热或干燥季节，可酌量增加用水量。

3. 配合比试配、调整与确定

砂浆在经计算或选取初步配合比后，应采用实际使用的材料进行试配。试配时应采用机械搅拌，水泥砂浆、混合砂浆搅拌时间不得小于 120s，掺用粉煤灰和外加剂的砂浆，搅拌时间不得小于 180s。按初步配合比进行试拌，测定拌和物稠度和分层度，若不能满足要求，则应调整用水量和掺加料用量，直到符合要求为止，由此得到砂浆基准配合比。检验砂浆强度时至少应采用三个不同的配合化，其中一个为基准配合比，另外两个配合比的水泥用量按基准配合比分别增加和减少 10%，在保证稠度、分层度合格的条件下，可将用水量或掺加料用量相应调整。三组配合比分别按《建筑砂浆基本性能试验方法》(JGJ 70—1990) 的规定拌和成型试件，养护至规定的龄期，测定砂浆的强度，由此确定符合试配强度要求并且水泥用量最低的配合比作为砂浆配合比。

砂浆配合比确定后，当原材料有变更时，其配合比必须重新通过试验确定。

6.2.2.3 砌筑砂浆配合比实例

【例】 要求设计用于砌筑砖墙的水泥石灰混合砂浆配合比。砂浆的强度等级为 M10。稠度为 70～90mm，原材料主要参数为：水泥为 42.5 级普通硅酸盐水泥，强度等级富余系数为 1.0；砂子为中砂，堆积密度为 1450kg/m^3，含水率为 2%；石灰膏的稠度为 120mm；施工水平一般。

【解】 (1) 计算砂浆试配强度。

查表 6－2 可得 σ=2.5MPa 则

$$f_{m,0} = \overline{f} + 0.645\sigma = 10 + 0.645 \times 2.5 = 11.6\text{MPa}$$

(2) 计算水泥用量。

由 α=3.03，β=－15.09 得：

$$Q_C = \frac{1000(f_{m,0} - \beta)}{\alpha f_{ce}} = \frac{1000 \times (11.6 + 15.09)}{3.03 \times 1.0 \times 42.5} = 207\text{kg/m}^3$$

(3) 计算石灰膏用量。

选取 Q_A=320kg，则

$$Q_D = Q_A - Q_C = 320 - 207 = 113\text{kg/m}^3$$

(4) 计算砂子用量。

$$Q_s = 1450 \times (1 + 2\%) = 1470\text{kg/m}^3$$

(5) 计算用水量。

选择用水量为 290kg/m^3，扣除砂子中含水量，拌和用水量为

$$Q_w = 290 - 1450 \times 2\% = 261\text{kg/m}^3$$

(6) 列出砂浆配合比

水泥：石灰膏：砂：水 = 207：113：1479：261 = 1：0.55：7.14：1.26

6.2.3 砌筑砂浆的工程应用

实际工程中的砌筑砂浆强度等级应根据计算要求或规范确定，一般的砖混结构多层住宅通常采用 M5～M10 的砂浆；办公楼、教学楼及多层商店常采用 M2.5～M10 的砂浆；

平房宿舍、商店常采用 M2.5～M10 的砂浆；食堂、仓库、锅炉房、变电站、地下室、工业厂房及烟囱等常采用 M2.5～M10 的砂浆；简易房屋可采用石灰黏土砂浆；砖柱、砖拱、钢筋砖过梁等一般采用强度等级为 M2.5～M10 的砂浆；检查井、雨水井、化粪池等可采用 M5 的砂浆；特别重要的砌体，可采用 M15～M20 的砂浆。

6.3 抹面砂浆

抹面砂浆也称为抹灰砂浆，是指涂抹于建筑物内、外表面的砂浆，根据抹面砂浆功能的不同，可将其分为普通抹面砂浆、装饰砂浆和特种砂浆。

6.3.1 普通抹面砂浆

普通抹面砂浆是建筑工程中用量最大的抹面砂浆。其主要功能是保护结构主体免遭风雨及有害介质的侵蚀，提高结构的耐久性，改善建筑物的外观装饰效果。

1. 普通抹面砂浆的组成材料

普通抹面砂浆的主要组成材料仍然是水泥、石灰或石膏以及天然砂等，对这些原材料的质量要求同砌筑砂浆。但根据普通抹面砂浆的使用特点，其主要技术要求是应具有良好的和易性，容易抹成均匀平整的薄层，便于施工。同时还应具有较高的黏结力，使砂浆层能与基层表面牢固地黏结。为了提高普通抹面砂浆的黏结力，配制砂浆时所用的胶凝材料要比砌筑砂浆多一些，通常还要加入适量的有机聚合物（如 108 胶等）来增大黏结力。另外，为了提高普通抹面砂浆抹灰层的抗拉强度，防止其开裂脱落，有时在砂浆中加入适量的麻刀、纸筋、稻草、玻璃纤维等纤维材料。

2. 普通抹面砂浆的种类及选用

常用的普通抹面砂浆有石灰砂浆、水泥混合砂浆、水泥砂浆、麻刀石灰浆（又称麻刀灰）、纸筋石灰浆（又称纸筋灰）等。

为了保证砂浆层与基层黏结牢固，防止灰层开裂，应采用分层薄涂的方法，一般分两层或三层进行施工。不同抹面层的作用和技术要求不同，所以每层所选用的砂浆也不一样。

底层砂浆的作用是与基层牢固地黏结，并对基层进行初步找平，要求砂浆应具有良好的和易性和较高的黏结力，因此底层砂浆的保水性要好，否则水分易被基层材料吸收而影响砂浆的黏结力；中层砂浆主要起找平作用，根据质量要求不同，可一次或分几次涂抹，有时也可省去不做；面层又称罩面，主要起装饰作用，为了获得平整光滑的表面装饰效果，应采用较细的砂骨料。

对于砖墙的底层抹灰，常采用石灰砂浆，有防水、防潮要求时采用水泥砂浆。用于板条墙或板条顶棚的底层抹灰常采用水泥混合砂浆或石灰砂浆。对于混凝土墙、梁、板、柱等基层的底层抹灰，常采用水泥混合砂浆、麻刀石灰浆或纸筋石灰浆，中层抹灰常采用水泥混合砂浆或石灰砂浆，面层抹灰常采用水泥混合砂浆、麻刀灰或纸筋灰。在容易碰撞或潮湿的部位，如墙裙、踢脚板、地面、雨棚、窗台以及水池等处，应采用水泥砂浆。

3. 普通抹面砂浆的配合比

普通抹面砂浆的组成材料和配合比，主要是根据所使用的工程部位和基层材料的种类来确定。常用抹面砂浆的配合比可参考表 6-4 选用。

表 6-4　　常用抹面砂浆配合比及应用范围

抹面砂浆组成材料	配合比（体积比）	应　用　范　围
石灰：砂	1：3	砖石墙面打底找平（干燥环境）
石灰：砂	1：1	墙面石灰砂浆面层
石灰：黏土：砂	1：1：6	干燥环境墙表面
石灰：石膏：砂	1：1：3	不潮湿房间的墙及天花板
水泥：石灰：砂	1：1：6	内、外墙面混合砂浆打底找平
水泥：石灰：砂	1：0.3：3	墙面混合砂浆面层
水泥：砂	1：2	地面、顶棚或墙面水泥砂浆面层
水泥：砂	1：0.8	混凝土地面随时压光
水泥：石膏：砂：锯末	1：1：3：5	吸声粉刷
石灰膏：麻刀	100：2.5（质量比）	木板条顶棚底层
石灰膏：麻刀	100：1.3（质量比）	木板条顶棚面层
石灰膏：纸筋	100：3.8（质量比）	木板条顶棚面层
石灰膏：纸筋	$1m^3$ 石灰膏掺 3.6kg 纸筋	较高级墙面及顶棚

6.3.2　装饰砂浆

装饰砂浆是直接用于建筑物内外表面，具有提高建筑物装饰艺术性、改善功能、保护建筑物等方面作用的抹面砂浆。装饰砂浆的底层和中层抹灰与普通抹面砂浆基本相同，主要是装饰砂浆的面层，通常要选用具有一定颜色的胶凝材料或骨料以及采用某种特殊的操作工艺，使面层表面呈现出不同的颜色、线条和花纹等装饰效果。

装饰砂浆的胶凝材料采用石膏、石灰、普通水泥、矿渣水泥、火山灰水泥和白水泥、彩色水泥，或在常用的水泥中掺加白色大理石粉等。骨料常采用白色、浅色或彩色的天然砂、彩釉砂和着色砂，也可采用大理石、花岗岩等带颜色的细石渣或玻璃、陶瓷碎粒等。

常用的装饰砂浆有如下工艺做法。

1. 水刷石

将水泥和石渣按比例配合并加水配制成水泥石渣浆，在建筑物的表面抹平压实并达到一定的强度后，用毛刷蘸水刷掉面层水泥浆，或喷水冲洗，冲刷掉石渣表面的水泥浆，使石渣表面外露出来。上述工艺做成的水刷石，可以产生一定的装饰效果，主要用于外墙饰面。

2. 干粘石

干粘石是在水泥石灰砂浆或掺入 107 胶的水泥砂浆黏结层上，将白色或彩色石渣、小石子、彩色玻璃、陶瓷碎粒等粘在其上，再拍平压实而成。拍平压实石子时，不得将灰浆拍出，在达到一定的强度后洒水养护。干粘石的装饰效果与水刷石相近，且石子表面更洁净艳丽，常用于外墙饰面。

3. 斩假石

斩假石又称剁假石。利用水泥石渣浆作成 10mm 厚的面层抹灰，抹完后要注意防止日晒和冰冻，并养护2～3d，待其硬化达到一定的强度时，用钝斧或凿子等工具将面层斩毛，剁的方向要一致，在面层上剁斩出深浅均匀的纹理，可获得似用天然石材经雕琢后砌筑的装饰效果，主要用于室外柱面、外墙勒脚、栏杆、踏步等处的装饰。

装饰砂浆的种类较多，常用的还有拉毛、甩毛、喷涂、弹涂、拉条等多种工艺做法。

6.3.3 特种砂浆

建筑工程中，用于满足某种特殊用途要求的砂浆称为特种砂浆，常用的有如下几种类别。

1. 防水砂浆

防水砂浆是一种用做防水层的高抗渗性砂浆。防水砂浆防水层又称刚性防水层，适用于不受振动和具有一定刚度的混凝土或砖石砌体的表面，如可用于地下室、水塔、水池等的防水。对于变形较大或可能发生不均匀沉降的工程，都不宜采用刚性防水层。

常用的防水砂浆主要有下列两种：

(1) 掺加防水剂的水泥砂浆。在普通水泥砂浆中掺入一定量的防水剂而配制成的防水砂浆是目前应用最广泛的一种防水砂浆。常用的防水剂有氯化物金属盐类防水剂（主要由氯化钙和氯化铝组成）、水玻璃类防水剂（以水玻璃为基料加两种或四种矾所组成）、金属皂类防水剂（主要由硬质酸、氨水和氢氧化钾组成）等。防水剂掺入砂浆中所形成的生成物，能起到促使砂浆密实或者堵塞空隙的作用。

(2) 膨胀水泥和无收缩水泥配制砂浆。由于该类水泥具微膨胀或补偿收缩性能，从而能提高砂浆的密实性和抗渗性。

防水砂浆的配合比为水泥与砂的质量比，一般不宜大于1∶2.5，水灰比应为0.5～0.6，稠度不应大于80mm。水泥宜选用32.5级以上的普通硅酸盐水泥或42.5级矿渣水泥，砂子宜选用洁净的中砂，级配良好。防水剂掺量按生产厂家推荐的最佳掺量掺入，最后需经试配确定。

防水砂浆施工方法有人工多层抹压法和喷射法等。人工多层抹压法是将砂浆分4层或5层抹压，每层厚度约为5mm左右。喷浆法是利用高压喷枪将砂浆以每秒约为100m的高速喷至建筑物的表面。每种方法都是以防水抗渗为目的，可以减少内部连通毛细孔，提高密实度。

2. 绝热砂浆

绝热砂浆又称保温砂浆，是采用水泥、石灰、石膏等胶凝材料与膨胀珍珠岩或膨胀蛭石、陶粒、火山渣、陶渣等轻质多孔骨料按一定比例配制而成的砂浆。绝热砂浆具有轻质、保温隔热、吸声等性能，其导热系数为0.07～0.1W/（m·K），可用于屋面保温层、墙壁保温层、冷库以及工业窑炉、供热管道保温层等部位。

3. 耐酸砂浆

耐酸砂浆是用水玻璃和氟硅酸钠拌制而成，有时也可掺入石英岩、花岗岩、铸石等粉状细骨料。水玻璃硬化后具有很好的耐酸性能。耐酸砂浆常用于耐酸地面、耐酸容器基座及与酸接触的结构部位等处。

4. 防射线砂浆

防射线砂浆常用于射线防护工程。在水泥中掺入重晶石粉、重晶石砂，可配制成具有防X射线和γ射线能力的砂浆。其配合比为水泥∶重晶石粉∶重晶石砂＝1∶0.25∶(4～5)。在水泥中掺入硼砂、硼酸等可配制成具有防中子辐射能力的砂浆。

5. 吸声砂浆

吸声砂浆是指具有吸音功能的砂浆。工程上常用水泥、石膏、砂、锯末按体积比为1∶1∶3∶5配制成吸声砂浆，或在石灰、石膏砂浆中掺入玻璃纤维、矿物棉等松软纤维材料制做成吸声砂浆。吸声砂浆主要用于有吸声要求的室内墙壁和顶棚的抹灰。

复习思考题

1. 什么是砂浆？其主要组成材料有哪些？

2. 新拌砂浆的和易性包括哪两方面含义？

3. 砂浆和易性不良对工程应用有何影响？怎样才能提高砂浆的保水性？

4. 影响砂浆强度的基本因素是什么？

5. 砌筑砂浆与普通抹面砂浆在功能上有何不同？

6. 工程中常用的水泥混合砂浆有何特点？为什么要在抹面砂浆中掺入纤维材料？

7. 常用的装饰砂浆有哪些？

8. 什么是防水砂浆？防水砂浆中常用哪些防水剂？

9. 某墙体砌筑普通烧结黏土砖，使用水泥石灰混合砂浆，要求砂浆的强度等级为M7.5，稠度为70～90mm。现场有32.5级普通水泥可供选用，水泥实测强度为36.0MPa，砂为中砂，含水率为1%，堆积密度为1430kg/m^3，石灰膏的稠度为120mm，施工水平较差。试计算砂浆的配合比。

第7章 建 筑 钢 材

本章要点

掌握建筑工程中常用的建筑钢材的分类及其选用原则，微量组分对钢材性能的影响，建筑钢材的力学性能（包括强度、弹性及塑性变形，耐疲劳性）、测定方法及影响因素；

熟悉建筑钢材的强化机理及强化方法；

了解建筑钢材的微观结构及其与性质的关系。

7.1 钢的冶炼和分类

建筑钢材是主要的建筑材料之一，包括钢结构用钢材（如钢板、型钢、钢管等）和钢筋混凝土用钢材（如钢筋、钢丝等）。钢材是在严格的技术控制条件下生产的材料，与非金属材料相比，具有品质均匀稳定、强度高、塑性韧性好、可焊接和铆接等优异性能。钢材主要的缺点是易锈蚀、维护费用大、耐火性差、生产能耗大。

7.1.1 钢的冶炼

钢是含碳量为0.06%～2.0%，并含有某些其他元素的铁碳合金。

生铁是含碳量为2.11%～6.67%，且杂质含量较多的铁碳合金。生铁性质脆硬，建筑上难以应用。工业纯铁是含碳量小于0.04%的铁碳合金。

钢的生产分为以下两步。

1. 炼铁

铁矿砂在熔炉（高炉）中提炼成铁的过程称为炼铣。炼铣时，自高炉上方将铁矿砂、焦炭、石灰石等交互投入，热风炉加热过的空气由高炉下部风口吹入，炉内焦炭燃烧生成1500℃高温，产生一氧化碳（CO）炉气自炉中上升，一氧化碳把铁矿砂还原；炼成的铣铁自炉下方出铣口流出，由混铣炉暂贮并运到炼钢工场，或用盛桶装熔铣注入形状似猪槽的铸模内。

2. 炼钢

高炉熔出的铣铁碳含量高（C含量3%以上），硅（Si）、磷（P）、硫（S）等不纯物多，产品既硬且脆。把杂质减低炼成强韧性质的钢制品，此过程称为炼钢。炼钢原料除铣铁、废钢外，还有去除不纯物用的熔剂，生石灰、萤石，脱氧剂合金铁等，使钢的品质提高。

根据炼钢设备的不同，常用的炼钢方法有氧气转炉法、平炉法、电炉法。

（1）氧气转炉炼钢法。氧气转炉炼钢法是以熔融铁水为原料，用纯氧代替空气，由炉顶向转炉内吹入高压氧气，能有效地除去磷、硫等杂质，使钢的质量显著提高，而成本却较低。常用来炼制优质碳素钢和合金钢。

（2）平炉炼钢法。以固体或液体生铁、铁矿石或废钢作原料，用煤气或重油为燃料进行冶炼。平炉钢由于熔炼时间长，化学成分可以精确控制，杂质含量少，成品质量高。其缺点是能耗大、成本高、冶炼周期长。近年此法逐渐消失被转炉取代。

（3）电炉炼钢法。电炉炼钢法是以生铁或废钢原料，利用电能迅速加热，进行高温冶炼。其熔炼温度高，而且温度可以由调节，清除杂质容易。因此，电炉钢的质量最好，但成本高。主要用于冶炼优质碳素钢及特殊合金钢。

高炉炼铁是现代炼铁生产的主要方法，全世界95%以上的生铁由高炉冶炼而成。目前氧气转炉炼钢法是最主要的炼钢方法，而平炉炼钢法已基本淘汰。

7.1.2 钢的分类

钢的品种繁多，分类方法很多，通常有按化学成分、质量、用途等几种分类方法。钢的分类见表7-1。目前，在建筑工程中，常用的钢种是普通碳素结构钢和普通低合金结构钢。

表7-1　　钢的分类

分类方法	类别		特性
按化学成分分类	碳素钢	低碳钢	含碳量小于0.25%
		中碳钢	含碳量0.25%～0.60%
		高碳钢	含碳量大于0.60%
	合金钢	低合金钢	合金元素总含量小于5%
		中合金钢	合金元素总含量5%～10%
		高合金钢	合金元素总含量大于10%
按脱氧程度分类	沸腾钢		脱氧不完全，硫、磷等杂质偏析较严重，代号为“F”
	镇静钢		脱氧完全，同时去硫，代号为“Z”
	半镇静钢		脱氧程度介于沸腾钢和镇静钢之间，代号为“B”
	特殊镇静钢		比镇静钢脱氧程度还要充分彻底，代号为“TZ”
按质量分类	普通钢		含硫量为0.055%～0.065%，含磷量为0.045%～0.085%
	优质钢		含硫量为0.03%～0.045%，含磷量为0.035%～0.045%
	高级优质钢		含硫量为0.02%～0.03%，含磷量为0.027%～0.035%
按用途分类	结构钢		工程结构构件用钢、机械制造用钢
	工具钢		各种刀具、量具及模具用钢
	特殊钢		具有特殊物理、化学或机械性能的钢，如不锈钢、耐热钢、耐酸钢、耐磨钢、磁性钢等。

7.2 建筑钢材的技术性能

钢材的技术性质主要包括力学性能（抗拉性能、冲击韧性、耐疲劳等）和工艺性能

(冷弯和焊接）两个方面。

7.2.1　力学性能

1. 抗拉性能

抗拉伸是建筑钢材的主要工作形式，所以抗拉性能是表示钢材性能和选用钢材的重要指标。

在外力作用下，材料抵抗变形和断裂的能力称为强度。测定钢材强度的主要方法是拉伸试验，钢材受拉时，在产生应力的同时，相应地产生应变。应力和应变的关系反映出钢材的主要力学特征。从图 7-1 低碳钢的应力-应变关系中可看出，低碳钢从受拉到拉断，经历了四个阶段：弹性阶段（O—A）、屈服阶段（A—B）、强化阶段（B—C）和颈缩阶段(C—D)。

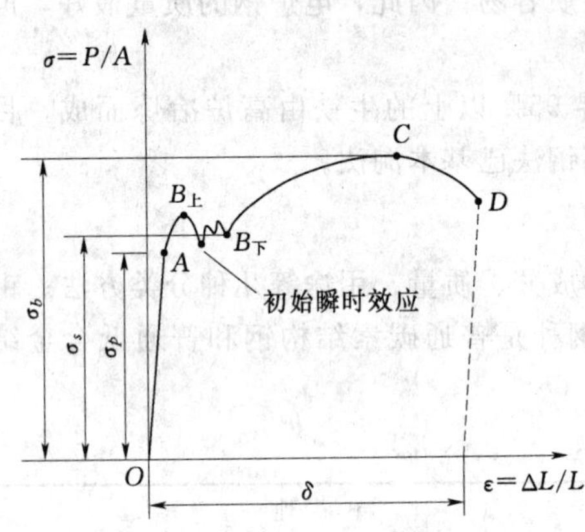

图 7-1　低碳钢受拉的应力-应变图

(1) 弹性阶段。曲线中 OA 段是一条直线，应力与应变成正比。如卸去外力，试件能恢复原来的形状，这种性质即为弹性，此阶段的变形为弹性变形。与 A 点对应的应力称为弹性极限，以 σ_p 表示。应力与应变的比值为常数，即弹性模量 E，弹性模量反映钢材抵抗弹性变形的能力，是钢材在受力条件下计算结构变形的重要指标。弹性模量可按下式计算：

$$E=\sigma/\varepsilon \tag{7-1}$$

式中　E——弹性模量，N/mm^2；

σ——应力，N/mm^2；

ε——应变，$\varepsilon=\Delta L/L$。

(2) 屈服阶段。应力超过 A 点后，应力、应变不再成正比关系，开始出现塑性变形。应力的增长滞后于应变的增长，当应力达 $B_{上}$ 点后（上屈服点），瞬时下降至 $B_{下}$ 点（下屈服点），变形迅速增加，而此时外力则大致在恒定的位置上波动直到 B 点，这就是所谓的“屈服现象”，似乎钢材不能承受外力而屈服，所以 AB 段称为屈服阶段。与 $B_{下}$ 点（此点较稳定、易测定）对应的应力称为屈服点（屈服强度），用 σ_s 表示。

钢材受力大于屈服点后，会出现较大的塑性变形，已不能满足使用要求，因此屈服强度是设计上钢材强度取值的依据，是工程结构计算中非常重要的一个参数。

(3) 强化阶段。当应力超过屈服强度后，由于钢材内部组织中的晶格发生了畸变，阻止了晶格进一步滑移，钢材得到强化，所以钢材抵抗塑性变形的能力又重新提高，B—C 呈上升曲线，称为强化阶段。对应于最高点 C 的应力值（σ_b）称为极限抗拉强度，简称抗拉强度。

显然，σ_b 是钢材受拉时所能承受的最大应力值。屈服强度和抗拉强度之比（即屈强比）能反映钢材的利用率和结构安全可靠程度。屈强比越小，其结构的安全可靠程度越高，但屈强比过小，又说明钢材强度的利用率偏低，造成钢材浪费。建筑上常用碳素钢的屈强比为 0.58～0.63，合金钢的屈强比为 0.65～0.75。

(4) 颈缩阶段。试件受力达到最高点 C 点后，其抵抗变形的能力明显降低，变形迅速发展，应力逐渐下降，试件被拉长，在有杂质或缺陷处，断面急剧缩小，直到断裂。故 CD 段称为颈缩阶段。

中碳钢与高碳钢（硬钢）的拉伸曲线与低碳钢不同，屈服现象不明显，难以测定屈服点，则规定产生残余变形为原标距长度的 0.2%时所对应的应力值，作为硬钢的屈服强度，也称条件屈服点，用 $\sigma_{0.2}$ 表示，如图 7-2 所示。

2. 塑性

建筑钢材应具有很好的塑性。钢材的塑性通常用伸长率和断面收缩率表示。将拉断后的试件拼合起来，测定出标距范围内的长度 L_1（mm），其与试件原标距 L_0（mm）之差为塑性变形值，塑性变形值与 L_0 之比称为伸长率（δ），如图 7-3 所示。伸长率（δ）即如下式计算。

$$\delta = \frac{L_1 - L_0}{L_0} \times 100\% \qquad (7-2)$$

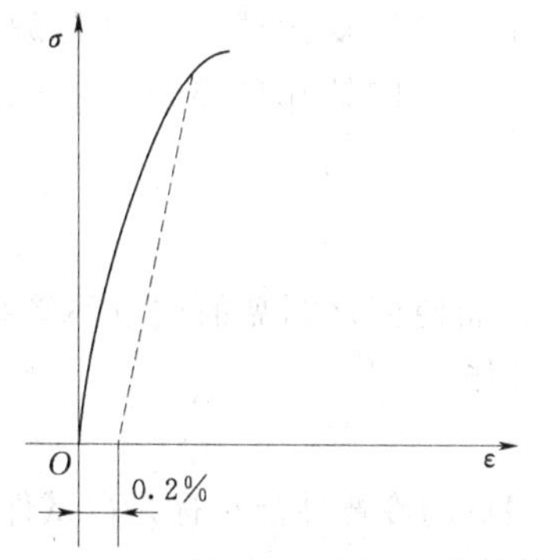

图 7-2　中、高碳钢的应力-应变图

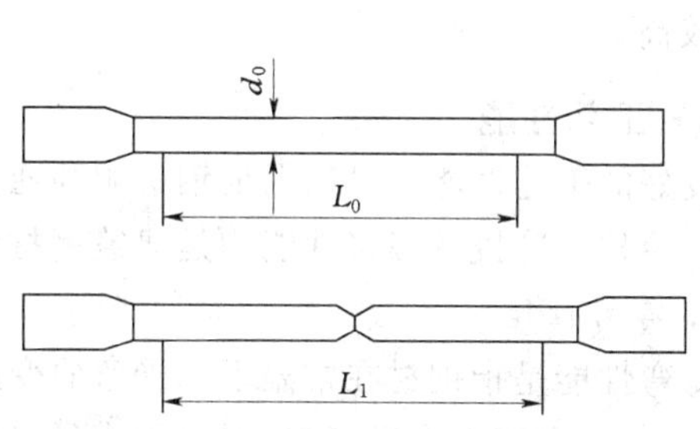

图 7-3　钢材的伸长率

伸长率是衡量钢材塑性的一个重要指标，δ 越大说明钢材的塑性越好。一定的塑性变形能力，可保证应力重新分布，避免应力集中，从而钢材用于结构的安全性越大。

塑性变形在试件标距内的分布是不均匀的，颈缩处的变形最大，离颈缩部位越远其变形越小。所以原标距与直径之比越小，则颈缩处伸长值在整个伸长值中的比重越大，计算出来的 δ 值就越大。通常以 δ_5 和 δ_{10} 分别表示 $L_0=5d_0$ 和 $L_0=10d_0$ 时的伸长率。对于同一种钢材，其 δ_5 大于 δ_{10}。

3. 冲击韧性

冲击韧性是指钢材抵抗冲击荷载而不被破坏的能力。钢材的冲击韧性是用有刻槽的标准试件，在冲击试验机的一次摆锤冲击下，以破坏后缺口处单位面积上所消耗的功（J/cm^2）来表示，其符号为 σ_k。试验时将试件放置在固定支座上，然后以摆锤冲击试件刻槽的背面，使试件承受冲击弯曲而断裂。σ_k 值越大，表示冲断试件消耗的能量越大，钢材的冲击韧性越好，即其抵抗冲击作用的能力越强，脆性破坏的危险性越小。对于重要的结构物以及承受动荷载作用的结构，特别是处于低温条件下，为了防止钢材的脆性破坏，应保证钢材具有一定的冲击韧性。

影响钢材冲击韧性的因素很多，如化学成分、冶炼质量、冷作及时效、环境温度等。

材料在实际使用过程中，可能承受多次重复的小量冲击荷载，因此冲击试验所得的一次冲击破坏的冲击韧性与这种情况不相符合。材料承受多次小量重复冲击荷载的能力，主要取决于其强度的高低，而不是其冲击韧性值的大小。

4. 耐疲劳性

受交变荷载反复作用，钢材在应力低于其屈服强度的情况下突然发生脆性断裂破坏的现象，称为疲劳破坏。钢材的疲劳破坏一般是由拉应力引起的，首先在局部开始形成细小断裂，随后由于微裂纹尖端的应力集中而使其逐渐扩大，直至突然发生瞬时疲劳断裂。疲劳破坏是在低应力状态下突然发生的，所以危害极大，往往造成灾难性的事故。

在一定条件下，钢材疲劳破坏的应力值随应力循环次数的增加而降低。钢材在无穷次交变荷载作用下而不至引起断裂的最大循环应力值，称为疲劳强度极限，实际测量时常以 2×10^6 次应力循环为基准。钢材的疲劳强度与很多因素有关，如组织结构、表面状态、合金成分、夹杂物和应力集中几种情况。设计承受反复荷载且需进行疲劳验算的结构时，应了解所用钢材的疲劳极限。一般来说，钢材的抗拉强度高，其疲劳极限也较高。

7.2.2 工艺性能

良好的工艺性能，可以保证钢材顺利通过各种加工，而使钢材制品的质量不受影响。冷弯、冷拉、冷拔及焊接性能均是建筑钢材的重要工艺性能。

1. 冷弯性能

冷弯性能是指钢材在常温下承受弯曲变形的能力。钢材的冷弯性能指标是以试件弯曲的角度（α）和弯心直径（d）对试件直径（或厚度 a）的比值（d/a）来表示。

钢材的冷弯试验是通过直径（或厚度）为 a 的试件，采用标准规定的弯心直径 d（$d=na$），弯曲到规定的弯曲角（180°或 90°）时，试件的弯曲处不发生裂缝、裂断或起层，即认为冷弯性能合格。钢材弯曲时的弯曲角度愈大，弯心直径愈小，则表示其冷弯性能愈好。图 7-4 所示为弯曲时不同弯心直径的钢材冷弯试验。

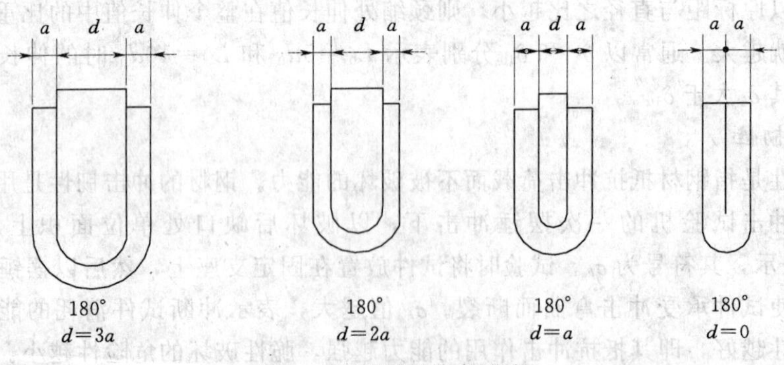

图 7-4 钢材的冷弯试验

通过冷弯试验更有助于暴露钢材的某些内在缺陷。相对于伸长率而言，冷弯是对钢材塑性更严格的检验，它能揭示钢材是否存在内部组织不均匀、内应力和夹杂物等缺陷，冷弯试验对焊接质量也是一种严格的检验，能揭示焊件在受弯表面存在未熔合、微裂纹及夹杂物等缺陷。

2. 焊接性能

在建筑工程中，各种型钢、钢板、钢筋及预埋件等需用焊接加工。钢结构有 90%以上是焊接结构。焊接的质量取决于焊接工艺、焊接材料及钢的焊接性能。

钢材的可焊性是指钢材是否适应通常的焊接方法与工艺的性能。可焊性好的钢材指易于用一般焊接方法和工艺施焊，焊口处不易形成裂纹、气孔、夹渣等缺陷；焊接后钢材的力学性能，特别是强度不低于原有钢材，硬脆倾向小。钢材可焊性能的好坏，主要取决于钢的化学成分。含碳量高将增加焊接接头的硬脆性，含碳量小于 0.25%的碳素钢具有良好的可焊性。

钢筋焊接应注意的问题是：冷拉钢筋的焊接应在冷拉之前进行；钢筋焊接之前，焊接部位应清除铁锈、熔渣、油污等；应尽量避免不同国家的进口钢筋之间或进口钢筋与国产钢筋之间的焊接。

3. 冷加工性能及时效处理

（1）冷加工强化处理。将钢材在常温下进行冷加工（如冷拉、冷拔或冷轧），使之产生塑性变形，从而提高屈服强度，但钢材的塑性、韧性及弹性模量则会降低，这个过程称为冷加工强化处理。建筑工地或预制构件厂常用的方法是冷拉和冷拔。

冷拉是将热轧钢筋用冷拉设备加力进行张拉，使之伸长。钢材经冷拉后倔服强度可提高 20%～30%，可节约钢材 10%～20%，钢材经冷拉后屈服阶段缩短，伸长率降低，材质变硬。

冷拔是将光面圆钢筋通过硬质合金拔丝模孔强行拉拔，每次拉拔断面缩小应在 10%以下。钢筋在冷拔过程中，不仅受拉，同时还受到挤压作用，因而冷拔的作用比纯冷拉作用强烈。经过一次或多次冷拔后的钢筋，表面光洁度高，屈服强度提高 40%～60%，但塑性大大降低，具有硬钢的性质。

（2）时效。钢材经冷加工后，在常温下存放 15～20d 或加热至 100～200℃，保持 2h 左右，其屈服强度、抗拉强度及硬度进一步提高，而塑性及韧性继续降低，这种现象称为时效。前者称为自然时效，后者称为人工时效。

钢材经冷加工及时效处理后，其性质变化的规律，可明显地在应力-应变图上得到反映，如图 7-5 所示。图中 $OABCD$ 为未经冷拉和时效试件的 $\sigma-\varepsilon$ 曲线。当试件冷拉至超过屈服强度的任意一点 K，卸去荷载，此时由于试件已产生塑性变形，则曲线沿 KO' 下降，KO' 大致与 AO 平行。如立即再拉伸，则 $\sigma-\varepsilon$ 曲线将成为 $O'KCD$（虚线），屈服强度由 B 点提高到 K 点。但如在 K 点卸荷后进行时效处理，然后再拉伸，则 $\sigma-\varepsilon$ 曲线将成为 $O'K_1C_1D_1$，这表明冷拉时效以后，屈服强度和抗拉强度均得到提高，但塑性和韧

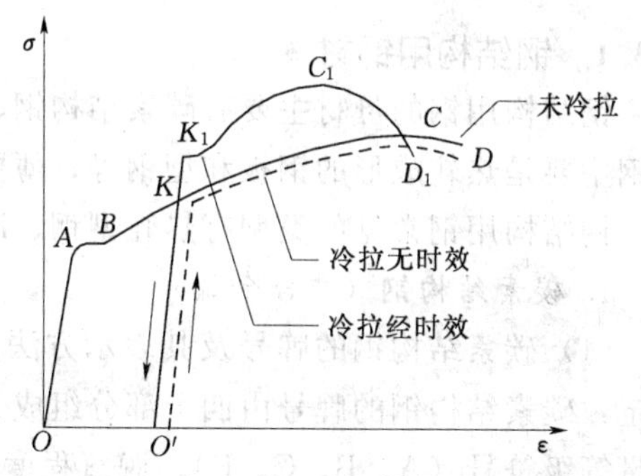

图 7-5 钢筋冷拉时效后应力-应变图的变化

性则相应降低。

2.2.3 钢材的成分对性能的影响

除铁、碳外，钢材在冶炼过程中会从原料、燃料中引入一些其他元素。钢材的成分对性能有重要影响。这些成分可分为两类：一类能改善优化钢材的性能称为合金元素，主要有硅（Si）、锰（Mn）、钛（Ti）、钒（V）、铌（Nb）等；另一类能劣化钢材的性能，属钢材的杂质，主要有氧、硫、氮、磷等。

(1) 碳（C）。当含碳量小于 0.8%时，C 含量增加将使抗拉强度及硬度提高，但塑性与韧性将降低，焊接性能、耐腐蚀性能也下降。此外，碳能增加钢的冷脆性和时效敏感性。

(2) 硅（Si）。硅为脱氧剂，当小于等于 1%时，Si 含量的增加可显著提高强度及硬度，而对塑性、韧性及可焊性无显著影响。当硅含量大于 1%时，会显著降低钢材的塑性、韧性、可焊性，并增大冷脆性和时效敏感性。

(3) 锰（Mn）。锰为脱氧剂，也是我国低合金结构钢的主要合金元素。在一定限度内，随 Mn 含量的增加可显著提高强度并可削减因氧与硫引起的热脆性，改善热加工性能。锰量增高，减弱钢的抗腐蚀能力，降低焊接性能。

(4) 氧（O）。其大部分以氧化物的形式夹杂在钢中，使钢的强度、塑性及可焊性降低。

(5) 硫（S）。硫为有害元素，使钢产生热脆性，降低钢的延展性和韧性，有强烈的偏析作用，使机械性能、焊接性能下降（引起热裂纹），降低耐腐蚀性。

(6) 磷（P）。磷为有害元素，含量的增加可提高强度，塑性及韧性显著下降。有强烈的偏析作用，引起冷脆性，焊接性下降，使冷弯性能变坏，但可提高耐磨性及耐腐蚀性。

(7) 氮（N）。氮能提高钢的强度，低温韧性和焊接性，增加时效敏感性。

7.3 建筑钢材的种类和选用

建筑工程用钢可分为钢结构用钢和钢筋混凝土结构用钢两类，前者主要应用型钢和钢板，后者主要采用钢筋和钢丝。

7.3.1 钢结构用钢材

钢结构用钢的母材主要有碳素结构钢、优质碳素结构钢和低合金结构钢三种。钢结构用钢主要是热轧成形的钢板和型钢等；薄壁轻型钢结构中主要采用薄壁型钢、圆钢和小角钢。钢结构用钢常见的类型有热轧型钢、冷弯薄壁型钢、棒材、钢管和板材。

1. 碳素结构钢（非合金钢）

(1) 碳素结构钢的牌号及其表示方法。国家标准《碳素结构钢》（GB/T 700—2006）规定：碳素结构钢的牌号由四个部分组成：屈服点的字母（Q）、屈服点数值（N/mm^2）、质量等级符号（A、B、C、D）、脱氧程度符号（F、B、Z、TZ）。碳素结构钢的质量等级是按钢中硫、磷含量由多至划分的，随 A、B、C、D 的顺序质量等级逐级提高。当为镇静钢或特殊镇静钢时，则牌号表示“Z”与“TZ”符号可予以省略。

按标准 GB/T 700—2006 规定，我国碳素结构钢分五个牌号，即 Q195、Q215、Q235、Q255 和 Q275。例如 Q235—A・F，它表示：屈服点为 235N/mm^2 的平炉或氧气转炉冶炼的 A 级沸腾碳素结构钢。

(2) 碳素结构钢的技术要求。按照标准 GB/T 700—2006 规定，碳素结构钢的技术要求包括化学成分、力学性能、冶炼方法、交货状态、表面质量等五个方面。各牌号碳素结构钢的化学成分及力学性能应分别符合表 7-2～表 7-4 的要求。

表 7-2　　碳素结构钢的化学成分

牌号	等级	化学成分					脱氧方法
		C	Mn	Si	S	P	
				≤			
Q195	—	0.06～0.12	0.25～0.50	0.30	0.050	0.045	F、b、Z
Q215	A	0.09～0.15	0.25～0.55	0.30	0.500	0.045	F、b、Z
	B				0.045		
Q235	A	0.14～0.22	0.30～0.65	0.30	0.050	0.045	F、b、Z
	B	0.12～0.20	0.30～0.70		0.045		
	C	≤0.18	0.35～0.80		0.040	0.040	Z
	D	≤0.17			0.035	0.035	TZ
Q255	A	0.18～0.28	0.40～0.70	0.30	0.050	0.045	Z
	B				0.045		
Q275	—	0.20～0.38	0.50～0.80	0.35	0.050	0.045	Z

表 7-3　　碳素结构钢的力学性能

牌号	等级	拉伸试验													冲击试验	
		屈服点 σ_s (MPa)						抗拉强度 σ_s (MPa)	伸长率 δ_5 (%)						温度 (℃)	V 型冲击功 (纵向) (J)
		钢筋厚度（直径）(mm)							钢材厚度（直径）(mm)							
		≤16	>16～40	>40～60	>60～100	>100～150	>150		≤16	>16～40	>40～60	>60～100	>100～150	>150		
		≥							≥							≥
Q195	—	(195)	(185)	—	—	—	—	315～390	33	32	—	—	—	—	—	—
Q215	A	215	205	195	185	175	165	335～410	31	30	29	28	27	26	—	—
	B														20	27
Q235	A	235	225	215	205	195	185	375～460	26	25	24	23	22	21	—	—
	B														20	27
	C														0	
	D														−20	

续表

牌号	等级	拉伸试验													冲击试验	
		屈服点 σ_s（MPa）						抗拉强度 σ_s（MPa）	伸长率 δ_5（%）						温度（℃）	V型冲击功（纵向）（J）
		钢筋厚度（直径）（mm）							钢材厚度（直径）（mm）							
		≤16	>16～40	>40～60	>60～100	>100～150	>150		≤16	>16～40	>40～60	>60～100	>100～150	>150		
		≥							≥							≥
Q255	A	255	245	235	225	215	205	410～510	24	23	22	21	20	19	—	—
	B														20	27
Q275	—	275	265	255	245	235	225	490～610	20	19	18	17	16	15	—	

表 7-4　碳素结构钢的力学性能

牌　号	试 样 方 向	冷弯试验 $B=2a$，180°		
		钢材厚度（直径）（mm）		
		60	>60～100	>100～200
Q195	纵	0		
	横	0.5a		
Q215	纵	0.5a	1.5a	2a
	横	a	2a	2.5a
Q235	纵	a	2a	2.5a
	横	1.5a	2.5a	3a
Q255		2a	3a	3.5a
Q275		3a	4a	4.5a

（3）碳素结构钢各类牌号的特性与用途。建筑工程中常用的碳素结构钢牌号为Q235，由于该牌号钢既具有较高的强度，又具有较好的塑性和韧性，可焊性也好，故能较好地满足一般钢结构和钢筋混凝土结构的用钢要求。相反用Q195和Q215号钢，虽塑性很好，但强度太低；而Q255和Q275号钢，其强度很高，但塑性较差，可焊性亦差，所以均不适用。

Q235号钢冶炼方便，成本较低，故在建筑中应用广泛。由于塑性好，在结构中能保证在超载、冲击、焊接、温度应力等不利条件下的安全，并适于各种加工，大量被用作轧制各种型钢、钢板及钢筋。其力学性能稳定，对轧制、加热、急剧冷却时的敏感性较小。其中Q235—A级钢，一般仅适用于承受静荷载作用的结构，Q235—C和D级钢可用于重要焊接的结构。另外，由于Q235—D级钢含有足够的形成细晶粒结构的元素，同时对硫、磷有害元素控制严格，故其冲击韧性很好，具有较强的抗冲击、振动荷载的能力，尤其适宜在较低温度下使用。

Q195和Q215号钢常用作生产一般使用的钢钉、铆钉、螺栓及铁丝等；Q255及

Q275 号钢多用于生产机械零件和工具等。

2. 优质碳素结构钢

按国家标准《优质碳素结构钢》(GB/T 699—1999)的规定，优质碳素结构钢根据锰含量的不同可分为：普通锰含量钢（0.35%～0.70%）和较高锰含量钢（0.70%～1.20%）两组。

优质碳素结构钢共 31 个钢号，钢号的表示方法由平均含碳量（以 0.01%为单位）、含锰量标注、脱氧程度代号组合而成。含锰量较高时，钢号后加注“Mn”；优质碳素结构钢大部分为镇静钢，只有三个为沸腾钢，在钢号后加注“F”。例如：“45Mn”表示平均含碳量为 0.45%的较高含锰量的镇静钢；“65”表示平均含碳量为 0.65%的普通含锰量的镇静钢。

优质碳素结构钢的力学性能主要取决于碳含量，碳含量高则强度也高，但塑性和韧性降低。由于优质碳素结构钢成本较高，30～45 号钢主要用于重要结构的钢铸件及高强度螺栓等；65～80 号钢用于预应力混凝土构件用碳素钢丝、刻痕钢丝和钢绞线。

3. 低合金高强度结构钢

低合金高强度结构钢是在碳素结构钢的基础上，添加少量的一种或多种合金元素（总含量小于 5%）的一种结构钢。其目的是提高钢的屈服强度、抗拉强度、耐磨性、耐蚀性与耐低温性等。因而它是综合性较为理想的建筑钢材，在大跨度、承重动荷载和冲击荷载的结构中更适用。此外，与使用碳素钢相比，可以节约钢材 20%～30%，而成本并不很高。

(1) 低合金结构钢的牌号及其表示方法。我国低合金结构钢共有五个牌号，所加元素主要有锰、硅、钒、钛、铌、铬、镍及稀土元素。其牌号的表示由屈服点字母 Q、屈服点数值、质量等级（A、B、C、D、E 五级）三部分组成。

(2) 低合金结构钢的应用。低合金结构钢主要用于轧制各种型钢（角钢、槽钢、工字钢)、钢板、钢管及钢筋，广泛用于钢结构和钢筋混凝土结构中，特别适用于各种重型结构、大跨度结构、高层结构及桥梁工程等，尤其对用于大跨度和大柱网的结构，其技术经济效果更为显著。

7.3.2 钢筋混凝土用钢材

混凝土具有较高的抗压强度，但抗拉强度很低。用钢筋增强混凝土，可大大扩展混凝土的应用范围，而混凝土又对钢筋起保护作用。钢筋混凝土结构的钢筋，主要由碳素结构钢、优质碳素钢、低合金钢制成，包括有热轧钢筋、冷轧带肋钢筋、预应力混凝土用热处理钢筋、钢丝及钢绞线。

1. 热轧钢筋

钢筋混凝土用热轧钢筋，根据其表面状态特征、工艺与供应方式可分为热轧光圆钢筋、热轧带肋钢筋与热轧热处理钢筋等，热轧带肋钢筋通常为圆形横截面，且表面通常带有两条纵肋和沿长度方向均匀分布的横肋。按肋纹的形状分为月牙肋和等高肋，如图7-6所示；热轧钢筋按其力学性能，分为Ⅰ级、Ⅱ级、Ⅲ级、Ⅳ级，在施工图纸中用符号 A、B、C、D 来表示，其强度等级代号分别为 HPB235、HRB335、HRB400、HRB500。其中Ⅰ级钢筋由碳素结构钢轧制，其余均由低合金钢轧制而成。

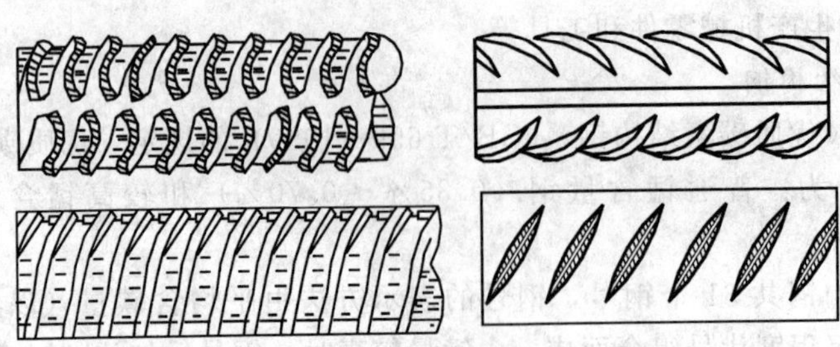

图 7-6　带肋钢筋外形

Ⅰ级钢筋的强度较低，但塑性及焊接性能很好，便于各种冷加工，故广泛用于普通钢筋混凝土构件的受力筋及各种钢筋混凝土结构的构造筋。Ⅱ级和Ⅲ级钢筋的强度较高，塑性和焊接性能也较好，广泛用作大、中型钢筋混凝土结构的受力钢筋。Ⅳ级钢筋强度高，但塑性和可焊性较差，可用作预应力钢筋。

2. 冷轧带肋钢筋

热轧圆盘条经冷轧后，在其表面带有沿长度方向均匀分布的三面或两面横肋，即成为冷轧带肋钢筋。冷轧带肋钢筋按抗拉强度分为五个牌号，分别为 CRB550、CRB650、CRB800、CRB970、CRB1170。C、R、B 分别为冷轧、带肋、钢筋三个词的英文首位字母，数值为抗拉强度的最小值。与冷拔低碳钢丝相比，冷轧带肋钢筋具有强度高、塑性好，与混凝土黏结牢固，节约钢材，质量稳定等优点。

3. 预应力混凝土用热处理钢筋

预应力混凝土用热处理钢筋是用热轧带肋钢筋经淬火和回火调质处理后的钢筋。有直径为 6mm、8.2mm、10mm 三种规格。热处理钢筋成盘供应，每盘长约 100～120m，开盘后钢筋自然伸直，可按要求的长度切断。

预应力混凝土用热处理钢筋的优点是强度高，可代替高强钢丝使用；配筋根数少，节约钢材；锚固性好，不易打滑，预应力值稳定；施工简便，开盘后钢筋自然伸直，不需调直；但不能焊接。主要用作预应力钢筋混凝土轨枕，也用于预应力梁、板结构及吊车梁等。

4. 预应力混凝土用钢丝及钢绞线

（1）预应力混凝土用钢丝。预应力混凝土用钢丝是高碳钢盘条经淬火、酸洗、冷拉加工而制成的高强度钢丝。

1）分类及代号。预应力混凝土用钢丝按下列分类，按交货状态分为：冷拉钢丝（代号 L）、矫直回火钢丝（代号 J）两种；按外形分为：光面钢丝、刻痕钢丝（代号 K）两种。

2）技术性能。预应力钢丝具有强度高、柔性好、松弛率低、耐蚀等特点，适用于各种特殊要求的预应力结构，主要用于大跨度屋架及薄腹梁、大跨度吊车梁、桥梁、电杆、轨枕等的预应力钢筋。其技术性能应该符合《预应力混凝土用钢丝》（GB/T 5223—2002）的要求。

（2）预应力混凝土用钢绞线。预应力混凝土用钢绞线是由 7 根直径为 2.5～5.0mm 的高强度钢丝，绞捻后经一定热处理清除内应力而制成。一般以一根钢丝为中心，其余 6 根钢丝围绕着进行螺旋状左捻绞合，再经低温回火制成。钢绞线直径有 9.0mm、12.0mm 和 15.0mm 三种。预应力混凝土用钢绞线按其应力松弛性能分为两种：

1）应力松弛级别：Ⅰ级松弛，代号：Ⅰ。

2）应力松弛级别：Ⅱ级松弛，代号：Ⅱ。

钢绞线具有强度高，与混凝土黏结性好，断面面积大，使用根数少，在结构中布置方便，易于锚固等优点。主要用于大跨度、大负荷的后张法预应力屋架、桥梁和薄腹梁等结构的预应力筋。

7.3.3 钢材的选用原则

钢材的选用一般遵循以下原则：

（1）荷载性质。对于经常承受动力或振动荷载的结构，容易产生应力集中，从而引起疲劳破坏，需要选用材质高的钢材。

（2）使用温度。对于经常处于低温状态的结构，钢材容易发生冷脆断裂，特别是焊接结构更甚，因而要求钢材具有良好的塑性和低温冲击韧性。

（3）连接方式。对于焊接结构，当温度变化和受力性质改变时，焊缝附近的母体金属容易出现冷、热裂纹，促使结构早期破坏。所以焊接结构对钢材化学成分和机械性能要求应较严。

（4）钢材厚度。钢材力学性能一般随厚度增大而降低，钢材经多次轧制后，钢的内部结晶组织更为紧密，强度更高，质量更好。故一般结构用的钢材厚度不宜超过 40mm。

（5）结构重要性。选择钢材要考虑结构使用的重要性，如大跨度结构、重要的建筑物结构，须相应选用质量更好的钢材。

7.4 钢材的锈蚀及防止

7.4.1 钢材锈蚀

钢材的锈蚀是指其表面与周围介质发生化学反应而遭到的破坏过程。钢材锈蚀不仅使截面积减小，性能降低甚至报废，而且因产生锈坑，可造成应力集中，加速结构破坏。尤其在冲击荷载、循环交变荷载作用下，将产生锈蚀疲劳现象，使钢材的疲劳强度大为降低，甚至出现脆性断裂。根据锈蚀作用的机理，钢材的锈蚀可分为化学锈蚀和电化学锈蚀两种。

1. 化学锈蚀

化学锈蚀是指钢材直接与周围介质发生化学反应而产生的锈蚀。这种锈蚀多数是氧化作用，使钢材表面形成疏松的氧化物。在常温下，钢材表面能形成一薄层起保护作用的氧化膜（FeO），可以防止钢材进一步锈蚀。因而在干燥环境下，钢材锈蚀进展缓慢，但在温度和湿度较高的环境中，这种锈蚀进展加快。

2. 电化学锈蚀

电化学锈蚀是建筑钢材在存放和使用中发生锈蚀的主要形式。它是指钢材与电解质溶液接触而产生电流，形成微电池而引起的锈蚀。潮湿环境中的钢材表面会被一层电解质水膜所覆盖，而钢材含有铁、碳等多种成分，由于这些成分的电极电位不同，从而钢的表面层在电解质溶液中构成以铁素体为阳极，以渗碳体为阴极的微电池。在阳极，铁失去电子成为 Fe^{2+} 进入水膜；在阴极，溶于水膜中的氧被还原生成 OH^-，随后两者结合生成不溶于水的 $Fe(OH)_2$，并进一步氧化成为疏松易剥落的红棕色铁锈 $Fe(OH)_3$。由于铁素体基体的逐渐锈蚀，钢组织中的渗碳体等暴露出来的越来越多，于是形成的微电池数目也越来越多，钢材的锈蚀速度也会加速。

影响钢材锈蚀的主要因素是水、氧及介质中所含的酸、碱、盐等。同时钢材本身的组织成分对锈蚀影响也很大。埋于混凝土中的钢筋，由于普通混凝土的 pH 值为 12 左右，处于碱性环境，使之表面形成一层碱性保护膜，它有较强的阻止锈蚀继续发展的能力，故混凝土中的钢筋一般不易锈蚀。

7.4.2 防止锈蚀的方法

1. 保护层法

通常的方法是采用在表面施加保护层，使钢材与周围介质隔离。保护层可分为金属保护层和非金属保护层两类。

非金属保护层常用的是在钢材表面刷漆，常用底漆有红丹、环氧富锌漆、铁红环氧底漆等，面漆有调和漆、醇酸磁漆、酚醛磁漆等，该方法简单易行，但不耐久。此外，还可以采用塑料保护层、沥青保护层、搪瓷保护层等。

金属保护层是用耐蚀性较好的金属，以电镀或喷镀的方法覆盖在钢材表面，如镀锌、镀锡、镀铬等。薄壁钢材可采用热浸镀锌或镀锌后加涂塑料涂层等措施。

根据结构的性质和所处环境条件等考虑混凝土的质量要求，混凝土配筋的防锈措施主要是保证混凝土的密实度（控制最大水灰比和最小水泥用量、加强振捣），保证足够的保护层厚度，限制氯盐外加剂的掺和量和保证混凝土一定的碱度等；还可掺用阻锈剂（如亚硝酸钠等）。国外有采用钢筋镀锌、镀镍等方法。对于预应力钢筋，一般含碳量较高，又多系经过变形加工或冷加工，因而对锈蚀破坏较敏感，特别是高强度热处理钢筋，容易产生应力锈蚀现象。故重要的预应力承重结构，除禁止掺用氯盐外，应对原材料进行严格检验。

2. 制成合金

钢材的组织及化学成分是引起锈蚀的内因。通过调整钢的基本组织或加入某些合金元素，可有效地提高钢材的抗腐蚀能力。例如，在钢中加入一定量的合金元素铬、镍、钛等，制成不锈钢，可以提高耐锈蚀能力。

复习思考题

1. 钢的冶炼方法主要有哪几种？对材质有何影响？
2. 钢有哪几种分类方法？
3. 低碳钢受拉时的应力-应变图中，分为哪几个阶段？各阶段的特征及指标如何？
4. 什么是屈强比？其在工程中的实际意义是什么？
5. 什么是钢材的冷弯性能和冲击韧性？有何实际意义？
6. 什么是钢材的冷加工和时效处理？

7. 钢材的化学成分对其性能有什么影响？

8. 影响钢材可焊性的主要因素是什么？

9. 碳素结构钢如何划分牌号？其牌号与性能之间的关系如何？

10. 说明下列钢材牌号的意义：Q235—A·F；Q235—B；Q215—B·b。

11. 普通低合金高强度结构钢的牌号如何表示？为什么工程中广泛使用低合金高强度结构钢？

12. 热轧钢筋如何划分等级？各级钢筋的应用范围如何？

13. 钢材的锈蚀原因及防腐措施有哪些？

14. 钢材的选用原则是什么？

15. 从新进货的一批钢筋中抽样，并截取两根钢筋做拉伸试验，测得如下结果：屈服下限荷载分别为 42.4kN，41.5kN；抗拉极限荷载分别为 62.0kN，61.6kN，钢筋公称直径为 12mm，标距为 60mm，拉断时长度分别为 66.0mm，67.0mm。计算该钢筋的屈服强度、抗拉强度及伸长率。

第8章 墙体与屋面材料

本章要点

掌握烧结普通砖的种类及其应用，烧结多孔砖、空心砖的应用，非烧结砖的应用，墙用砌块的种类及其应用；

熟悉烧结普通砖的主要技术性质，烧结多孔砖的主要技术要求，常用墙体板材的种类及其应用；

了解屋面材料的种类及其应用。

8.1 砌墙砖

由于砖的价格便宜，且又能满足一定的建筑功能要求，因此，砌墙砖是主要的墙体材料。砌墙砖按孔洞率大小分为普通砖、多孔砖和空心砖。其中孔洞率小于15％的砖为普通砖，孔洞率大于或等于15％而小于35％的砖为多孔砖，孔洞率大于或等于35％的砖为空心砖。按生产工艺可分为烧结砖和非烧结砖，分述如下。

8.1.1 烧结砖

凡是以黏土、页岩、煤矸石、粉煤灰为主要原料，经焙烧而成的块状墙体材料，称为烧结砖。目前在墙体材料中应用最多的是烧结普通砖、烧结多孔砖和烧结空心砖。由于多孔砖和空心砖的尺寸和孔洞率大于或等于普通砖，一方面可减少黏土的消耗量约20％～30％，节约耕地和燃料；另一方面改善了墙体的保温隔热性能和吸声性能。

8.1.1.1 烧结普通砖

烧结普通砖是指以黏土、页岩、粉煤灰、煤矸石为主要原料，经成型、干燥、焙烧、冷却而成的实心砖。按主要原料不同可分为黏土砖（N）、页岩砖（Y）、粉煤灰砖（F）、煤矸石砖（M）。

1. 生产工艺

各种烧结普通砖的生产工艺基本相同，以烧结黏土砖为例，将生产工艺过程简述为：采土—配料调制—制坯—干燥—焙烧—成品。砖坯在干燥过程中体积收缩称为干缩，在焙烧过程中继续收缩称为烧缩。焙烧是生产全过程中最重要的环节。砖坯在焙烧过程中，要控制好焙烧温度，火候要适当、均匀，否则将出现不合格品——欠火砖和过火砖。欠火砖是由于焙烧温度过低，砖的孔隙率大，强度低，耐久性差。过火砖是由于焙烧温度过高，易出现弯曲等变形，砖的孔隙率小，外形尺寸极不规整。欠火砖色浅，敲击时声哑，过火砖色较深，敲击时声清脆。

砖坯在氧化气氛中焙烧，则制得红砖。若砖坯在氧化气氛中烧成后，再经浇水闷窑，使窑内形成还原气氛，使砖内的红色高价氧化铁（Fe_2O_3）还原成青色的低价氧化亚铁（FeO），即制得青砖。

按焙烧的方法不同，烧结普通砖又可分为内燃砖和外燃砖。内燃砖是将可燃性工业废料（煤渣、粉煤灰、煤矸石等）以适当比例掺入砖坯中，当砖焙烧到一定温度后，坯体内的燃料燃烧而烧结成砖。这样即节省了大量燃煤，节约黏土，又使砖坯烧结均匀，且留下了许多封闭小孔，所以砖的强度有所提高，表观密度减小，隔音保温性能增强。

2. 主要技术性质

国家标准《烧结普通砖》（GB 5101—2003）规定，烧结普通砖的主要技术要求包括规格尺寸、强度等级、抗风化性能、泛霜和石灰爆裂、质量等级，并规定产品中不允许有欠火砖、酥砖和螺旋纹砖。

（1）规格尺寸。烧结普通砖的标准尺寸为240mm×115mm×53mm，其中240mm×115mm面称为大面，240mm×53mm面称为条面，115mm×53mm面称为顶面。加上砌筑灰缝的10mm，则4块砖长、8块砖宽、16块砖厚均为1m，由此可计算墙体理论上用砖数量，1m^{3}砖砌体需用砖512块。

（2）强度等级。烧结普通砖强度等级是通过取10块砖试样进行抗压强度试验，根据抗压强度平均值和强度标准值来划分的，按抗压强度分为：MU30、MU25、MU20、MU15、MU10五个强度等级。各个强度等级应满足表8-1的要求。

表8-1　烧结普通砖的强度等级　单位：MPa

强度等级	抗压强度平均值$\overline{f}$，≥	变异系数$\delta \leqslant 0.21$	变异系数$\delta > 0.21$
		强度标准值f_k，≥	单块最小抗压强度f_{min}，≥
MU30	30.0	22.0	25.0
MU25	25.0	18.0	22.0
MU20	20.0	14.0	16.0
MU15	15.0	10.0	12.0
MU10	10.0	6.5	7.5

表8-1中的强度标准值，是砖石设计规范中砖强度取值的依据，可以这样保证砖石结构具有足够的强度保证率。其值按下式计算：

$$f_k = \overline{f} - 1.8S \tag{8-1}$$

$$\delta = \frac{S}{\overline{f}} \tag{8-2}$$

$$S = \sqrt{\frac{1}{9}\sum_{i=1}^{10}(f_i - \overline{f})^2} \tag{8-3}$$

式中　f_k——强度标准值，MPa；

$\overline{f}$——10块砖样的抗压强度平均值，MPa；

δ——砖强度的变异系数；

S——10 块砖样的抗压强度标准差，MPa；

f_i——单块砖样的抗压强度测定值，MPa。

(3) 抗风化性能。抗风化性能是指在干湿变化、温度变化、冻融变化等物理因素作用下，材料不破坏并长期保持原有性质的能力。它是材料耐久性的重要内容之一。烧结普通砖的抗风化性能是一项综合性指标，主要受砖的吸水率与地域位置的影响。我国将各省（自治区、直辖市）分为严重风化区和非严重风化区，按照《烧结普通砖》（GB 5101—2003）的规定，其中黑龙江、吉林、辽宁、内蒙古、新疆等严重风化区的烧结普通砖，必须进行冻融试验，其他地区的砖的抗风化性能符合表 8-2 的规定时，可不做冻融试验，否则必须做冻融试验。冻融试验后，每块砖样不允许出现裂纹、分层、掉皮、掉角等现象，质量损失不得大于2%。

表 8-2　烧结普通砖的抗风化性能

砖种类	严重风化区				非严重风化区			
	5h 沸煮吸水率（%），≤		饱和系数		5h 沸煮吸水率（%），≤		饱和系数	
	平均值	单块最大值	平均值	单块最大值	平均值	单块最大值	平均值	单块最大值
黏土砖	18	20	0.85	0.87	19	20	0.88	0.90
粉煤灰砖	21	23			23	25		
页岩砖	16	18	0.74	0.77	18	20	0.78	0.80
煤矸石砖								

(4) 泛霜和石灰爆裂。泛霜是指黏土中可溶性的盐（如硫酸钠）随着水分的蒸发在砖的表面产生的盐析现象，一般为白色粉末，常在砖表面形成絮团或絮片状，影响外观且结晶膨胀，也会引起砖表面的酥松和粉化剥落。《烧结普通砖》（GB 5101—2003）规定，优等品砖没有泛霜，一等品不允许出现中等泛霜，合格品不允许出现严重泛霜。

石灰爆裂是指烧结砖的原料中夹杂着石灰石，焙烧时被烧成生石灰，在使用过程中吸水熟化成熟石灰，体积膨胀而产生爆裂现象，影响砖的质量，使砖砌体强度降低，直至破坏。因此，必须对砖做泛霜和爆裂试验，以符合规范要求。

(5) 质量等级。强度和抗风化性能合格的砖，按尺寸偏差、外观质量、泛霜和石灰爆裂划分为优等品（A）、一等品（B）和合格品（C）。尺寸偏差应符合表 8-3 的要求，外观质量应符合表 8-4 的要求。

优等品用于墙体装饰和清水墙，一等品和合格品可用于混水墙，中等泛霜的砖不得用于潮湿部位。

表 8-3　烧结普通砖的尺寸偏差　单位：mm

公称尺寸	优等品		一等品		合格品	
	平均偏差	极差，≤	平均偏差	极差，≤	平均偏差	极差，≤
长度 240	±2.0	6	±2.5	7	±3.0	8
宽度 115	±1.5	5	±2.0	6	±2.5	7
高度 53	±1.5	4	±1.6	5	±2.0	6

表 8-4　　烧结普通砖的外观质量要求　　单位：mm

<table>
<tr><th colspan="2">项　　目</th><th>优　等　品</th><th>一　等　品</th><th>合　格　品</th></tr>
<tr><td colspan="2">两条面高度差，≤</td><td>2</td><td>3</td><td>4</td></tr>
<tr><td colspan="2">弯曲，≤</td><td>2</td><td>3</td><td>4</td></tr>
<tr><td colspan="2">杂质凸出高度，≤</td><td>2</td><td>3</td><td>4</td></tr>
<tr><td colspan="2">缺棱掉角的三个尺寸不得同时大于</td><td>5</td><td>20</td><td>30</td></tr>
<tr><td rowspan="2">裂纹长度，≤</td><td>大面上宽度方向及其延伸到条面的长度</td><td>30</td><td>60</td><td>80</td></tr>
<tr><td>大面上长度方向及其延伸到顶面的长度或条顶面上水平裂缝的长度</td><td>50</td><td>80</td><td>100</td></tr>
<tr><td colspan="2">完整面不得少于</td><td>二条面和二顶面</td><td>一条面和一顶面</td><td></td></tr>
<tr><td colspan="2">颜色</td><td>基本一致</td><td></td><td></td></tr>
</table>

3. 烧结普通砖的应用

普通烧结砖的表观密度为1600～1800kg/m³，孔隙率为30%～50%，吸水率为8%～16%，导热系数为0.78W/(m·K)。普通烧结砖除具有一定的强度、较好的耐久性外，又因多孔结构而具有良好的保温隔热性，吸声性能好，且价格低廉，加之原料广泛，生产工艺简单，因此它是应用历史最悠久、使用范围最广的墙体材料之一。

烧结普通砖在建筑工程中主要用作墙体材料，用来砌筑各种承重墙体和非承重墙体。烧结普通砖也可砌筑砖柱、拱、烟囱、筒拱式过梁和基础等，可与轻混凝土、保温隔热材料等配合使用。在砖砌体中配置适当的钢筋或钢丝网，可作为薄壳结构、钢筋砖过梁等。碎砖可作为混凝土集料和碎砖三合土的原材料。

在普通砖砌体中，砖砌体的强度不仅取决于砖的强度，而且受砌筑砂浆性质的影响很大。砖的吸水率大，在砌筑前若不事先吸水润湿，砌筑时砖就会大量吸收水泥浆中的水分，使水泥不能正常水化和凝结硬化，导致砖砌体的强度下降。因此，在砌筑砖砌体时，必须预先将砖润湿，方可使用。

烧结黏土砖制砖取土，大量毁坏农田；烧结实心砖自重大，尺寸小，烧砖能耗高，施工效率低，抗震性能差等。因此，目前我国正大力推广墙体材料改革，墙体材料发展方向是以空心化（多孔砖和空心砖）、大体积化（砌块、轻质板材）、利用工业废渣为主要趋势，从而逐步代替实心黏土砖。

8.1.1.2　烧结多孔砖

烧结多孔砖是以黏土、页岩、粉煤灰、煤矸石等为主要原料，经焙烧而成的，主要用于承重墙体的砖。其形状为直角六面体，孔洞率大于或等于15%而小于35%，孔洞数量多而尺寸小，孔洞垂直于受压面。

1. 烧结多孔砖的主要技术要求

根据《烧结多孔砖》（GB 13544—2000）规定，其具体技术要求如下：

(1) 规格尺寸。烧结多孔砖分为M型和P型（见图8-1），其主要规格尺寸为190mm×190mm×90mm和240mm×115mm×90mm；孔洞尺寸为：圆孔直径22mm，非圆孔内切圆直径 15mm。

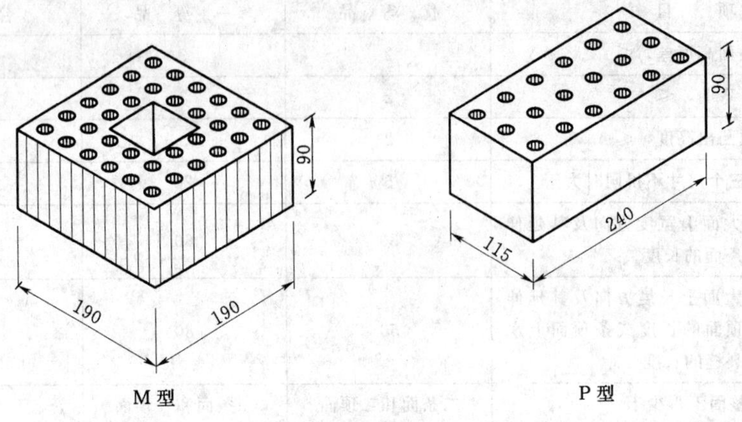

图 8-1 烧结多孔砖的规格（单位：mm）

(2) 强度等级及质量等级。烧结多孔砖按抗压强度划分为 MU30、MU25、MU20、MU15、MU10 五个强度等级，各强度等级的抗压强度应符合表 8-5 的要求。

烧结多孔砖的外观质量要求应符合表 8-6。

表 8-5 **烧结多孔砖的强度等级** 单位：MPa

强度等级	抗压强度平均值 $\overline{f}$，≥	变异系数 $\delta \leqslant 0.21$	变异系数 $\delta > 0.21$
		强度标准值 f_k，≥	单块最小抗压强度 f_{min}，≥
MU30	30.0	22.0	25.0
MU25	25.0	18.0	22.0
MU20	20.0	14.0	16.0
MU15	15.0	10.0	12.0
MU10	10.0	6.5	7.5

表 8-6 **烧结多孔砖的外观质量** 单位：mm

项目		优等品	一等品	合格品
颜色（一条面和一顶面）		一致	基本一致	—
完整面不得少于		一条面和一顶面	一条面和一顶面	—
缺棱掉角的三个破坏尺寸，不得同时大于		15	20	30
裂纹长度，≤	大面上深入孔壁 15mm 以上宽度方向及其延伸到条面的长度	60	80	100
	大面上深入孔壁 15mm 以上长度方向及其延伸到顶面的长度	60	100	120
	条顶面上的水平裂纹	80	100	120
杂质在砖面上造成的凸出高度，≤		3	4	5

泛霜和石灰爆裂、抗风化型性能的要求同烧结普通砖。

强度和抗风化性能合格的砖，根据外观质量、尺寸偏差、泛霜和石灰爆裂分为优等品(A)、一等品(B)、合格品(C)三个质量等级。

2. 烧结多孔砖的应用

烧结多孔砖主要用于砌筑六层以下的砖混结构的承重墙体。其中优等品用于墙体装饰和清水墙，一等品和合格品可用于混水墙，中等泛霜的砖不得用于潮湿部位。

8.1.1.3 烧结空心砖

烧结空心砖是以黏土、页岩、粉煤灰、煤矸石等为主要原料，经焙烧而成的孔洞率大于或等于35%的砖。其自重较轻，强度低，主要用于非承重墙和填充墙体。孔洞多为矩形孔或其他孔型，数量少而尺寸大，孔洞平行于受压面(见图8-2)。

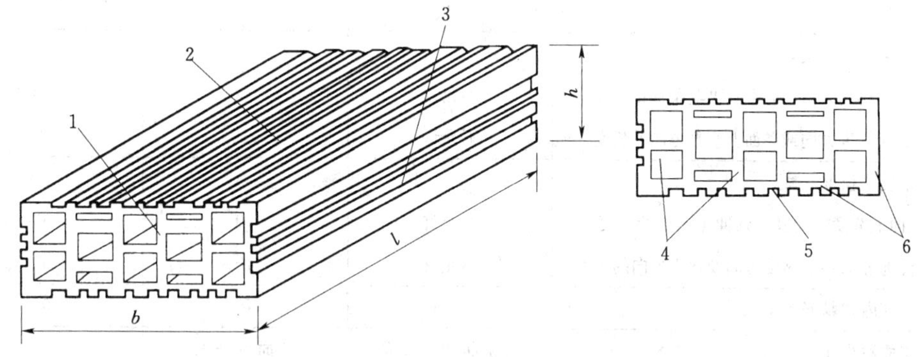

图8-2 烧结空心砖

1—顶面；2—大面；3—条面；4—肋；5—凹陷槽；6—外壁；l—长度；b—宽度；h—高度

根据《烧结空心砖》(GB 13545—2003)的规定，烧结空心砖的主要技术要求如下：

(1) 规格尺寸。烧结空心砖的长度、宽度、高度主要有两个规格：290mm×190(140)mm×90mm；240mm×180(175)mm×115mm。若长度、宽度、高度中有任何一项超过365mm、240mm、115mm，则称为烧结空心砖砌块。

(2) 强度等级。烧结空心砖根据其大面和条面的抗压强度值分为MU5.0、MU3.0、MU2.0三个强度等级，各强度等级的强度值应符合表8-7的要求，低于MU2.0的砖为不合格砖。

表8-7 烧结空心砖的强度等级 单位：MPa

等级	强度等级	大面抗压强度		条面抗压强度	
		平均值，≥	极值，≥	平均值，≥	极值，≥
优等品	MU5.0	5.0	3.7	2.4	2.3
一等品	MU3.0	3.0	2.2	2.2	1.4
合格品	MU2.0	2.0	1.4	1.6	0.9

(3) 质量等级。烧结空心砖根据孔洞及其排数、尺寸偏差、外观质量、强度等级和物理性能分为优等品(A)、一等品(B)、合格品(C)三个质量等级。烧结空心砖的尺寸偏差和外观质量的要求见表8-8。

表 8-8　　　烧结空心砖的尺寸偏差和外观质量要求　　　　单位：mm

尺　寸	优等品		一等品		合格品	
	平均偏差	极值	平均偏差	极值	平均偏差	极值
>300	±2.5	6.0	±3.0	7.0	±3.5	8.0
200～300	±2.0	5.0	±2.5	6.0	±3.0	7.0
100～200	±1.5	4.0	±2.0	5.0	±2.5	6.0
<100	±1.5	3.0	±1.7	4.0	±2.0	5.0
1. 弯曲	3		4		5	
2. 缺棱掉角的三个尺寸，不得同时大于	15		30		40	
3. 垂直度差，≤	3		4		5	
4. 未贯穿裂纹长度，≤						
(1) 大面上宽度方向及其延伸至条面的长度；	不允许		100		120	
(2) 大面上长度方向或条面上水平方向的长度	不允许		120		140	
5. 贯穿裂纹长度，≤						
(1) 大面上宽度方向及其延伸至条面的长度；	不允许		40		60	
(2) 壁、肋沿长度、宽度方向及水平方向的长度	不允许		40		60	
6. 肋、壁内残缺长度，≤	不允许		40		60	
7. 完整面不少于	一条面和一大面		一条面或一大面			

(4) 物理性能。物理性能包括烧结空心砖的冻融、泛霜、石灰爆裂、吸水率等。各质量等级、泛霜、石灰爆裂和抗风化性能的规定与普通黏土砖相同。

8.1.2　非烧结砖

不经焙烧而制成的砖均为非烧结砖，如碳化砖、免烧免蒸砖、蒸压蒸养砖等。目前最常用的是蒸压蒸养砖。这类砖是以含钙原料（如石灰、电石渣等）和含硅原料（砂、粉煤灰、煤矸石、炉渣、矿渣等）与水拌和，经压制成型，在一定的自然条件和人工蒸压或蒸养条件下发生反应，生成以水化硅酸钙、水化铝酸钙为主要胶结材料的硅酸盐制品。主要品种有蒸压灰砂砖、蒸压（养）粉煤灰砖、炉渣砖等。

8.1.2.1　蒸压灰砂砖

灰砂砖是以石灰、砂为原料，加水拌和，经制坯、压制成型和蒸压养护而成的实心砖。其外形、规格尺寸与烧结黏土砖相同，体积密度为1800～1900kg/m^3，热导率约为0.61W/(m·K)。

根据国家标准《蒸压灰砂砖》(GB 11945—1999) 规定：按砖浸水24h后的抗压强度和抗折强度划分为MU25、MU20、MU15、MU10四个强度等级；根据尺寸偏差、外观质量、强度和抗冻性分为优等品（A)、一等品（B)、合格品（C）三个质量等级。

各强度等级的强度值和抗冻性应符合表8-9的要求；尺寸偏差和外观质量应符合表8-10的要求。

灰砂砖根据颜色可分为彩色（Co）和本色（N）两种。

强度等级为MU15、MU20、MU25的砖可用于工业与民用建筑的基础和墙体；强度等级为 MU10 的砖仅可用于防潮层以上的建筑。但由于灰砂砖中的某些水化产物（如水化硫酸钙、氢氧化钙、碳酸钙）不耐酸，也不耐热，所以不得用于长期受热（200℃以上）、受急冷急热交替作用和有酸性介质侵蚀的建筑部位，因砖中的氢氧化钙等水化物溶于水，会被流水冲走，所以灰砂砖也不宜用于有流水冲刷的部位。

表 8-9　　蒸压灰砂砖的强度等级和抗冻性

强度等级	强度指标				抗冻性指标	
	抗压强度（MPa）		抗折强度（MPa）		5 块抗冻后抗压强度平均值（MPa），≥	单块砖干质量损失（%），≥
	平均值，≥	单块值，≥	平均值，≥	单块值，≥		
MU25	25.0	20.0	5.0	4.0	20.0	2.0
MU20	20.0	16.0	4.0	3.2	16.0	
MU15	15.0	12.0	3.3	2.6	12.0	
MU10	10.0	8.0	2.5	2.0	8.0	

注　优等品的强度等级不得小于 MU15。

表 8-10　　蒸压灰砂砖的尺寸偏差和外观质量

项目		优等品	一等品	合格品
尺寸偏差（mm）	长度 L	±2	±2	±3
	宽度 b	±2		
	高度 h	±1		
缺棱掉角	个数不多于（个）	1	1	2
	最大尺寸（mm），≤	10	15	20
	最小尺寸（mm），≤	5	10	10
对应高度差（mm），<		1	2	3
裂纹（mm），≤	条数	1	1	2
	大面上深入孔壁 15mm 以上宽度方向及其延伸到条面的长度	20	50	70
	大面上深入孔壁 15mm 以上长度方向及其延伸到顶面的长度	30	70	100

8.1.2.2　蒸压（养）粉煤灰砖

粉煤灰砖是以粉煤灰和石灰为主要原料，掺入适量石膏或炉渣等，经配料、拌和、压制成型、高压或常压蒸汽养护而成的实心砖。其外形尺寸与烧结黏土砖相同，呈深灰色，体积密度约为 $1500kg/m^3$。

根据《粉煤灰砖》（JC 239—2001）规定，按抗压强度和抗折强度划分为 MU30、MU25、MU20、MU15、MU10 五个强度等级；根据外观质量、尺寸偏差、强度和干燥收缩值分为优等品（A）、一等品（B）、合格品（C）三个质量等级。优等品强度等级应不低于 MU15，一等品强度等级应不低于 MU10。优等品和一等品的干燥收缩率小于或等于 0.65mm/m；合格品的干燥收缩率小于或等于 0.75mm/m。

粉煤灰砖可用于工业与民用建筑的墙体和基础，但用于基础或易受冻融和干湿交替作用的建筑部位的砖，强度等级必须为 MU15 以上。粉煤灰砖不得用于长期受热（200℃以上）、受急冷急热交替作用和有酸性介质侵蚀的建筑部位。为避免或减少收缩裂缝的产生，用粉煤灰砖砌筑的建筑物，应适当增设圈梁及收缩缝。

8.1.2.3 炉渣砖

炉渣砖是以炉渣（煤渣）和石灰为主要原料，掺入适量的石膏或电石渣等材料，经混合、搅拌、成型、蒸汽养护等制成的实心砖。其尺寸规格和普通砖相同，呈黑灰色，体积密度为 1500～2000kg/m^3，吸水率为 6%～19%。按其抗压强度和抗折强度分为 MU20、MU15、MU10 三个强度等级。

炉渣砖可用于一般建筑工程的内墙和非承重墙，但不得用于受高温、受急冷急热交替作用和有酸性介质侵蚀的建筑部位。

8.2 墙 用 砌 块

砌块是指用于砌筑的、形体大于砌墙砖的人造石材。其形状一般为直角六面体，根据需要也可生产各种异形砌块。砌块主规格尺寸中的长度、宽度和高度，至少有一项应大于 365mm、240mm、115mm，但高度不大于长度或宽度的 6 倍，长度不超过高度的 3 倍。

砌块是一种新型的墙体材料，可以充分利用地方资源和工业废渣，生产工艺简单，原料来源广，适应性强，同时可提高施工效率及施工的机械化程度。

砌块的种类很多，按产品主规格的尺寸，可分为大型砌块（主规格高度大于 980mm）、中型砌块（主规格高度为 380～980mm）、小型砌块（主规格高度为 115～380mm）；按其在结构中的作用可分为承重砌块和非承重砌块；按有无孔洞及孔洞率大小可分为实心砌块和空心砌块；按生产工艺可分为烧结砌块和蒸压蒸养砌块；按材质可分为混凝土砌块、硅酸盐砌块、轻骨料混凝土砌块、石膏砌块等。

8.2.1 普通混凝土小型空心砌块

普通混凝土小型空心砌块是以水泥为胶结材料，砂、碎石或卵石为骨料，必要时加入外加剂，按一定比例配合、搅拌、成型，经养护制成的小型空心砌块（见图 8-3）。有承重砌块和非承重砌块两类，为减轻自重，非承重砌块可用炉渣、煤矸石或其他轻质骨料配制。

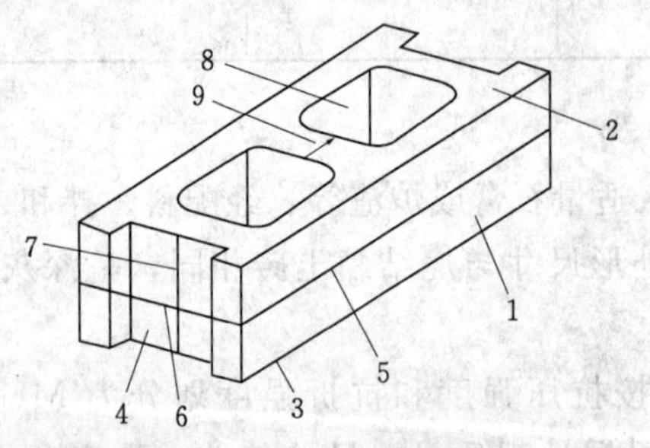

图 8-3 混凝土小型空心砌块

1—条面；2—坐浆面；3—铺浆面；4—顶面；5—长度；6—宽度；7—高度；8—壁；9—肋

《普通混凝土小型空心砌块》（GB 8239—1997）规定：砌块的主规格尺寸为 390mm×190mm×190mm，其他规格尺寸可由供需双方协商而定，砌块的最小外壁厚应不小于 30mm，最小肋厚应不小于 25mm；空心率应不小于 25%；按其抗压强度分为 MU3.5、MU5.0、MU7.5、MU10.0、MU15.0、MU20.0 六个等级，各强度等级的抗压强度值应符合表8-11

的要求；按其尺寸偏差和外观质量分为优等品（A）、一等品（B）、合格品（C）三个质量等级，尺寸偏差和外观质量应符合表8-12的要求。

表8-11　　混凝土小型空心砌块强度等级　　单位：MPa

强度等级	砌块抗压强度		强度等级	砌块抗压强度	
	平均值，≥	单块最小值，≥		平均值，≥	单块最小值，≥
MU3.5	3.0	2.8	MU10.0	10.0	8.0
MU5.0	5.0	4.0	MU15.0	15.0	12.0
MU7.5	7.5	6.0	MU20.0	20.0	16.0

表8-12　　混凝土小型空心砌块尺寸偏差和外观质量

项目			优等品	一等品	合格品
尺寸允许偏差（mm）		长度	±2	±3	±3
		宽度	±2	±3	±3
		高度	±2	±3	±3，±4
外观质量	弯曲（mm），≤		2	2	2
	缺棱掉角	个数，≤	0	2	2
		3个方向投影尺寸最小值（mm），≤	0	20	30
	裂纹延伸的投影尺寸累计（mm）		0	20	30

混凝土小型空心砌块使用灵活，砌筑方便。用于承重墙和外墙的砌块，要求其干缩率小于0.5mm/m，非承重或内隔墙用砌块，其干缩率应小于0.6mm/m。砌块堆放运输及砌筑时应有防雨措施。砌块装卸时，严禁碰撞、扔摔，应轻码轻放，不许翻斗倾卸。砌块应按规格、等级分批分别堆放，不得混杂。

8.2.2　混凝土中型空心砌块

混凝土中型空心砌块是以水泥或无熟料水泥为主要原料，配以一定比例的骨料，制成空心率大于或等于25%的制品。其尺寸规格为长度500mm、600mm、800mm、1000mm，宽度200mm、240mm，高度400mm、450mm、800mm、900mm。砌块的构造形式如图8-4所示。

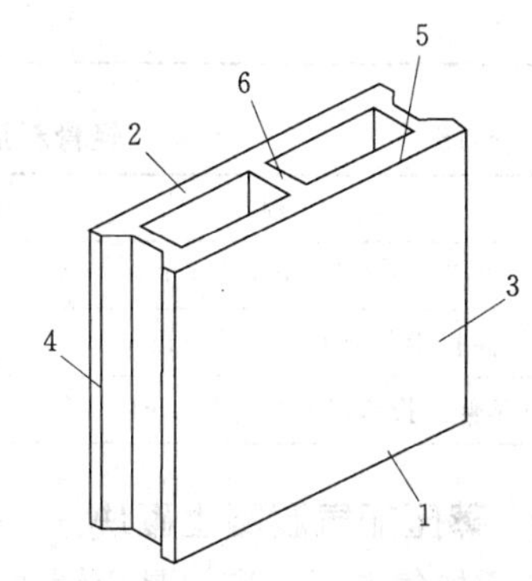

图8-4　砌块的构造形式

1—铺浆面；2—坐浆面；3—侧面；4—端面；5—壁面；6—肋

混凝土中型空心砌块的干燥收缩值小于或等于0.8mm/m，经15次冻融循环后其强度损失值小于或等于15%，外观无明显疏松、剥落和裂缝，自然碳化系数（1.15×人工碳化系数）大于或等于0.85。

混凝土中型空心砌块具有体积密度小，强度较高，生产简单，施工方便等特点，适用于一般工业与民用建筑物的墙体。

8.2.3 轻骨料混凝土小型空心砌块

轻骨料混凝土小型空心砌块是由浮石、火山渣、煤矸石、煤渣等轻集料拌和物，经砌块成型机成型、养护制成的一种轻质墙体材料。

按照《轻集料混凝土小型空心砌块》(GB/T 15229—2002) 的规定，轻骨料混凝土小型空心砌块的规格尺寸为 390mm×190mm×190mm，其他规格尺寸可由供需双方协商而定。按其砌块孔的排数分为实心、单排孔、双排孔、三排孔和四排孔五类。按其密度等级的大小分为 500、600、700、800、900、1000、1200、1400 八个等级，各密度等级应符合表 8-13 的要求，允许最大误差为 100kg/m³。按其抗压强度分为 1.5、2.5、3.5、5.0、7.5、10.0 六个强度等级，各强度等级应符合表 8-14 的要求。按其尺寸偏差和外观质量分为优等品、一等品和合格品三个质量等级，其外观质量应符合表 8-15 的要求。其吸水率不大于 22%，碳化系数不应小于 0.8，软化系数不应小于 0.75。

表 8-13　　轻骨料混凝土小型空心砌块的密度等级　　单位：kg/m³

密度等级	500	600	700	800	900	1000	1200	1400
干表观密度范围	≤500	510～600	610～700	710～800	810～900	910～1000	1100～1200	1210～1400

轻骨料混凝土小型空心砌块以其轻质、高强、保温隔热性能好、抗震性能好等特点，在各种建筑的墙体中得到广泛的应用，特别是应用在保温隔热要求较高的围护结构上。

表 8-14　　轻骨料混凝土小型空心砌块的强度等级　　单位：MPa

<table>
<tr><th rowspan="2">强度等级</th><th colspan="2">砌块抗压强度</th><th rowspan="2">密度等级范围 (kg/m³)</th></tr>
<tr><th>平均值</th><th>单块最小值</th></tr>
<tr><td>1.5</td><td>≥1.5</td><td>1.2</td><td>≤600</td></tr>
<tr><td>2.5</td><td>≥2.5</td><td>2.0</td><td>≤800</td></tr>
<tr><td>3.5</td><td>≥3.5</td><td>2.8</td><td rowspan="2">1200</td></tr>
<tr><td>5.0</td><td>≥5.0</td><td>4.0</td></tr>
<tr><td>7.5</td><td>≥7.5</td><td>6.0</td><td rowspan="2">1400</td></tr>
<tr><td>10.0</td><td>≥10.0</td><td>8.0</td></tr>
</table>

表 8-15　　轻骨料混凝土小型空心砌块的外观质量

项　目	优等品	一等品	合格品
缺棱掉角个数不多于（个）	0	2	2
三个方向投影尺寸的最小值 (mm)，≤	0	20	30
裂纹延伸的投影尺寸累计 (mm)，≤	0	20	30

8.2.4 蒸压加气混凝土砌块

蒸压加气混凝土砌块是用钙质材料（如水泥、石灰）、硅质材料（如粉煤灰、石英砂、粒化高炉矿渣等）和加气剂（铝粉）为原料，经配料、搅拌、浇筑、发气（由化学反应形成孔隙）、预养切割、蒸汽养护等工艺过程制成的多孔硅酸盐砌块。

加气混凝土砌块按养护方法分为蒸养加气混凝土砌块和蒸压加气混凝土砌块两种。按原材料的种类，蒸压加气混凝土砌块主要有蒸压水泥-石灰-砂加气混凝土砌块；蒸压水泥-石灰-粉煤灰加气混凝土砌块等。

《蒸压加气混凝土砌块》（GB 11968—2006）规定：砌块的规格尺寸长度为600mm，宽度为100mm、120mm、125mm、150mm、180mm、200mm、240mm、250mm、300mm，高度为200mm、240mm、250mm、300mm；按砌块抗压强度可分为A1.0、A2.0、A2.5、A3.5、A5.0、A7.5、A10.0七个强度等级，各强度等级要求符合表8-16；按砌块干表观密度可分为B03、B04、B05、B06、B07、B08六个等级；按砌块尺寸偏差、外观质量、干密度、抗压强度和抗冻性分为优等品（A）、合格品（B）两个质量等级。砌块的尺寸偏差和外观质量应符合表8-17的要求；砌块的强度级别、干密度、干燥收缩、抗冻性、导热系数应符合表8-18的要求。

蒸压加气混凝土砌块具有表观密度小、保温隔热及耐火性能好、加工方便和施工效率高等优点，但强度不高，因此主要用于砌筑低层建筑的承重墙，多层和高层建筑的隔墙、填充墙等非承重墙体以及作为保温隔热材料等。

在无可靠的防护措施时，该类砌块不得用于处于水中或高湿度和有侵蚀介质的环境中，也不得用于建筑物的基础和温度长期高于80℃的建筑部位。

表8-16　　加气混凝土砌块的强度等级　　单位：MPa

强度等级		A1.0	A2.0	A2.5	A3.5	A5.0	A7.5	A10.0
立方体抗压强度	平均值，≥	1.0	2.0	2.5	3.5	5.0	7.5	10.0
	单块最小值，≥	0.8	1.6	2.0	2.8	4.0	6.0	8.0

表8-17　　加气混凝土砌块的尺寸偏差和外观质量

项目		指标	
		优等品	合格品
尺寸偏差（mm）	长度 L	±3	±4
	宽度 b	±1	±2
	高度 h	±1	±2
缺棱掉角	最小尺寸（mm），≤	0	30
	最大尺寸（mm），≤	0	70
	大于以上尺寸的缺棱掉角个数，不多于（个）	0	2
裂纹	贯穿一棱两面的裂纹长度不大于裂纹所在面的裂纹方向尺寸总和的	0	1/3
	任一面上裂纹长度不大于裂纹方向尺寸的	0	1/2
	大于以上尺寸的裂纹条数，不多于（条）	0	2
平面弯曲		不允许	
表面疏松、层裂、油污		不允许	
爆裂、粘模和损坏深度（mm），≤		10	30

表 8-18　　加气混凝土砌块的强度等级、干密度、干燥收缩值、抗冻性和导热系数

干表观密度			B03	B04	B05	B06	B07	B08
强度级别	优等品（A）		A1.0	A2.0	A3.5	A5.0	A7.5	A10.0
	合格品（B）				A2.5	A3.5	A5.0	A7.5
干密度（kg/m³）	优等品（A），≤		300	400	500	600	700	800
	合格品（B），≤		325	425	525	625	725	825
干燥收缩值（mm/m），≤	标准法		0.50					
	快速法		0.80					
抗冻性	质量损失（%）		5.0					
	冻后强度（MPa），≥	优等品	0.8	1.6	2.8	4.0	6.0	8.0
		合格品			2.0	2.8	4.0	6.0
导热系数（干态）[W/(m·K)]			0.10	0.12	0.14	0.16	0.18	0.20

8.2.5　蒸养粉煤灰砌块

粉煤灰砌块是以粉煤灰、石灰、石膏和骨料（炉渣、矿渣）等为原料，经配料、加水搅拌、振动成型、蒸汽养护而制成的密实砌块。

《粉煤灰砌块》（JC 238—1996）规定：砌块的主规格尺寸为880mm×380mm×240mm和880mm×430mm×240mm两种；按立方体试件的抗压强度分为MU10、MU13两个强度等级，各强度等级的抗压强度、碳化后强度、抗冻性、密度及干缩性应符合表8-19的要求；按外观质量、尺寸偏差和干缩性能分为一等品（B）、合格品（C）两个质量等级，砌块的外观质量和尺寸偏差应符合表8-20的要求。

表 8-19　　粉煤灰砌块的立方体抗压强度、碳化后强度、抗冻性、密度及干缩性

项目		指标	
		MU10	MU13
立方体抗压强度（MPa）	3块试件平均值，≥	10.0	13.0
	单块最小值，≥	8.0	10.5
碳化后强度（MPa），≥		6.0	7.5
干缩值（mm/m），≤	一等品	0.75	
	合格品	0.90	
密度		不超过设计密度的10%	
抗冻性		冻融循环后无明显疏松、剥落或裂缝；强度损失不大于20%	

表 8-20　　粉煤灰砌块的外观质量和尺寸偏差

项目		指标	
		一等品（B）	合格品（C）
外观质量	表面疏松	不允许	
	贯穿面棱的裂缝	不允许	

续表

项目			指标	
			一等品（B）	合格品（C）
外观质量	任一面上的裂缝长度，不得大于裂缝方向砌块尺寸的		1/3	
	石灰团、石膏团（mm）		直径不允许大于5	
	粉煤灰团、空洞和爆裂（mm）		直径不允许大于30	直径不允许大于50
	局部突起高度（mm），≤		10	15
	翘曲（mm），≤		6	8
	缺棱掉角在长宽高三个方向上投影的最大值（mm），≤		30	50
	高低差（mm）	长度方向	6	8
		宽度方向	4	6
尺寸偏差（mm）		长度	+4，−6	+5，−10
		宽度	+4，−6	+5，−10
		高度	±3	±6

蒸养粉煤灰砌块属于硅酸盐类制品，其干缩值比水泥混凝土大，弹性模量低于同强度的水泥混凝土制品。粉煤灰砌块适用于一般工业与民用建筑的墙体和基础，但不宜用于有酸性侵蚀介质、密封性要求高、易受较大振动的建筑物以及长期受高温和经常受潮湿的承重墙。

8.2.6 石膏砌块

石膏砌块是以建筑石膏为原料，经配料、加水拌和、浇筑成型、自然干燥或烘干而制成的轻质块状隔墙材料。在原料中掺入适量的锯末、膨胀珍珠岩、陶粒等轻质填充材料，可减小其表观密度，降低导热性；掺入防水剂，可提高其耐水性。石膏砌块为轻质微孔结构，能有效减轻建筑物自重、降低基础造价、提高抗震能力，增加房屋的有效使用面积。石膏砌块多用于内隔墙。

石膏砌块按其结构特性可分为实心石膏砌块和空心石膏砌块两种，其外形一般为长方体，通常在纵横四边分别设有凹凸企口，便于拼装。常用石膏砌块的规格尺寸为666mm×500mm×（60、80、90、100、110、120）mm，三块砌块相拼正好为1m^{2}的墙面，其尺寸偏差及外观质量应符合表8-21的要求。

表8-21　石膏砌块的尺寸偏差及外观质量

项目		指标
尺寸偏差（mm）	长度	±3
	宽度	±2
	高度	±1.5
外观质量	缺角	同一砌块不得多于1处，缺角尺寸小于30mm×30mm
	板面裂缝	非贯穿裂纹不得多于1处，裂纹长度小于30mm，宽度小于1mm
	油污	不允许

续表

项目		指标
外观质量	气孔	直径 5～10mm，不多于 2 处，>10mm 不允许
	表面平整度	不大于 1.0mm

石膏砌块表观密度小，实心石膏砌块的表观密度不大于 1000kg/m³，空心石膏砌块的表观密度不大于 700kg/m³，单块砌块的质量不大于 30kg；石膏砌块的导热系数是黏土砖的 1/3，普通水泥混凝土的 1/5 和石材的 1/8；石膏砌块具有足够的机械断裂强度，荷载值不小于 1.5kN；防潮石膏砌块的软化系数不低于 0.6。

石膏砌块在遇火温度升高时，会释放出结晶水，使周围环境温度上升速度减慢，同时失水后生成的无水硫酸钙，是良好的不燃绝缘体，能有效地阻止火势蔓延，具有其他建筑材料所没有的特殊防火性能。又由于它的微孔结构，当室内湿度大时，过量的湿气可被石膏砌块很快地吸收；当室内湿度小，干燥时，石膏砌块会放出湿气而不影响墙体的牢固程度。因此石膏砌块具有独特的调节室内小环境的功能，同时墙面在空气湿度较高时也无冷凝聚水，居住十分舒适。

石膏砌块轻质、绝热吸气、不燃、可锯可钉，生产工艺简单，成本低。石膏砌块是一种典型的绿色环保建筑材料，建筑石膏对人体无害，对环境几乎没有污染，可循环利用，在长期使用中不会释放任何有害气体和放射性元素，并且节省能源。

8.3 墙 体 板 材

随着我国建筑结构体系的改革，以及大开间多功能框架结构、剪力墙结构等结构的发展，与之相适应的各种轻质和复合墙用板材也不断出现。以板材作为围护墙体，具有质轻、节能、施工方便快捷、使用面积大、开间布置灵活等优点。

8.3.1 石膏类墙体板材

石膏制品具有质量轻、保温隔热、隔声性能好等优点，因此石膏类板材在轻质墙体材料中占有很大的比例，常见的有普通纸面石膏板、装饰石膏板、石膏空心板、石膏刨花板等。

1. 普通纸面石膏板

普通纸面石膏板是以建筑石膏为主要原料，掺入适量纤维增强材料和外加剂构成芯材，并与具有一定强度的护面纸牢固结合在一起而制成的建筑板材。若在芯材配料中加入防水、防潮外加剂，并用耐水护面纸，即可制成耐水纸面石膏板；若在配料中加入无机耐火纤维和阻燃剂等，即可制成耐火纸面石膏板。

普通纸面石膏板的表观密度为 800～950kg/m³，导热系数为 0.193W/(m·K)；双层隔声性能较好，强度比装饰石膏板高。普通纸面石膏板与轻钢龙骨构成的墙体体系称为轻钢龙骨石膏板体系。其构造主要有两层板墙和四层板墙；前者适用于分室墙，后者适用于分户墙。该体系的自重仅为 30～50kg/m²，墙体内的空腔还可方便管道、电线等的埋设。

普通纸面石膏板根据棱边形分为矩形、45°倒角形、楔形、半圆形和圆形五种。

普通纸面石膏板几种常用棱边形的规格尺寸见表 8－22，也可以根据用户要求，生产其他边形和规格尺寸的板材。

表 8－22　　普通纸面石膏板的规格尺寸　　单位：mm

<table>
<tr><th>名　称</th><th>边　形</th><th>长</th><th>宽</th><th>高</th><th>应用范围</th></tr>
<tr><td rowspan="4">普通纸面石膏板</td><td>楔形</td><td>2440</td><td>1200</td><td>9.50</td><td rowspan="4">用于各种轻钢龙骨石膏板隔墙、贴面墙、曲面墙等，各种平面吊顶及曲面吊顶等</td></tr>
<tr><td rowspan="3">矩形</td><td>2700</td><td rowspan="3">1220</td><td>12.0</td></tr>
<tr><td>3000</td><td>12.70</td></tr>
<tr><td>3660</td><td>15.90</td></tr>
</table>

普通纸面石膏板板面应平整，按外观质量和尺寸偏差分为优等品、一等品和合格品三个等级。对于波形、沟槽、污痕和划伤等缺陷，按规定方法检测时，应符合表 8－23 的规定；板材尺寸允许偏差、楔形棱边深度及宽度应符合表 8－24 的规定。

普通纸面石膏板具有质量轻、保温隔热、隔声、防火、抗震性能好，可调节室内温度，加工性能好，施工简便等优点，但用纸量大。

普通纸面石膏板耐水性差，受潮后强度明显下降，并会产生较大变形或较大的挠度，因此，普通纸面石膏板不适用于厨房、卫生间，以及空气相对湿度大于 70％的潮湿环境。如果在潮湿环境下使用，必须采取相应的防潮措施或选用耐水纸面石膏板，而对于防火要求较高的房屋建筑可选用耐火纸面石膏板。

普通纸面石膏板尺寸规范、表面平整，主要用于干燥环境下的室内隔断和吊顶。普通纸面石膏板用作装饰材料时须进行饰面处理，才能获得理想的装饰效果，如喷涂，辊涂或刷涂装饰涂料，镶贴各种类型的玻璃片、金属抛光板、复合塑料镜片等。

表 8－23　　纸面石膏板的外观质量

<table>
<tr><th colspan="2">项　目</th><th>优等品</th><th>一等品</th><th>合格品</th></tr>
<tr><td>外观质量</td><td>波形、沟槽、污痕和划伤等缺陷</td><td>不允许有</td><td>允许有，但不明显</td><td>允许有，但不影响使用</td></tr>
</table>

表 8－24　　普通纸面石膏板的尺寸偏差　　单位：mm

<table>
<tr><th colspan="2">项　目</th><th>优等品</th><th>一等品</th><th>合格品</th></tr>
<tr><td rowspan="5">尺寸偏差</td><td>长度</td><td>0
−5</td><td colspan="2">0
−6</td></tr>
<tr><td>宽度</td><td>0
−4</td><td>0
−5</td><td>0
−6</td></tr>
<tr><td>厚度</td><td>±0.5</td><td>±0.6</td><td>±0.8</td></tr>
<tr><td>楔形棱边深度</td><td colspan="3">0.6～2.5</td></tr>
<tr><td>楔形棱边宽度</td><td colspan="3">40～80</td></tr>
</table>

2. 装饰石膏板

装饰石膏板是以建筑石膏为主要原料，掺入适量纤维增强材料和外加剂，与水一起搅拌成均匀的料浆，经浇筑成型、干燥而制成的不带护面纸的建筑装饰板材。板面可制成平面型，也可制成浮雕图案，以及带有小孔洞的装饰石膏板。

装饰石膏板为正方形，其棱边形式有直角型、倒角型。其规格主要有500mm×500mm×9mm，600mm×600mm×11mm两种。其他形状规格的板材由供需双方商定。

装饰石膏板正面不应有影响装饰效果的气孔、污痕、裂纹、缺角、色彩不均匀和图案不完整等缺陷。按外观质量和尺寸偏差分为优等品、一等品和合格品三个等级。其尺寸偏差、不平度和直角偏离度应符合表8-25的规定。

表8-25　装饰石膏板的尺寸偏差、不平度和直角偏离度　单位：mm

项目		优等品	一等品	合格品
尺寸偏差	边长	0 −2	+1 −2	
	厚度	±0.5	±1.0	
不平度		1.0	2.0	3.0
直角偏离度		1	2	3

装饰石膏板表面洁白，花纹图案丰富，孔洞和浮雕还具有较强的立体感，并且还具有轻质、保温、吸声、防火、阻燃、调节室内温度等优点，可用于宾馆、商场、餐厅、礼堂、音乐厅、影剧院、会议室、候机室、幼儿园、住宅等建筑的墙面、隔墙和吊顶装饰。对湿度较大的环境应使用防潮石膏板。

3. *石膏空心板*

石膏空心板是以建筑石膏为主要原料，掺加适量轻质材料（膨胀珍珠岩、膨胀蛭石等）和改性材料（矿渣、粉煤灰、石灰、外加剂等），经搅拌、浇筑成型、抽芯、干燥等工序加工而成的一种空心板材。

石膏空心板的外型尺寸主要有：(2500～3000) mm×600mm× (60～80) mm。生产时不用纸、不用胶，设备简单，安装墙体时不用龙骨，是发展比较快的一种轻质板材。

石膏空心板具有质轻、比强度高、隔热、隔声、防火、可加工性能好等优点，且安装方便。它主要适用于各类建筑的非承重内墙和隔墙，若用于相对湿度大于75%的环境中，板材表面需作防水处理。

4. *石膏刨花板*

石膏刨花板是以建筑石膏为主要材料，木质刨花为增强材料，添加所需的辅助材料，经配料、搅拌、铺装、压制而成的建筑板材。

石膏刨花板具有以上石膏板材的优点，它主要适用于非承重内隔墙和用作装饰板材的基材板。

8.3.2 水泥类墙体板材

水泥类的墙体板材有较好的力学性能和耐久性，可用于承重墙、外墙和复合墙板的外层面。但该类板材表观密度大，抗拉强度低，在吊装过程中易受损。根据需要可制成预应力混凝土空心板材以减轻自重和改善隔声隔热性能，也可制成用纤维增强的薄型板材。

1. 预应力混凝土空心墙板

预应力混凝土空心墙板在使用时可按要求配以保温层、外饰面层和防水层等，其构造如图 8-5 所示。该类墙板的长度为 1000～1900mm，宽度为 600～1200mm，总厚度为 200～480mm。

预应力混凝土空心墙板可用于承重和非承重外墙板、内墙板、楼面板、屋面板和阳台板等。

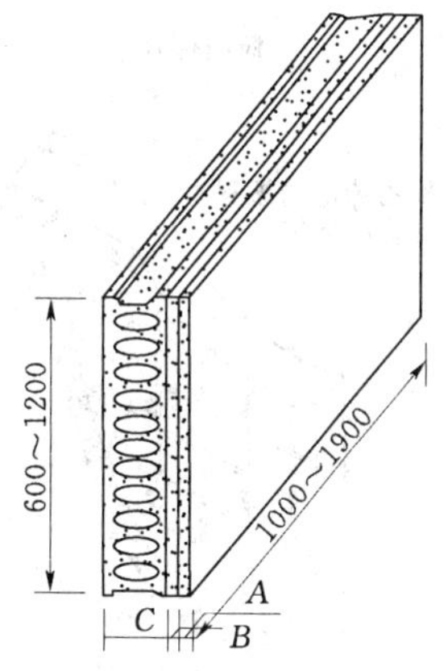

图 8-5 预应力混凝土空心墙板（单位：mm）
A—外饰面层；B—保温层；C—预应力混凝土空心板

2. 纤维增强水泥平板（TK 板）

纤维增强水泥平板是以低碱水泥、耐碱玻璃纤维为主要原料，加水混合成料浆，经制坯、压制、蒸养而制成的薄型平板。该类板的长度为 1200～3000mm，宽度为 800～900mm，厚度为 4mm、5mm、6mm 和 8mm。

纤维增强水泥平板质量轻、强度高、防潮、防火、不易变形、可加工性好。它适用于各类建筑物的复合外墙和内隔墙，特别是高层建筑有防火、防潮要求的隔墙。

8.3.3 复合墙板

用单一材料制成的板材由于其本身的局限性，而使其使用往往受到限制。如石膏类板材虽然质轻、隔热隔声效果好，但耐水性差、强度低，通常只能用于非承重的内隔墙；而水泥混凝土类板材虽然具有较高的强度和较好的耐久性，但自重大、隔声保温性能较差。因此，采用不同材料组合成多功能的复合墙体能同时具有以上两类板材的优点，如图 8-6 所示。

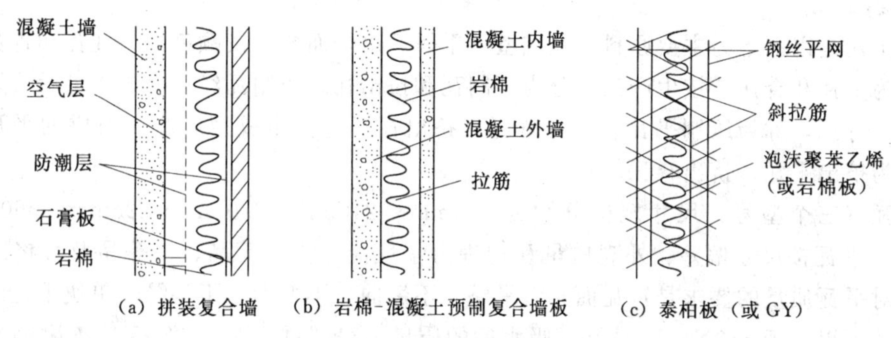

(a) 拼装复合墙　(b) 岩棉-混凝土预制复合墙板　(c) 泰柏板（或 GY）

图 8-6 几种复合墙体构造

复合墙体一般由承受（或传递）外力的结构层（普通混凝土或金属板）和保温层（矿棉、泡沫塑料、加气混凝土等）及面层（具有可装饰性的轻质薄板）组成。该类墙板的优点是承重材料和轻质保温材料的功能均能被充分利用。

1. 泰柏板

泰柏板是以直径为 2.06mm±0.03mm，屈服强度为 390～490MPa 的钢丝焊接成的三维钢丝网骨架与高热阻自熄性聚苯乙烯泡沫塑料组成的芯材板，两面喷（抹）涂水泥砂浆而成，如图 8-7 所示。

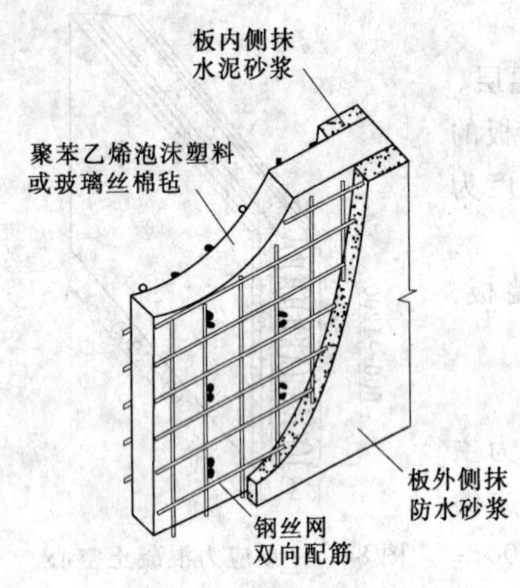

图 8-7　泰柏板示意图

泰柏板的标准尺寸为 1.22m×2.44m≈3m²，厚度为 100mm。由于所用钢丝网骨架构造及夹芯层材料、厚度的不同，该类板材有多种名称，如 GY 板（夹芯为岩棉毡）、三维板、3D 板、钢丝网节能板等，它们的性能和基本结构相似。

该类板轻质高强、隔热隔声、防火、防潮、防震、耐久性好、易加工、施工方便。适用于承重外墙、内隔墙、屋面板、3m 跨度内的楼板等。

2. 混凝土夹心板

混凝土夹心板是以 20～30mm 厚的钢筋混凝土作内外表面层，中间填以矿渣或岩棉、泡沫塑料、加气混凝土等保温材料，夹层厚度视热工计算而定，内外两层面板以钢筋件连接。可用于内外承重墙、隔墙。

3. 轻型夹心板

轻型夹心板是用轻质高强的薄板为外层，中间以轻质的保温隔热材料为芯材而组成的复合板。

8.4 屋面材料

8.4.1 烧结类瓦材

1. 黏土瓦

黏土瓦是以黏土为主要原料，经成型、干燥、焙烧而成。按颜色分为红瓦和青瓦；按形状分为平瓦和脊瓦；按生产工艺分为压制瓦和挤出瓦。压制瓦经过模压成型后焙烧而成的平瓦、脊瓦，称为压制平瓦、压制脊瓦；挤出瓦经过挤出成型后焙烧而成的平瓦、脊瓦，称为挤出平瓦、挤出脊瓦。

平瓦有三个型号，尺寸规格分别为 400mm×240mm、380mm×225mm、360mm×220mm。平瓦按尺寸偏差、外观质量和物理力学性能分为优等品、一等品及合格品三个等级。对平瓦质量的要求是：瓦面光滑平整，不翘曲、不变形、不裂缝。单块平瓦的最小抗折荷载不得小于 680N，15 块平瓦吸水后的质量不得超过 55kg，经 15 次冻融循环后应无分层、开裂和剥落等现象，抗渗性必须满足要求。平瓦只能用于有较大坡度的屋面，其优点是取材容易、耐久性好、价格低廉；缺点是自重大、质脆、易破裂。

脊瓦是与平瓦配套使用，专门用于覆盖屋脊处，截面呈 120°，脊瓦的长度一般为 400mm，宽度一般为 250mm。有八字形和半圆弧形两种，按其外观质量可分为一等品和合格品两个等级。对脊瓦的质量要求是：不翘曲、不变形、不缺棱掉角、不裂缝、没有砂眼。单块脊瓦的最小抗折荷载不得小于 680N，抗冻性要求同平瓦。

黏土瓦主要用于民用建筑和农村建筑坡形屋面防水。但由于使用原料大量毁坏土地，且耗能较大，生产和施工的生产率均不高，因此已出现了许多替代产品。

2. 琉璃瓦

琉璃瓦是由陶土或瓷土制坯，经干燥、上釉后焙烧而成。这种瓦表面光滑、质地坚密、色彩美丽，常用的有黄、绿、黑、蓝、青、紫、翡翠等颜色。其造型多样，主要有板瓦、筒瓦、滴水、勾头等，有时还制成飞禽、走兽、龙飞凤舞等形象作为檐头和屋脊的装饰，是一种富有中国传统民族特色的高级屋面防水与装饰材料。

琉璃瓦耐久性好，但成本高，一般只在古建筑修复、纪念性建筑及园林建筑中的厅、台、楼、阁上使用。

8.4.2 水泥类屋面瓦材

1. 混凝土瓦

混凝土瓦是采用普通混凝土拌和物经过压制成型、养护而成的。其标准尺寸有400mm×240mm 和 385mm×235mm 两种。根据国家标准规定，单片瓦的抗折荷载不得低于 600N，其抗渗性、抗冻性等应符合规定要求。该瓦成本低、耐久性好，但自重大，在配料中加入耐碱颜料，可制成彩色瓦，其应用范围同黏土瓦。

2. 纤维增强水泥瓦

纤维增强水泥瓦是以增强纤维和水泥为主要原料，经配料、打浆、成型、养护而成。主要有石棉水泥瓦，分大波、中波、小波三种类型。该瓦具有防水、防潮、防腐、绝缘等性能。石棉瓦主要用于工业建筑，如厂房、库房、堆货棚、凉棚等，因石棉纤维可能带有致癌物，所以已开始使用其他增强材料如耐碱玻璃纤维、有机纤维代替石棉。

3. 钢丝网水泥大波瓦

钢丝网水泥大波瓦是用普通硅酸盐水泥、砂子，按一定配合比加水搅拌后浇模，中间加一层低碳冷拔钢丝网加工而成的。

钢丝网水泥大波瓦的规格有两种，分别为：1700mm×830mm×14mm，波高 80mm，每张瓦约重 50kg；1700mm×830mm×12mm，波高 68mm，每张瓦约重 39～49kg。脊瓦每块重 15～16kg。

钢丝网水泥大波瓦适用于工厂散热车间、仓库或临时性的屋面及围护结构等处。

8.4.3 高分子类复合瓦材

1. 纤维增强塑料波形瓦

纤维增强塑料波形瓦也称玻璃钢波形瓦，是采用不饱和聚酯树脂和玻璃纤维为原料经人工糊制而成。其长度为 1800～3000mm，宽度为 700～800mm，厚度为 0.5～1.5mm。

纤维增强塑料波形瓦具有质轻、强度高、耐冲击、耐高温、耐腐蚀、透光率高、制作简单的特点。适用于各种建筑的遮阳、车站站台、售货亭、凉棚等屋面。

2. 聚氯乙烯波形瓦

聚氯乙烯波形瓦也称塑料瓦楞板，是以聚氯乙烯树脂为主要原料，加入其他配合剂，经塑化、挤压或压延、压波而制成的一种新型建筑瓦材。

聚氯乙烯波形瓦的规格尺寸为 2100mm× （1100～1300） mm× （1.5～2） mm。具有质轻、高强、防水、耐化学腐蚀、透光率高、色彩鲜艳等特点。适用于凉棚、果棚、遮阳板和简易建筑的屋面等处。

3. 玻璃纤维沥青瓦

玻璃纤维沥青瓦是以玻璃纤维薄毡为胎料，以改性沥青涂敷而成的片状屋面瓦材。也可在其表面撒以各种彩色的矿物粒料，形成彩色沥青瓦。

玻璃纤维沥青瓦的特点是质量轻，互相黏结的能力强，抗风化能力好，施工方便。适用于一般民用建筑的坡形屋面。

8.4.4 屋面用轻型板材

在传统建筑中，钢筋混凝土屋面板用于大跨度屋盖结构中，自重大，且不保温，需另设防水层。彩色涂层钢板、超细玻璃纤维、自熄性泡沫塑料的出现，使轻型保温的大跨度屋盖结构得到迅速发展。

1. EPS轻型板

EPS轻型板是以0.5～0.75mm厚的彩色涂层钢板为表面材，自熄聚苯乙烯为芯材，用热固化胶在连续成型机内加热加压复合而成的超轻型建筑板材。

EPS轻型板的质量为混凝土屋面的1/30～1/20，保温隔热性好，施工方便（无湿作业，不需二次装修），是集承重、保温、防水、装修于一体的新型围护结构材料，可生产成平面或曲面型板材，适合多种屋面形式。适用于大跨度屋面结构，如体育馆、展览厅、冷库等。

2. 硬质聚氨酯夹心板

硬质聚氨酯夹心板是由镀锌彩色压型钢板（面层）和硬质聚氨酯泡沫（芯材）复合而成的。压型钢板厚度为0.5mm、0.75mm、1.0mm。彩色涂层有聚酯型、改性聚酯型、氟氯乙烯塑料型，这些涂层均具有极强的耐气候性。

这种复合板材具有质量轻、强度高、保温、隔音效果好，色彩丰富，施工简便等特点，是承重、保温、防水三合一的屋面板材。适用于大型工业厂房、仓库、公共设施等大跨度建筑和高层建筑的屋面结构。

复习思考题

1. 烧结普通砖按焙烧时的火候可分为哪几种？各有什么特点？
2. 烧结普通砖在砌筑前为什么要浇水湿润，使其达到一定的含水率？
3. 烧结多孔砖、空心砖与实心砖相比，有何技术经济意义？
4. 建筑工程中常用的非烧结砖有哪几种？
5. 按材质分类，墙用砌块有哪几类？砌块与烧结普通砖相比，有哪些优点？
6. 复合墙板有哪些优点？
7. 轻型复合板作屋面材料与传统的黏土瓦相比，有哪些特点？

第9章 沥青及防水材料

本章要点

掌握主要沥青制品及其用途，防水卷材、防水涂料和密封材料的主要类型及性能特点，建筑防水材料在工程中的选用原则；

熟悉沥青材料的基本性质，防水材料的基本性质；

了解沥青材料的组成、分类，防水材料的分类。

9.1 沥青

早期应用广泛的柔性防水材料主要是沥青，它是一种憎水有机胶凝材料，多用于屋面、地面、地下结构的防水，也用于木材、钢材的防腐。

沥青按产源可分为地沥青（天然沥青、石油沥青）和焦油沥青（煤沥青、页岩沥青）。工程中常用的是石油沥青。

9.1.1 石油沥青

石油沥青是石油原油提炼出各种轻质油（汽油、煤油、柴油等）和润滑油以后的残留物，或将残留物再加工制得的产品。在常温下呈固体、半固体或黏性液体状态，颜色为褐色或黑褐色。在分析沥青的化学组成时，往往将沥青化学成分与物理、化学性质相似而具有某些共同特征的部分划分成若干组，称为组分，不同的组分对沥青性质的影响不同。

1. *石油沥青的组分*

石油沥青的化学组分可划分为油分、树脂质和沥青质三个组分。

(1) 油分为淡黄至红褐色的油状液体，是沥青中分子量最小和密度最小的组分，密度介于0.7～1.0g/cm^3，加热至170℃可以挥发。可溶于大多数有机溶剂，如二硫化碳、苯、四氯甲烷等，不溶于酒精。在石油沥青中含量为40%～60%。油分使沥青具有流动性，含量适当还能增大沥青的延度。

(2) 树脂质也称沥青脂胶，为黑褐色或红褐色黏稠状物质，密度略大于1.0g/cm^3。能溶于汽油、三氯甲烷和苯等有机溶剂，但在丙酮和酒精中难溶或溶解度很低。在石油沥青中含量为15%～30%。树脂质使石油沥青具有流动性、塑性与黏结性。

(3) 沥青质为深褐色至黑色固态无定形物质，密度为1.1～1.5g/cm^3 的固体物质。不溶于汽油、酒精，但能溶于二硫化碳和三氯甲烷。在石油沥青中含量为10%～30%。沥青质决定石油沥青的温度敏感性和黏性，它的含量愈多，石油沥青的软化点愈高，脆性愈大。

石油沥青中常含有一定量的有害成分——固体石蜡，它会降低沥青的黏结性、塑性、温度稳定和耐热性，常采用氯盐（$AlCl_3$、$FeCl_3$ 等）处理或高温吹氧、溶剂脱蜡等方法处理，改善多蜡石油沥青的性质，提高其软化点，降低针入度。

2. 石油沥青的主要技术性质

（1）黏滞性（亦称黏性）。黏滞性是指沥青在外力或自重的作用下，沥青材料抵抗相对流动和变形的能力。液态石油沥青的黏滞性用黏度表示，半固体或固体沥青的黏性用针入度表示。黏度和针入度是划分沥青牌号的主要指标。

黏度是液体沥青在一定温度条件下，经规定直径的孔，漏下 $50cm^3$ 所需的秒数。黏度常以符号 C_t^d 表示，其中 d 为孔径（mm），t 为实验时沥青的温度（℃）。C_t^d 代表在规定的 d 和 t 条件下漏满 $50cm^3$ 所需的时间，即所测得的黏度值。石油沥青流出的时间越长，黏度越大，沥青的稠度也越大。其测定示意图如图 9-1 所示。

针入度是指在温度为 25℃的条件下，以质量 100g 的标准针，经 5s 沉入沥青中的深度（0.1mm 称 1 度）来表示。针入度值越大，说明沥青流动性越大，黏性越小。针入度测定示意图如图 9-2 所示。

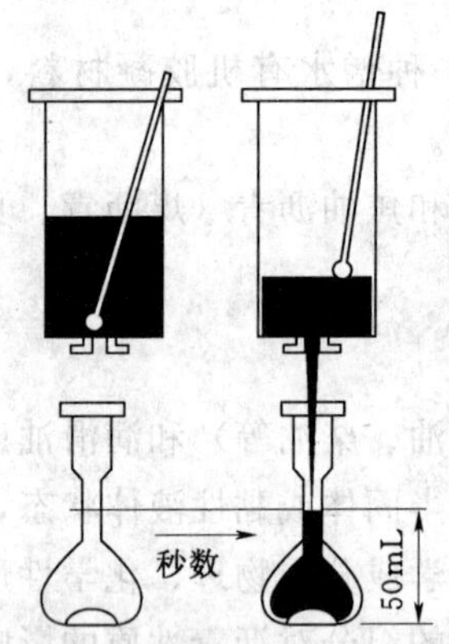

图 9-1　黏度测定示意图

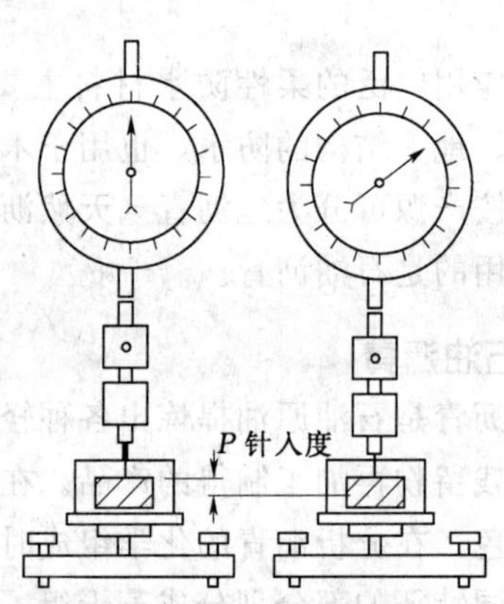

图 9-2　针入度测定示意图

（2）塑性。塑性是沥青在外力作用下产生变形而不破坏，外力除去后仍能保持其变形后的形状的性质。塑性表示沥青开裂后自愈能力及受机械应力作用后变形且不破坏的能力。沥青之所以能被制造成性能良好的柔性防水材料，很大程度上取决于这种性质。沥青的塑性用“延伸度”（亦称延度）或“延伸率”表示。延伸度测定示意图如图 9-3 所示。按标准实验方法，将沥青制成“8”形标准试件，试件中间最狭处断面积为 $1cm^2$，在规定温度（一般为 25℃）和规定速度（5cm/min 或 10cm/min）下在延伸仪上进行拉伸，以试件拉细至断裂时的长度表示，单位以 cm 计。沥青的延伸度越大，塑性越好。

（3）温度稳定性（温度敏感性）。温度稳定性是指石油沥青的黏滞性和塑性随温度升降而变化的性质，常用软化点表示。软化点是沥青材料由固体状态转变为具有一定流动性膏体时的温度，通过“环球法”试验测定（见图 9-4）。将沥青试样装入规定尺寸的铜环中，上置规定尺寸和质量的钢球（直径为 9.5mm，重 3.5g），再将置球的铜环放在有水或甘油的烧杯中，以 5℃/min 的速率加热，当沥青软化下垂达 25.4mm 时的温度，即为沥青软化点，以℃计。不同沥青的软化点不同，大致在 25～100℃之间。

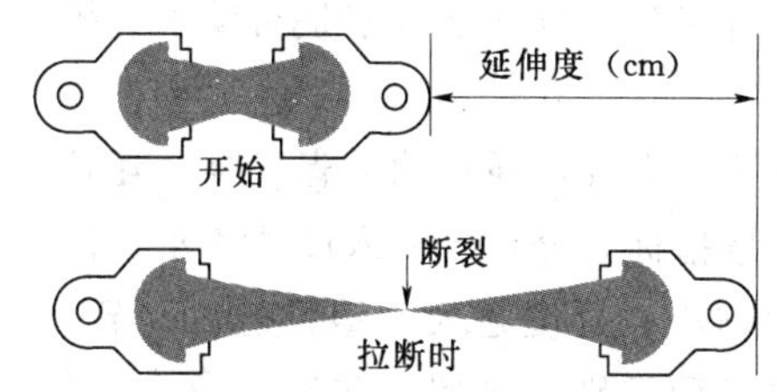

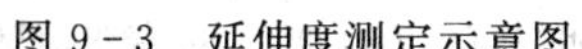
图 9－3　延伸度测定示意图

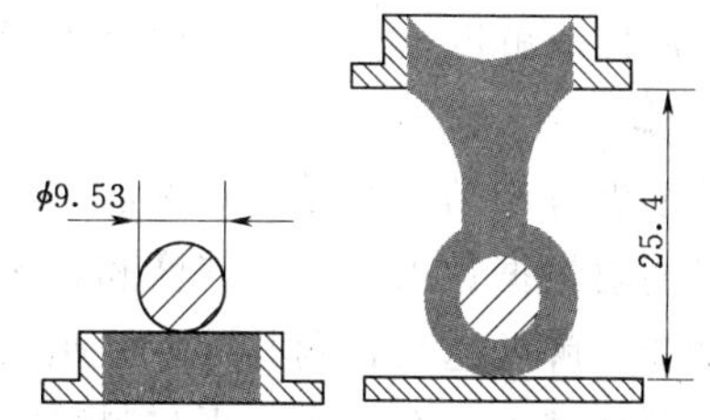

图 9－4　软化点测定示意图（单位：mm）

温度稳定性是沥青材料的一个重要的性质，温度稳定性小则其黏滞性、塑性随温度的变化较小。如沥青屋面防水材料，受日照辐射作用可能发生流淌和软化，失去防水作用而不能满足使用要求，因此，工程中优先选用温度稳定性较小的沥青。为了提高沥青的温度稳定性，提高其耐寒性或耐热性，常常对沥青进行改性，如在沥青中掺入增塑剂、橡胶、树脂和填料等。

（4）大气稳定性（抗老化性）。大气稳定性是指石油沥青在很多外界不利因素（如热、阳光、氧气、水分等）长期综合作用下性能稳定的程度。石油沥青中的各组分具有不稳定的特点，在外界因素作用下，各组分之间会不断变化，油分、树脂质会逐渐减少，沥青质逐渐增多，因此随着时间的发展，石油沥青的流动性和塑性变小，硬脆性增大，直至脆裂松散，沥青失去防水、防腐效能，称为沥青的老化。

大气稳定性用沥青的蒸发损失或蒸发后针入度比来评定。先测定沥青试样的重量及其针入度，然后将试样放置于加热损失试验专用的烘箱中，在 160℃温度加热蒸发 5h，待冷却后再测定其重量及针入度。计算蒸发损失重量占原重量的百分率，即为蒸发损失；计算蒸发后的针入度占原针入度的百分率，即为蒸发后针入度比。蒸发损失率越小，针入度比越大，沥青的大气稳定性越好。

（5）其他性质。

1）闪点、燃点。沥青加热时，轻质油分挥发的蒸汽与周围空气组成混合气体。油分蒸发的浓度随沥青加热温度升高而增大。闪点就是这些混合气体遇火时着火的最低温度。燃点则是若温度继续升高，遇火后沥青开始燃烧，而火焰能持续燃烧 5s 时的沥青温度。沥青的闪点一般是在 240～330℃范围内，燃点比闪点高 3～6℃。因此，在熬制沥青时，加热温度不应超过闪点，以防火灾，保证安全生产。

2）脆点。在温度下降过程中，沥青材料由黏塑性状态转变为弹脆性状态的温度，称为脆点。脆点是沥青发生脆性破坏的温度界限，是表征低温特性的指标。其测试方法是：将沥青在 40mm×20mm 金属片上涂成厚 0.15mm 的薄膜，装在弯曲器上（可使其两夹钳之间距离缩短 2.5mm），再把弯曲器放入冷却液中，以 1℃/mm的冷却速度降温，同时使件以每分钟 1 次的频率进行变曲，沥青薄膜开始出现裂纹时的温度即为脆点，如图 9－5 所示。

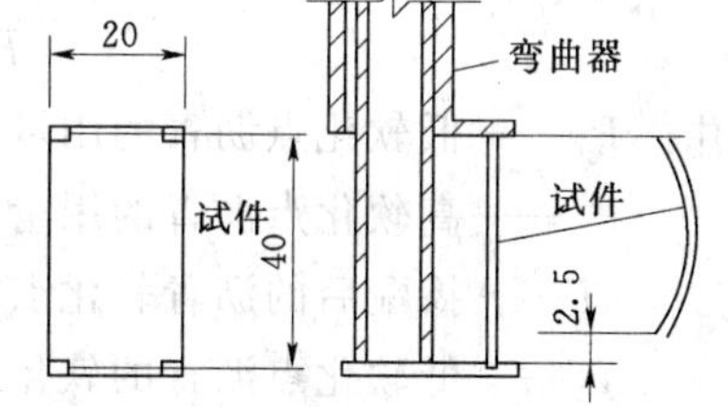

图 9－5　脆点试验示意图（单位：mm）

3）溶解度。由于沥青可溶于苯、四氯化碳、三氯甲烷等有机溶剂，沥青中存在无机杂质及碳青质和油焦质时，这些组分不能溶于上述溶剂。所以溶解度指标可用来检查生产过程是否正常，以及沥青中是否混入无机杂质。

3. 建筑石油沥青

石油沥青产品分为道路石油沥青、建筑石油沥青及普通石油沥青三种。建筑石油沥青的牌号主要根据针入度、延伸度和软化点等质量指标划分，以针入度值表示。同一品种的石油沥青，牌号越高，则其针入度越大，脆性越小；延度越大，塑性越好；软化点越低，温度敏感性越大。在选用沥青材料时，应根据工程类别（房屋、防腐）及当地气候条件、所处部位（屋面、地下）来选用不同牌号的沥青（或选取两种牌号沥青调配使用）。

每一牌号的建筑石油沥青应保证相应的延度、软化点、溶解度、蒸发损失、蒸发后针入度比、闪点等。其技术要求如表 9-1 所示。

表 9-1　建筑石油沥青技术标准

质量指标	建筑石油沥青（GB/T 494—1998）		
	40 号	30 号	10 号
针入度（25℃，100g，5s），1/10mm	36～50	26～35	10～25
延度（25℃，5cm/min）（cm），≥	3.5	2.5	1.5
软化点（环球法）（℃）	>60	>75	>95
溶解度（三氯乙烯、四氯化碳或苯）（%），≥	99.5	99.5	99.5
蒸发损失（160℃，5h）（%），≤	1	1	1
蒸发后针入度比（%），≥	65	65	65
闪点（开口）（℃），≥	230	230	230

注　测定蒸发损失后样品的针入度与原针入度之百分比，称为蒸发后针入度比。

建筑石油沥青针入度较小（黏性较好）、软化点较高（耐热性较好），但延伸度较小（塑性较差），主要用作制造油纸、油毡、防水涂料和沥青嵌缝膏。它们绝大部分用于屋面及地下防水、沟槽防水、防腐蚀及管道防腐等工程。为避免夏季流淌，一般屋面用沥青材料的软化点应比本地区屋面最高温度高 20℃以上。若软化点过低，夏季易流淌；若过高，冬季低温时易硬脆，甚至开裂。

4. 沥青的掺配使用

当单独使用一种牌号的沥青不能满足工程的耐热性（软化点）要求时，可以用同产源的两种或三种沥青进行掺配。两种沥青掺配量可按下式计算：

$$P_1 = \frac{T_2 - T}{T_2 - T_1} \times 100\% \tag{9-1}$$

$$P_2 = 100 - P_1 \tag{9-2}$$

式中　P_1——低软化点沥青的用量，%；

P_2——高软化点沥青的用量，%；

T——掺配后的沥青软化点，℃；

T_1——低软化点沥青的软化点值，℃；

T_2——高软化点沥青的软化点值，℃。

按式（9－2）得到的掺配沥青，由于掺配后的沥青破坏了原来两种沥青的胶体结构，两种沥青的加入量并非简单的线性关系，其软化点总是低于计算软化点。一般来说，若以调高软化点为目的掺配沥青，如两种沥青计算值各占 50%，则在实配时高软化点的沥青应多加 10%左右。

三种沥青掺配时，先求出两种沥青的配比，然后再与第三种沥青进行配比计算。

根据计算的掺配比例和在其邻近的比例［±（5%～10%）］分别进行不少于三组的试配，测定掺配后的软化点，绘制“掺配比-软化点”曲线，即可从曲线上确定所需的掺配比例。

9.1.2 煤沥青（焦油沥青）

煤沥青是由煤干馏得到煤焦油，再将煤焦油蒸馏出轻油、中油、重油和蒽油后所剩的残渣中提取得到的副产品。按蒸馏程度不同，煤沥青分为低温沥青、中温沥青和高温沥青，建筑上多采用的是半固态的低温煤沥青。

煤沥青与石油沥青相比，其大气稳定性和温度稳定性较差，且硬脆；塑性较差，变形后易开裂；煤沥青中含酚，有毒性；表面活性物质较多，与矿物表面的黏附力好。两者必须认真鉴别，不能混淆，简易鉴别方法可参考表 9－2。

表 9－2　　石油沥青与煤沥青的鉴别

鉴别方法	煤沥青	石油沥青
密度（g/cm^3）	大于 1.10（约 1.25）	接近于 1.00
锤击	声清脆、韧性差	声哑、富有弹性、韧性好
燃烧	烟多、黄色、臭气大、有毒	烟无色，无刺激性臭味
溶液颜色	用 30～50 倍汽油或煤油溶解后，将溶液滴于滤纸上，斑点分内外两圈，呈内黑外棕或黄色	溶解方法同煤沥青，斑点完全均匀散开，呈棕色

煤沥青防腐性好，适于地下防水层或作木材等的防腐材料用。由于煤沥青在技术性能上存在较多的缺点，而且成分不稳定，并有毒性，对人体和环境不利，现已很少用于建筑、道路和防水工程之中。

9.1.3 改性沥青

建筑工程中使用的沥青应具备良好的综合性能，如在高温条件下要具有足够的强度和稳定性；低温条件下具有良好的弹性和塑性；在加工和使用过程中具有一定的抗老化能力；与各种矿物和结构表面要有较强的黏附力。通常，普通石油沥青的性能不一定能全面满足这些要求，为此，常用橡胶、树脂和矿物填料等对沥青进行改性。性能得到不同程度改善后的新沥青，称为改性沥青。按照改性材料不同，改性沥青可分为橡胶改性沥青、树脂改性沥青、橡胶和树脂并用改性沥青、再生胶改性沥青和矿物填充剂改性沥青等。

1. 合成树脂类改性沥青

掺入树脂的改性石油沥青，可以改善沥青的防水性、黏结性和低温性能，对耐热性、温度稳定性的改善效果更为明显。由于石油沥青中含芳香性化合物很少，故树脂和石油沥青的相溶性较差。树脂与煤沥青的相溶性较好，是煤沥青的重要改性材料。

(1) 环氧树脂改性沥青。环氧树脂改性沥青具有热固性材料性质。其改性后沥青的强度和黏结力大大提高，但对延伸性改变不大。环氧树脂改性沥青可应用于屋面和厕所、浴室的修补，效果较好。

(2) 聚乙烯树脂改性沥青。一般认为，聚乙烯树脂与多蜡沥青的相溶性较好，对多蜡沥青的改性效果较好。将沥青加热熔化脱水，再加入 5%～10%的低密度聚乙烯树脂，并不断搅拌 30min，温度保持在 140℃左右，即可得到均匀的聚乙烯树脂改性沥青。

(3) 古马隆树脂改性沥青。古马隆树脂又名香豆桐树脂，为热塑性树脂。呈浅黄色至黑色的黏稠液体或固体状，易溶于氯化烃、酯类、硝基苯、酮类等有机溶剂等。

将沥青加热熔化脱水，在 150～160℃情况下，把古马隆树脂放入熔化的沥青中，并不断搅拌，再将温度升至 185～190℃，保持一定时间，使之充分混合均匀，即得到古马隆树脂改性沥青。树脂掺量约 40%，这种沥青的黏性较大，可以和 SBS 等材料一起用于黏结油毡和沥青基黏结剂。

2. 橡胶改性沥青

橡胶与沥青有较好的相溶性，是重要的沥青改性材料，橡胶改性沥青高温变形很小，低温时具有一定塑性。天然橡胶、合成橡胶和再生橡胶是常用的沥青改性材料。掺入不同品种、不同量的橡胶及掺入方法不相同，所形成的改性沥青性能也各不相同。常用的几种分述如下。

(1) SBS 热塑性弹性体改性沥青。SBS 是以丁二烯、苯乙烯为单体，加溶剂、引发剂、活化剂，以阴离子聚合反应生成的共聚物。SBS 是一种热塑性弹性体，它兼有橡胶和树脂的特性，常温下具有橡胶的弹性，高温下具有接近线性聚合物的流体状态，是一种良好的沥青改性材料，是目前应用最广的改性沥青材料之一。

(2) 丁基橡胶改性沥青。丁基橡胶是异丁烯-异戊二烯的共聚物，其中以异丁烯为主。丁基橡胶改性沥青的配制方法与氯丁橡胶改性沥青类似。将丁基橡胶碾切成小片，于搅拌条件下把小片加到 100℃的溶液中（不得超过 110℃），制成浓溶液，同时将沥青加热脱水融化成液体状沥青。通常在 100℃左右把两种液体按比例混合搅拌均匀进行浓缩 15～20min，达到要求性能指标。丁基橡胶在混合物中的含量一般为 2%～4%。同样也可以分别将丁基橡胶和沥青制备成乳液混合。

由于丁基橡胶改性沥青具有优异的耐分解性，并有较好的低温抗裂性和耐热性，多用于制作密封材料和涂料。

(3) 氯丁橡胶改性沥青。沥青中掺入氯丁橡胶后，可使其气密性、低温柔性、耐化学腐蚀性、耐光性、耐臭氧性、耐气候性和耐燃烧性大大改善。生产方法有溶剂法和水乳法。溶剂法是先将氯丁橡胶溶于一定的溶剂中形成溶液，然后掺入沥青（液体状态）中，混合均匀而成。水乳法是将橡胶和沥青制成乳液，再混合均匀而成。

氯丁橡胶改性沥青可用于制作密封材料和涂料。

(4) 再生橡胶改性沥青。沥青中掺入再生橡胶以后，对沥青的气密性、低温柔性、耐光（热）性、耐臭氧性和耐气候性等提高很大。再生橡胶沥青材料的制备，可以先将废旧橡胶加工成 1.5mm 以下的颗粒，然后与沥青混合，经加热搅拌脱硫，就能得到具有一定弹性、塑性和良好黏结力的再生橡胶沥青材料。废旧橡胶的掺量视需要而定，一般为

3%～15%。也可在热沥青中加入适量磨细的废橡胶粉并强烈搅拌，可得到废橡胶粉改性沥青。胶粉改性沥青质量的好坏，主要取决于混合时的温度、橡胶的种类和细度、沥青的质量等。废橡胶粉加入到沥青中，可明显提高沥青的软化点，降低沥青的脆点。

再生橡胶改性沥青可以制成卷材、片材、密封材料、胶黏剂和涂料等。

3. 其他品种改性沥青

(1) 橡胶和树脂改性沥青。橡胶和树脂用于沥青改性，使沥青同时具有橡胶和树脂的特性。且树脂比橡胶便宜，两者又有较好的混溶性，故效果较好。配制时，采用的原材料品种、配比、制作工艺不同，可以得到多种性能各异的产品，主要有卷材、片材、密封材料、防水涂料等。

(2) 矿物填充料改性沥青。为了提高沥青的黏结力和耐热性，提高沥青的温度稳定性，扩大沥青的使用温度范围，经常加入一定数量的粉状或纤维状矿物填充料。常用的矿物粉有滑石粉、石灰粉、云母粉、硅藻土粉等。

(3) 植物油类改性沥青。沥青中掺入适量的蓖麻油、鱼油、桐油或桐油渣等，对沥青有一定改性作用。这类材料价格较便宜，可以就地取材，得到了不断发展和应用。

9.2 防 水 卷 材

9.2.1 防水卷材的分类

防水卷材是可卷曲的片状柔性防水材料，品种很多，根据其主要防水组成材料可分为沥青防水卷材、高聚物改性沥青防水卷材和合成高分子防水卷材三大类，如图 9-6 所示。

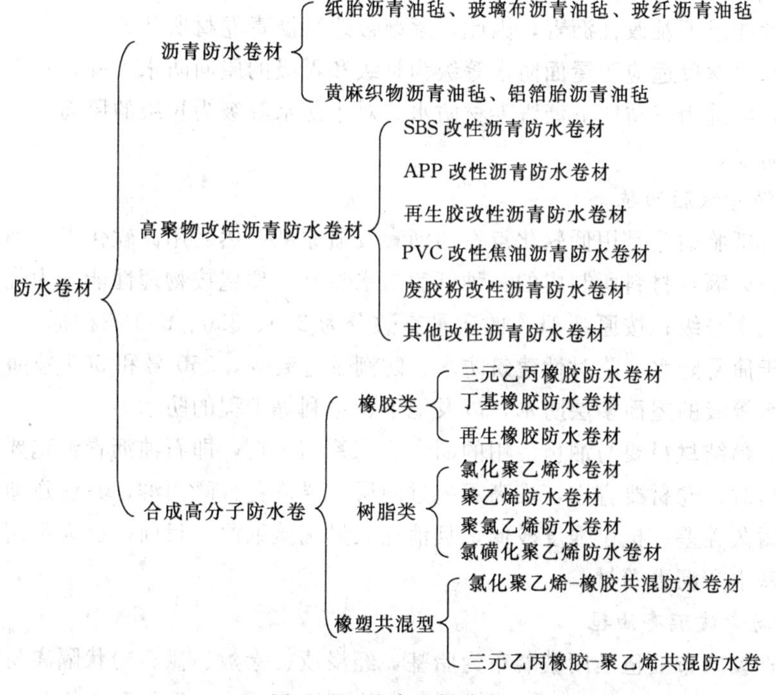

图 9-6 防水卷材分类

根据卷材的结构不同又可分为有胎卷材及无胎卷材两种。有胎卷材是指用纸、玻璃布、棉麻织品、聚酯毡、无纺布或塑料薄膜等增强材料作胎料，将沥青、高分子材料等浸渍或涂覆在胎料上制成的片状防水卷材；无胎卷材是将沥青、塑料或橡胶与填充料、添加剂等经配料、硫化、冷却等工艺制成片状卷材。

9.2.2 防水卷材的性能

根据使用环境和其施工工艺，防水卷材要满足建筑工程防水要求，必须具备下列几点性能：

（1）柔韧性，指防水卷材在低温条件下保持柔韧性的性能。它对保证易于施工、不脆裂方面十分重要。常用柔度、低温弯折性等指标表示。

（2）温度稳定性，指防水卷材在高温下不流淌、不滑动、不起泡，低温下不脆裂的性能，也就是在一定温度变化下保持原有性能的能力。常用耐热度、耐热性等指标表示。

（3）耐水性，指防水卷材在水的作用和被水浸润后其性能基本不变，在压力水作用下具有不透水性。常用不透水性、吸水性等指标表示。

（4）大气稳定性，指防水卷材在阳光、热、臭氧及其他化学侵蚀介质等因素的长期综合作用下抵抗侵蚀的能力。常用耐老化性、热老化保持率等指标表示。

（5）机械强度、抗断裂性和延伸性，指防水卷材承受一定荷载、应力或在一定变形的条件下不断裂的性能。常用抗拉强度、断裂伸长率和拉伸强度等指标表示。

9.2.3 沥青防水卷材

沥青防水卷材俗称油毡，是在基胎（如原纸、纤维织物等）上浸涂沥青后，再在表面撒布粉状或片状的隔离材料而制成的可卷曲的片状防水材料。沥青防水卷材是传统的防水材料，因其性能远不及改性沥青，因此，逐渐被改性沥青卷材所代替。

沥青防水卷材仅适应于屋面防水等级为Ⅲ级和Ⅳ级的屋面防水工程，对于防水等级为Ⅲ级的屋面，应选用三毡四油沥青卷材防水；对于防水等级为Ⅳ级的屋面，可选用二毡三油沥青卷材防水。

1. *石油沥青纸胎油毡*

石油沥青纸胎油毡是用低软化点石油沥青浸渍原纸，然后用高软化点石油沥青涂盖油纸两面，再撒以隔离材料所制成的一种纸胎防水卷材。油毡按物理性能分为优等品、一等品和合格品三个等级；按原纸 $1m^2$ 的质量克数分为200、350、500三种标号，其中，200号油毡适用于简易防水、临时性建筑防水、防潮及包装等，350号和500号油毡适用于Ⅲ级、Ⅳ级防水等级的屋面多层防水，以及地下、水利等工程的防水。

施工时，黏结材料要与油毡使用的沥青为同系列材料，即石油沥青油毡要用石油沥青胶黏结。储运时，卷材要直立，堆高不超过两层。要避免日晒雨淋，并注意通风。油毡由于易腐蚀、耐久性差、抗拉强度较低，且消耗大量优质纸源。目前，已大量用玻璃布及玻纤毡等为胎基生产沥青卷材。

2. *石油沥青玻璃布油毡*

石油沥青玻璃布油毡是用玻璃布为胎基，经浸渍、涂敷、撒布粉状隔离材料制得。油毡幅宽1000mm，每卷面积 $20m^2 \pm 0.3m^2$，按物理性能分为一等品和合格品。技术指标应符合《石油沥青玻璃布胎油毡》(JC/T 84—96) 的规定。

玻璃布油毡抗拉强度高，胎体不易腐烂，材料柔韧性好，耐久性比纸胎油毡提高一倍以上。适用于铺设地下防水、防腐层，并用于屋面作防水层及金属管道（热管道除外）的防腐保护层。

3. *石油沥青玻璃纤维胎油毡*

石油沥青玻纤胎油毡（简称玻纤胎油毡），是以无纺玻璃纤维薄毡为胎芯，用石油沥青浸涂薄毡两面，并涂撒隔离材料所制成的防水卷材。玻纤胎油毡按上表面材料分为膜面、粉面和砂面三个品种；按物理性能分为优等品（A）、一等品（B）和合格品（C）三个等级；按油毡每 $10m^2$ 标称质量（kg）分为 15 号、25 号、35 号三个标号，15 号用于一般工业与民用建筑的多层防水，并用于包扎管道（热管道除外）作防腐保护层。25 号、35 号适用于屋面、地下、水利等工程多层防水；35 号可采用热熔法施工，用于多层或单层防水。

玻纤胎油毡质地柔软，十分适用于建筑物表面不平整部位（如屋面阴阳角部位）的防水处理，其边角服帖、不宜翘曲、易与基材黏结牢固。彩砂面玻纤胎袖毡适用于防水屋面面层和不再作表面处理的斜屋面。

此外，近年来还大量采用玻纤毡为胎基，浸涂氧化沥青，在其表面用压纹铝箔贴面，底面撒以细颗粒矿物材料或覆盖聚乙烯膜，制成的一种具有热反射和装饰功能的防水卷材，作为防水工程的面层。

4. *其他沥青卷材*

除了上述介绍几种沥青防水卷材以外，若以石棉布、麻布、合成纤维布等为胎基代替原纸，经浸渍、涂敖、撒布制得的油毡，分别称为石棉布油毡、麻布油毡、合成纤维布油毡等。此外，还有玻璃毛纱布油毡。由于这些油毡的胎基材料比原纸抗拉强度高，柔韧性好，吸水率小，耐蚀性和耐久性好，因而提高了油毡的性能。它们的用途与纸胎油毡基本相同。常用的沥青防水卷材的特点和使用范围见表 9-3。

表 9-3　　常用沥青防水卷材的特点及适用范围

卷材名称	特点	适用范围
石油沥青纸胎油毡	低温柔性差，防水耐用年限较短，价格较低	三毡四油、二毡三油铺设的屋面工程
玻璃布沥青油毡	柔韧性较好，抗拉强度较高，胎体不易腐烂，耐久性比纸胎油毡提高 1 倍以上	地下防水、防腐层，并用于屋面作防水层及金属管道（热管道除外）的防腐保护层
玻璃纤维胎沥青油毡	耐水性、耐久性、耐腐蚀性较好，柔韧性优于纸胎油毡	屋面或地下防水工程、包扎管道（热管道除外）作防腐保护层，其中 35 号可采用热熔法施工，用于多层或单层防水
铝箔胎沥青油毡	防水功能好，有一定的抗拉强度，阻隔蒸汽渗透能力高	可以单独使用或与玻璃纤维配合用于隔气层，30 号油毡多用于多层防水工程的面层，40 号油毡适用于单层或多层防水工程的面层

9.2.4　高聚物改性沥青防水卷材

高聚物改性沥青防水卷材是以合成高分子聚合物改性沥青为涂盖层，以纤维织物或纤维毡为胎体，以粉状、粒状、片状或薄膜材料为覆面材料制成的可卷曲的防水材料。与传统的氧化沥青等相比，其使用温度区间大为扩展，做成的卷材光洁柔软，高温不流淌、低温不脆裂，且可做成4～5mm的厚度，可以单层使用，具有10～20年可靠的防水效果。利用高聚物改性沥青作防水卷材已是全世界普遍的趋势，也是我国近期发展的主要防水卷材品种。

一般常用高聚物改性沥青防水卷材的特点及适用范围见表9-4。

表9-4　常用高聚物改性沥青防水卷材的特点及适用范围

卷材名称	特点	适用范围	施工工艺
SBS改性沥青防水卷材	耐高、低温性能有明显提高，弹性和耐疲劳性明显改善	单层铺设或复合使用，适用于寒冷地区和结构变形频繁的建筑	冷施工或热熔铺贴
APP改性沥青防水卷材	具有良好的强度、延伸性、耐热性、耐紫外线照射及耐老化性能	单层铺设，适合于紫外线辐射强烈及炎热地区屋面使用	冷施工或热熔铺贴
再生胶改性沥青防水卷材	有一定的延伸性和防腐蚀能力，低温柔韧性较好，价格低廉	变形较大或档次较低的防水工程	热沥青粘贴
聚氯乙烯改性焦油防水卷材	有良好的耐热及耐低温性能，最低开卷温度为-18℃	有利于在冬季负温度下施工	可热作业，也可冷施工
废橡胶粉改性沥青防水卷材	比普通石油沥青纸胎的抗拉强度、低温柔韧性均有明显改善	叠层使用于一般屋面防水工程，易在寒冷地区使用	热沥青粘贴

9.2.5　合成高分子类防水卷材

合成高分子防水卷材是以合成橡胶、合成树脂或两者的共混体为基料，加入适量的化学助剂和填充料等，经不同工序（混炼、压延或挤出等）加工而成的。分为橡胶系列（聚氨酯、三元乙丙橡胶、丁基橡胶等）防水卷材、塑料系列（聚乙烯、聚氯乙烯等）和橡胶塑料共混系列防水卷材三大类。

此类卷材按厚度分为1mm、1.2mm、1.5mm、2.0mm等规格，具有拉伸强度和抗撕裂强度高、断裂伸长率大、耐热性和低温柔性好、耐腐蚀、耐老化等一系列优异的性能，是新型高档防水卷材。合成高分子防水卷材适用于防水等级为Ⅰ级、Ⅱ级和Ⅲ级的屋面防水工程。一般单层铺设，可采用冷粘法施工。

常见的合成高分子防水卷材的特点和适用范围见表9-5。

表9-5　常见合成高分子防水卷材的特点和使用范围

卷材名称	特点	适用范围	施工工艺
三元乙丙橡胶防水卷材	防水性能优异，耐候性好，耐臭氧性、耐化学腐蚀性好，弹性和抗拉强度大，对基层变形开裂的适应性强，质量轻，使用温度范围宽，寿命长，但价格高，黏结材料尚需配套完善	防水要求较高、防水层耐用年限要求长的工业与民用建筑，单层或复合使用	冷粘法施工

续表

卷材名称	特点	适用范围	施工工艺
丁基橡胶防水卷材	有较好的耐候性、耐油性、抗拉强度和延伸率，耐低温性能稍低于三元乙丙防水卷材	单层或复合使用，适用于要求较高的防水工程	冷粘法施工
氯化聚乙烯防水卷材	具有良好的耐候、耐臭氧、耐热老化、耐油、耐化学腐蚀及抗撕裂的性能	单层或复合使用，适用于紫外线强的炎热地区	冷粘法施工
氯磺化聚乙烯防水卷材	延伸率较大，弹性较好，对基层变形开裂的适应性较强，耐高温、低温性能好，耐腐蚀性能优良，难燃性好	适于有腐蚀介质影响及在寒冷地区的防水工程	冷粘法施工
聚氯乙烯防水卷材	具有较高的拉伸和撕裂强度，延伸率较大，耐老化性能好，原材料丰富，价格便宜，容易黏结	单层或复合使用，适于外露或有保护层的防水工程	冷粘法或热风焊接法施工
氯聚乙烯一橡胶共混防水卷材	不但具有氯化聚乙烯特有的高强度和优异的耐臭氧、耐老化性能，而且具有橡胶所特有的高弹性、高延伸性以及良好的低温柔性	单层或复合使用，尤其用于寒冷地区或变形较大的防水工程	冷粘法施工
三元乙丙橡胶一聚乙烯铬镍钢混防水卷材	是热塑性弹性材料，有良好的耐臭氧和耐老化性能，使用寿命长，低温柔性好，可在负温条件下施工	单层或复合使用，外露防水层面，宜在寒冷地区使用	冷粘法施工

9.3 防 水 涂 料

防水涂料（胶黏剂）是以高分子合成材料、沥青等为主体，在常温下呈流态或半流态物质，主要组成材料一般包括：成膜物质、溶剂及催干剂，有时也加入增塑剂及硬化剂等。涂布于基材表面后，经溶剂或水分挥发或各组分间的化学反应，能形成具有一定厚度的弹性连续薄膜，使基材与水隔绝，起到防水、防潮的作用。防水涂料特别适合于结构复杂、不规则部位的防水。大多采用冷施工，可人工涂刷或喷涂施工，操作简单、进度快、便于维修，减少了环境污染，改善了劳动条件。

9.3.1 防水涂料的分类

防水涂料按成膜物质的主要成分分为沥青类、高聚物改性沥青类和合成高分子类，如图 9-7 所示。按其液态类型可分为溶剂型、水乳型和反应型三种，其中溶剂型黏结性较好，但污染环境；水乳型价格低，但黏结性稍差。从防水涂料的发展趋势来看，在水乳型性能不断改善的基础上，它的应用会更广。

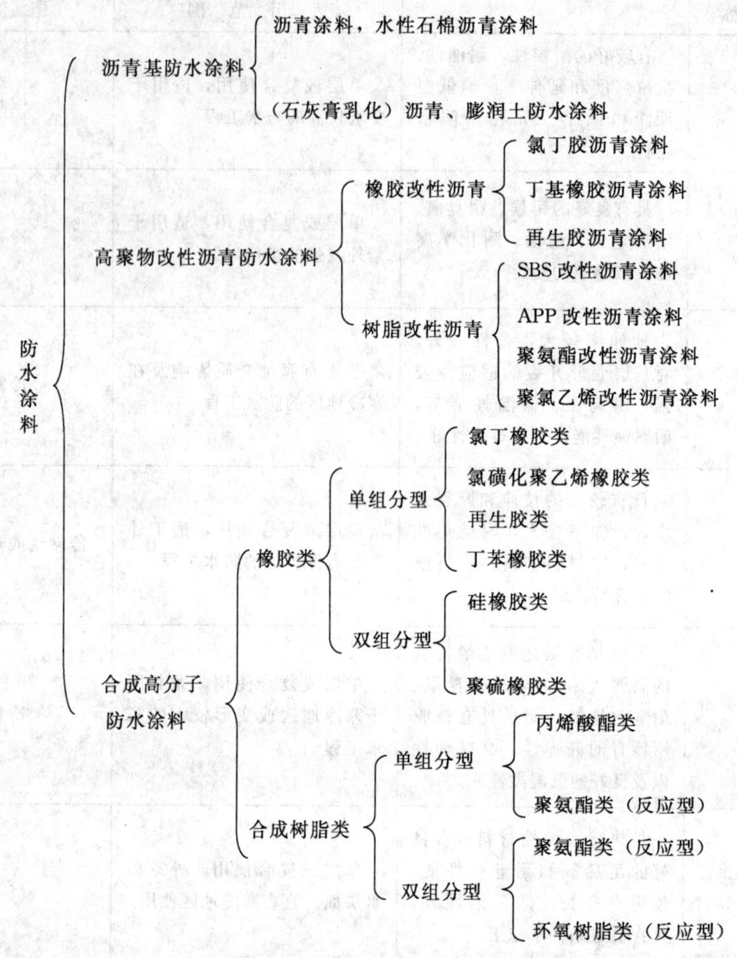

图 9－7　防水涂料分类

9.3.2　防水涂料的性能

防水涂料要满足防水工程的要求，必须具备以下几点性能：

（1）柔性，指防水涂料成膜后的膜层在低温下保持柔韧的性能。它反映了防水涂料在低温下的施工和使用性能。

（2）固体含量，指防水涂料中所含有固体的比例。因为涂料涂刷后涂料中的固体成分形成涂膜，所以，固体含量的多少与成膜的厚度及涂膜质量紧密相关。

（3）延伸性，指防水涂料适应基层变形的能力。由于温差、干湿等因素致使建筑的基层一般都有一定的变形，因此，防水涂料成膜后必须具有一定的延伸性，以便保证防水效果。

（4）耐热度，指防水涂料成膜后的防水薄膜在高温下不发生流淌、软化变形的性能。它反映防水涂膜的耐高温性能。

（5）不透水性，指防水涂料成膜后，其涂膜在一定水压（静水压或动水压）和一定时间内不出现渗漏的性能。它是防水涂料满足防水功能要求的主要质量指标。

9.3.3 沥青基防水涂料

1. 冷底子油

冷底子油是将沥青溶解于有机溶剂中的沥青涂料。通常用30%～40%的10号或30号石油沥青与60%～70%的稀释剂（汽油、煤油、轻柴油）按比例配制而成。因它多在常温下用于防水工程的底层，故名冷底子油。冷底子油的黏度小，能渗入到混凝土、砂浆、木材等材料的毛细孔隙中，待溶剂挥发后，与基面牢固结合，使基面具有一定的憎水性，为粘结同类防水材料创造了有利条件。在冷底子油上铺热沥青胶粘贴卷材，该卷材防水层可与基层粘贴牢固。冷底子油应涂刷于干燥的基面上，通常要求水泥砂浆找平层的含水率不超过10%。冷底子油应随配随用，储存时，应使用密闭容器，以防溶剂挥发。

2. 乳化沥青

乳化沥青又称水乳型沥青防水涂料，是在机械强力搅拌下，将熔化的沥青微粒均匀地分散于含有乳化剂的溶剂中，形成稳定的悬浮体。制作乳化沥青的乳化剂是表面活性剂，可分为有机型（分阳离子型、阴离子型及非离子型）和无机型两类。目前使用较多的有阴离子型，如肥皂、洗衣粉、松香皂、十二烷基硫酸钠等。

乳化沥青基涂料分为两大类：厚质防水涂料和薄质防水涂料。厚质防水涂料常温时为膏体或黏稠液体，一次施工厚度可以在3mm以上。薄质防水涂料常温时为液体，具有自流平的性能，一次施工不能大于1mm的厚度，因此，需要施工多层才能满足涂膜防水的厚度要求。目前，国内市场上用量最大的薄质乳化沥青防水涂料是氯丁胶乳沥青防水涂料，其次还有丁苯胶乳薄质沥青防水涂料、丁腈胶乳薄质沥青防水涂料、SBS改性乳化沥青薄质防水涂料、再生胶乳化沥青薄质防水涂料等。

建筑上使用的乳化沥青是一种棕黑色的水乳液，具有无毒、无嗅、不燃、干燥快、黏结力强等特点，在0℃以上可流动，易于涂刷和喷涂。乳化沥青与其他类型的涂料相比，其主要特点是可以在潮湿的基础上使用，具有相当大的黏结力；可以冷施工，不需要加热，避免了采用热沥青施工可能造成的烫伤、中毒事故等，有利于消防和安全，减轻施工人员的劳动强度，提高工作效率，加快施工进度；价格便宜，施工机具容易清洗。乳化沥青与一般的橡胶乳液、树脂乳液具有良好的相溶性，混溶后性能比较稳定，能显著地改善乳化沥青的耐高温性能和低温柔性。

乳化沥青材料的稳定性较差，储存时间一般不超过6个月，储存时间过长容易分层变质。乳化沥青一般不能在0℃以下储存和运输，也不能在0℃以下施工和使用。

3. 沥青胶

沥青胶是沥青与适量的粉状或纤维状矿物质填充料的混合物，均匀混合制成。填料有粉状的（如滑石粉、石灰石粉、白云石粉等）、纤维状的（如木纤维等）或者两者的混合物。填充料节省了沥青，提高了其耐热性，增加了韧性，降低了沥青在低温下的脆性。

沥青胶标号以耐热度表示，分为六个标号。对沥青胶质量要求有耐热性、柔韧性、黏结力等，如表9-6所示。

表 9-6　　石油沥青胶的质量要求

指标名称	标号					
	S—60	S—65	S—70	S—75	S—80	S—85
耐热度	用2mm厚的沥青胶粘合两张沥青油纸，于不低于下列温度（℃），在1∶1坡度上停放5h的沥青胶不应流淌，油纸不应滑动					
	60	65	70	75	80	85
柔韧性	涂在沥青油纸上的2mm厚的沥青玛胶层，在18℃±2℃时，围绕下列直径（mm）的圆棒，用2s的时间以均衡速度弯成半周，沥青胶不应有裂纹					
	10	15	15	20	25	30
黏结力	用手将两张用沥青胶粘贴在一起的油纸慢慢地撕开，从油纸和沥青胶粘贴面的任何一面的撕开部分，其沥青胶之间的撕裂面积不大于粘贴面积的1/2					

沥青胶按配制和使用方法，分为热用和冷用两种类型。热用沥青胶是将沥青加热至180～200℃，使其脱水后，再与干燥填料热拌混合均匀，属热用施工。冷沥青胶是将沥青熔化脱水后，缓慢加入溶剂（如绿油、柴油、蒽油等），再掺入填料，混合拌匀而制得，在常温下使用。冷用沥青胶虽比热用沥青胶耗费溶剂，但施工方便，涂层薄，节省沥青。

沥青胶主要用于粘贴防水卷材，也可用于防水涂层、沥青砂浆防水层的底层及接头密封等。选用时应根据屋面坡度及历年室外最高气温等条件来选择，以保证夏季不流淌、冬季不开裂。若采用一种沥青不能满足配制沥青所要求的软化点，可采用两种或三种沥青进行掺配。

9.3.4　高聚物改性沥青防水涂料

高聚物改性沥青防水涂料指以沥青为基料，用橡胶、树脂等高分子聚合物对其进行改性处理，制成的水乳型或溶剂型防水涂料。这类涂料在柔韧性、弹性、延伸性、耐高低温性能、使用寿命等方面与沥青基涂料相比均有很大改善。适用于Ⅱ、Ⅲ、Ⅳ级防水等级的工业与民用建筑工程的屋面防水工程、地下室和卫生间的防水工程等。

1. 氯丁橡胶沥青防水涂料

氯丁橡胶沥青防水涂料是把小片的丁基橡胶加到溶剂中搅拌成浓溶液，同时将沥青加热脱水熔化成液体状沥青，再把两种液体按比例混合搅拌均匀而成。氯丁橡胶沥青防水涂料具有优异的耐分解性，并具有良好的低温抗裂性和耐热性。它可分为溶剂型和水乳型两种。

溶剂型氯丁橡胶沥青防水涂料的主要成膜物质是氯丁橡胶和石油沥青，它是这两种成膜物质溶于甲基苯（或二甲苯）而形成的一种混合胶体溶液。

水乳型氯丁橡胶沥青防水涂料的主要成膜物质也是氯丁橡胶和石油沥青，是以阳离子型氯丁胶乳与阳离子型沥青乳液相混合而成。与溶剂型涂料不同的是以水代替了甲苯等有机溶剂，使其成本降低并无毒。

2. 水乳型再生橡胶防水涂料

水乳型再生橡胶防水涂料简称JG—2防水冷胶料，是以再生橡胶为改性剂，水为溶剂，再加填料（滑石粉、碳酸钙等）经加热搅拌而成。该涂料是由A液（乳化橡胶）和B液（阴离子型乳化沥青）组成的双组分水乳防水冷胶结料，两液包装于不同的袋内，现场配制使用。涂料为黑色无光泽的黏稠液体，略有橡胶味，无毒。该产品改善了沥青防水涂料的柔韧性和耐久性，原材料来源广泛，生产工艺简单，成本低，不污染环境。可冷操作，加入碱玻璃丝布或无纺布后的防水层，抗裂性好，可在潮湿但无积水的基层上施工，适用于屋面、墙体、地面、地下室、冷库的防水防潮，也可用于嵌缝及防腐工程等。

3. 聚氨酯防水涂料

聚氨酯防水涂料是由甲组分（含有异氰酸基的预聚体）和乙组分（含有多羟基的固化剂与增塑剂、稀释剂等）组成的双组分反应型涂料。甲乙两组分混合后，经固化反应，形成均匀而富有弹性的防水涂膜。

聚氨酯涂膜防水材料有透明、彩色、黑色等品种，并兼有耐磨、装饰及阻燃等性能。由于它的防水、延伸及温度适应性能优异，施工简便，在中高级公用建筑的卫生间、水池等防水工程及地下室和有保护层的屋面防水工程中得到广泛应用。

9.4 建筑密封材料

密封材料又称嵌缝材料，是为了承受位移且能达到气密、水密目的而嵌入建筑物缝隙中的防水材料。

9.4.1 密封材料的分类

密封材料按常温下是否具有流动性分为定型密封材料和不定型密封材料两大类。定型密封材料是具有一定形状和尺寸的密封材料，如密封条、止水带等；不定型密封材料通常是黏稠状的材料，如密封膏和嵌缝膏等。不定型密封材料按原材料及其性能又可分为塑性密封膏、弹塑性密封膏和弹性密封膏三大类；按构成类型分为溶剂型、乳液型和反应型；按使用时的组分分为单组分密封材料和多组分密封材料。密封材料的分类如图 9-8 所示。

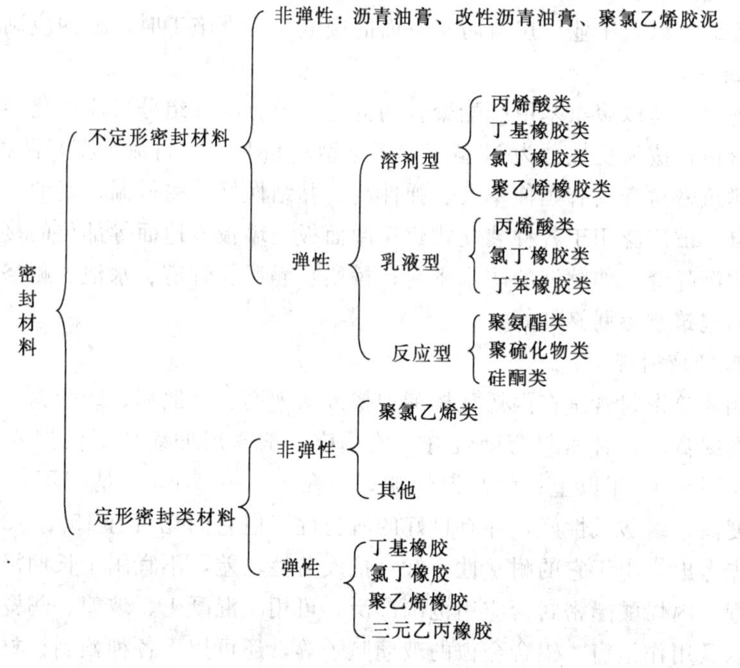

图 9-8 建筑密封膏分类

9.4.2 密封材料的性能

建筑密封材料除了应有较高的黏结强度外，还必须具备良好的弹性、柔韧性、耐冻性和一定的抗老化性，以适应屋面板和墙板的热胀冷缩、结构变形、高温不流淌、低温不脆裂的要求，保证接缝处不渗漏、不透气的密封作用。建筑密封材料的合理选用能够使工程中的施工缝、构件连接缝、变形缝等各种接缝保持水密、气密，保证建筑物的整体抗渗性、防水性能。

9.4.3 建筑防水密封膏

1. 沥青嵌缝油膏

沥青嵌缝油膏又称建筑防水沥青嵌缝油膏，是以石油沥青为基料，加入改性材料、稀释剂及填充料混合制成的密封膏。改性材料有废橡胶粉和硫化鱼油；稀释剂有松节重油和机油等；填充料有石棉绒和滑石粉等。

沥青嵌缝油膏主要用于冷施工型的屋面、墙面防水密封及桥梁、涵洞、沟槽及地下工程等的防水密封。

2. 聚氯乙烯接缝膏

聚氯乙烯接缝膏简称 PVC 接缝膏，是以煤焦油和聚氯乙烯（PVC）树脂粉为基料，按一定比例加入增塑剂、稳定剂及填充料等，在 130～140℃温度下塑化而成的膏状密封材料。也可用废旧聚氯乙烯塑料代替聚氯乙烯树脂粉。

PVC 接缝膏有良好的黏结性、防水性、弹塑性、耐热、耐寒、耐腐蚀和抗老化性。这种密封材料可以热用，也可以冷用。热用时，将聚氯乙烯接缝膏用文火加热，加热温度不得超过 140℃，达塑化状态后，应立即浇灌于清洁干燥的缝隙或接头等部位。冷用时，加溶剂稀释。适用于各种屋面嵌缝或大型墙板嵌缝和表面涂布作为防水层，也可用于水渠、管道等接缝，以及工业厂房自防水屋面的嵌缝。冬季施工时，缝内应刷冷底子油。

3. 聚氨酯密封膏

聚氨酯密封膏是以聚氨基甲酸酯聚合物为主要成分的双组分反应固化型的建筑密封材料。聚氨酯密封膏按流变性分为 N 型（非下垂型）和 L 型（自流平型）两种类型。

聚氨酯建筑密封膏具有延伸率大、弹性高、黏结性好、耐低温、耐油、耐酸碱及使用年限长等优点，被广泛用于各种装配式建筑屋面板、墙板、地面等部位的接缝、施工缝的密封，建筑物沉降缝、伸缩缝的防水密封；桥梁、涵洞、管道、水池、厕浴间等工程的接缝防水密封；建筑物渗漏修补等。

4. 丙烯酸酯密封膏

丙烯酸酯建筑密封膏是在丙烯酸树酯中掺入增塑剂、分散剂、碳酸钙、增量剂等配制而成的建筑密封膏。这种密封膏弹性好，能适应一般基层伸缩变形的需要。耐候性能优异，其使用年限在 15 年以上；耐高温性能好，在－20～＋100℃情况下，长期保持柔韧性；黏结强度高，耐酸碱性好，并有良好的着色性。但它固化后有 15％～20％的收缩率，使用时应事先考虑；由于它的耐水性不好且抗疲劳性较差，不宜用于长期浸水部位和频繁受振动的工程。丙烯酸酯密封膏应用范围广泛，可用于混凝土、玻璃、陶瓷、金属等材料的嵌缝防水以及用作钢窗、铝合金窗的玻璃腻子等，还可用于各种预制板材、门窗等接缝密封防水及裂缝修补。

5. 硅酮密封胶

硅酮密封胶是以聚硅氧烷为主要成分的单组分和双组分室温固化型建筑密封材料，其中单组分应用较多，双组分应用较少。具有良好的耐热、耐寒和耐候性，与各种材料都有较好的黏结性能，耐水性好，能适应基层较大的变形，外观装饰效果好。

根据《硅酮建筑密封胶》(GB/T 14683—2003) 的规定，硅酮建筑密封胶按用途分为F类和G类两种类别。其中，F类为建筑接缝用密封胶，适用于预制混凝土墙板、水泥板、大理石板的外墙接缝，混凝土和金属框架的黏结，卫生间的防水密封等；G类为镶装玻璃用密封胶，主要用于镶嵌玻璃和建筑门、窗的密封。其技术性能应符合标准所规定的要求。

9.4.4 高分子止水带（条）

合成高分子止水带属定形建筑密封材料，它是将具有气密和水密双重性能的橡胶或塑料，制成一定形状（带状、条状、片状等），嵌入到建筑物施工接缝、伸缩缝、沉降缝等结构缝内的密封防水材料。主要用于工业及民用建筑工程的地下及屋顶结构缝防水工程；闸坝、隧洞、溢洪道等水工建筑物变形缝的防漏止水；闸门、管道的密封止水等。

目前，工程上常用的合成高分子止水材料有橡胶止水带及止水橡皮、遇水膨胀型止水条、塑料止水带等。

1. 橡胶止水带和止水橡皮

橡胶止水带和止水橡皮是以天然橡胶及合成橡胶为主要原料，加入各种助剂和填充料后而制得的具有各种形状和尺寸的止水、密封材料。常用的橡胶材料有天然橡胶、氯丁橡胶、三元乙丙橡胶、再生橡胶等。止水橡皮的断面形状有P形、无孔P形、L形、U形等，埋入型止水带有桥形、哑铃形、锯齿形等，如图9-9所示。橡胶止水带和止水橡皮可单独使用，也可几种橡胶复合使用。

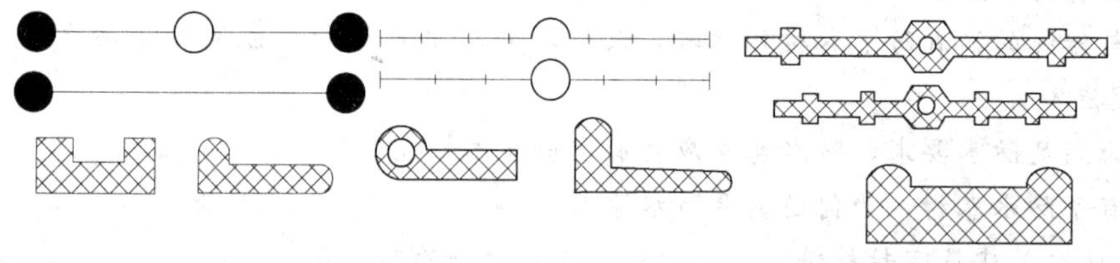

图9-9　止水带及止水橡皮断面形状

2. 遇水膨胀型橡胶止水带

遇水膨胀型橡胶止水带是用改性橡胶制得的一种新型橡胶止水带。将无机或有机吸水材料及高粘性树脂等材料作为改性剂，掺入到合成橡胶后可制得遇水膨胀的改性橡胶。这种橡胶既保留原橡胶的弹性、延展性等，又具有遇水膨胀的特性。遇水膨胀橡胶止水带的工作原理是将遇水膨胀橡胶止水带嵌在地下混凝土管或衬砌的接缝中，通过止水带的遇水膨胀，使管道或衬砌的缝隙更为密封，使其达到完全不漏水。常用的吸水性材料有膨润土（无机）及亲水性聚氨酯树脂等。

3. 塑料止水带

塑料止水带是用聚氯乙烯树脂、增塑剂、防老化剂、填料等原料加工而成的止水密封材料，其断面形状有桥形、哑铃形等（与橡胶止水带相似）。塑料止水带的物理性能见表9－7。

表9－7　　塑料止水带性能

项　目	指　标	项　目		指　标
硬度（邵氏A）（度）	60～75	热空气老化（70℃×360h）	抗拉强度	>95
抗拉强度（MPa）	≥12		相对伸长	>95
100%延伸率定伸强度（MPa）	≥45	耐酸碱性能 1%KOH或NaOH 60～75℃，30d	抗拉强度	>95
相对伸长率（%）	≥300		相对伸长	>95
低温对折（℃）	≤－40			

塑料止水带具有强度高、耐老化、成本低廉、可节约大量橡胶及紫铜片等贵重材料等优点，虽然其各项物理性能较橡胶止水带稍有不足，但均能满足工程要求。塑料止水带采用热熔法连接，施工方便，应用广泛。

复习思考题

1. 石油沥青有哪些主要技术性质？各用什么指标表示？

2. 石油沥青的组分比例改变对沥青的性质有何影响？

3. 石油沥青的牌号如何划分？牌号大小说明什么问题？

4. 某屋面工程需要使用软化点为80℃的石油沥青，现工地仅有10号及60号石油沥青，试求这两种沥青的掺配比例？

5. 如何鉴别石油沥青与煤沥青？

6. 沥青为什么会发生老化？如何延缓其老化？

7. 与传统的沥青防水卷材相比较，改性沥青防水卷材和合成高分子防水卷材有什么突出的优点？

8. 为满足防水要求，防水卷材应具有哪些技术性能？

9. 有了防水卷材，为何还需要防水涂料？

10. 什么是建筑密封材料？常用的建筑密封材料有哪几种？

第10章 木 材

本章要点

掌握木材的防护及其在工程中的主要应用；
熟悉木材的主要物理、力学性质及影响因素；
了解木材的分类与结构。

木材是人类最早使用的建筑材料之一。我国古建筑史上，木材将结构材料和装饰材料融为一体，木结构的建筑技术运用之巧，艺术运用之妙均让世人赞叹。由于树木生长缓慢，我国的林木资源相对贫乏，因此，作为工程技术人员，要求正确了解木材的性质，合理使用和节约木材显得尤为重要。目前，以木材作桁架、梁柱、墙体等结构用材已日渐减少，但在工程建设中木材做脚手架、混凝土模板及临时支撑或制作门窗、室内装饰、家具、地板等仍是优选材料之一。

10.1 木材的分类与构造

10.1.1 木材的分类

根据木材的树种和树木外观形状，将木材分为针叶树类和阔叶树类（见表10－1）。

表10－1 树木的分类和特点

种类	特点	用途	代表树种
针叶树（又称软木材）	树叶细长呈针状，树干通直高大，纹理平顺，木质均匀较软，易于加工，表观密度和胀缩变形较小，强度较高，耐腐性好	用于承重结构构件和门窗、地面材及装饰用材等	松树、杉树、柏树等（多为常绿树）
阔叶树（又称硬木材）	树叶宽大呈片状，树干通直部分较短，木质较硬，难加工，强度大，胀缩变形较大，易翘曲、开裂	次要构件，制作家具、胶合板等	榆树、桦树、水曲柳等（多为落叶树）

10.1.2 木材的构造

木材的构造主要指木质部的构造，通常从宏观和微观两层面观察。木材的构造是决定木材性能的重要因素。

1. 木材的宏观构造

用肉眼或借助低倍放大镜（通常为10倍）所能观察到的木材组织称为宏观构造。由于木材的各向异性，需要通过横切面、径切面、弦切面了解其构造，如图 10－1 所示。

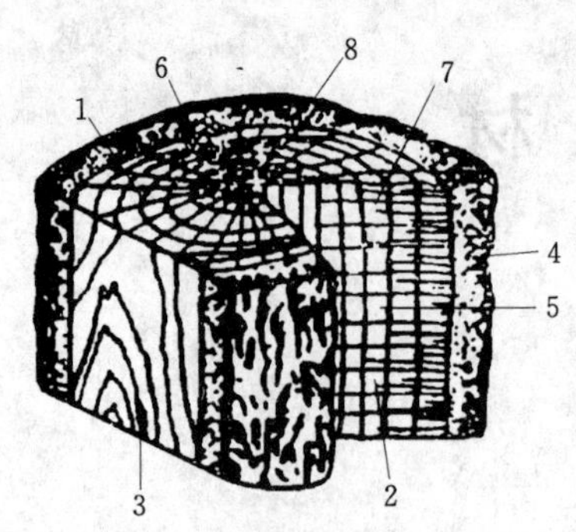

图 10－1　木材的宏观构造

1—横切面；2—径切面；3—弦切面；4—树皮；5—木质部；6—髓心；7—髓线；8—年轮

横切面——垂直于树干主轴的横向切面；径切面——通过树轴的纵切面，年轮在这个面上成互相平行的带状；弦切面——不通过髓心，但与树轴平行并与年轮相切的切面。

从图 10－1 中可知，树木主要由树皮、木质部和髓心组成。树皮一般是烧材。髓心位于树干中心，是最早形成的木质部分，质地疏松脆弱，强度低，易腐朽。木材主要是使用木质部。木质部是髓心和树皮之间的部分，是木材的主体。在木质部中，靠近髓心的部分颜色较深，称为芯材；靠近树皮的部分颜色较浅，称为边材。芯材含水量较少，不易翘曲变形，耐蚀性较强；边材含水量较大，易翘曲变形，耐蚀性也不如芯材。

年轮是指横切面上深浅相间的同心圆，一般树木每年生长一圈。年轮越密且均匀，木材质量越好。

2. 木材的微观构造

在显微镜下所见到的木材组织称为微观构造，又称显微构造。针叶树和阔叶树的微观构造不同，如图 10－2 和图 10－3 所示。

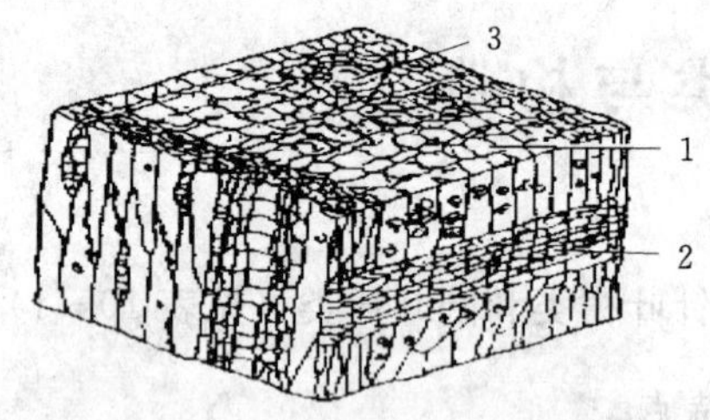

图 10－2　针叶树马尾松微观构造

1—导管；2—髓线；3—树脂道

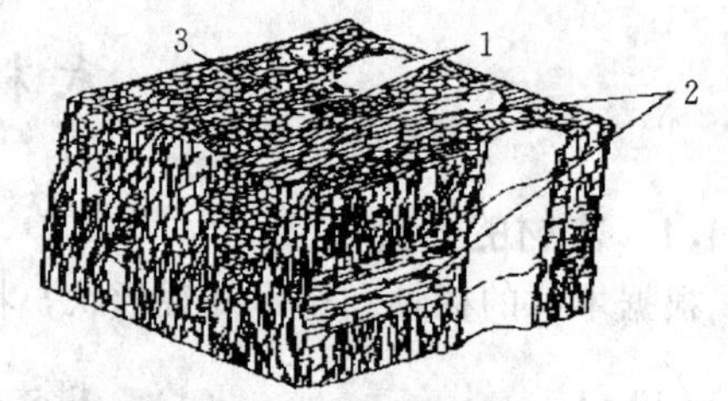

图 10－3　阔叶树柞木微观构造

1—导管；2—髓线；3—木纤维

借助显微镜观察木材三个切面上的细胞排列，木材是由有无数细小空腔的管状细胞紧密结合组成，每个细胞都有细胞壁和细胞腔；细胞本身的组织构造在很大程度上决定了木材的物理力学性质，如细胞壁越厚，细胞腔愈小，木材组织越均匀，则木材越密实，承受外力的能力越强，细胞壁吸附水分的能力也越强，表观密度与强度越大，湿胀干缩率也越大。与春材相比，夏材的细胞壁较厚，腔较小。

10.2　木材的主要性质

木材具有很多优良的性能：轻质高强、易加工，导电、导热性低，有较好的弹性和韧性、能承受冲击和振动，在干燥环境有很好的耐久性等。目前，木材较少用于外部结构材料，但由于它具有美观的天然纹理，给人以淳朴、典雅、亲切的质感，装饰效果较好，所以仍被广泛用作装饰与装修材料。但木材也有缺点，如构造不均匀、各向异性、疵点、易吸湿变形、易腐、易燃等，使其应用受到限制。

10.2.1 木材的物理性质

1. 密度与表观密度

各种绝干木材的密度相差无几，平均约为1.55g/cm^3。表观密度大小与木材种类及含水率有关，通常以含水率为15%（标准含水率）时的表观密度为准。表观密度平均为500g/cm^3。

2. 含水率

木材吸水的能力很强，其含水量随所处环境的湿度变化而异，所含水分由自由水、吸附水、化合水三部分组成。木材的含水量，以木材所含水的质量占木材干燥质量的百分率（即含水率）表示。①自由水，存在于细胞腔和细胞间隙内的水分，木材干燥时自由水首先蒸发；②吸附水，存在于细胞壁中的水分，木材受潮时其细胞壁首先吸水，吸附水含量的变化是影响木材强度和湿胀干缩的主要因素；③化合水，木材化学成分中的结合水，随树种的不同而异，在常温下不变化，因而对木材性质无影响。

水分进入木材后，首先形成吸附水，吸附水饱和后，多余的水成为自由水。木材干燥时，首先失去自由水，然后才失去吸附水。当吸附水已达饱和状态而又无自由水存在时，木材的含水率称为木材的纤维饱和点。其值随树种而异，一般为25%～35%，平均值为30%。纤维饱和点是木材物理力学性质发生变化的转折点，它是木材含水率是否影响其强度和湿胀干缩的临界值。

木材的含水率与周围空气相对湿度达到平衡时的含水率，称为木材的平衡含水率。木材平衡含水率随大气的温度和相对湿度变化而变化。

3. 木材的湿胀干缩

木材细胞壁内吸附水含量的变化会引起木材的变形，即湿胀干缩。

当木材含水量大于纤维饱和点时，木材的含水率除吸附水达到饱和外，还有一定数量的自由水。此时，木材如受到干燥或受潮，只是自由水改变，不发生木材的变形。当含水率小于纤维饱和点时，水分都吸附在细胞壁的纤维上，水分的增加或减少将引起体积膨胀或收缩。只有吸附水的改变才影响木材的变形，

湿胀干缩将影响木材的使用。干缩会使木材翘曲、开裂、接榫松动、拼缝不严；湿胀可造成木材表面鼓凸；所以木材在加工或使用前应预先进行干燥，使其接近于与环境湿度相适应的平衡含水率。

4. 其他物理性质

木材的导热系数随其表观密度增大而增大，顺纹方向的导热系数大于横纹方向。干木材具有很高的电阻。当木材的含水量提高或温度升高时，木材电阻会下降。木材具有较好的吸声性能，故常用软木板、木丝板、穿孔板等作为吸声材料。

10.2.2 木材的力学性质

木材构造的不均匀性，使木材的力学性质也具有明显的方向性，工程中的木材所受荷载种类主要有压、拉、弯、剪切等。

1. 木材的强度

木材按受力状态分为抗拉、抗压、抗弯和抗剪四种强度，而抗拉、抗压和抗剪强度又有顺纹（作用力方向与纤维方向平行）和横纹（作用力方向与纤维方向垂直）之分。如抗剪强度有：顺纹剪切、横纹剪切、横纹切断三种，如图 10-4 所示。木材的顺纹和横纹强度有很大差别。各种强度之间的比例关系见表 10-2。

表 10-2　木材各强度之间关系

抗压强度		抗拉强度		抗弯强度	抗剪强度	
顺纹	横纹	顺纹	横纹		顺纹	横纹
1	1/10～1/3	2～3	1/20～1/3	1.5～2	1/7～1/3	1/2～1

注　以顺纹抗压强度为 1。

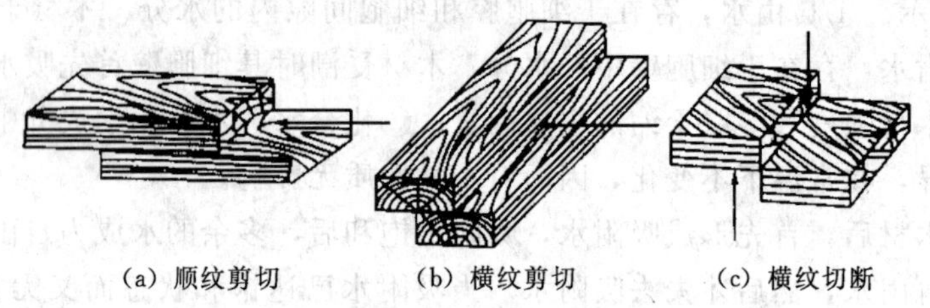

(a) 顺纹剪切　(b) 横纹剪切　(c) 横纹切断

图 10-4　木材的剪切

木材的顺纹抗压强度较高，仅次于顺纹抗拉和抗弯强度，且木材的疵病对其影响较小，工程中常见的柱、桩、斜撑及桁架等承重构件均是顺纹受压；木材的顺纹抗拉强度是木材各种力学强度中最高的，顺纹受拉破坏时往往不是纤维被拉断而是纤维间被撕裂，强度值波动范围大，木材的疵病如木节、斜纹、裂缝等都会使顺纹抗拉强度显著下降；木材受弯时内部应力十分复杂，上部是受顺纹抗压，下部为顺纹抗拉，而在水平面中则有剪切力，木材的抗弯强度很高，在土建工程中应用很广，如用于桁架、梁、桥梁、地板等。

木材的弹性模量约为 $7000\sim12000\mathrm{N/mm^2}$。通常材质越硬，弹性模量越高。

2. 影响木材强度的主要因素

木材强度除由本身组织构造因素决定外，还与含水率、疵点（木节、斜纹、裂缝、腐朽及虫蛀等）、负荷持续时间、温度等因素有关。

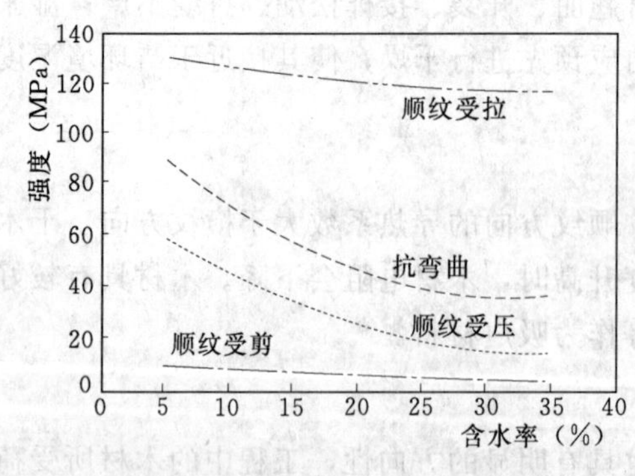

图 10-5　含水率对木材强度的影响

(1) 含水率。木材强度随含水率的变化而异：木材含水率在纤维饱和点以下时，含水率降低，吸附水减少，细胞壁紧密，木材强度增加；反之，则木材强度降低。当含水率超过纤维饱和点时，只是自由水变化，木材强度不变。实验证明，木材含水率对其各种强度的影响程度是不相同的，受影响最大的是顺纹抗压强度，其次是抗弯强度，对顺纹抗剪强度影响小，影响最小的是顺纹抗拉强度，如图 10-5 所示。

(2) 负荷时间。木材极限强度表示抵抗短时间外力破坏的能力，但当木材在长期外力作用下，只有在应力远低于强度极限的某一定范围之下时，才可避免因长期负荷而破坏。而它所能承受的不致引起破坏的最大应力，称为持久强度。木材的持久强度仅为极限强度的 50%～60%。木材在外力作用下会产生塑性流变，当应力不超过持久强度时，变形到一定限度后趋于稳定；若应力超过持久强度时，经过一定时间后，变形急剧增加，从而导致木材破坏。实际上一切木结构都处于某一种负荷的长期作用下，因此，在设计木结构时，应考虑负荷时间对木材强度的影响，一般应以持久强度为依据。

(3) 环境温度。当环境温度升高时，木材中的胶结物质处于软化状态，其强度和弹性均降低。实验表明，当温度从 25℃升至 50℃时，因木纤维和其间的胶体软化等原因，使木材抗压强度降低 20%～40%，抗拉和抗剪强度降低 12%～20%；当温度在 100℃以上时，木材中部分组织会分解、挥发、木材变黑，强度明显下降。因此，环境温度长期超过 50℃时，不应采用木结构。

潮湿环境中，当温度降至 0℃以下时，木材中水分结冰，其强度增大，但木材变得较脆。一旦解冻，各项强度都将比未解冻时的强度低。因此，在 0℃以下时木材也应因环境选用。

(4) 缺陷。木材的强度是以无缺陷标准试件获得的，而实际木材在生长、采伐、储存、加工和使用过程中会产生一些缺陷，如木节、裂纹、腐朽和虫蛀等，统称为疵病。这会破坏木材的构造，造成材质的不连续性和不均匀性，从而使木材的强度大大降低，其中对抗拉和抗弯强度影响最大，甚至可失去其使用价值。

10.3 木材的防护

为了提高木材耐久性，延长木材使用寿命，达到充分利用木材和节约木材的目的，在木材使用前都要对其进行一些必要的防护处理，其防护处理包括对木材的干燥、防腐、防蛀和防火处理。

1. 木材的干燥

木材在加工和使用之前，经干燥处理可有效防止腐朽、虫蛀、变形、开裂和翘曲，能提高其耐久性和使用寿命。

木材的干燥方法有自然干燥和人工干燥两种。自然干燥是将木材架空堆放于棚内，利用空气对流作用，使木材的水分自然蒸发，达到风干的目的。这种方法简便易行，成本低，但耗时长，过程不易控制，容易发生虫蛀、腐朽等现象。人工干燥是将木材置于密闭的干燥室内，使木材中的水分逐渐扩散而达到干燥的目的。这种方法速度快，效率高，但应适当地控制干燥温度和湿度，如果控制不当，会因收缩不均匀而导致木材开裂和变形。

2. 木材防腐、防蛀

木材是天然有机材料，木材的腐蚀主要是由一些真菌和昆虫的侵害造成的。

无论是真菌还是昆虫，其生存和繁殖均需要适宜的条件，如水分、空气、温度、养料等。温度在 25～30℃，木材含水率为 30%～60%，有一定量空气的情况下，最适宜真菌生存繁殖；当温度高于 60℃或低于 5℃，木材含水率低于 25%或高于 150%，隔绝空气均能使真菌的生长繁殖得到抑制或停止。因此，木材防腐基本原理就在于破坏真菌及虫类生存和繁殖的条件，常用方法有以下两种：①木材干燥至含水率在20%以下，保证木结构处在干燥状态，对木结构物采取通风、防潮、表面涂刷涂料等措施；②将化学防腐剂施加于木材，使木材成为有毒物质，常用的方法有表面喷涂法、浸渍法、压力渗透法等。常用的防腐剂有水溶性的（如氯化锌、氟化钠、硼砂等）、油溶性的（如蒽油、煤焦油）和浆膏类（如氟砷沥青等）。

3. 木材的防火

木材的易燃性是其主要缺点之一。对木材的防火处理（又称阻燃处理）主要在提高木材的耐久性，使之不易燃烧；或当木材着火后，火焰不致沿材料表面很快蔓延；或当火焰移开后，木材表面上的火焰立即熄灭。

常用的对木材防火处理的方法中，最简单的是表面涂刷或覆盖难燃材料，如薄铁皮、水泥砂浆、耐火涂料等，防止木材直接与火焰接触。若防火处理要求高时，可采用溶液浸注法，可将木材在防火剂中浸渍，或以压力（0.8～1.0MPa）将防火剂注入木材内部，使木材遇到高温时，表面能形成一层玻璃状保护膜，以阻止或延缓起火燃烧。常用的防火剂有硼酸、硼砂、碳酸铵、氯化铵、磷酸铵、硫酸铝和水玻璃等。

10.4 木材在工程中的应用

树木生长周期缓慢、成材不易，而木材的使用范围广、需求量大，因此对木材的节约使用和综合利用是十分重要的。在施工中，应根据已有木材的树种、等级、材质情况节约使用、合理使用、综合使用。做到大材不小用，好材不零用。

1. 木材的种类

建筑工程中常用木材，按其用途和加工程度有圆条、原木、锯材、枕木四类。

(1) 圆条指除去皮、根、树梢的木料，但尚未按一定尺寸加工成规定直径和长度的材料。主要用于建筑工程的脚手架、建筑用材和家具等。

(2) 原木指已经除去皮、根、树梢的木料，并已按一定尺寸加工成规定直径和长度的材料。直接使用的原木主要用于建筑工程的椽、屋架等，也可以用作桩木、电杆、坑木等；对原木加工后，可用于胶合板、造船、机械模型等。

(3) 锯材指已经加工锯解成材的木料，凡宽度为厚度的三倍或三倍以上的，称为板材，不足三倍的称为枋材。主要应用于建筑工程、桥梁、家具、造船、车辆、包装箱板等。

(4) 枕木指按枕木断面和长度加工而成的材料。主要用于铁道工程。建筑工程中常用锯材按缺陷分为特等和普通两级。普通锯材又可分为一等、二等、三等。按其厚度、宽度分为薄板、中板及厚板。

2. 木材的综合利用

木材的综合利用就是将木材加工过程中的大量边角、碎料、刨花、木屑等，经过再加工处理，制成各种人造板材，有效提高木材利用率，这对弥补木材资源严重不足有着十分重要的意义。常用的人造板材有以下几种：

（1）胶合板，又称细芯板，是用原木沿年轮方向旋切成薄片，经干燥处理后，再用胶黏剂按奇数层数，以各层纤维互相垂直的方向，黏合热压而成的人造板材。胶合板都是由奇数层薄片组成，故称之为三合板（三夹板）、五合板（五夹板）、七合板（七夹板）、九合板（九夹板）等，十一层以上的胶合板称为多层板。建筑上常用有三合板和五合板。针叶树和阔叶树均可制作胶合板。

胶合板的纵向与横向抗拉强度和抗剪强度均匀，适应性强；导热系数小，绝热性能好；无明显纤维饱和点存在，平衡含水率和吸湿性小；不翘曲开裂，无疵病；板材幅面大，使用方便，装饰性好。

胶合板广泛用作建筑室内隔墙板、护壁板、天花板、门面板以及各种家具和装修，也可用于船舶、汽车、火车、纺织、航空、包装等领域。

（2）细木工板，是一种特殊的胶合板，由规格厚度相同的板条拼接成芯板，并在芯板两面胶粘一层或两层单板（芯板两侧的单板厚度和层数都应相同），再经加压而制成。细木工板按表面加工状况可分为一面砂光、两面砂光和不砂光；按所使用的胶合剂不同，可分为Ⅰ类胶细木工板、Ⅱ类胶细木工板；按面板的材质和加工工艺质量不同，可分为一、二、三等三个等级。细木工板具有质坚、吸声、绝热、易加工等特点，适用于家具和建筑物内装修等。

（3）纤维板，是以植物纤维为主要原料，经过纤维分离、成型、干燥和热压等系列工序制成的一种人造板材。纤维板的原料非常丰富，如木材采伐加工剩余物（树皮、刨花、树枝等）、稻草、麦秸、玉米秆、竹材、芦苇以及1～2年生的灌木、乔木等均可做原料。通常$3m^3$木材剩余物可生产1t纤维板，1t纤维板可替代$5\sim7m^3$原木制成的板材使用。

纤维板按体积密度分为硬质纤维板（体积密度大于$800g/cm^3$）、半硬制纤维板（体积密度为$400\sim800g/cm^3$）和软质纤维板（体积密度小于$400g/cm^3$）三种。

纤维板用途广泛，硬质纤维板的强度高、耐磨、不易变形，可用于建筑物的室内装饰装修、车船装修和制作家具，还大量用于制作活动房屋和包装箱。半硬质的中密度纤维板厚度10～25mm，强度大、表面光滑、材质细密、性能稳定、边缘牢固，且板材表面的再装饰性能好，适合于建筑装饰装修、制作家具和缝纫机台板。软质纤维板密度低、保温、吸声、绝缘性好，适用于建筑物的吸声、保温和装饰用，并可用于电气绝缘板。

（4）刨花板、木丝板、木屑板是利用木材加工中产生的大量刨花、木丝、木屑为原料，经干燥与胶结料拌和，热压而成的板材。采用的胶结料主要有动植物胶（豆胶、血胶）、合成树脂胶（酚醛树脂、脲醛树脂等）、无机胶凝材料（水泥、菱苦土等）。

这几类板材表观密度小，强度较低，但板面平整、挺实、幅面大，且物理化学性能、加工性能良好，可开榫、钉圆钉。主要用作绝热和吸声材料；经饰面处理后，还可用作吊顶板材、隔断板材等。

3. 木质地板

木材具有天然的花纹、良好的弹性，给人以淳朴、典雅的质感。由于木材具有独特的优良性能，至今人们仍然把它作为一种常用的装饰材料，尤其是高级木料则成为装饰行业和家具行业中的佼佼者。

木地板是由软木树材（如松、杉等）和硬木树材（如水曲柳、榆木、柚木、橡木、枫木、樱桃木、柞木等）经加工处理而制成的木板拼铺而成。木地板可分为条木地板、拼花木地板、漆木地板、复合木地板、软木地板等。

（1）条木地板，是使用最普遍的木质地板，分空铺和实铺（常用）两种：空铺条木地板是由龙骨、水平支撑和地板三部分构成；实铺条木地板是将木搁栅直接铺在水泥地坪上，然后在搁栅上铺毛板和地板。地板面层由单层和双层两种：双层者下层为毛板，上层为硬木板；单层者为一层硬木板。条木地板自重轻、木质感强、弹性好、脚感舒适，其导热性小，冬暖夏凉，且易于清洁，是公认的良好的室内地面装饰材料。

普通条木地板（单层）的板材常选用松、杉等软木树材，硬木条板多选用水曲柳、柞木、枫木、柚木、榆木等硬质木材。材质要求采用不易腐朽、不易变形开裂的木板。条板宽度一般不大于120mm，板厚为20～40mm。条木拼缝做成企口或错口，直接铺钉在木龙骨上，端头接缝要相互错开。

（2）拼花木地板，是用阔叶树种硬木材的一种高级室内地面装修材料，安装分双层和单层两种。双层拼花木地板是将面层用暗钉钉在毛板上，单层拼花木地板是采用黏结材料，将木地板面层直接粘贴于找平后的混凝土基层上。拼花地板的拼花类型如图10-6所示。

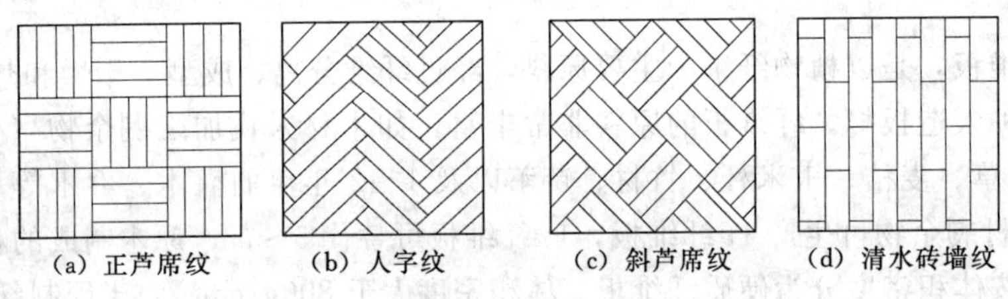

图10-6 拼花地板的拼花类型

拼花木地板的木块尺寸一般为，长250～300mm，宽40～60mm，板厚20～25mm，有平头接缝地板和企口拼接地板两种。

拼花木地板是由水曲柳、柞木、胡桃木、柚木、枫木、榆木、柳桉等优良木材，经干燥处理后，加工出的条状小木板。它具有纹理美观、弹性好、耐磨性强、坚硬、耐腐等优点，且拼花木地板一般均经过远红外线干燥，含水率恒定（约12%），因而变形稳定，易保持地面平整、光滑而不翘曲变形。

（3）软木地板。软木的细胞结构呈蜂窝状，中间密封空气占70%，因此具有较好的保温性和柔软性；在功能方面，弹性、隔热性均佳；软木还是一种吸声性和耐久性好的材料，吸水率接近于零，厨房、卫生间的地板均可使用软木装饰。软木地板是将软木颗粒用现代工艺技术压制成规格片块，表面有透明的树脂耐磨层，下有PVC防潮层，是一种优良的天然复合地板。这种地板具有软木的优良特性，自然、耐压、保温、吸声、阻燃，是一种理想的地面装饰材料。

软木地板由长方形和方块形两种，长方形规格为900mm×150mm，方块形规格为300mm×300mm，能相互拼花，亦可切割出任何几何图案。

（4）复合地板分为两类：实木复合地板和强化复合地板。在我国木材资源相对缺乏的情况下，采用复合地板代替木质地板是节约天然资源的好方法。

实木复合地板一般为三层结构：表层、中间层和底层。表层 2～4mm 的薄板，选用珍贵树种如榉木、橡木、枫木、樱桃木、水曲柳等的锯切板，其纹理清晰、美观，木质坚硬耐磨；中间层 7～12mm，选用价格低廉的软杂木如松木、杉木、杨木以及边角料；底层（防潮层）2～4mm，选用各种木材旋切单板。三层薄板涂胶组坯后热压成板材，然后加工成长条或方块，开槽洗榫后，精细砂光及油漆而成。

强化复合地板也称叠压地板，由防潮底层、高密度板中间层、装饰层和保护层经高温压合而成。叠压地板的底层为防潮层，起隔潮和稳定形状的作用，这一层的材料主要是具有防水防潮性能的合成树脂，故也称为树脂层；中间层也称为基层，由高密度纤维板组成；装饰层也称为饰面层，可设计成各种花纹图案，如仿各种高级名贵树木、仿大理石、印花等，图案色彩精美绚丽，使复合地板具有极强的装饰效果和可选择性；保护层又称表层，也称为耐磨层，是保护装饰图案花色不受磨损以及地板经久耐用的一层特殊材料。

强化复合地板既有原木地板的天然质感，又有大理石、地砖坚硬耐磨的特点，是两者优点的结合，且安装方便，容易清洁，无需上漆打蜡，可用湿抹布擦洗干净，且有良好的阻燃性能。但复合地板中所用的胶黏剂以脲醛脂为主，胶黏剂中残留的甲醛，会向周围环境逐渐释放。因此，选用复合地板时，应选择甲醛含量较少的品种；在铺装地板后的一段时间内，应保持室内通风。此外，复合地板尽管有防潮底层，但不宜用于浴室、卫生间、厨房等潮湿场所。

复习思考题

1. 木材按树种分为哪几类？其特点和用途如何？
2. 木材从宏观构造观察有哪些主要组成部分？
3. 什么是木材的纤维饱和点、平衡含水率、标准含水率？各有什么实用意义？
4. 木材含水率的变化对其性能有什么影响？
5. 影响木材强度的因素有哪些？如何影响？
6. 简述木材的腐蚀原因及防腐方法。
7. 简述木材综合利用的方法和实际意义。
8. 简述各类木地板的特点。

第11章 建 筑 塑 料

本章要点

掌握塑料的主要技术性质和建筑塑料制品的应用，工程中常用的建筑塑料制品；

熟悉建筑塑料的主要性质，建筑塑料的常用品种；

了解建筑塑料的组成及其作用。

塑料是指以合成树脂或天然树脂为主要基料，加入（或不加）各种塑料助剂、增强材料和填料，在一定温度、压力等条件下经混炼、塑化成型得到的，在常温常压下能保持其形状不变的固体材料。塑料在一定的温度和压力下具有较大的塑性，容易做成所需要的各种形状尺寸的制品，而成型后，在常温下又能保持既得的形状和必需的强度。

建筑塑料则是指用于塑料门窗、楼梯扶手、踢脚板、隔墙及隔断、塑料地砖、地面卷材、上下水管道、卫生洁具等方面的塑料材料。建筑塑料具有轻质、高强、多功能等特点，符合现代材料的发展趋势，是一种理想的用于替代钢材、木材等传统建筑材料的新型材料。世界各国都非常重视塑料在建筑工程中的应用和发展。随着塑料资源的不断开发，以及工艺的不断完善，塑料性能更加优越，成本不断下降，因此它有着非常广阔的发展前景。

11.1 塑料的基本知识

11.1.1 塑料的组成和分类

1. 塑料的组成

塑料是由作为主要成分的从合成树脂和根据需要加入的各种添加剂（助剂）组成，也有不加任何添加剂的塑料，如有机玻璃、聚乙烯等。

(1) 合成树脂。

合成树脂是用人工合成的高分子聚合物，简称树脂。因此，塑料的名称也按其所含的合成树脂的名称来命名。

合成树脂是塑料的基本组成材料，是塑料中的主体成分。合成树脂受热时可软化（或熔化），在外力作用下具有流动性，常温下呈玻璃态，它在塑料中起胶结作用，不仅能自身胶结，还能将其他材料牢固地胶结在一起。在一般塑料中合成树脂的含量约为30%～60%，有的甚至更多。塑料的工艺性能和使用性能主要取决于合成树脂的种类、性质和数量。

合成树脂的品种繁多，按树脂生产时的合成方法不同，将树脂分为加聚树脂和缩聚树脂；按受热时性能变化的不同，又分为热塑性树脂和热固性树脂。

加聚树脂又称聚合树脂，是由一种或几种不饱和的低分子化合物（称为单体）在热、光或催化剂作用下，经加成聚合反应而成的高分子化合物。在反应过程中不产生副产物，聚合物的化学组成和参与反应的单体的化学组成基本相同。例如乙烯经加聚反应成为聚乙烯：$nC_2H_4 \longrightarrow (C_2H_4)n$。

缩聚树脂又称缩合树脂，是由两种或两种以上的单体经缩合反应而制成的。缩聚反应中除获得树脂外还产生副产品，如低分子化合物水、酸、氨等。例如酚醛树脂是由苯酚和甲醛缩合而得到的；脲醛树脂是由脲素和甲醛缩合而得到的。

热塑性树脂在热作用下，树脂会逐渐变软、塑化，甚至熔融，冷却后则凝固成型，这一过程可反复进行，对其性能和外观没有什么影响。热塑性树脂的分子结构都属线型或支链型，它包含全部聚合树脂和部分缩合树脂。优点是加工成型简便，有较高的机械性能；缺点是耐热性、刚性较差。

热固性树脂则是指树脂受热时塑化和软化，同时发生化学变化并固化定型，冷却后如再次受热时，不再发生塑化变形，只能塑制一次。热固性树脂的分子呈体型结构，包括大部分缩合树脂。优点是耐热性较好；缺点是机械性能较差。例如酚醛树脂等。

（2）添加剂。

塑料中除主要成分为合成树脂外，还有其他物质，如填充料、增塑剂、稳定剂、润滑剂、着色剂等，统称为添加剂。合成树脂中加入所需的添加剂后，能够帮助塑料易于成型，以及赋予塑料更好的性能，如改善使用温度、提高塑料强度、硬度、增加化学稳定性、抗老化性、抗紫外线性能、阻燃性、抗静电性、提供各种颜色及降低成本等。

1）填充料又称填料，它是绝大多数塑料中不可缺少的原料，通常占塑料组成材料的40％～70％。在塑料中加入填充料的目的一方面是降低产品的成本，另一方面是改善产品的某些性能，如提高塑料的强度、韧性、耐热性、耐老化性、抗冲击性等，如加入玻璃纤维可提高塑料的机械强度；加入云母可增强塑料的电绝缘性；加入石棉可改善塑料的耐热性。

根据填料化学组成不同，可分为有机和无机填料两类。根据填料的形状可分为粉状、纤维状和片状等。常用的有机填料有木粉、棉布和纸屑等；常用的无机填料有滑石粉、石墨粉、石棉、云母及玻璃纤维等。填料应满足以下要求：易被树脂润湿，与树脂有好的黏附性，本身性质稳定，价廉，来源广。

2）增塑剂是指能降低塑料熔融黏度和熔融温度，增加可塑性和流动性，以利于加工成型，并使制品具有柔韧性，减少脆性的添加剂。增塑剂一般是相对分子量较小，难挥发的液态和熔点低的固态有机物。

对增塑剂的要求是与树脂的相容性要好，增塑效率高，增塑效果持久，挥发性低，而且对光和热比较稳定，无色、无味、无毒，不燃，电绝缘性和抗化学腐蚀性好。常用的增塑剂有邻苯二甲酸酯类、磷酸酯类等。

3）稳定剂是一种为了延缓或抑制塑料过早老化，延长塑料使用寿命的添加剂。按所发挥的作用，稳定剂可分为热稳定剂、光稳定剂及抗氧剂等。常用稳定剂有铅白、硬脂酸盐、碳黑和环氧化物等。

4）固化剂又称硬化剂，主要用于热固性树脂中，其主要作用是使线型高聚物交联成体型高聚物，从而制得坚硬的塑料制品。通过选择固化剂的种类和掺量，可取得所需要的固化速度和效果。

5）润滑剂是为了改进塑料熔体的流动性，防止塑料在挤出、压延、注射等加工过程中对设备发生粘附现象，改进制品的表面光洁程度，降低界面粘附为目的而加入的添加剂。是塑料中重要的添加剂之一，对成型加工和对制品质量有着重要的影响，尤其对聚氯乙烯塑料在加工过程中是不可缺少的添加剂。常用的润滑剂有液体石蜡、硬脂酸、硬脂酸盐等。

6）着色剂又叫色料，塑料中加入着色剂是为获得所需的色彩。着色剂除满足色彩要求外，还具有附着力强、分散性好、在加工和使用过程中保持色泽不变、不与塑料组成成分发生化学反应等特性。着色剂的种类按其在着色介质中或水中的溶解性分为染料和颜料两大类。

7）抗静电剂。塑料制品电气性能优良，缺点是在加工和使用过程中由于摩擦而容易带有静电。掺加抗静电剂的根本作用是给予导电性，使塑料表面形成连续相，以提高表面导电度，迅速放电，防止静电的积聚。注意要求电绝缘的塑料制品，不应进行防静电处理。

8）其他添加剂。为使塑料适于各种使用要求和具有各种特殊性能，常加入一些其他添加剂，如掺加阻燃剂可阻止塑料的燃烧，并使之具有自熄性；掺入发泡剂可制得泡沫塑料；在塑料里加入金属微粒如银、铜等就可制成导电塑料；加入一些磁铁粉，就制成磁性塑料；加入香醇类可制成发生香味的塑料等。

2. 塑料的分类

塑料的品种很多，分类方法也很多。通常按树脂的合成方法分为聚合物塑料（如聚乙烯塑料、聚苯乙烯塑料、聚甲基丙烯酸甲酯塑料）和缩合物塑料（如酚醛塑料、有机硅塑料、聚酯塑料）；按树脂在受热时所发生的变化不同分为热塑性塑料［如聚氯乙烯塑料、聚乙烯塑料、聚丙烯塑料、聚苯乙烯塑料、改性聚苯乙烯塑料、聚甲基丙烯酸塑料（即有机玻璃）］和热固性塑料（如酚醛树脂塑料、脲醛树脂塑料、三聚氰胺树脂塑料、环氧树脂塑料、不饱和聚酯树脂塑料和有机硅树脂塑料等）。

11.1.2 塑料的主要性质

塑料是具有质轻、绝缘、耐腐、耐磨、绝热、隔声等优良性能的材料。在建筑上可作为装饰材料、绝热材料、吸声材料、防火材料、墙体材料、管道材料等。它与传统材料相比，具有以下优异性能：

（1）质量轻、比强度高。塑料的密度在 0.9～2.2g/cm^3 之间，平均为 1.45g/cm^3，约为铝的 1/2，混凝土的 1/3，天然石材的 1/3～1/2，钢材的 1/8～1/4。而其比强度却远远超过水泥、混凝土，接近或超过钢材，是一种优良的轻质高强材料，不仅能减轻施工的劳动强度，而且大大减轻了建筑物的自重。

（2）加工性能好。塑料可以采用各种方法制成具有各种断面形状的通用材或异型材，并可采用机械化大规模的生产，生产效率高。

(3) 保温绝热性好。塑料制品的传导能力比金属、岩石小，即热传导、电传导能力较小。其导热能力为金属的1/500～1/600，混凝土的1/40，砖的1/20，是理想的绝热材料。

(4) 富有装饰性。塑料具有良好的装饰性能，能制成线条清晰、色彩鲜艳、光泽动人的塑料制品；可通过照相制版印刷，模仿天然材料的纹理，达到以假乱真的程度；还可以电镀、热压、烫金制成各种图案和花型，使其表面具有立体感和金属的质感。通过电镀技术，还可使塑料具有导电、耐磨和对电磁波的屏蔽作用等功能。

(5) 具有多功能性。塑料的品种多、功能不一，且可通过改变配方和生产工艺，在相当大的范围内制成具有各种特殊性能的工程材料。如强度超过钢材的碳纤维复合材料；具有承重、质轻、隔声、保温的复合板材；柔软而富有弹性的密封、防水材料等。另外，同一种制品还可以兼备多种功能，如既有装饰性，又具有隔热、隔音、耐化学侵蚀等。

但塑料自身也存在以下一些缺点：

(1) 耐热性差、易燃。塑料的耐热性差，受到较高温度的作用时会产生热变形，甚至产生分解。而且塑料一般可燃，且燃烧时会产生大量的烟雾，甚至有毒气体。

(2) 易老化。塑料在热、空气、阳光及环境介质中的酸、碱、盐等作用下，分子结构会产生递变，增塑剂等组分挥发，使塑料性能变差，甚至产生硬脆、破坏等。

(3) 热膨胀性大。塑料的热膨胀系数较大，因此在温差变化较大的场所使用时，尤其是与其他材料结合时，应当考虑变形因素，以保证制品的正常使用。

(4) 刚度小。塑料与钢铁等金属材料相比，强度和弹性模量较小，即刚度差，且在荷载长期作用下会产生蠕变。所以给塑料的使用带来一定的局限性。

塑料的这些缺点在某种程度上可以采取措施加工改进，如在配方中加入适当的稳定剂和优质颜料，可以改善老化性能；在塑料制品中加入较多的无机矿物质填料，可明显改变其可燃性；在塑料中加入复合纤维增强材料，可大大提高其强度和刚度等。

总之，塑料及其制品的优点大于缺点，且其缺点可以通过采取措施加以改进。随着塑料资源的不断发展，建筑塑料的发展前景是非常广阔的。

11.1.3 建筑塑料的常用品种

常用建筑塑料的种类、性能及用途如表11-1所示，其物理力学性能如表11-2所示。

表11-1 常用建筑塑料的性能及主要用途

名称	特性	用途
聚乙烯	柔软性好、耐低温性好，耐化学腐蚀和介电性能优良，成型工艺好，但刚性差，耐热性差（使用温度小于50℃），耐老化差	主要用于防水材料、给排水管和绝缘材料等
聚氯乙烯	耐化学腐蚀性和电绝缘性优良，力学性能较好，具有难燃性，但耐热性较差，高温时易发生降解	有软质、硬质、轻质发泡制品，广泛用于建筑各部位，是应用最多的一种塑料
聚苯乙烯	树脂透明、有一定机械强度，电绝缘性好，耐辐射，成型工艺好，但脆性大，耐冲击和耐热性差	主要以泡沫塑料形式作为隔热材料，也用来制造灯具、平顶板等

续表

名 称	特 性	用 途
聚丙烯	耐腐蚀性能优良，力学性能和刚性超过聚乙烯，耐疲劳和耐应力开裂性好，但收缩较大，低温脆性大	管材、卫生洁具、模板等
ABS塑料	具有韧、硬、刚相均衡的优良力学特性，电绝缘性与耐化学腐蚀性好，尺寸稳定性好，表面光泽性好，易涂装和着色，但耐热性不太好，耐候性较差	用于生产建筑五金和各种管材、模板、异型板等
酚醛塑料	电绝缘性能和力学性能良好，耐水性、耐酸性和耐腐蚀性能优良，酚醛塑料坚固耐用、尺寸稳定、不易变形	生产各种层压板、玻璃钢制品、涂料和胶黏剂等
环氧树脂	粘黏性和力学性能优良，耐化学药品性（尤其是耐碱性）良好，电绝缘性能好，固化收缩率低，可在室温、接触压力下固化成型	主要用于生产玻璃钢、胶黏剂和涂料等产品
不饱和聚酯树脂	可在低压下固化成型，用玻璃纤维增强后具有优良的力学性能，良好的耐化学腐蚀性和电绝缘性能，但固化收缩率较大	主要适用于玻璃钢、涂料和聚酯装饰板等
聚氨酯	强度高，耐化学腐蚀性优良，耐热、耐油、耐溶剂性好，黏结性和弹性优良	主要以泡沫塑料形式作为隔热材料及优质涂料、胶黏剂、防水涂料和弹性嵌缝材料等
脲醛塑料	电绝缘性好，耐弱酸、碱，无色、无味、无毒，着色力好，不易燃烧，耐热性差，耐水性差，不利于复杂造型	胶合板和纤维板，泡沫塑料，绝缘材料，装饰品等
有机硅塑料	耐高温、耐腐蚀、电绝缘性好、耐水、耐光、耐热，固化后的强度不高	防水材料、胶黏剂、电工器材、涂料等

表 11-2　　建筑常用塑料的物理力学性能

塑料名称	聚乙烯（PE）		聚氯乙烯（PVC）		酚醛树脂	聚丙烯（PP）	聚苯乙烯（PS）
	低密度	高密度	软	硬			
密度（g/cm³）	0.91～0.93	0.94～0.97	1.16～1.35	1.35～1.45	1.4	0.9～0.91	1.05～1.07
抗拉强度（MPa）	10.60	≥20.0	10.5～24	35.0～50.0	49.2	30.0～39.0	≥30.0
抗弯强度（MPa）		25.0～40.0		70.0～120.0	70.3	42.0～56.0	≥50.0
抗压强度（MPa）		22.5	6.3～12.0	56.0～91.0	21.1	39.0～56.0	84.3
冲压强度（缺口）（J/cm²）	5.40	0.7～0.8		0.22～1.09	0.11～0.20	0.22～0.5	1.2～1.6
热胀系数（$\times10^{-5}$/℃）	8～16	11～16	7～25	5～8.5		0.8～11.2	
抗溶剂性	良	良			良	良	
抗酸性	良	良	良	优	良	良	良
燃烧难易	少烟	少烟	缓慢自熄	自熄	难	滴落少烟	大量黑烟

11.2 建筑塑料制品及应用

11.2.1 塑料装饰板材

塑料装饰板材是指以树脂为浸渍材料或以树脂为基材，采用一定的生产工艺制成的具有装饰功能的普通或异型断面的板材，以其重量轻、装饰性强、生产工艺简单、施工简便、易于保养、适于与其他材料复合等特点在装饰工程中广泛应用。

按原材料不同分为：塑料金属复合板、硬质PVC板、三聚氰胺层压板、玻璃钢板、聚碳酸酯采光板、有机玻璃装饰板等类型。按结构和断面型式分为：平板、波纹板、实体异型断面板、中空异型断面板、格子板、夹芯板等类型。

1. 硬质聚氯乙烯板

硬质PVC板在国外已有30多年的历史。其耐老化性好，具有自熄性，主要用作护墙板、屋面板和平顶板。硬质PVC板有透明和不透明两种，按其断面形式可分为平板、波形板和异型板等。

2. 三聚氰胺层压板

三聚氰胺层压板亦称纸质装饰层压板或塑料贴面板，是以厚纸为骨架，浸渍酚醛树脂或三聚氰胺甲醛等热固性树脂，多层叠合经热压固化而成的薄型贴面材料。三聚氰胺层压板的结构为多层结构，即表层纸、装饰纸和底层纸。

三聚氰胺层压板按其表面的外观特性分为有光型（代号Y）、柔光型（代号R）、双面型（S）、滞燃型（Z）四种型号。按用途的不同，三聚氰胺层压板又可分为三类：平面板（代号P）、立面板（代号L）、平衡面板（代号H）。

三聚氰胺层压板常用于墙面、柱面、台面、家具、吊顶等饰面工程。

3. 玻璃钢板

玻璃钢装饰制品具有良好的透光性和装饰性，其强度高、质量轻，且成型工艺简单灵活，具有良好的耐化学腐蚀性和电绝缘性，耐湿、防潮。

玻璃钢板可制成各种断面的型材或格子板。与硬质聚氯乙烯板相比，其抗冲击性能、抗弯强度、刚性都较好，此外它的耐热性、耐老化性也较好，热伸缩较小，其透光性相近。作屋面采光板时，室内光线较柔和。但要注意，如果成型工艺控制不好，从外观上看表面会粗糙不平。

4. 铝塑板

铝塑板是一种以PVC塑料作心板，正、背两表面为铝合金薄板的复合板材。厚度为3mm、4mm、5mm和6mm。

主要特点为质量轻，坚固耐久；可自由弯曲，弯曲后不反弹；装饰性好，而且有较强的耐候性，可锯、铆、刨（侧边）、钻，可冷弯、冷折，易加工、组装、维修和保养。广泛地应用于建筑物的外幕墙和室内外墙面、柱面和顶面的饰面处理。

5. 聚碳酸酯采光板

聚碳酸酯采光板是以聚碳酸酯塑料为基材，采用挤出成型工艺制成的栅格状中空结构异型断面板材。常用的板面规格为5800mm×1210mm。

聚碳酸酯采光板的特点为轻、薄、刚性大、不易变形；色调多，外观美丽；透光性好，耐候性好。适用于遮阳棚、大厅采光天幕、游泳池和体育场馆的顶棚、大型建筑和蔬菜大棚的顶罩等。

11.2.2 塑料门窗

塑料门窗的主要原料为聚氯乙烯（PVC）树脂，加入适量添加剂，按适当的配合比混合，经挤出形成各种型材，经混炼、挤出等工序而制成塑料门窗异型材；再将异型材经机械加工成不同规格的门窗构件，组合拼装成相应的门窗制品。有白色、深棕色、双色、仿木纹等品种。

生产塑料门窗的能耗只有钢窗的26%，1t聚氯乙烯树脂所制成的门窗相当于10m^3杉原木所制成的木门窗，并且塑料门窗的外观平整，色泽鲜艳，经久不褪，装饰性好。其保温、隔热、隔声、耐潮湿、耐腐蚀等性能，均优于木门窗、金属门窗，外表面不需涂装，能在−40～70℃的环境温度下使用三十年以上，同时还显著节能。所以塑料门窗是理想的代钢、代木材料，也是国家积极推广发展的新型建筑材料。

塑料门窗分为全塑门窗和复合塑料门窗。复合塑料门窗是在门窗框内部嵌入金属型材以增强塑料门窗的刚性，提高门窗的抗风压能力。增强用的金属型材主要为铝合金型材和钢型材。

11.2.3 塑料管材及管件

塑料管材及管件在建筑上的应用已经非常广泛，主要用于房屋建筑的供水系统配管、排水、排气和排污卫生管、地下排水管、雨水管、燃气管等。

塑料管材和金属管材相比，具有重量轻、水流阻力小、不结垢、安装和加工方便、耐腐蚀性好、使用寿命长并可回收利用等优点。并且生产能耗低，如塑料上水管比传统钢管节能62%～75%，塑料排水管比铸铁管节能55%～68%；使用塑料管安装费用约为钢管的60%左右，材料费用仅为钢管的30%～80%，生产能源可节省80%。

目前我国生产的塑料管材质，主要有聚氯乙烯、聚乙烯、聚丙烯等通用热塑性塑料及酚醛、环氧、聚酯等类热固性树脂玻璃钢和石棉酚醛塑料、氟塑料等。

1. 硬聚氯乙烯（UPVC）管材

硬聚氯乙烯管材是以聚氯乙烯树脂为主要原料加入稳定剂、抗冲击改性剂、润滑剂等助剂，经捏合、塑炼、切粒、挤出成型加工而成。

硬聚氯乙烯管材广泛适用于化工、造纸、电子、仪表、石油等工业的防腐蚀流体介质的输送管道（但不能用于输送芳烃、脂烃、芳烃的卤素衍生物、酮类及浓硝酸等），建筑物扶手及电线电缆的保护套管等。

2. 硬聚氯乙烯（UPVC）生活饮用水管材

硬聚氯乙烯（UPVC）生活饮用水和农用排灌管材，是以卫生级聚氯乙烯树脂为主要原料，加入适当助剂，经挤出和注塑成型的塑胶管材。

3. 聚乙烯塑料管

聚乙烯塑料管以聚乙烯树脂为原料，配以一定量的助剂，经挤出成型、加工而成。一般用于建筑物内外（架空或埋地）输送液体、气体、食用液（如给水用）等。

4. 聚丙烯塑料管

聚丙烯塑料管以聚丙烯树脂为原料，加入适量的稳定剂，经挤出成型加工而成。产品具有质轻、耐腐蚀、耐热性较高、施工方便等特点。聚丙烯塑料管适用于化工、石油、电子、医药、饮食等行业及各种民用建筑输送流体介质（包括腐蚀性流体介质）。也可作自来水管、农用排灌、喷灌管道及电器绝缘套管之用。聚丙烯塑料管的连接多采用胶黏剂。

5. 玻璃钢落水管、落水斗

玻璃钢落水管、落水斗是以不饱和聚酯树脂为胶黏剂，以玻璃纤维制品为增强材料，一般采用手糊成型法而制成。该产品具有重量轻、强度高、不生锈、耐腐蚀、耐高低温、色彩鲜艳及施工、维修、保养简便等特点。适用于各种建筑物的屋面排水，也可用于工业、家庭废水、污水的排水。

按管的结构可分为普通塑料管、单壁波纹管、双壁波纹管、纤维增强塑料管、塑料与金属复合管、芯层发泡管。

目前，波纹管，特别是双壁波纹管在建筑中得到越来越多的应用。结构先进的塑料双壁波纹管，除具有普通塑料管的耐腐蚀性、绝缘性好、内壁光滑、使用寿命长等优点外，还具有许多独特的技术性能，如刚性大、重量轻、造价低等特点。

11.2.4 塑料壁纸

塑料壁纸是由基底材料（纸、麻、棉布、丝织物、玻璃纤维）涂以各种塑料，再经过压延、涂布以及印刷、轧花、发泡等工艺而制成的一种墙面装饰材料。塑料壁纸强度较好，耐水可洗，装饰效果好，施工方便，使用寿命长，易维修保养。目前广泛用作内墙、天花板等的贴面材料。塑料壁纸有普通壁纸、发泡墙纸、特种墙纸三大类。

1. 普通壁纸

普通塑料壁纸是以 $80g/cm^2$ 的纸作基材，涂以 $100g/cm^2$ 左右的聚氯乙烯糊状树脂，经印花、压花等工序制成，也称塑料面纸底壁纸。这种壁纸耐水、可擦洗、比较耐用。它包括单色压花墙纸、印花压花墙纸、有光印花和平光印花墙纸。

2. 发泡壁纸

发泡墙纸是以 $100g/cm^2$ 纸为基材，涂塑上 $300\sim400g/cm^2$ 掺有发泡剂的聚氯乙烯糊状料，经印花后，再加热发泡而成。此壁纸立体感强，能吸声，有较好的音响效果。

3. 特种壁纸

由于功能上的需要而生产的壁纸为特种壁纸，又称功能壁纸。常用的有耐水墙纸、防火墙纸、彩色砂粒墙纸、风景壁画墙纸等。

耐水墙纸是用玻璃纤维毡为基材，以适应卫生间、浴室等墙面的装饰；防火墙纸具有一定的阻燃、防火性能，适用于防火要求较高的建筑和木板面装饰；表面彩色砂粒墙纸是在基材上散布彩色砂粒，再喷涂黏结剂，使表面具有砂粒毛面，一般用作门厅、柱头、走廊等局部装饰。

11.2.5 塑料地板

塑料地板是发展最早、最快的建筑装修塑料制品。塑料地板是以高分子合成树脂为主要材料，加入其他辅助材料，经一定的制作工艺制成的预制块状、卷状或现场铺涂整体状的地面材料。塑料地板具有柔韧性好、步感舒适、隔音、保温、耐腐蚀、耐灼烧、抗静电、易清洗、耐磨损并具有一定的电绝缘性。其色彩丰富、图案多样、平滑美观、价格较廉、施工简便，是一种受欢迎的新型地面装饰材料。适用于家庭、宾馆、饭店、写字楼、医院、幼儿园、商场等建筑物室内地面装修与装饰。

塑料地板按外形分为块材地板和卷材地板；按组成和结构特点分为单色地板、透底花纹地板、印花压花地板；按材质的软硬程度分为硬质地板、半硬质地板和软质地板；按所采用的树脂类型分为聚氯乙烯地板、聚丙烯地板和聚乙烯-醋酸乙烯酯地板等。

11.2.6 玻璃钢（GRP，玻璃纤维增强塑料）

玻璃钢制品具有良好的透光性和装饰性，可制成色彩绚丽的透光或不透光构件或饰件；强度高（可超过普通碳素钢）、重量轻（仅为钢的1/4～1/5），是典型的轻质高强材料。例如采用玻璃钢材料制成的玻璃钢卫生洁具，其壁薄质轻、强度高、耐水耐热、耐化学腐蚀、经久耐用，适用于旅馆、住宅、车、船的卫生间。

11.2.7 泡沫塑料

泡沫塑料是在树脂中加入发泡剂，经发泡、固化或冷却等工序而制成的多孔塑料制品。泡沫塑料的孔隙率高达95%～98%，且孔隙尺寸小于1.0mm，因而具有优良的隔热保温性，建筑上常用的有聚苯乙烯泡沫塑料、聚氯乙烯泡沫塑料、聚氨酯泡沫塑料、脲醛泡沫塑料等。建筑中常用的塑料制品种类如表11-3所示。

表11-3　建筑中常用的塑料制品

<table>
<tr><th>分类</th><th colspan="2">主要塑料制品</th></tr>
<tr><td rowspan="16">装饰材料</td><td rowspan="3">塑料地面材料</td><td>塑料地砖和塑料卷材地板</td></tr>
<tr><td>塑料涂布地板</td></tr>
<tr><td>塑料地毯</td></tr>
<tr><td rowspan="3">塑料内墙面材料</td><td>塑料壁纸</td></tr>
<tr><td>三聚氰胺装饰层压板</td></tr>
<tr><td>塑料墙面砖</td></tr>
<tr><td rowspan="4">建筑涂料</td><td>内外墙有机高分子溶剂型涂料</td></tr>
<tr><td>内外墙有机高分子乳液型涂料</td></tr>
<tr><td>内墙有机高分子水溶性涂料</td></tr>
<tr><td>有机无机复合涂料</td></tr>
<tr><td rowspan="3">塑料门窗</td><td>塑料门（框板门，镶板门）</td></tr>
<tr><td>塑料窗、塑钢窗</td></tr>
<tr><td>百叶窗、窗帘</td></tr>
<tr><td colspan="2">装修线材：踢脚线、画镜线、扶手、踏步</td></tr>
<tr><td colspan="2">塑料建筑小五金，灯具</td></tr>
<tr><td colspan="2">塑料平顶（吊平顶，发光平顶）</td></tr>
</table>

续表

分　　类	主　要　塑　料　制　品	
装饰材料	塑料隔断板	
水暖工程材料	给排水管材、管件、水落管	
	煤气管	
	卫生洁具：玻璃钢浴缸、水箱、洗脚池等	
防水工程材料	防水卷材、防水涂料、密封、嵌缝材料、止水带	
隔热材料	现场发泡泡沫塑料、泡沫塑料	
混凝土工程材料	塑料模板	
墙面及屋面材料	护墙板	异型板材、扣板、折板
		复合护墙板
	屋面板（屋面天窗、透明压花塑料顶棚）	
	屋面有机复合材料（瓦、聚四氟乙烯涂覆玻璃布）	
塑料建筑	充气建筑、塑料建筑物、盒子卫生间、厨房	

复习思考题

1. 塑料的组分有哪些？它们在塑料中起何作用？
2. 建筑塑料有哪些优缺点？
3. 建筑塑料的常用品种有哪些？

第12章 绝热与吸声材料

本章要点

掌握影响材料绝热性能、吸声性能的因素；

熟悉建筑上常用的绝热材料、吸声材料；

了解隔声材料。

随着人民生活水平的逐步提高，人们对建筑物的质量要求越来越高。建筑用途的扩展，使对其功能方面的要求也越来越严。因此，作为建筑功能材料重要类型之一的建筑绝热、吸声材料的地位和作用也越来越受到人们的关注和重视。建筑物选用适当的绝热材料，不仅能满足人们居住环境的要求，而且有着明显的建筑节能效果。采用吸声材料，可以保持室内良好的声环境和减少噪声污染。绝热材料和吸声材料的应用，对提高人们的生活质量有重要作用。因此，我国有关的建筑设计规范中对建筑的保温隔热及吸声隔声等都有明确规定。

12.1 绝热材料

绝热材料是用于减少结构物与环境热交换的一种功能材料，是保温材料和隔热材料的总称，是对热流具有显著阻抗性的材料或材料复合体。在建筑工程中，对于采暖房屋为了能保持室内热量、减少热量散失以及保持室温稳定，其墙体和屋顶等围护结构需要采用保温材料。而处于炎热气候环境下的空调房屋和冷库等，则要求围护结构具有良好的隔热性能。性能优良的建筑绝热材料和良好的保温技术，可以大大降低建筑物采暖和空调的能耗，这对于建筑节能具有重要意义。

12.1.1 绝热材料的基本性能

热在本质上是组成物质的分子、原子和电子等在物质内部的移动、转动和振动所产生的能量。在任何介质中，当存在着温度差时，就会产生热的传递现象。传热是指热量从高温区（介质）向低温区（介质）的自发流动，是一种由于温差而引起的能量转移。传热的基本方式有热传导、热对流和热辐射三种。

（1）热传导是依靠物体内各部分直接接触的物质近质点（分子、原子、自由电子等）做热运动而引起的热能传递过程。

（2）热对流是指较热的液体或气体，因遇热膨胀而密度减小从而上升，冷的液体或气体就会补充过来，形成分子的循环流动，这样热量就从高温的地方通过分子的相对位移，转向低温的地方。

(3) 热辐射是依靠物体表面对外发射电磁波而传递热量的现象，高温物体辐射给低温物体的能量大于低温物体的能量，其结果为热从高温物体传递给低温物体。

一般来说，三种传热方式总是共存的，但因绝热性能良好的材料常是多孔的，虽然在材料的孔隙内有空气，起着辐射和对流作用，但与热传导相比，热辐射和对流所占的比例很小，故在建筑热工计算时通常不予考虑。

不同的建筑材料具有不同的保温隔热性能，衡量材料导热能力的主要指标是导热系数λ，导热系数越小，保温性能越好。绝大多数建筑材料的导热系数介于 0.023～3.49W/（m·K）之间，通常把λ≤0.175W/（m·K）的材料称为绝热材料，而将其中λ值小于 0.14 的绝热材料称为保温材料。此外，热阻也是一个常用的热性能指标。热阻 R 说明保温隔热材料抵抗热流通过的能力，即热流通过时所遇阻力。材料隔热性能的优劣，不仅与材料的导热系数有关，而且与导温系数、蓄热系数有关。

根据材料的热工性质，影响材料导热系数的主要因素有材料的化学组成和微观结构、表观密度与孔隙特征、湿度、温度、热流方向等。

(1) 材料的化学组成和微观结构。材料的导热系数受本身物质的化学组成和分子结构的影响。不同的材料其导热系数是不同的，一般说来，金属材料的导热系数要大于非金属材料，无机材料的导热系数大于有机材料，晶体结构材料的导热系数大于玻璃体或胶体结构的材料。

(2) 表观密度与孔隙特征。由于材料中固体物质的导热能力比空气要大得多，故表观密度小的材料，因其孔隙率大，一般导热系数就小。

在孔隙率相同的条件下，孔隙尺寸越大，导热系数就越大；互相连通孔隙比封闭孔隙导热性要高。

对于表观密度很小的材料，特别是纤维状材料（如超细玻璃纤维），当其表观密度低于某一极限值时，导热系数反而会增大，这是由于孔隙增大且互相连通的孔隙大大增多，而使对流作用加强的结果。因此这类材料存在一最佳表观密度，即在这个表观密度时导热系数最小。

(3) 湿度。材料吸湿受潮后，其导热系数就会增大，这在多孔材料中最为明显。这是由于当材料的孔隙中有了水分（包括水蒸气）后，则孔隙中蒸汽的扩散和水分子的热传导将起主要传热作用，而水的导热系数为 0.58W/（m·K），比空气的导热系数大 20 倍左右。如果孔隙中的水结成了冰，会使材料的导热系数更加增大。所以绝热材料在应用时必须注意防水防潮。

(4) 温度。材料的导热系数随温度的升高而增大，因为温度升高时，材料固体分子的热运动增强，同时材料孔隙中空气的导热和孔壁间的辐射作用也有所增加。但这种影响，当温度在 0～50℃范围内时并不显著，只有对处于高温或负温下的材料，才要考虑温度的影响。

(5) 热流方向。对于各向异性的材料，如木材等纤维质的材料，当热流平行于纤维方向时，热流受到阻力小；而热流垂直于纤维方向时，受到的阻力就大。

12.1.2 建筑工程对保温、绝热材料的基本要求

为了常年保持室内温度的稳定性，凡房屋维护结构所用的建筑材料，必须具有一定的绝热性能。在建筑中合理地采用绝热材料，能提高建筑物的效能，保证正常的生产、工作和生活。在建筑工程中，绝热材料的选用应符合以下基本要求：

(1) 具有较低的导热系数。优质的保温绝热材料，一般要求其导热系数不宜大于0.23W/(m·K)，表观密度不宜大于600kg/m^3。

(2) 具有较低的吸湿性。大多数保温材料吸收水分之后，其保温性能会显著降低，甚至会引起材料自身的变质，故保温材料要使之处于干燥状态。在实际使用时，需在其表层内加防水层或隔汽层。

(3) 具有一定的承重能力。保温绝热材料的强度必须保证建筑和工程设备上的最低强度要求，抗压强度不小于0.3MPa。由于绝热材料含有大量的孔隙，故其强度一般不大，因此常将绝热材料与承重材料复合使用。

(4) 具有良好的稳定性和足够的防火防腐能力。

(5) 造价低廉，成型和使用方便。

12.1.3 常用绝热材料

绝热材料的品种很多，按成分可分为无机绝热材料、有机绝热材料两大类。无机绝热材料是用无机矿物质原材料制成的材料，呈纤维状、松散粒状或多孔状，可制成板、片、卷材或管套等型式的制品。有机绝热材料是用有机原材料（各种树脂、软木、木丝、刨花等）制成，多为板材，自重轻，施工方便，但由于其吸湿性大、不耐久、不耐高温，所以只能用于低温绝热。

(1) 无机纤维状绝热材料。常用的无机纤维有矿棉、玻璃棉等，可制成板或筒状制品。由于其不燃、吸音、耐久、价格便宜、施工简便，而广泛用于住宅建筑和热工设备的表面。

(2) 无机散粒状绝热材料。常用的无机散粒状绝热材料有膨胀珍珠岩、膨胀蛭石及其制品等。

膨胀珍珠岩及其制品在建筑工程上广泛用于围护结构、低温及超低温保冷设备、热工设备等处的隔热保温材料，也可用于制作吸声制品。

膨胀蛭石的主要特点是：堆积密度80～200kg/m^3，导热系数0.046～0.070W/(m·K)，可在1000～1100℃温度下使用，不蛀、不腐，但吸水性较大。膨胀蛭石可以呈松散状铺设于墙壁、楼板、屋面等夹层中，作为绝、隔热之用。使用时应注意防潮，以免吸水后影响绝热效果。

(3) 无机多孔类绝热材料。多孔类材料是指材料体积内含有大量均匀分布的气孔（开口气孔、封闭气孔或两者皆有）。主要有泡沫类和发气类产品，如泡沫混凝土、加气混凝土、泡沫玻璃、硅藻土、微孔硅酸钙制品等。

1) 泡沫混凝土是由水泥、水、松香泡沫剂混合后经搅拌、成型、养护、硬化而成的一种多孔混凝土，具有多孔、轻质、保温、隔热、吸声等性能。

2) 加气混凝土是由水泥、石灰、粉煤灰和发气剂（铝粉）配制而成，经成型、蒸汽养护制成的一种保温隔热性能良好的轻质材料，具有保温、隔热、吸声等性能。

3）泡沫玻璃具有导热系数小、抗压强度和抗冻性高、耐久性好等特点，且易于进行锯切、钻孔等机械加工，常用于冷藏库隔热，也可用来砌筑墙体。

4）硅藻土由水生硅藻类生物的残骸堆积而成。硅藻土是由硅藻壳构成的，每个硅藻壳内包含有大量极细小的微孔，其孔隙率为50%～80%，导热系数约为0.060W/（m·K），因此具有很好的绝热性能，最高使用温度可达900℃。硅藻土常用作填充料，或制成硅藻土砖等。

5）微孔硅酸钙制品是用粉状二氧化硅材料（硅藻土）、石灰、纤维增强材料及水等经搅拌、成型、蒸压处理和干燥等工序而制成，是一种新颖的保温材料。可用于建筑物的围护结构及管道保温，其效果比水泥膨胀珍珠岩和水泥膨胀蛭石要好。

（4）有机绝热材料。常用的有泡沫塑料、植物纤维类绝热板和新型防热片。

1）泡沫塑料是以各种树脂为基料，加入一定剂量的发泡剂、催化剂、稳定剂等辅助材料，经加热发泡而制成的一种具有轻质、耐热、吸声、防震性能的材料。该类绝热材料可用作屋面、墙面保温、冷库绝热，以及复合墙板、屋面板的夹芯层及冷藏和包装等绝热需要。

2）植物纤维类绝热板是以植物纤维为主要成分的各种软质纤维板，可用于墙体、地板、顶棚等，也可以用冷藏库、包装箱等。

3）窗用绝热薄膜，又叫新型防热片，用于建筑物窗户的绝热，可以遮蔽阳光，防止室内陈设物褪色，降低冬季热量损失，节约能源，增加美感。其厚度为12～50μm，使用时，将特制的防热片（薄膜）贴在玻璃上，其功能是将透过玻璃的大部分阳光反射出去，反射率高达80%。防热片能够减少紫外线的透过率，减轻紫外线对室内家具和织物的有害作用，减弱室内温度变化程度。

12.1.4 常用绝热材料的技术性能

常用绝热材料技术性能如表12-1所示。

表12-1　　常用绝热材料技术性能及用途

材料名称	表观密度（kg/m³）	强度（MPa）	导热系数［W/（m·K）］	最高使用温度（℃）	用　　途
超细玻璃棉毡	30～50		0.035	300～400	墙体、屋面、冷藏库等
沥青玻纤制品	100～150		0.041	250～300	
岩棉纤维	80～150	>0.012	0.044	250～600	填充墙体、屋面、热力管道等
岩棉制品	80～160		0.04～0.052	≤600	
膨胀珍珠岩	40～300		常温0.02～0.044 高温0.06～0.17 低温0.02～0.038	≤800	高效能保温保冷填充材料
水泥膨胀珍珠岩制品	300～400	0.5～1.0	常温0.05～0.081 低温0.081～0.12	≤600	保温隔热用
水玻璃膨胀珍珠岩制品	200～300	0.6～1.2	常温0.056～0.065	≤650	保温隔热用

续表

材料名称	表观密度 (kg/m³)	强度 (MPa)	导热系数 [W/(m·K)]	最高使用温度 (℃)	用途
沥青膨胀珍珠岩制品	400～500	0.2～1.2	0.093～0.12		用于常温及负温部位的绝热
膨胀蛭石	80～200	0.2～1.0	0.046～0.070	1000～1100	填充材料
水泥膨胀蛭石制品	300～500	0.2～1.0	0.076～0.105	≤600	保温隔热用
微孔硅酸钙制品	250	>0.5	0.041	≤650	围护结构保温
泡沫玻璃	150～600	0.8～1.5	0.058～0.128	300～400	砌筑墙体绝热
泡沫混凝土	300～500	≥0.4	0.081～0.019		围护结构
加气混凝土	400～700	≥0.4	0.093～0.16		围护结构
木丝板	300～600	0.4～0.5	0.11～0.26		顶棚、隔墙板、护墙板
软质纤维板	150～400		0.047～0.093		顶棚、隔墙板、护墙板
软木板	150～350	0.15～2.5	0.052～0.7	≤130	用于绝热隔热
聚苯乙烯泡沫塑料	20～50	0.15	0.031～0.047	70	屋面、墙体保温，冷藏库隔热
硬质聚氨酯泡沫塑料	30～40	≥0.2	0.037～0.055	120	屋面、墙体保温，冷藏库隔热
聚氯乙烯泡沫塑料	12～27	0.31～1.2	0.022～0.035	80	屋面、墙体保温、冷藏库隔热

12.2 吸声、隔声材料

吸声材料是一种能在较大程度上吸收由空气传递的声波能量的建筑材料。吸声材料在建筑中的作用主要是用以改善声波在室内传播的质量，获得良好的音响效果，主要用于音乐厅、影剧院、大会堂、播音室等的内部墙面、地面、天棚等部位。

保温绝热材料由其轻质及结构上的多孔特征，故具有良好的吸声性能。对于大多数一般的工业与民用建筑物来说，均无需单独使用吸声材料，其吸声功能的提高主要是靠与保温绝热及装饰等其他新型建材相结合来实现的。因此，建筑绝热材料也是改善建筑物吸声功能的不可或缺的物质基础。

12.2.1 吸声系数及其影响因素

1. 吸声系数

声音起源于物体的振动，它迫使邻近的空气跟着振动而成为声波，并在空气介质中向四周传播。当声波接触到材料表面时，声能的一部分被反射，一部分穿透材料，还有一部分由于构件的振动或声音在其内部传播时介质的摩擦或热传导而被损耗，通常称为材料的吸收。这些被吸收的能量（E）与传递给材料的全部声能（E_0）之比，称为吸声系数（α），它是评定材料吸声性能好坏的主要指标，用公式表示如下：

$$\alpha=\frac{E}{E_0} \tag{12-1}$$

式中 α——材料的吸声系数；

E_0——传递给材料的全部入射声能；

E——被材料吸收（包括穿透）的声能。

吸声系数与声音的频率和声波的入射方向有关。同一材料，对于高、中、低不同频率的吸声系数不同。为了全面反映材料的吸声性能，通常取 125Hz、250Hz、500Hz、1000Hz、2000Hz、4000Hz 等六个频率的吸声系数来表示材料吸声的频率特性。

2. 吸声系数的影响因素

对于同一种材料，吸声系数也不是不变的，影响吸声系数的主要因素有：

(1) 材料的表观密度。对同一种多孔材料（例如超细玻璃纤维）而言，当其表观密度增大时（即空隙率减小时），对低频的吸声效果有所提高，而对高频的吸声效果则有所降低。

(2) 材料的厚度。厚度增加，低频吸声效果提高，而对高频影响不大。

(3) 孔隙特征。孔隙特征对吸声材料的影响是至关重要的。一般来讲，孔隙越多，越均匀细小，吸声效果越好；若孔隙太大，则效果就差。若材料的孔隙大部分为单独的封闭气泡（如泡沫塑料），因声波不能进入，从吸声机理来看，就不属于吸声材料。当多孔材料表面涂刷油漆或材料吸湿，材料的吸孔隙被水分或涂料堵塞，则吸声效果大大降低，因此，吸声材料还应具有透气性。

值得注意的是，有些吸声材料和绝热材料是相同的多孔结构，但对材料的孔隙气特征的要求完全不同。绝热材料要求气孔封闭，不相连通，可以有效地阻止热对流的进行，这种气孔越多，绝热性能越好。而吸声材料则要求气孔开放，互相连通，可通过摩擦使声能大量衰减，这种气孔越多，吸声性能越好。

12.2.2 吸声材料的类型及其结构形式

1. 多孔吸声材料

多孔吸声材料具有大量内外连通的微小间隙和连续气泡，有一定的通气性。有呈松散状的超细玻璃棉、矿棉、海草、麻绒等；有的已加工成板状材料，如玻璃棉毡、穿孔吸声装饰纤维板、软质木纤维板、木丝板；另外还有微孔吸声砖、矿渣膨胀珍珠岩吸声砖、泡沫玻璃等。常见类型如表 12-2 所示。

表 12-2　多孔吸声材料基本类型

主要种类		常用材料举例	使用情况
纤维材料	有机纤维材料	动物纤维：毛毡	价格昂贵，使用较少
		植物纤维：麻绒、海草	防火、防潮性能差，原料来源丰富
	无机纤维材料	玻璃纤维：中粗棉、超细棉、玻璃棉毡	吸声性能好，保温隔热，不自燃，防腐防潮，应用广泛

续表

主要种类		常用材料举例	使用情况
纤维材料	无机纤维材料	矿渣棉：散棉、矿棉毡	吸声性能好，松散材料易自重下沉，施工扎手
	纤维材料制品	软质木纤维板、矿棉吸声板、岩棉吸声板、玻璃棉吸声板	装配式施工，多用于室内吸声装饰工程
颗粒材料	砌块	矿渣吸声砖、膨胀珍珠岩吸声砖、陶土吸声砖	多用于砌筑截面较大的消声器
	板材	膨胀珍珠岩吸声装饰板	质轻、不燃、保温、隔热、强度偏低
泡沫材料	泡沫塑料	聚氨酯及脲醛泡沫塑料	吸声性能不稳定，吸声系数使用前需实测
	其他	泡沫玻璃	强度高、防水、不燃、耐腐蚀、价格昂贵，使用较少
		加气混凝土	微孔不贯通，使用较少
		吸声剂	多用于不易施工的墙面等处

2. 薄膜、薄板振动吸声结构

薄膜、薄板振动吸声结构是将皮革、人造革、塑料薄膜等材料固定在靠墙或顶棚的木龙骨上，背后留有一定的空气层，构成薄膜共振吸声结构。这些材料具有不透气、柔软、受张拉时有弹性等特点。此种结构在声波作用下，薄板和空气层的空气发生振动，在板内部和龙骨间出现摩擦损耗，将声能转化成热能，起吸声作用。其共振频率通常在80～300Hz范围，对低频声波的吸声效果较好。

3. 共振吸声结构

共振吸声结构中间封闭有一定体积的空腔，并通过有一定深度的小孔与声场相联系。受外力振荡时，空腔内的空气会按一定的共振频率振动，此时开口颈部的空气分子在声波作用下像活塞一样往复运动，因摩擦而消耗声能，达到吸声效果。若在腔口蒙一层透气的细布或疏松的棉絮，可加宽吸声频率范围和提高吸声量。

4. 穿孔板组合共振吸声结构

穿孔板吸声结构是用穿孔的胶合板、纤维板、金属板或石膏板等为结构主体，与板后面的墙面之间的空气层（空气层中有时可填充多孔材料）构成吸声结构。该结构可看作是许多单独共振吸声器的并联，吸声的频带较宽，对中频的吸声能力最强。

5. 悬挂空间吸声体

悬挂空间吸声体与一般吸声结构的区别在于它不是与顶棚、墙体等壁面组成吸声结构，而是一种悬挂于室内的吸声结构，它自成体系。它是将吸声材料制成平板形、球形、圆锥形、棱锥形等多种形式，悬挂在顶棚上，即构成悬挂空间吸声体。这种构造增加了有效的吸声面积，再加上声波的衍射作用，可以显著地提高吸声效果。

6. 帘幕吸声体

将具有透气性能的纺织品，安装在离墙面或窗面一定距离处，背后设置空气层。此种结构装卸方便，兼具有装饰作用，对中、高频的声波有一定的吸声效果。

12.2.3 常用的吸声材料

常用的吸声材料及其吸声系数见表 12－3。

表 12－3　建筑常用的吸声材料及其吸声系数

分类及名称		厚度（cm）	表观密度（kg/m³）	各种频率下的吸声系数						装置情况
				125	250	500	1000	2000	4000	
无机材料	石膏板（有花纹）	—	350	0.03	0.05	0.06	0.09	0.04	0.06	贴实
	水泥蛭石板	4.0		—	0.14	0.46	0.78	0.50	0.60	贴实
	石膏砂浆（掺水泥、玻璃纤维）	2.2		0.24	0.12	0.09	0.30	0.32	0.83	粉刷在墙上
	水泥膨胀珍珠岩板	5		0.16	0.46	0.64	0.48	0.56	0.56	贴实
	水泥砂浆	1.7		0.21	0.16	0.25	0.40	0.42	0.48	粉刷在墙上
	清水砖墙面			0.02	0.03	0.04	0.04	0.05	0.05	
有机材料	软木板	2.5	260	0.05	0.11	0.25	0.63	0.70	0.70	贴实钉在木龙骨上，后面留 10cm 空气层和留 5cm 空气层两种
	木丝板	3.0		0.10	0.36	0.62	0.53	0.71	0.90	
	三夹板	0.3		0.21	0.73	0.21	0.19	0.08	0.12	
	穿孔胶合板（五夹板）	0.5		0.01	0.25	0.55	0.30	0.16	0.19	
	木花板	0.8		0.03	0.02	0.03	0.03	0.04	—	
	木质纤维板	1.1		0.06	0.15	0.28	0.30	0.33	0.31	
多孔材料	泡沫玻璃	4.4	1260	0.11	0.32	0.52	0.44	0.52	0.33	贴实 紧靠粉刷
	脲醛泡沫塑料	5.0	20	0.22	0.29	0.40	0.68	0.95	0.94	
	泡沫水泥（外粉刷）	2.0		0.18	0.05	0.22	0.48	0.22	0.32	
	吸声蜂窝板			0.27	0.12	0.42	0.86	0.48	0.30	
	泡沫塑料	1.0		0.03	0.06	0.12	0.41	0.85	0.67	
纤维材料	矿渣棉	3.13	210	0.10	0.21	0.60	0.95	0.85	0.72	贴实
	玻璃棉	5.0	80	0.06	0.08	0.18	0.44	0.72	0.82	
	酚醛玻璃纤维板	8.0	100	0.25	0.55	0.80	0.92	0.98	0.95	
	工业毛毡	3.0		0.10	0.28	0.55	0.60	0.60	0.56	贴在墙上

12.2.4 隔声材料

隔声材料是指能较大程度的减弱或隔断声波传递的材料。按声音传播途径分为隔绝空气声（通过空气的振动传播的声音）和隔绝固体声（通过固体的撞击或振动传播的声音）两种。

隔绝空气声，主要是遵循声学中的“质量定律”，即取决于其单位面积质量，质量越大，越不易振动，则隔声效果越好，所以应选用密实、沉重的材料（如钢筋混凝土、钢板、实心砖等）作为隔绝空气声的材料。材料的密度越大，越不易受声波作用而产生振动，其隔声效果越好。

隔绝固体声的最有效办法是断绝其声波继续传递的途径，即在产生和传递固体声波的结构（如梁、框架与楼板、隔墙，以及它们的交接处等）层中加入具有一定弹性的衬垫材料，如地毯、毛毡、橡胶、软木、橡皮或设置空气隔离层等，以阻止或减弱固体声波的继续传播。

吸声性能好的材料，一般为轻质、疏松、多孔的材料，不能简单把吸声材料作为隔声材料来使用。

复习思考题

1. 什么是绝热材料？工程上对绝热材料有哪些要求？影响绝热材料绝热性能的因素有哪些？

2. 工程中常用的绝热材料有哪些？

3. 什么是吸声系数？影响它的因素有哪些？

4. 吸声材料和绝热材料在构造特征上有何异同？泡沫玻璃是一种多孔结构材料，却不能用作吸声材料，为什么？

第13章 建筑装饰材料

本章要点

掌握有机建筑涂料、平板玻璃、安全玻璃、保温绝热玻璃、陶瓷内墙砖、外墙砖、地砖、铝合金等常用装饰材料的品种、特点和应用；

熟悉无机涂料、复合涂料、压花玻璃、彩色玻璃、玻璃马赛克、琉璃制品、卫生陶瓷、地毯、顶棚等装饰材料的种类和用途；

了解建筑装饰材料的选用原则。

13.1 建筑装饰材料的分类及选用原则

13.1.1 建筑装饰材料的分类

建筑装饰材料是指在建筑施工中结构工程和各类设备管网安装工程基本完成后，用在建筑物的室内外基层表面经过铺设、粘贴或涂刷等操作，可以起到装饰作用的材料。其在美化建筑物室内外表面的同时，还保护了室内外基层材料不受周围环境中的腐蚀性介质的侵袭和腐蚀，提高了建筑物的耐久性，降低了维修费用。同时，装饰材料还可以改善和提高建筑物保温、隔热、吸声、隔声和采光等适用功能，创造出一个美观、舒适、整洁的生活和工作环境。

在建筑装饰工程中所用装饰材料种类繁多，一般根据化学性质、材质和装饰部位等三种形式进行分类，但在实际工程中，为方便合理选材，常用的方法是根据工程中的装饰部位进行如下分类。

1. 外墙装饰材料

外墙装饰材料主要是指用来装饰建筑物外露的外墙、阳台、台阶、雨棚等外部构配件的材料。常用的材料有天然石材、人造石材、外墙面砖、马赛克、玻璃制品、玻璃幕墙、铝合金、不锈钢、外墙涂料、装饰性抹灰等。

2. 内墙装饰材料

内墙装饰材料主要是指用来装饰建筑物室内墙面、墙裙、踢脚线、隔断等内部构配件的材料。常用材料有天然石材、人造石材、人造装饰板、壁纸与墙布、挂毯、陶瓷制品、玻璃制品及内墙涂料等。

3. 地面装饰材料

地面装饰材料主要是指用来装饰楼面、地面、楼梯等结构基层的材料。常用的材料有木地板、塑料地板、地毯、陶瓷类地板、天然石材、水磨石及地面涂料等。

4. 顶棚装饰材料

顶棚装饰材料主要是用来装饰建筑物室内顶棚的材料。常用材料有塑料扣板、铝合金板、石膏板、矿棉吸声板及涂料类材料等。

5. 其他装饰材料

其他装饰材料主要包括门窗装饰装修材料、卫生洁具、建筑五金配件、装饰灯具、管材型材和胶粘剂等。

13.1.2 装饰材料的选用原则

1. 满足使用功能要求

建筑物不同的部位和不同的环境条件对装饰材料特性的要求也不同，选用材料时，首先应从建筑物的使用要求出发，结合建筑物的内外墙、顶棚、地面、厨房、卫生间等不同部位的造型、功能、用途和所处的环境，选择不同的材料。

2. 满足装饰效果要求

选用装饰材料时，应根据建筑物的特点、建筑设计艺术造型、室内外环境等因素合理地选择装饰材料的花纹和图案，最大限度地表现材料的装饰效果。要充分考虑材料在色彩、光泽、透明性、形体、表面组织构造、花纹和图案等方面的装饰性质和其他特性，特别要注意的是装饰材料的色彩对装饰效果有较大的影响，根据房间的功能来选择色彩，既能产生舒适的感观效果，又能产生良好的装饰效果。对于天然材料还要考虑其色彩及天然纹理与建筑周围环境的协调性，充分体现建筑物的艺术美。

3. 满足安全、环保性要求

选用装饰材料时，要优先选用不燃或阻燃等安全型材料，从源头上减少火灾事故的发生。通常情况下，室内的有害气体、超标辐射等污染常与装饰材料有关，要注意选用通过国家环保认证的环保型材料。另外要根据人们对环境舒适性的要求及某些特殊需要，要注意选用兼有保温、绝热、吸声、隔声和防护功能的材料。

4. 满足耐久性要求

根据建筑物的功能和装饰档次来选择耐久性不同的材料，对于有保护主体要求的部位和一些纪念性建筑物，可以选择强度高、耐久性好的材料，对于使用年限较短的部位，就可以选择耐用年限较短的材料。

5. 满足经济性要求

一般装饰工程的造价在建筑工程总造价中占较大的比例，故在选择装饰材料时要考虑经济方面的因素。通常是根据不同部位的使用要求和装饰等级来选用合适的材料。对一些不会影响整体装饰质量和效果的部位，可以选择质优价廉的材料，对某些关键部位应考虑其易损耗的可能性和后期所需维修费用的多少等因素，可以适当加大一次性的投资，选择后期维修费用低的材料。另外，要注意选择安装方便、可以大面积快速施工的材料，以便节省施工费用，达到经济实用性的目标。

13.2 常用的建筑装饰材料

13.2.1 建筑装饰涂料

13.2.1.1 建筑装饰涂料的分类

建筑装饰涂料是指涂敷于物体表面，并能与基体材料很好黏结，形成完整保护膜的材料。建筑装饰涂料品种很多，分类方法也有多种形式，常用的分类方法有以下几个主要种类：

（1）按建筑物的使用部位分类，划分为外墙涂料、内墙涂料、地面涂料、顶棚涂料、屋面防水涂料、地下结构防水涂料等。

（2）按主要成膜物质化学成分分类，分为有机涂料、无机涂料、有机－无机复合涂料等。

（3）按其使用分散介质和主要成膜物质的溶解状况分为溶剂型涂料、水溶性涂料、乳液型涂料等。

13.2.1.2 建筑装饰涂料的组成

建筑装饰涂料通常由主要成膜物质、次要成膜物质、溶剂和助剂等组成。

1. 主要成膜物质

建筑涂料中的主要成膜物质又称为基料。它的作用是将涂料中的其他组分黏结在一起，并能牢固地附着于被涂基层的表面，形成连续均匀而又坚韧的保护膜。基料的性质对所形成的涂膜的坚韧性、耐磨性、耐冲击性、耐水性、耐热性、耐候性及其他物理化学稳定性起到决定性的作用。主要成膜物质一般为高分子化合物或成膜后能形成高分子化合物的有机物质。常用的有合成树脂、天然树脂和各种油料等物质，采用最多的是合成树脂。

2. 次要成膜的特质

建筑装饰涂料中的次要成膜物质为颜料和填料，是构成涂膜的重要组成部分，但它们本身不具备单独成膜的能力，必须通过主要成膜物质的黏结作用，与主要成膜物质一起构成涂层。

颜料的作用是可使涂膜具有一定的色彩和遮盖能力，能提高涂膜的机械强度，增加涂膜质感，改善涂膜性能，增加涂料的品种。颜料的品种很多，按其化学组成可分为有机颜料（如耐晒黄、联苯胺黄、甲苯胺红等）和无机颜料（如铅铬黄、铁苏、铁红、银朱等）。

填料的作用是增加涂膜的厚度，减少涂膜的收缩，防止紫外线的穿透，提高涂膜的耐磨性、耐候性和抗老化性能力，填料无着色能力，均匀分布在涂料中。常用填料大部分是天然矿物和工业副产品，主要有硫酸钡、碳酸钙、云母粉、滑石粉、硅藻土等。

3. 溶剂

溶剂又称稀释剂，是建筑涂料中的重要成分。其作用是溶解、分散成膜物质，调节涂料的黏度，增加涂料的渗透力，改善涂料与被涂基层的黏结能力。溶剂属易挥发性物质，在涂料成膜过程中，其大部分挥发到空气中，常用的溶剂有松香水、酒精、汽油、苯、二甲苯、丙酮等有机物质以及水等。

4. 助剂

助剂又称辅助材料，是为改善涂料的柔韧性、抗氧化性能、抗紫外线性能、抗老化性能和缩短涂膜的结膜干燥时间而加入的材料。助剂用量少，种类多，对改善涂料的性能作用显著。

建筑涂料制备中根据不同的需要，常用的助剂有：催干剂、固化剂、增塑剂、抗氧化剂、润湿剂、紫外线吸收剂、增稠剂、成膜助剂、防冻剂、乳化剂、防霉剂、防锈剂、助燃剂等。

13.2.1.3 建筑装饰涂料的功能

建筑装饰涂料是一种具有装饰、保护和其他特殊功能的涂料，具有色彩多样、质感丰富、施工方法简便高效、质量轻、造价低、维修更新方便等优点。在建筑工程应用中其主要功能如下：

(1) 装饰功能。建筑涂料对建筑物进行施工后，使建筑物的可视面得到美化的功能称为装饰功能。涂料对建筑物的室内外墙体、顶棚、楼地面等部位，采用多种色彩全面装修，形成各种不同的纹理、图案和质感。在施工过程中可以加入粗、细骨料，或者采用拉毛、喷漆和滚花等施工方法，使建筑物室内外产生理想的艺术效果，达到美化环境、装饰建筑的作用。

(2) 保护功能。建筑涂料对建筑物进行施工后，能保护建筑物不受环境影响的功能称为保护功能。建筑涂料涂敷在建筑物的室内外表面上，形成连续的涂膜，可以使建筑物的结构层材料与周围环境中的各种腐蚀性介质隔离开，起到确保建筑物能正常使用的作用。

(3) 特殊功能。建筑涂料除了具有常规的装饰和保护功能外，有些功能性的涂料，根据需要还具有某种特殊功能，如防火、防水、防霉、吸声、隔声、隔热、保温、防辐射等方面的特殊功能。

13.2.1.4 有机建筑装饰涂料

常用的有机建筑装饰涂料有三种类型。

1. 溶剂型涂料

溶剂型涂料是以高分子合成树脂或油脂为主要成膜物质，有机溶剂为稀释剂，再加入适量的次要成膜物质及助剂，经研磨而成的涂料。

常用的品种有过氯乙烯涂料、苯乙烯涂料、氯化橡胶外墙涂料、丙烯酸酯外墙涂料、聚氨酯系外墙涂料、丙烯酸酯有机硅外墙涂料、仿瓷涂料、聚氯乙烯地面涂料、聚乙烯醇缩丁醛涂料、环氧树脂涂料、聚氨酯-丙烯酸酯地面涂料及天然漆、调和漆、清漆、磁漆、光漆、聚酯漆及防锈漆等。

溶剂型涂料的品种繁多，选用时要根据拟装饰建筑物的等级、部位、结构层材料类别、施工季节等因素选择不同品种的涂料。下面介绍部分溶剂型涂料的特点和应用情况。

1) 氯化橡胶外墙涂料。氯化橡胶外墙涂料是利用氯化橡胶、溶剂、增塑剂和助剂等配制而成的外墙涂料。其具有耐水、耐酸、耐碱及耐候性能好等优点，对混凝土和钢材表面具有良好的附着力，依靠溶剂挥发而结膜干燥，可以在 20～50℃的高温环境中施工，涂料的维修重涂性能好，是一种常用的外墙涂料。

2) 聚氨酯系外墙涂料。聚氨酯系外墙涂料是以聚氨酯或其他合成树脂复合作为成膜物质，再掺加颜料、填料、助剂等制作而成的一种双组分外墙涂料。其固化成膜不依靠溶剂挥发，而是由双组分按比例混合后固化成膜。可直接涂刷在混凝土、砂浆等结构材料表面，涂膜柔软、弹性变形能力大，具有涂膜光洁平整、耐污染、耐变形、保色性能好等优点，适用于高层住宅、公共建筑等的外墙。

3) 天然漆。天然漆分为生漆和熟漆。天然生漆是将漆树的液汁用细布或丝棉过滤，除去杂质，并部分脱水而得到的黏稠液体。其具有漆膜坚硬、富有光泽、耐腐蚀、不开裂、装饰性能好等优点；其缺点是黏度大，施工繁杂，有毒性。熟漆是利用生漆熬炼调制而成，具有漆膜坚韧、耐酸、耐热、耐候、耐腐蚀等优点，快干性能、黏结性能和装饰性能良好，适用于高级木器家具、工艺美术品及古建筑构配件等的饰面。

4）调和漆。调和漆是在热干性油中加入颜料、溶剂、催干剂等调制而成。其具有质地均匀，稀稠适度，施工方便，漆膜耐腐蚀、不开裂、耐晒、遮盖能力强等优点，适用于建筑物室内外钢材、木材等表面的饰面。

2. 水溶性涂料

水溶性涂料是以水溶性合成树脂为主要成膜物质，以水为稀释剂，再加入适量次要成膜物质及助剂经研磨而成的涂料。该涂料的耐水性能和耐擦洗性能较差，耐候性不强，故一般只用做内墙涂料。常用的品种有聚乙烯醇系涂料等，如聚乙烯醇水玻璃涂料就是属水溶性涂料，它是以水溶性树脂聚乙烯醇的水溶液和水玻璃为胶结料，加入适量的颜料和助剂，经搅拌、研磨而成的涂料，又称106涂料。该涂料有一定的黏结力，能在稍潮湿的水泥墙面或新、旧石灰墙面上涂刷，涂层干燥快，施工方便，可配成多种颜色，有一定的装饰效果，造价低，一般用于普通建筑物的内墙和顶棚饰面。

3. 乳液型涂料

乳液型涂料又称乳胶漆。它是将合成树脂的0.1～0.5μm的极细微粒分散在水中形成的乳液，并以乳液为主要成膜物质，再加入适量的次要成膜物质、助剂经研磨而成的涂料。其无毒、透气、不燃、耐水、耐擦洗、对人体无害，可作为室内外墙体的建筑涂料。

常用的品种有：聚醋酸乙烯乳胶漆、氟碳树脂涂料、聚氨酯乳胶漆、氯-醋-丙涂料、苯-丙外墙涂料、丙烯酸酯乳胶漆、彩色砂壁状外墙涂料、苯-丙乳胶漆、水乳型环氧树脂乳液外墙涂料等涂料。

该类型涂料品种较多，不同品种的组成及特点、适用范围也不同。如氟碳树脂涂料是以偏氟树脂为基料，加入高性能钛白粉、颜料、助剂、抗老化剂混合而成，具有耐污染性能和耐化学侵蚀性能强、耐候性能好等优点，可在常温下固化，是良好的外墙涂料和仿幕墙涂料，适用于多层、高层建筑物饰面。

13.2.1.5 无机建筑装饰涂料

无机建筑涂料是利用碱金属硅酸盐或硅溶胶为主要成膜物质，加入适量的固化剂或有机合成树脂、颜料、填料等配制而成。无机建筑涂料生产工艺简单，具有遮盖能力和黏结能力强，对基层要求不高，温度适应性强，储存稳定性和保色性能优异，装饰效果好，耐热性强，涂刷施工简便等特点。

无机建筑涂料可分为硅酸盐系涂料和硅溶胶无机涂料等类型。如JH80－1就是属硅酸盐系涂料，该涂料是一种双组分固化型涂料，采用氟硅酸钠或缩合磷酸铝作为固化剂。固化剂和涂料分开包装，在现场施工时将固化剂按适当比例加入涂料中，经充分搅拌后方可施工。可配制成多种多样的颜色，价格较低，施工安全高效。适用于建筑物室内外及顶棚的饰面，也可以用于石膏板、水泥石棉板等材料表面的饰面。

13.2.1.6 无机-有机复合涂料

有机涂料和无机涂料的品种很多，每一种都有许多优点和某些缺点与不足，采用取长补短的方法，将无机涂料和有机涂料的优点综合起来，可以组合出满足建筑物装饰和使用功能要求的复合涂料，即为无机-有机复合涂料，通常使用的有硅溶胶-苯丙复合外墙涂料。

13.2.2 建筑装饰玻璃

13.2.2.1 玻璃概述

1. 玻璃的原料与组成

玻璃是以石英砂、纯碱、长石和石灰石等为主要原料，经熔融成形、冷却固化而成的无机材料，是一种透明的无定形硅酸盐固体物质。

玻璃的组成比较复杂，其主要化学成分为 SiO_2（含量70%左右）、Na_2O（含量15%左右）、CaO（含量10%左右），另外还含有少量 Al_2O_3、MgO、K_2O 等，它们对玻璃的性质起着十分重要的作用，改变玻璃的化学成分、相对含量和制备工艺，可获得性能和应用范围绝然不同的各类玻璃制品。SiO_2、Al_2O_3 等在煅烧过程中能单独熔融成为玻璃的主要成分，决定玻璃的基本性质，Na_2O、K_2O 等在煅烧过程中能与酸性氧化物形成易熔的复盐，起到助熔的作用。为使玻璃具有某种特性或改善玻璃的工艺性能，还可加入少量的脱色剂、着色剂、乳浊剂和发泡剂等。

2. 玻璃的制造工艺

玻璃的制造工艺主要包括熔化、成型、退火三个工序。

熔化是在玻璃熔窑中将配好的原料加以熔融，在1550～1600℃下使熔融体充分脱气、均化、再适当降温，使熔融体黏度满足成型要求。然后通过引上法或浮法等工艺成型。引上法是通过引上设备，使熔融的玻璃液被垂直向上提拉冷却成型。它的优点是工艺比较简单，缺点是玻璃厚薄不易控制。浮法成型工艺是一种现代玻璃生产方法，它是将熔融体从熔窑中经导辊引入盛有熔锡的锡槽炉，使其在干净的锡液表面自由摊平，在其上表面用火抛光使表面光滑后成型。该法生产的玻璃表面十分平整光洁，无波筋、波纹，厚度均匀，光学畸变小，性能优良。玻璃成型后应进行退火，退火是消除或减小其内部应力至允许值的一种处理工序，经冷却退火后即可切割。

3. 玻璃的基本性质

（1）玻璃的密度。玻璃属于致密材料，其密度与化学成分有关，普通玻璃的密度为2.45～2.55g/cm^3。

（2）玻璃的光学性质。当光线射入玻璃时，表面有反射、吸收和透射三种性质。光线透过玻璃的性质称透射，2～6mm厚的普通玻璃的透光率通常为80%～82%，光线被玻璃阻挡，按一定角度反射出来称为反射，玻璃反射光线的多少决定于玻璃反射面的光滑程度、折射率以及投射光线的入射角大小。光线通过玻璃后，一部分光能量被损失，称为吸收，玻璃对光线的吸收则随玻璃化学组成和颜色的变化而变化。

(3) 玻璃的热性质。玻璃是热的不良导体，普通玻璃的导热系数为0.75～0.92W/（m·k)。

由于玻璃传热慢，所以在玻璃温度急变时，沿玻璃的厚度从表面到内部，有着不同的膨胀量，由此产生内应力，当内应力超过玻璃极限强度时就会造成碎裂破坏。玻璃的热稳定性决定玻璃在温度剧变时抵抗这种破裂的能力，热膨胀系数越小热稳定性越好。

(4) 玻璃的化学性质。玻璃的化学稳定性很强，在通常情况下能抵抗氢氟酸以外的各种酸类的侵蚀。如果玻璃组成中含有较多易蚀物质，在侵蚀性介质的长期作用下，也能导致变质和破坏。但碱液和金属碳酸盐能溶蚀玻璃。

4. 玻璃的分类

玻璃品种很多，分类方法各异，一般按其化学成分和用途进行分类：

(1) 按化学成分分为钠玻璃（也称普通玻璃）、钾玻璃（也称硬玻璃）、铝镁玻璃、铅玻璃（也称铅钾玻璃或重玻璃、晶质玻璃）、硼硅玻璃（也称耐热玻璃）、石英玻璃。

(2) 按玻璃的用途又可分为建筑装饰玻璃、化学玻璃、光学玻璃、电子玻璃、工艺玻璃等，本节主要介绍建筑装饰玻璃。

13.2.2.2 常用建筑装饰玻璃

1. 普通平板玻璃

普通平板玻璃是指未经加工的平板玻璃制品，也称白片玻璃或净片玻璃，是建筑玻璃中用量最大的一种。主要用于一般建筑的门窗，起透光、挡风雨、保温和隔音等作用，同时也是深加工为具有特殊功能玻璃的基础材料。

(1) 普通平板玻璃的规格。普通平板玻璃通常采用垂直引上法和浮法生产工艺生产。一般按厚度分类，主要有 2mm、3mm、4mm、5mm、6mm、8mm、10mm、12mm 等厚度，其中 3mm、5mm 厚的玻璃用量最多。

(2) 普通平板玻璃的技术要求。普通平板玻璃按外观质量及光学性质划分为优等品、一级品和合格品三个等级。

普通平板玻璃成品的装箱运输和产量以标准箱计算。由于普通平板玻璃的厚度规格不同，且长宽尺寸不一，为了统计、计价和计算运输量的方便，以厚度为 2mm 的平板玻璃，每 $10m^2$ 定为一标准箱，一标准箱的重量（50kg）为一重量箱。对于其他厚度规格的玻璃均需通过折算系数换算成标准箱。

2. 安全玻璃

安全玻璃是指具有良好安全性能的玻璃。普通玻璃属脆性材料，当外力超过一定数值时就会破碎成为棱角尖锐的碎片，容易造成人身伤害，为减少玻璃的脆性，提高其强度，常采用物理、化学、夹层、夹丝等方法将普通玻璃加工成安全玻璃，加工后的主要特征是力学强度较高，抗冲击能力较好。被击碎时，碎块不会飞溅伤人，并兼有防火的功能。常用的安全玻璃有钢化玻璃、夹层玻璃和夹丝玻璃等。

(1) 钢化玻璃。钢化玻璃一般是采用普通平板玻璃等进行加工而成的。常用两种方法加工，一种加工方法是采用物理钢化法，又称淬火法，即将平板玻璃放入加热炉中，加热到接近其软化温度（600～650℃）并保持一定时间，然后移出加热炉并使之迅速均匀冷却，冷至室温后就成为高强度的钢化玻璃。另一种加工方法是采用化学钢化法，又称离子交换法，它是将待处理的玻璃浸入钾盐溶液中，使玻璃表面的钠离子扩散到溶液中，而溶液中的钾离子则填充进玻璃表面钠离子的位置。

上述两种钢化处理方法，都可以使玻璃表面产生一个预压应力，一旦受损，便产生应力崩溃，该玻璃就会破碎成无数无尖锐棱角的小块，不易造成人身伤害，同时这个表面预压应力可使玻璃具有良好的抗弯强度和抗冲击能力。

钢化玻璃的厚度尺寸常有 4mm、5mm、6mm、8mm、10mm、12mm、15mm、19mm 等几种。根据外观质量等方面的测定结果，划分为优等品和合格品两个等级。外观质量测定的缺陷主要有爆边、划伤、缺角、夹钳伤、结石、裂纹、波筋、气泡等。

钢化玻璃有如下特点：

1）强度高、抗冲击性好。抗弯强度比同厚度普通平板玻璃要高三倍左右，抗冲击性能，一般根据待检玻璃的厚度从不同高处用 0.5kg 钢球自由落下一次来检测，合格的钢化玻璃可保持完整而不破碎。

2）透明度高，具有一定的耐酸耐碱性能。

3）热稳定性好。钢化玻璃在经受急热急冷时不易发生炸裂。

由于钢化玻璃具有上述特点，可用作高层建筑物的门窗、幕墙、隔墙、屏蔽及商店橱窗、架子隔板、桌面玻璃等。但是钢化玻璃不能任意切割、磨削，边角不能碰击，不能现场加工，使用时只能选择现有尺寸规格的成品，或提供具体设计图纸加工定做。

（2）夹层玻璃。夹层玻璃是两片或多片玻璃之间嵌夹透明塑料薄片，经加热、加压黏合而成的平面或曲面的复合玻璃制品。

生产夹层玻璃的原片可采用浮法玻璃、吸热玻璃、钢化玻璃、热反射玻璃和彩色玻璃等，常用的塑料胶片为聚乙烯醇缩丁醛树脂夹层和赛璐珞塑料夹层。夹层玻璃按外观质量等方面的测定结果划分为优等品和合格品两个等级。外观质量所需测定的缺陷主要有胶合层气泡、胶合层杂质、裂痕、爆边、叠层磨伤脱胶等。

按夹层玻璃的特性分为如下几种：减薄夹层玻璃、遮阳夹层玻璃、电热夹层玻璃、防弹夹层玻璃、玻璃纤维增强玻璃、报警夹层玻璃、防紫外线夹层玻璃以及隔声夹层玻璃等。夹层玻璃具有较高的强度，受到破坏时产生辐射状或同心圆形裂纹和少量玻璃碎屑，碎片仍粘贴在膜片上，不会伤人，同时不影响透明度，不产生折光现象。它还具有耐久、耐热、耐湿、耐寒和隔音等性能，适用于有特殊安全要求建筑物的门窗、隔墙、工业厂房的天窗和某些水下工程等。

（3）夹丝玻璃。夹丝玻璃也称防碎玻璃或钢丝玻璃，它表面可以是磨光或压花的，颜色可以是透明的或彩色的。夹丝玻璃的加工方法是将平板玻璃加热到红热软化状态，再将预热处理的铁丝网或铁丝压入玻璃中而制成。与普通玻璃相比，它的抗折强度高、防火性能好，在外力作用和温度剧变时破而不散，即使有许多裂纹，其碎片仍能附着在钢丝上，不致四处飞溅伤人。当火灾蔓延，夹丝玻璃受热炸裂时，仍能保持完整，起到隔绝火焰的作用，故又称防火玻璃。

夹丝玻璃厚度一般在 3～19mm 之间，根据外观质量等方面的测定结果划分为优等品、一级品、合格品三个等级。外观质量所需测定的缺陷主要有气泡、花纹变形、异物、裂纹、磨伤、金属丝夹入玻璃体内状态等。

夹丝玻璃适用于公共建筑的阳台、楼梯、电梯间、走廊、厂房天窗和各种采光屋顶等。

3. 保温绝热玻璃

（1）吸热玻璃。吸热玻璃是能吸收大量红外线辐射能量而又保持良好可见光透过率的平板玻璃。

生产吸热玻璃的方法有两种：一种是在普通钠钙硅酸盐玻璃原料中加入一定量的有吸热性能的氧化物着色剂；另一种是在平板玻璃表面喷涂一层或多层着色氧化物薄膜而制成。吸热玻璃的颜色有灰色、茶色、蓝色、绿色、古铜色、青铜色、粉红色和金黄色等。

常有的厚度有3mm、5mm、6mm、7mm、8mm等规格。吸热玻璃还可进一步加工制成磨光玻璃、钢化玻璃、夹层玻璃和中空玻璃等。

吸热玻璃和普通平板玻璃相比具有以下特点。

1）吸收太阳辐射热量。吸热玻璃的颜色和厚度不同，对太阳辐射热量的吸收程度也不同。一般的吸热玻璃所能阻挡的太阳能辐射热量是同规格浮法玻璃的两倍左右。

2）吸收太阳可见光，减弱太阳光的强度，可以避免眩光。

3）具有一定的透明度，并能吸收一定的紫外线。

吸热玻璃可广泛用于炎热地区需设置空调及避免眩光建筑物的门窗、外墙以及用作火车、汽车、轮船挡风玻璃等，起到隔热、防眩光、调节空气、采光及装饰等作用。

(2) 热反射玻璃。热反射玻璃是指具有较高的热反射能力，又能保持良好透光性的平板玻璃，又称镀膜玻璃或镜面玻璃，它是采用蒸发、化学等方法，在玻璃表面涂以金、银、铜、铝、铬、镍和铁等金属或金属氧化物薄膜而成。热反射玻璃的颜色有金色、茶色、灰色、紫色、褐色、青铜色和浅蓝色等多种。

热反射玻璃的热反射率高，可达到30%以上。因而常用它制成中空玻璃或夹层玻璃，以增加其绝热性能。镀金薄膜的热反射玻璃还有单向透像的作用，即白天能在室内看到室外景物，而室外看不到室内景物，对建筑物的内部起到遮蔽及帷幕的作用。

热反射玻璃主要用于有绝热要求的建筑物。适用于现代高级建筑物门窗、玻璃幕墙、公共建筑的门厅以及汽车、轮船的玻璃窗等。应当注意的是热反射玻璃过多的不适当使用会给周围环境带来光污染等问题。

(3) 中空玻璃。中空玻璃是由两片或多片平板玻璃构成，其周边用边框隔开，四周边缘部分用胶接、焊接或熔接的办法密封，玻璃之间冲入干燥空气或其他惰性气体。中空玻璃可以根据要求，选用各自不同性能和规格的玻璃原片，如平板玻璃、钢化玻璃、夹层玻璃、夹丝玻璃、压花玻璃、彩色玻璃、热反射玻璃、吸热玻璃等制成。玻璃原片厚度通常为3mm、4mm、5mm、6mm，空气层厚度一般为6mm、9mm、12mm。中空玻璃具有良好的保温、隔热、隔声等性能，若选用不同的玻璃原片和填充原料，可以获得更多更好的效果。常用中空玻璃的种类和性能如下：

1）普通中空玻璃，由两层优质平板玻璃构成，间隔层为空气，具有隔热、保温、降低噪音等方面的功能。

2）隔热中空玻璃，可以由平板玻璃做成多层普通中空玻璃，也可由热反射玻璃构成双层中空玻璃，间隔层填充比空气传热系数低的气体，可使隔热性能更好。

3）钢化中空玻璃，采用钢化玻璃作为原片，可以提高产品的强度和抗冲击性能。

4）夹丝中空玻璃，采用夹丝玻璃为原片，在外力和温度剧变的作用下，破裂后碎片不飞溅，安全性能可大大提高。

5）隔声中空玻璃，属多层中空玻璃，利用各种不同厚度的玻璃作为原片，玻璃间空气层的厚度采用为不相等的数值，该产品可以达到很好的隔音效果。

6）遮阳中空玻璃，利用热反射玻璃或吸热玻璃等作为中空玻璃的原片，可以减少一部分太阳辐射热量，达到遮阳的功能。

7）电热中空玻璃，利用电热玻璃作为原片，通电后可保持玻璃表面干燥，不会形成水汽，可以防止结露。

8）防紫外线中空玻璃，利用可吸收紫外线的玻璃作为原片，具有减少紫外线穿透的功能。

9）防辐射中空玻璃，利用可以阻滞射线波的玻璃作为原片，具备防止辐射的作用。

中空玻璃的颜色有无色、茶色、蓝色、灰色、紫色、金色和银色等。常用于需要保暖绝热、防止噪音、防止结露的建筑物，如住宅、办公楼、学校、医院、商场、恒温恒湿的实验室的门窗和玻璃幕墙等。

4. 彩色玻璃

彩色玻璃也称有色玻璃。透明的彩色玻璃是在玻璃原料中加入适量的着色金属氧化物而制成，另外在平板玻璃的表面上进行镀膜处理也可以产生出透明的彩色玻璃产品。

彩色玻璃的颜色有红、黄、蓝、绿、黑、灰色等多种，可以拼成各种图案花纹，具有耐腐蚀、抗冲击、易清洗等优点，主要用于建筑物的内墙、外墙、门窗以及对采光有特殊要求的部位。

5. 压花玻璃

压花玻璃又称花纹玻璃或滚花玻璃，是在玻璃硬化之前，利用带图案花纹的辊轴在玻璃的单面或双面滚压出各种深浅不同花纹图案的制品。

常用压花玻璃有普通压花玻璃、中空镀膜压花玻璃和彩色膜压花玻璃等品种。

在压花玻璃有花纹的一面，用气溶胶法对表面进行喷涂处理，玻璃可呈现浅黄色、浅蓝色等，一方面可增强图案花纹的艺术装饰效果，另一面可提高产品的强度。压花玻璃具有透光不透视的特点，从玻璃的一面看另一面物体时，物象模糊不清，常用于办公室、会议室、浴室、卫生间等房间的门窗和隔断，安装时应将花纹朝向室内。

6. 磨砂玻璃

磨砂玻璃又称毛玻璃，通常是用机械喷砂、手工研磨或氢氟酸液蚀等方法，将普通平板玻璃表面处理为均匀毛面的产品。其表面均匀粗糙，可以使光线产生漫反射，具有透光不透视，室内光线不刺眼等优点。常用于要求透光而不透视的部位。安装时应将毛面朝向室内。磨砂玻璃还可用作黑板。

7. 玻璃空心砖

玻璃空心砖是先用箱式模具压铸成凹型玻璃元件，再将两块凹形玻璃加热熔接或胶接成整体的空心砖。砖面可为光滑平面，也可在内、外压铸多种花纹，砖内腔可填充干燥空气，也可填充玻璃棉等。

玻璃空心砖有无色透明或彩色。形状有正方形、矩形以及各种异形砖，一般厚度为20～160mm，短边长度为1200mm、800mm及600mm，通常较大的规格为1400mm×1200mm×160mm等。

玻璃空心砖技术性能所需测定的试验项目有：密度、热膨胀率、硬度、光谱透过率、褪色性、热冲击强度、透光率、直接阳光率、间接阳光率、全阳光率、隔声性能、单体压缩强度、接缝剪切强度、防火性、耐冷热性、表面结露、导热系数等。

玻璃空心砖具有抗压强度高，耐急热、急冷性能好，采光性好，耐磨、耐热、隔热、防止噪音，防火、耐水、耐酸碱腐蚀等优点。

玻璃空心砖光线柔和优美，主要用作建筑物的透光墙体，如常用于宾馆、饭店、体育馆、图书馆等建筑物的墙体、隔断、门厅、通道等部位。

8. 玻璃幕墙

玻璃幕墙是以铝合金型材为边框，玻璃为内外面层，其中填充绝热材料的复合墙体。作为幕墙的材料不承受建筑物荷载，只起围护作用。玻璃幕墙所用的玻璃主要有浮法玻璃、钢化玻璃、吸热玻璃、热反射玻璃、夹层玻璃、中空玻璃等品种。

9. 玻璃马赛克

玻璃马赛克又称玻璃锦砖，是用玻璃烧制而成。是一种小规格的饰面玻璃砖制品，有正方形、矩形、异形等多种形状，产品有透明、半透明和不透明等几种。具有质地坚硬、耐酸碱腐蚀、色彩艳丽、不褪色、不发亮光刺眼等优点。一般用于外墙装饰，也可用于内墙局部装饰。

玻璃马赛克常用单块规格尺寸为 20mm×20mm 至 30mm×30mm，为了便于施工，出厂前一般用铺贴纸粘合成联长 327mm 等尺寸的玻璃马赛克联。外观质量要求评定的缺陷项目有凹陷变形、弯曲变形、缺边、缺角、裂纹、疵点、皱纹、开口气泡等。

13.2.3 建筑陶瓷

建筑陶瓷是指用于建筑饰面或作为建筑构件的陶瓷制品。建筑陶瓷具有坚固耐用、色彩鲜艳的装饰效果，同时具有易洗、防火、抗水、耐磨、耐腐蚀和维修费用低等优点。随着现代科学技术的发展和人民生活水平的提高，建筑陶瓷的应用越来越广泛，其品种、花色和性能也不断地发生着较大的变化。

13.2.3.1 陶瓷的分类

陶瓷是陶器和瓷器的总称。陶瓷制品的品种繁多，为了便于掌握各类产品的特征，通常采用以下两种方法进行分类。

1. 按用途分类

按陶瓷制品的用途可分为：日用陶瓷、艺术陶瓷和工业陶瓷。在工业陶瓷中又分为化工陶瓷、化学陶瓷、电瓷、特种陶瓷以及建筑陶瓷。

2. 按所用原料及坯体的致密程度分类

(1) 陶质制品。陶质制品的主要原料是可塑性较高的易熔或难熔黏土。制品一般具有一定的吸水率（大于 10%），断面粗糙无光，不透明，敲之声音沙哑；可施釉，也可不施釉。陶质制品又可分为粗陶和精陶两种，建筑上用的砖、瓦即为粗陶一类，精陶按其用途不同可分为建筑精陶、美术精陶及日用精陶。

(2) 炻质制品。炻质制品以耐火黏土为主要原料经高温焙烧制成。烧后呈浅黄色或白色，制品断面较致密，吸水率较小（小于 2%）。炻器制品是介于陶质制品与瓷质制品之间的一类制品，也称为半瓷。建筑装饰工程中的釉面内墙砖、陶瓷锦砖、外墙面砖、陶瓷地砖等均属于炻质制品。

(3) 瓷质制品。瓷质制品是以高岭土为主要原料，经过精细加工、成型后经高温焙烧制成。坯体致密，含杂质少，呈半透明状，基本上不吸水（吸水率小于 1%），耐酸、耐碱、耐热性能均好，敲之声音清脆，通常都施釉。瓷质制品分为粗瓷和细瓷。例如日用瓷、电瓷、化工瓷等多属此类制品。

13.2.3.2 生产陶瓷的原料及表面装饰

1. 生产陶瓷的原材料

生产陶瓷坯体的天然矿物原料主要有可塑性物料、瘠性物料、熔剂原料、有机物料等。

(1) 可塑性物料。可塑性物料即黏土原料，它是陶瓷坯体的主体，黏土是由天然岩石经长期风化而形成的，是多种微细矿物的混合体，其中主要是含水的铝硅酸盐矿物。

(2) 瘠性物料。瘠性物料的作用是降低黏土的塑性，减少坯体的收缩，防止高温变形。常用的瘠性物料有石英沙、熟料和瓷粉。石英的主要成分是 SiO_2。当石英的烧制温度达到573℃以上时会发生晶体转变，产生开裂现象，因此，在以石英为原料时应加以控制。熟料是将黏土煅烧后磨细而成。瓷粉是用碎瓷磨细而成。

(3) 熔剂原料。熔剂原料的作用是降低陶瓷坯体的烧成温度，缩短坯体的干燥时间，减少坯体在干燥时产生的收缩和变形。常用熔剂原料有长石、滑石以及钙、镁的碳酸盐等，它们在高温下熔融后呈玻璃熔体，可溶解部分石英颗料及高岭石的分解产物，并可黏结其他结晶相。

(4) 有机物料。有机物料的作用是提高物料的可塑性。一般包括天然腐殖质或由人工加入的锯末、糠皮、煤粉等。

2. 陶瓷制品的表面装饰

陶瓷制品的表明装饰，可以通过对陶瓷坯体的改变来实现，也可以通过在坯体表面上施釉来实现。

(1) 施釉。釉是由石英、长石、高岭土等为主要原料，再配以多种其他成分研制成浆体，喷涂于陶瓷坯体的表面，经高温焙烧后，在坯体的表面形成的一层连续玻璃质层。釉料在组成上与坯料不同之处是含有大量易熔组分，如在低温釉、熔块釉中采用大量低熔点的熔剂原料。施釉的目的在于美化坯体表面，提高坯体机械强度。釉面具有一定的光泽和颜色，使制品获得优良装饰效果。同时，釉层能改善制品的抗渗性、热稳定性、化学稳定性，从而大大增强了陶瓷制品的使用功能。

施釉的陶瓷制品所需用的着色剂大都是各种金属氧化物。这些金属氧化物有些是天然矿石，有些是人工制成，它们多数不溶于水，可直接使坯体或釉着色。

(2) 釉下彩绘。釉下彩绘是在陶瓷生坯或经素烧过的坯体上绘以彩色图案花纹，然后施一层透明釉料，再经过釉烧而成，大大提高陶瓷制品的装饰性。其优点是釉层可以保护画面，不会因为陶瓷在使用过程中被破坏，并且画面显得清秀光亮。我国名贵的釉下绘制品有青花、釉里红及釉下五彩等。

(3) 釉上彩绘。釉上彩绘是在已经釉烧的陶瓷釉面上，采用低温彩料进行彩绘，然后再在较低温度下经彩烧而成。其优点是彩绘的颜色丰富，有人工绘制、贴花、喷花、刷花等几种。缺点是画面易于磨损，光滑性差，容易发生彩料中的铅溶出引起铅中毒的情况。

(4) 贵金属装饰。贵金属装饰陶瓷就是将金、银等贵重金属用各种方法置于陶瓷的表面，可以在高级陶瓷制品的表面形成富有贵金属色泽的图案，具有华丽、高贵的效果。

13.2.3.3 建筑陶瓷制品的主要技术性能

(1) 外观质量。外观质量是装饰用建筑陶瓷制品最主要的质量指标，通常根据外观的中心弯曲度、翘曲度、直线度、垂直度、色差等指标对产品进行等级划分。一般根据外观质量等方面若干规定标准将产品划分为优等品、一等品、合格品等几个等级。

(2) 吸水率。吸水率是建筑陶瓷制品的重要物理性质之一。它与弯曲强度、耐急冷急热性能密切相关，是控制产品质量的重要指标。不同种类的建筑陶瓷制品吸水率的限值标准有时相差较大。

(3) 耐急冷急热性能。陶瓷制品的内部和表面釉层热膨胀系数不同，温度急剧变化可能会使釉层开裂。一般根据急冷急热循环试验，不出现炸裂或裂纹的循环试验次数来判定是否满足质量要求。

(4) 弯曲强度。陶瓷材料质脆易碎，因此对弯曲度有一定的要求。

(5) 抗冻性能。一般根据冻融循环试验，不出现破裂或裂纹的循环试验次数来判定是否满足要求。

13.2.3.4 常用建筑陶瓷制品

1. *釉面内墙砖*

釉面内墙砖简称釉面砖，习惯上又称作瓷砖、瓷片。生产釉面砖的主要原料是烧后呈白色的耐火黏土、叶蜡石或高岭土等。通常将磨细的泥浆脱水干燥后，用半干法压型，素烧后施釉入窑烧制而成。釉面砖色泽柔和典雅，朴实大方，热稳定性好，防火、防潮、耐酸碱，表面光滑，易清洗，主要适用作厨房、浴室、卫生间、实验室、精密仪器车间及医院等室内墙面、台面等部位的饰面材料，其效果是既清洁卫生，又美观耐用。需要注意的是，釉面内墙砖不宜做外墙装饰材料和地面装饰材料使用。

(1) 规格尺寸与产品等级。釉面内墙砖分为白色釉面砖、彩色釉面砖、装饰釉面砖、图案釉面砖、瓷砖画及色釉陶瓷字等种类；按正面形状分为正方形、长方形和异形配件砖。为增强粘贴力，釉面砖背面做有凹槽纹。

1) 釉面砖的主要规格尺寸有100mm×100mm至400mm×400mm等多种，异型配件砖的外形及规格尺寸更多，可按需要选配。

2) 釉面砖根据外观质量等方面的测定结果划分为优等品、一级品、合格品三个等级。外观质量评定项目为：中心弯曲度、翘曲度、直线度、垂直度、色差、磕碰、釉缕、棕眼、斑点、裂纹、坯粉、釉泡、缺釉、波纹、剥边、烟熏、熔洞、开裂等。

(2) 技术性能要求。

1) 吸水率。要求应小于18%。

2) 抗折强度。要求为2～4MPa。

3) 冲击强度。要求用30g钢球从30cm高处落下3次，砖体不破碎。

4) 热稳定性。要求由140℃急剧降至常温循环3次，不出现裂纹。

5) 白度。要求白色釉面砖的白度应大于78%。

2. *外墙面砖*

外墙面砖是采用优质耐火度较高的黏土，经半干压法压制成型，在经1100℃左右高温焙烧而成的炻质和陶质制品，是用于建筑物外墙的片状装饰材料。外墙砖具有坚固耐用、色彩鲜艳、易清洗、防火、防水、耐磨、耐腐蚀和维修费用低等优点。

(1) 规格尺寸与产品等级。

1）常用规格尺寸为 200mm×60mm 至 300mm×200mm。

2）外墙面砖按外观质量等方面的测定结果划分为一级品、二级品两个等级。外观质量所需测定缺陷名称为：裂纹、色斑、色脏、杂质、熔洞、釉泡、釉面碰破、缩釉、重釉、大小头、分层、缺角、缺边、变形等。

（2）技术性能要求。

1）吸水率。要求为 1%～8%。吸水率越小，抗冻性越好，寒冷地区应选用吸水率较低的产品。

2）耐急冷急热。经三次急冷急热循环不出现炸裂或裂纹。

3）抗冻性。经 20 次冻循环不出现破裂、剥落或裂纹。

4）抗弯强度。平均值不低于 24.5MPa。

3. 陶瓷锦砖

陶瓷锦砖俗称“马赛克”，它是边长不大于 50mm，具有多种几何形状的小瓷片，可以拼成织锦似的图案，用于铺地和贴墙的装饰砖。陶瓷锦砖是以优质瓷土烧制而成，可上釉和不上釉。由于规格小，直接粘贴很困难，出厂前由工厂按设计图案反贴在牛皮纸上，每张大约 30cm 见方，称作一联。陶瓷锦砖具有美观耐磨、不吸水、易清洗、抗冻性能好、坚固耐用、造价低等优点，主要用于工业建筑要求洁净的车间、工作间、化验室以及民用建筑的门厅、走廊、餐厅、厨房、盥洗室、浴室等的地面，也可用作建筑物的外墙装饰材料。彩色陶瓷锦砖还可用以镶拼壁画、文字及花边，形成一种别具风格的锦砖壁画艺术。

（1）品种及形状。

陶瓷锦砖按其表面性质分为无釉、有釉两种；按砖联花色分单色和拼花两种。陶瓷锦砖的常用形状有正方（大方、中大方、中方、小方）、长方、对角（大对角、小对角）、六角等多种。其产品按尺寸允许偏差和外观质量等划分为优等品和合格品两个等级。外观质量所需测定缺陷项目名称为：夹层、釉裂、开裂、斑点、粘疤、起泡、坯粉、麻面、波纹、缺釉、棕眼、熔洞、缺角、缺边、变形等。

（2）主要技术要求。

1）吸水率。无釉锦砖吸水率应不大于 0.2%，有釉锦砖吸水率应不大于 1.0%。

2）抗压强度。要求为 15～25MPa。

3）使用温度。要求为 15～100℃。

4）耐酸碱性。要求耐酸度大于 95%，耐碱度大于 84%。

5）莫式硬度。要求 6%～7%。

6）成联质量。锦砖与铺贴纸黏结牢固，不得在运输或铺贴施工时脱落，但在浸水后应脱纸方便，脱纸时间不应大于 40min。

4. 无釉陶瓷地砖

无釉陶瓷地板砖是由陶瓷坯体不施釉一次烧成的片砖。无釉陶瓷地砖具有良好的防滑性能，主要用于厨房、卫生间等场所的地面。

（1）规格尺寸与产品等级。

1）常用规格尺寸为 50mm×50mm 至 300mm×300mm。

2）无釉陶瓷地砖根据外观质量等方面的测定结果划分为优等品、一等品、合格品三个等级。外观质量评定项目为：平整度、边直度、直角度、斑点、起泡、溶洞、磕碰、坯粉、麻面疵火、图案模糊、裂纹、开裂、色差等。

（2）技术性能要求。

1）吸水率。要求3%～6%。

2）抗冻性能。经20次冻融循环，不出现破裂或裂纹。

3）弯曲强度。平均值不低于25MPa。

4）耐急冷急热性能。经3次急冷急热循环，不出现炸裂或裂纹。

5．抛光砖、渗花砖、玻化砖

抛光砖、渗花砖、玻化砖均采用优质瓷土经高温焙烧制成，表面一般不上釉，结构致密，质地坚硬，吸水率低，表面平整，主要用于公共建筑、住宅建筑等建筑物的门厅、楼梯间、走廊及各类房间的室内楼地面。为保证粘贴牢固，背面的凸背纹的高度和凹背纹的深度均不应小于0.5mm。

（1）规格尺寸和产品等级。

1）常用规格尺寸为100mm×100mm至1000mm×1000mm。

2）根据几何误差和外观质量等方面的测定结果划分为优等品、一等品、合格品三个等级。几何误差的测定项目为：边直度、直角度、工作尺寸对角线的中心弯曲度、工作尺寸对角线的翘曲度等。

抛光砖、渗花砖、玻化砖的外观质量评定项目的要求内容各有不同的侧重点。

a．抛光砖外观质量缺陷评定项目为：漏磨、漏抛、磨痕、磨划等。

b．无釉渗花砖、玻化砖外观质量缺陷评定项目为：分层、开裂、裂纹、斑点、起泡、熔洞、磕碰、坯粉、麻面、色差、疵火等。

c．有釉渗花砖外观质量缺陷评定项目比无釉渗花砖多出下列项目：缺釉、棕眼、釉缕、烟熏、釉裂、釉泡、波纹、剥边等。

（2）技术性能要求。

1）吸水率。有釉砖不超过0.5%，其他砖不超过1%。

2）弯曲强度。平均值不低于30MPa。

3）耐磨性。无釉砖磨损量平均值不超过205mm^3。

4）光泽度。抛光砖不超过55。

6．陶瓷劈离砖

陶瓷劈离砖又称劈裂砖或劈开砖，是以黏土为原料，经配料、真空挤压成型、烘干、焙烧、劈离（将一块双联砖分为两块砖）等工序制成。具有强度高，吸水率低、抗冻性强、防腐蚀等优点。产品独特，富有个性，古朴高雅，常用于外墙装饰或地面装饰。

陶瓷劈离砖常用规格尺寸为100mm×100mm至300mm×300mm。一般根据外观质量等方面的测定结果划分为优等品、一等品、合格品三个等级。

7．琉璃制品

琉璃制品以难熔黏土制坯成型后，经干燥、素烧、表面涂以琉璃釉后，再经烧制而成的制品。琉璃制品具有质细致密，表面光滑，不宜沾污，坚实耐久，色彩绚丽，造型古朴等优点，富有我国传统的东方民族特色。

琉璃制品主要有琉璃瓦、琉璃砖、琉璃兽，以及琉璃花窗、栏杆等各种装饰制品，还有陈设用的建筑工艺品，如琉璃桌、绣墩、鱼缸、花盆、花瓶等。其中琉璃瓦是一种高级屋面材料，色彩绚丽多样，常用的有金黄、翠绿、宝蓝等色彩，主要用于具有民族色彩的宫殿式房屋，以及少数纪念性建筑物上。此外，还常用于建造园林中的亭、台、楼阁，可以增加园林的景色。

8. 卫生陶瓷

卫生陶瓷是利用瓷土烧制成的细炻质制品，可以制作成为人们盥洗或洗涤使用的卫生器具，如洗脸盆、大小便器、水箱水槽等，主要用于卫生间、盥洗室、浴室等处。

13.2.4 其他装饰材料

13.2.4.1 建筑装饰用钢材制品

1. 不锈钢装饰制品

不锈钢制品是以铬为主要合金元素的合金钢，铬含量越高，钢的耐腐蚀性能越好。这是因为铬合金元素的性质比铁元素活泼，它首先与环境中的氧化合，生成一层与钢基体牢固结合而又致密的氧化膜层，即钝化膜。钝化膜可以很好地保护合金钢不被腐蚀。为了改善不锈钢的强度、塑性、韧性和耐腐蚀等方面的性能，往往还在不锈钢中加入镍、锰、钛、硅等元素。建筑装饰工程中采用的不锈钢主要有铁素体不锈钢、奥氏体不锈钢等类别。其主要优点是：抗锈蚀性能强，可以长时间保持初始装饰效果；不锈钢饰件具有金属光泽和质感；装饰板表面光洁度高，可以具有镜面般的效果；具有强度高、硬度大、维修简单、易于清理等特点。

建筑装饰用不锈钢制品主要是薄钢板，常用的产品有不锈钢镜面板、不锈钢刻花板、不锈钢花纹板、彩色不锈钢板等多种。其中厚度小于1mm的薄钢板用得最多，常用来做包柱装饰，广泛用于大型商场、餐馆、宾馆的入口、门厅等公共场所。不锈钢装饰板材还常用于公共建筑的室内外墙面、电梯侧壁、扶梯侧梆等常被人们接触的部位。

不锈钢型材主要有槽材和角材等品种，可用于建筑工程中的屋面、幕墙、门窗以及厨房、浴室、卫生间等潮湿的环境和部位。不锈钢管材主要有圆形管、方形管、长方形管和椭圆形管等类别，主要用于楼梯、围栏的扶手、栏柱以及室内棚面、隔断等需要装饰的设施和部位。

2. 彩色涂层钢板

彩色涂层钢板是以冷轧板或镀锌钢板为基板，采用表面化学处理和涂漆等工艺处理方法，使基板表面覆盖一层或多层高性能的涂层制做成的产品。钢板的涂层大致可以分为有机涂层、无机涂层和复合涂层三种类别，其中有机涂层可以加工成各种不同的色彩和花纹，所以又常称为彩色钢板或彩板。

彩色涂层钢板涂层附着力强，色泽鲜艳不变色，具有良好的装饰性能、防腐蚀性能、耐污染性能、耐热耐低温性能以及可加工性能，可以采用切断、弯曲、钻孔、铆接、卷边等加工方法，常用于建筑工程中的门窗、墙面、护面板等部位。

3. 轻钢龙骨

轻钢龙骨是以镀锌钢带或薄钢板由特制轧机以多道工艺轧制而成的室内棚面、隔墙的龙骨材料。具有自重轻、强度大、不易变形、通用性强、耐火性及抗震性能较好，使用寿命长、加工安装简便等优点。可装配各种类型的石膏板、钙塑板、吸音板等饰面材料。常用的轻钢龙骨根据棚面能否上人，龙骨安装吊档间距的不同可分为38系列、50系列、60系列和普通型、加强型等形式，广泛用于宾馆、写字楼、住宅等建筑工程的室内装饰装修中。

U形轻钢龙骨由主龙骨、副龙骨、横撑龙骨、吊挂件、安插件等主、配件组成。LT轻钢龙骨由主龙骨、副龙骨、L形边龙骨和各种安插件组成。异形龙骨主要有M系列、E系列、V系列、F系列等，主要用于大型公共建筑物室内金属装饰面板的吊顶工程中。

13.2.4.2 铝及铝合金

铝及铝合金由于其性能独特，在室内外装修、吊顶龙骨、玻璃幕墙框架、门窗框、栏杆、扶手及装饰板等方面有着广泛的应用，在建筑装饰工程中具有其他建筑材料无法替代的重要作用。

1. 铝及铝合金的特性

(1) 纯铝的特性。铝呈银白色，属于有色金属中的轻金属，纯铝的密度为2.7g/cm^3，是钢的1/3。铝的熔点低，约为660℃。铝的电热性能和导热性能比较强。

铝的化学性质较活泼，与氧的亲和力较强，暴露在空气中，很容易在表面生成一层氧化铝薄膜，对下面的金属起到一定的保护作用，所以在大气中的铝具有一定耐腐蚀性。但由于这层氧化铝膜层很薄，并且呈现多孔状态，因而其耐腐蚀性也很有限。

铝的电极电位很低，如与电极电位高的金属接触并且有电解质（如水汽等）存在时，在形成微电池后很快受到腐蚀。所以用于铝合金门窗等铝制品的连接件应当用不锈钢制品。

纯铝具有良好的塑性和延展性，易于加工成型。但纯铝的强度和硬度均较低，不能满足使用要求，故工程中不用纯铝制品。

(2) 铝合金的特性。为了提高铝的实用性，在熔融的铝中加入适量的某些合金元素制成铝合金，再经冷加工或热处理，可以大幅度地提高其强度和硬度。产品主要有防锈铝合金、硬铝合金、超硬铝合金、锻铝合金、铸铝合金等。

铝中通常加入的元素有铜、镁、硅、锰、锌等，这些元素有时单独加入，有时配合加入，可以生产出各种各样的铝合金。铝合金一方面解决了纯铝强度和硬度太低的问题，另一方面又能保留了铝的轻质、耐腐蚀、塑性和延展性能好等优点，明显地提高了铝的机械性能，故在建筑工程中已成为不可缺少的建筑装饰材料。

铝合金有如下特性：

1) 铝合金的密度小，属轻质金属材料。

2) 铝合金的弹性模量小，约为碳钢的1/3，不宜作重型结构承重材料。

3) 铝合金的比强度大，是碳钢的2倍以上，属轻质高强度材料，适用于作大跨度轻型结构材料。

4) 低温性能好，不会出现温度下降时，强度降低的现象。

5) 可加工性能好，可通过切割、切削、冷弯、压轧、挤压等方法加工成多种型材和产品。

2. 铝合金的种类

根据铝合金的应用部位和受力情况通常分为三类：

（1）第一类为利用其高强度为主的受力构件，如大跨度轻型结构屋架等。

（2）第二类是应用在不承受荷载或承受荷载作用不大部位的构件，如建筑装饰工程中的铝合金门窗、卫生设施、通风管道、支架、栏杆、扶手等。

（3）第三类是指各类装饰品和绝热材料。

3. 铝合金的表面处理

（1）阳极氧化处理。由于铝型材表面的自然氧化膜很薄致使耐腐蚀性很有限，采用人工方法增加铝型材氧化膜厚度，可提高其耐腐蚀性能，常用的方法为阳极氧化处理，该工艺是采用控制氧化条件及工艺系数的方式，在铝型材料表面形成比自然氧化膜厚得多的氧化膜层。建筑用铝型材必须全部进行阳极处理，一般采用硫酸法。在氧化处理的同时，还可以进行铝型材表面着色处理，形成美丽的色彩。

（2）表面着色处理。表面着色处理是通过控制铝型材不同合金元素的种类、含量及热处理来实现的，经中和水洗或阳极氧化后的铝型材，可以进行表面着色处理。常用的着色方法有自然着色法和电解着色法等。自然着色法是铝型材在特定的电解液和电解条件下进行阳极氧化的同时而产生着色的方法；电解着色法是对铝型材在常规硫酸液中生成的氧化膜进一步进行电解，使电解液中所含金属盐的金属阳离子沉积到氧化膜孔底而着色的方法。

经过阳极氧化着色生成的氧化膜是多孔状，很容易吸附有害物质形成腐蚀，必须进行处理，以提高氧化膜的耐腐蚀、防污染等性能，这类处理方法统称为封孔处理。建筑铝型材常用的封孔方法有水合封孔和有机涂层封孔等。

4. 铝合金型材

建筑用铝合金型材品种规格较多，断面形状复杂，外观质量和尺寸要求严格。常用铝合金型材的品种有等槽型材、宽槽型材、T形型材、山字形型材、矩形管材、工字形型材、开口方管型材、正方管型材、圆形管材、侧角长方形管材、等角铝型材、不等角铝型材、门窗专用铝型材等。广泛应用在各种建筑物的隔墙、隔断、门窗、卫生洁具等部位。

5. 铝合金门窗

铝合金门窗是将已处理好的门窗型材，经下料、打孔、铣槽、攻丝、制配等加工工艺，制作成门窗框料构件，再加连接件、密封件、开闭五金配件等一起组合装配而成的产品。

铝合金门按其结构与开启方式可分为：折叠门、平开门、推拉门、地弹簧门、平开下悬门等。铝合金窗按其结构与开启方式可分为：固定窗、上悬窗、下悬窗、中悬窗、旋转窗、平开窗、滑轴平开窗、滑轴窗、推拉窗、推拉平开窗、平开下悬窗等。

铝合金门窗产品通常要对抗风压性能、水密性能、气密性能、保温性能、隔声性能、采光性能等进行检测和分级。常用的铝合金门窗分为普通型、隔声型、保温型等种类，不同的种类对上述项目性能有不同的要求和标准。

铝合金门窗与普通木门窗、钢门窗相比具有质量轻、密封性能好、色泽美观多样、耐腐蚀性能好、加工维修方便、便于进行工业化生产等优点。在选用配件材料时，除不锈钢外，要进行防腐蚀处理，不能与铝合金型材发生接触腐蚀。

6. 铝合金装饰板材

用于装饰工程的铝合金板，其品种和规格很多。通常有银白色、古铜色、金色、红色、蓝色、灰色等多种颜色。一般常用于厨房、浴室、卫生间顶棚的吊顶和家具、操作台以及玻璃幕墙饰面等处的装饰装修。

(1) 普通铝合金板。普通铝合金板表面光亮平整，利用阳极氧化的方法可生产多种颜色的产品。常用的厚度为 0.5～1.0mm。

(2) 铝合金冲孔消声饰面板。铝合金冲孔消声饰面板是采用模具冲压等方法穿孔而成。其具有轻质、防腐、防水、防火、防潮和消音效果良好等优点，常用于各种有消声、隔声要求的环境中，板材厚度为 1.0～1.2mm，孔径为 6mm。

(3) 铝合金波纹板。铝合金波纹板是用机械轧辊将板材轧成一定的波形后生产出的产品。它具有重量轻、外形美观、色彩丰富、耐久性好、安装方便等优点，同时该类板材还有很强的反射阳光的能力，可用于公共建筑的幕墙饰面。

(4) 铝合金花纹饰面板。铝合金花纹板是采用防锈铝合金等坯料，用特制的花纹轧辊轧制而成。花纹美观大方、装饰好、不易磨损、防滑性能好、防腐性能强、尺寸精确、安装方便。常用的品种有大棱形、小逗点、小棱形、月季花、飞天图等，可用于公共建筑的墙面装饰。

13.2.4.3 铜及铜合金制品

铜是我国历史上使用较早的一种有色金属。纯铜呈紫红色，密度为 8.92g/cm^3，属重金属材料，具有良好的导电性、导热性、耐腐蚀性、延展性、塑性和易加工性能。由于纯铜的强度较低，常在铜中加入锌、锡等合金元素制做成铜合金制品，一方面保持了良好的塑性和耐腐蚀性能，另一方面又提高了制品的强度。在建筑装饰工程中常用的有铜合金板材、管材、线材和铜饰件等。

铜合金板材常用的厚度为 0.4～1.8mm，主要用于室内装饰中的造型饰面和浮雕装饰品等，装饰效果极佳，可以给人一种豪华、富贵的感觉。铜合金管材的外径常用的为 10～100mm，主要用于建筑物的围栏、栏杆、扶手等部位以及家具装饰等方面。铜饰件常用的有楼梯防滑条、地毯铜压头及铜压条等。

13.2.4.4 顶棚装饰材料

1. 矿棉吸声板

矿棉吸声板又名矿棉板，是利用矿棉为主要原料，加入一定数量的黏合剂，经加压、烘干、养护、表面处理等工序制做而成的产品，具有重量轻、吸音效果好、保温、隔热、防火性能强等特点。矿棉吸声板表面处理的形式丰富多样，通常将板面制做成滚花、浮雕、立体、印刷、贴面等形式，图案精美，具有良好的装饰效果。适用于宾馆、会议室、办公室、教室、剧院等建筑物的吊顶装饰。

常用尺寸为：长度 500～1800mm，宽度 300～600mm，厚度为 9mm、12mm、15mm、18mm。上述四种不同厚度的矿棉板所对应的弯曲破坏荷载分别不应低于 40N、60N、90N、130N。矿棉吸音板的受潮挠度不应大于 3.5mm。

2. 珍珠岩装饰吸声板

珍珠岩装饰吸声板是利用膨胀珍珠岩及石膏、水泥、水玻璃聚合物等黏结料，经搅拌、成型、干燥、养护、表面处理等工序加工而成的吸声材料。产品具有重量轻、装饰效果好、吸声、隔热、保温、防火、防蛀、耐酸等特点，可用于建筑物的室内吊顶、墙面装饰。通常用做一般环境的吸声板，经过特殊防水材料处理，也可用于高湿度环境的吸声板。

根据外观质量和板材的尺寸误差检测结果可划分为优等品、一等品、合格品三个等级。常用板边长为 400～600mm，厚度为 15～20mm，需要测定的物理力学性能指标为：体积、密度、吸湿率、表明吸水量、断裂荷载、吸声系数（混响室外法）、不燃性、热阻值等。

3. 硅钙装饰板

硅钙板全称为纤维增强硅酸钙板，是采用硅钙质原料为基体材料，并掺入有机和无机纤维材料，经过先进生产工艺成型、加压、高温蒸养等技术处理方法加工制作而成。该板密实性好，表面平整美观，并具有隔音、隔热、防火、防潮、耐久性强、不变形、不发霉、不虫蛀等优点，安装时可以采用锯、钻、刨、钉等加工方法。硅钙板是礼堂、展览馆、办公室、教室、会议室、商场等建筑物室内吊顶和内墙隔断装饰的理想材料。

常用硅钙板长度为 1800mm、2400mm、2440mm、3000mm，宽度为 800mm、900mm、1000mm、1200mm、1220mm，厚度为 5mm、6mm、8mm、10mm、12mm、15mm。石棉纤维增强硅酸钙板适用于中档以下建筑物，非石棉纤维增强硅酸钙板适用于中、高档建筑物。上述两种板又分为普通板和高级板两个等级。

硅钙板的主要技术性能所需测定项目为密度、抗折强度、螺钉拔出力、导热系数、含水率、湿胀率、不燃率等。外观质量要求为正面应平整，边缘整齐，不得有裂纹，缺角等缺陷；普通板允许有少量不影响使用的鼓泡和凹陷，高级板则不允许有鼓泡和凹陷。

? 复习思考题

1. 装饰材料如何按装饰部位分类？
2. 装饰材料的选用原则有哪些？
3. 简述涂料的组成成分和它们的作用。
4. 溶剂型涂料与乳液型涂料的主要区别是什么？
5. 建筑装饰涂料的功能有哪些？
6. 简述玻璃的主要技术性能。
7. 生产普通平板玻璃的常用方法有哪几种？其产品规格有哪些？
8. 保温绝热玻璃有哪几种？简述它们的优点及应用。
9. 什么是建筑陶瓷？其主要原料组成是什么？
10. 常用建筑陶瓷制品有哪些？
11. 常用的陶瓷地砖有哪几种？各有哪些特点？
12. 简述铝合金的性质和应用。
13. 简述不锈钢制品的应用范围。

第 14 章　常用建筑材料试验

本章要点

掌握建筑工程材料性能试验基本方法、试验设备的性能和操作规程；
熟悉各种主要建筑材料的技术性质，各种试验数据的整理、运算与分析；
了解不同的试验条件的变化对试验结果的影响。

14.1　建筑材料试验概述

14.1.1　概述

建筑材料试验是一门与生产密切联系的科学技术，作为建筑工程行业的工程技术人员，必须具备一定的建筑材料试验知识和技能，才能正确评价材料质量，合理而经济地选择和使用材料。

本章的试验内容包括材料的基本性质、钢筋、水泥、混凝土用集料、混凝土、建筑钢材、建筑砂浆、砌筑材料、沥青等建筑材料的基本试验。

建筑材料试验测试的目的是得到材料某一物理量的真值，但是真值是无法测定的。而只能得到近似值，所以我们要设法从测试值中得到代表真值的最佳值。由此可见，材料的总体质量，是通过随机抽取的样本，经测试而得到的试验数据，经加工处理后得到样本信息，通过样本信息来反映材料总体质量。

建筑材料试验通常包括取样、测试、试验数据的整理、运算与分析等技术问题。

14.1.2　常用建筑材料试验的抽样及处理

抽样检验就是通过一个样本来判断总体是否合格。选取试样是建筑材料检验的第一个环节，抽样方法的正确与否直接关系到所检验材料的整体结果，必须制定出一个抽样方案。同时通过检验还要制定出判定其指标的验收标准。这样才能使取样方法具有较高的科学性和代表性。为此，取样时应考虑的内容包括。

1. 批量的划分

需要检验的一批产品中所包含的单位产品的总量，即为批量。批量的划分首先考虑的是样本的代表性，只有样本具有代表性，这样用从样本中得到的样本信息来估计整批材料的质量才比较可靠。其次要考虑样本容量的大小，样本容量过大，一旦出现样本指标通不过验收标准，就会增加进一步处理的工作量，但样本的容量过小，对总体质量的判断容易产生失误。因此批量的大小，对实际应用及验收的科学性都会产生极大的影响。

2. 抽样的规则

样本原则上应从同一批量中随机抽取，由于检验目的不同，不同材料其取样规则也不同，但为了使取样更具有科学性、公正性和代表性，在确定取样规则时应考虑以下几方面的内容：

(1) 取样地点。取样地点的确定，是保证材料具有真实质量的关键所在。为了防止材料在运输过程中质量受到影响，建筑工程所用材料一般规定在施工现场进行取样。

(2) 样品的保存条件。由于要求不同，反映的情况不同，样品的保存条件也存在着差异。如混凝土试件，其养护条件有标准养护和同条件养护。而此条件的不同也使混凝土试件强度增长存在差异，测试的结果会因此不同。

3. 时间的确定

很多材料的性能是随着时间的变化而改变的。因此测定的时间不同，所获得的信息结果也会有很多差异。如混凝土，其强度测试龄期分别有 3d、7d、28d，龄期不同，所测得的混凝土强度值存在很大差异。

4. 取样的方法

为了使取样具有代表性，能客观公正的反映材料的真实质量，取样方法应视材料而定，既要具有随机性，还要有均匀性、科学性，这样才能保证样本全面真实的反映材料的总体质量。如粗细骨料散粒状材料，取样时，粗骨料 $400m^3$ 为一批，取样自料堆的顶、中、底三个不同的高度处，在均匀分布的五个不同部位处，取大致相等的试样各一份，共取 15 份，取样时先将取样部位的表面铲除，于较深处铲取。试验铲取后，要将试样缩分，将取回试验室的试样倒于平整、洁净的拌板上，在自然状态下拌制均匀，然后用四分法缩取各项试验所需的材料数量。四分法缩取的步骤是：将拌制试样摊成厚度约为 20cm 的圆饼，于饼上划分十字线，将其分成大致相等的四份，除去其中对角的两份，将其余两份按照上述四分法再缩取，如此继续进行，直到缩分后的试样质量略多于该项试验所需数量为止，另外还可用分料器进行缩分。可以看到，只有这样才能全面反映材料质量的真实性。

5. 取样频率及样本容量

取样频率是指一批材料中所取样本的次数。样本容量是指组成样本的单位产品的个数，即取样组数。如混凝土强度每批即 100 盘或 $100m^3$ 取一次试样，或至少每个工作班，或每个现浇板取一次试样，以三个试块为一组，用三个试件的抗压强度平均值作为样本强度的统计数据。此目的在于减少试验误差，提供较可靠的样本信息。取样频率过大造成试验工作量的加大，过小则不能反映批量材料的均匀性。样本的容量不宜过小，过小的样本对总体的质量判断容易失误；适当增大样本容量，虽然会增加取样和试验工作量，但由于减少了判断失误，可从其他方面获得效益。

14.1.3 建筑材料的试验影响因素

同一材料在不同的制作条件或不同的试验条件下，会得出不同的试验结果。以力学试验为例，其主要的试验影响因素有以下几方面。

1. 仪器的选择

试验中仪器的选择对试验精度将产生很大的影响。仪器选择不当，会使测试的结果产生极大的误差，测试过程中，要求测试样品性能指标的大小要与仪器所能测试的量程范围相适应，同时要求所测试样的精确度，要与试验仪器的精确度相对应。在测试材料强度的试验中，对压力机测试范围的选择，根据试件荷载范围的大小，应使指针停在试验机度量盘的第二、三象限内为好。

2. 试件尺寸

试验证明在相同条件下试件的尺寸不同，所测得的试验结果差别也很大，比如混凝土试块，其尺寸越小，测得的强度值越高，试件尺寸越大，测得的强度值越小。因此试件的尺寸要严格按标准要求制作，同时测试前，应准确的测量出试件的尺寸。当采用非标准试件时应乘以尺寸效应系数加以调整。

3. 试件的形状

试件的形状不同，其所测试的强度值也不同。例如在进行混凝土强度试验时，棱柱体（高度 h 比横截面的边长 a 大的试件）试件要比立方体形状的试件测得的强度值小，这是因为试件受压面与试验机压板之间存在着摩擦力，由于压板刚度大，因此使试件受压时压板的横向应变小于混凝土的横向应变，摩擦力使试件的横向变形受到约束作用，这种约束作用称为“套箍效应”。同时套箍效应随着与压板距离的增大而逐渐减小。可见试件的 h/a 比越大，中间区受套箍效应的影响越小，且 h/a 越大越容易产生偏心受压，故棱柱体的抗压强度（采用 150mm×150mm×300mm 的棱柱体试件）要比立方体的抗压强度（采用 150mm×150mm×150mm 的试件）小。混凝土的轴心抗压强度和混凝土立方体抗压强度相比，轴心抗压强度仅为立方体抗压强度的 0.7～0.8 倍。

4. 表面状态

当混凝土受压面上有油脂类润滑物时，由于压板与试件间摩擦阻力小，使套箍效应影响大大减小，试件将出现垂直裂纹而破坏，故此测得的强度值小。同时试件表面如粗糙或不平整，会引起应力集中而使测试强度大为降低。因此试验测试时，必须取试件的平整光洁的表面。

5. 加荷速度

试验时，压力机对试件加荷速度的大小对材料强度值的影响也较大，其原因是试件的变形达到一定程度时破坏才发生，而加荷速度较快时，材料变形的增长速度落后于荷载增加的速度，当荷载增加到破坏荷载之上时，变形才达到破坏程度，故所测的强度值偏高。反之，则测得的强度较低。因此试验时加荷速度的快慢，应严格按照国家规范所要求的加荷速度进行加荷，否则会产生人为的误差，导致试验结果不准。

6. 试验环境条件

试验环境条件对试验结果的影响主要体现在温度和湿度两方面。试验条件直接影响到所测试材料的试验结果，试验时必须严格按照试验操作规程进行，否则会直接影响到试验数据的准确性。

试件养护的温度及试验时温度的高低，直接影响到试验结果。如混凝土不在标准条件下养护，会使其强度增长或快或慢，此时是无法确定混凝土强度的大小。混凝土试验时的温度也需严格控制，通常材料的强度也会随试验时温度的升高而降低。尤其是对有机材料，如沥青试验中，温度对材料性能有明显影响。

试件养护的湿度及试验时试件的湿度也明显地影响试验数据，如混凝土试件养护时要求相对湿度达 90%以上，以保证水泥水化所需的水分。而试验时试件的湿度越大，测得的强度越低，因为水分会使材料软化或起尖劈作用产生裂缝而使强度降低，所以干燥试件比湿润的试件测得的强度高。而脆性材料的弯曲强度可能出现相反的现象，所以试件的养护及测试的湿度应控制在规定的范围内。

14.1.4 试验数据的处理和试验报告

在取得了原始的试验数据之后，为了达到所需要的科学结论，常需要对试验数据进行一系列的分析和处理，经数据处理后，编写或填写试验报告，从而确定试验结果。但是，当我们对同一物理量进行重复测量时，经常发现他们的数值并不一样，每项试验都有误差，并且不能完全消除。为了科学的评价数据资料，必须认识和研究误差，以减少测量误差，正确组织试验，合理设计或选用仪器和操作方法，以便在经济的条件下取得理想的结果。

1. 测量误差

由于在测试过程中，仪器的精确性、人的视觉差、试件尺寸偏差的大小、测试取点等因素的影响，使我们通常所测试的数值，只是客观条件下的近似值，而不是物体的真正数值。虽然真值的量是未知数，但是可以估计测试值与真值相差的程度。这种测定值与真值之间的差异，称为测定值的观测误差，简称误差。

（1）测量及分类。测量是使客观事物的某种特性获得数值的表征，也就是将待测的量直接或间接地与另一同类的已知量相比较的过程。已知量是由测量仪器与测试工具来体现的，并作为标准的量。测量分为直接测量、间接测量与总体测量三类。

1）直接测量：未知量与已知量相比较，从而直接求得未知量的数值，可用下式表示：

$$Y=X \tag{14-1}$$

式中 Y——未知量的值；

X——由测量直接获得的数值。

2）间接测量：未知量是通过一定的公式与几个变量相联系，不能直接求得，需将直接测量所得的各变量值代入公式中，经过计算而得的未知量的数值。间接测量可用下式表示：

$$Y=F(x_1, x_2, \cdots, x_n)$$

式中 $x_1, x_2, \cdots, x_n$——各函数直接测量之数值。

例如：测量水泥抗折强度，利用下列公式：

$$R_f=\frac{1.5F_fL}{b^3} \tag{14-2}$$

式中 F_f——折断时施加于棱柱体中部的荷载，N；

L——支撑圆柱之间的距离，mm；

b——棱柱体正方形截面的边长，mm。

间接测量是用得最多的一种，大多数建材性能的测试，都是在间接测量的基础上完成的。

3）总和测量是指使各个未知量以不同的组合形式出现，根据直接测量或间接测量得到测量数值。

(2) 误差的分类。误差的分类方法较多，按照误差最基本的性质与特点，可以把误差分为三大类：系统误差、随机误差和疏忽误差。

1) 系统误差：凡恒定不变或遵循一定规律变化的误差称为系统误差。产生系统误差的原因主要来自于测量仪器和工具、测量人员、测量方法和条件等三方面。

测量仪器和工具不完整而产生的误差。例如，天平砝码不准确所产生的固定不变的系统误差；游标卡尺刻度不精确而产生的误差，万能试验机的刻度盘指针轴的不在圆心上而产生的周期变化等误差均为系统误差。

测量人员产生的系统误差，是由于观测者的不同习惯（如有的人用左眼观测，有的人用右眼观测，而造成读数时的误差）所引起的误差。

测量方法和条件所产生的误差，是由于没有按照正确的方法进行或者由于外界环境的影响（如不严格按照操作规程制作混凝土试件或测坍落度；养护的温度、湿度未达到标准条件等）所产生的误差。

在测量过程中，如果系统误差很小，则表示测量结果是相当准确的，所以测量的准确度是由系统误差来表征的。

2) 随机误差：当误差的出现没有规律性，其数值的大小与性质也不固定时，即误差是随机变化的称为随机误差。任何一次测量中，随机误差都是不可避免的，而且在同一条件下，重复进行的各次测量中，随机误差的大小、正负、各有其特性，但就其总体来说，却具有某些内在的共性，即服从一定的统计规律，出现的正负误差概率几乎相等。

随机误差产生的原因是多种多样的。是由于许多互不相干的独立因素引起的。其大多数因素与系统误差是一样的，只不过是由于变化因素太多或者由于其影响太微小而复杂，以致无法掌握其具体规律。

随机误差是不能用试验的方法消除的，但其总体是有规律的。根据随机误差的理论分析，一组多项重复测试值的算术平均值是最有代表性的数值，所以在重复测试中，取其算术平均值作为测量结果的一个重要指标。

在具体测量中如果数值大的随机误差出现的概率比数值小的随机误差出现的概率低得多，则表示测量结果较为精密，所以测量的精密度是随机误差离散程度的表征。

3) 疏忽误差：是由于测试者的疏忽大意引起的操作、读数或计算等产生的误差，都会使测量数据明显的歪曲，使测试结果完全错误，这种误差称为疏忽误差。疏失误差远远超过同一客观条件下的系统误差与随机误差，凡含有疏失误差的数据应舍去，在测量中是不允许存在的。

4) 综合误差：随机误差与系统误差的合成，通称为综合误差。误差的性质是可以在一定条件下转化的。如压力试验机的示值误差，对于成批的压力机来讲，是偶然误差。但对某一台压力机来测量材料强度时，示值误差使测量结果始终偏大或偏小，就成为系统误差了。

(3) 绝对误差与相对误差。绝对误差是表示测定值与真值之偏离，是数值的大小偏离程度，其值之正负，指明了偏离的方向。绝对误差有时称为误差，它表示测量的准确度，因为真值一般是无法测得的，故通常采用最大绝对误差表示。

相对误差是绝对误差与真值之比，通常可用百分数（%）表示。相对误差表示测试的精密度，具有可比性。同样，在具体测量中常采用最大相对误差。例如用 250kN 万能试验机进行钢材抗拉试验，测得的最大荷载为 198kN，如最大绝对误差为 500N，则该观测值的最大相对误差为

$$\delta_1=\frac{500}{198000}\times 100\%\approx 1\% \tag{14-3}$$

又如用 20kN 电子万能试验机测试水泥纤维板抗折强度，测得最大荷载为 728N，如果最大绝对误差为 8N，则该观测值的最大相对误差为

$$\delta_2=\frac{8}{728}\times 100\%\approx 1\% \tag{14-4}$$

根据以上两例可以看出，其二者的最大相对误差是相近的。即二者精密度是相近的。但如果用最大绝对误差来表示准确度，就可能会得出错误的结论，误认为后者比前者准确。由此可见，最大相对误差是具有可比性。

2. 统计特征量

实践证明，即使在原材料组成相同，工艺条件相同的条件下，生产出的材料，其性能测试结果并不完全一样，而是表现出一定的波动性，数据虽然有波动，但并非杂乱无章，而是呈现出一定的规律性。为了便于研究试验数据的数字特征，一般把数字特征分成两类：一类是表示数据的集中性质或集中程度，如平均数，中位数等；另一类是表现数据的离散性质或离散程度，常用如均方、标准差（均方差）、极差、变异系数等，下面我们就介绍几种常用的统计特征量。

(1) 平均值。将某一未知量 x 测完 n 次，得其测试值为 M_1、M_2、…、M_n，求其平均值得：

$$\overline{x}=\frac{M_1+M_2+\cdots+M_n}{n}=\frac{1}{n}\sum_{i=1}^{n}M_i \tag{14-5}$$

式中 $\overline{x}$ ——定义为算术平均值。

当然这几个测定值应具有相同的可信度，对于任意子样获得的平均值，它是未知量母体真值的最精确推断值，观测次数多时，其值应服从正态分布（即比真值大的值和比真值小的值出现的次数是基本相同的）。根据随机的规律，正负误差在误差代数和中会互相抵消，当误差的代数和为零时，算术平均值即为真值。观测次数越多，误差的代数和越接近零。在数据处理中，常常根据此方法来处理观测的结果。

(2) 标准差（均方差）。观测值与算术平均值的平方和的平均值的平方根称为标准差（或均方差）用 σ 表示，公式如下：

$$\sigma=\sqrt{\frac{\sum_{i=1}^{n}(x_i-x_0)^2}{n-1}}=\sqrt{\frac{\sum_{i=1}^{n}x_i^{\ 2}-nx}{n-1}} \tag{14-6}$$

如果在测量中出现过大误差，采取平均值来处理观测结果，就不能反映观测值的误差大小，计算中有了平方的程序，不管是正误差还是负误差，都变成正数，不会相互抵消。这样，我们就可以看出一组等准确度测量系列中观测值的变异程度，其标准差越大，表示观测值的变异性也越大。当然 σ 是表示测量次数 $n\rightarrow\infty$ 时的标准差，而在实测中只能进行有限次的测量，测量的次数 n 越大，σ 的值越精确。

（3）变异系数（离散系数）。标准差 σ 只是反映数值绝对离散（波动）的大小；也可以用它来说明绝对误差的大小，而实际上更关心其相对误差的大小，即相对离散的程度。

3. 数据处理和计算法则

在试验过程中，由于测量结果总含有误差，所以在记录和数字运算时，必须注意计量数字的位数，位数过多会使人误以为测量精度很高，位数过少会损失精度，一般应遵循以下规则：

（1）有效数字的含义读法。

表示测定的数值与通常数学上所说的数值在概念上是不同的。例如 24.6 和 24.60，在数学上都看作同一数值，而在表示测试值时是不一样的。混凝土的强度 24.6MPa 是满足不等式 $24.55\text{MPa} \leqslant f \leqslant 24.65\text{MPa}$ 的测试值，有效数字是指在表示测定值的数值中有意义的数字，而 24.60 有效数字为四位。

记录测量数值时，应读至测量仪器的最小分度值，最小分度值是按仪器所能达到的精度来确定的，其误差为±0.5 最小分度值。有效数字的位数，第一位自左向右第一个不为零的数字算起，最末一位规定允许有±0.5 单位误差。所以，如用最小分度值为 1mm 的钢直尺去测量标准混凝土试件的边长，按最接近的刻度值，记录为 153mm，此时的真实边长可能在 153±0.5mm 之间，如果需要作进一步运算的读数，则应在按最小分度值读取后再估读一位。这样，混凝土试件边长可能记录为 152.7mm、152.9mm 或 153.3mm 等。

（2）计算过程中计量数字位数的选择。

1）小数的加减运算。运算时各数所保留的位数应比其中小数点后位数最少的多一位。计算结果应和原来数字中小数点后位数最少的那个相同。

例如，三个计量数字相加：102.6mm、103.12mm、102.623mm，此三个数中，其中小数点后位数最少的是一位，所以演算时应保留两位，按下式相加得：

$$102.6+103.12+102.62=308.34\text{mm}$$

计算结果保留小数点后一位，应取 308.3mm。

2）小数的乘除运算。运算时各数所保留的位数应比其中有效数字最少的多保留一位。计算结果中，应保留的位数与原来数字中有效数字最少的那个相同。

例如，100.6mm、101.12mm、100.623mm 相乘，其中有效数字最少的是四位，所以演算时应保留五位，按下式相乘得：

$$100.6\times101.12\times100.62=1023574.257\text{mm}^3$$

计算结果保留四位有效数字，应取 $1.024\times10^6\text{mm}^3$。

3）小数的乘方、开方运算。计算结果应保留的位数和原来有效数字位数相同。

例如：100.6mm 的二次方为 $(100.6)^2=10120.36\text{mm}^2$

计算结果保留四位有效数字，应取 1.012mm^2。

4）同时需作几种运算时，对需要作中间计算的数字所保留的位数，应比单一运算时所应保留的位数多一位。

（3）舍入误差与舍入规则。

舍入误差是由于通过舍入而读取一定位数的测定值时，所造成的误差。因此，人们总是希望它多次实践中的均值基本等于零。而古典的“四舍五入”法则当末位是 5 时，造成的误差出现的机会多。因此我国根据科技工作的需要，由科学技术委员会正式颁布了

《数字修约规则》，通称为“四舍六入五单双”，具体运用如下：

1）四舍六入。如 36.74 取三位数为有效数字应为 36.7，而 36.76 取三位数为有效数字应为 36.8。

2）五入单双。若 5 的后面还有数字则进一，如 36.852 取三位有效数字时应为 36.9。若 5 的后面数字全为零，则视前一位数字的奇偶而定进或舍，若前一位数字为奇数则进一，为偶数时则舍去，如 36.350 和 36.25 取三位有效数字时，应分别为 36.4 和 36.2。

在测试过程中，测试数据的有效数字位数应与所用仪器设备的精度相一致，在有效数字的运算过程中，应遵循“先进舍，后运算”的原则。

4. 试验报告

试验报告是反映试验的主要内容的依据，虽然不同的材料测试的内容不同，试验报告的形式也可以不同，但其基本内容都应包括：

(1) 试验名称、内容。

(2) 试验目的与原理。

(3) 试样编号、测试数据与计算结果。

(4) 结果评定与分析。

(5) 试验条件与日期。

(6) 试验班组号、试验者。

试验报告的编写过程中，首先必须认真做好对整个试验过程的有关现象及原始数据的记录，但试验报告又不是原始的记录，计算过程的罗列，试验报告是经过数据整理、计算、编制的结果。只有做好记录，认真计算并将结果用图、表方式表达清楚，才能够使我们清晰、正确的分析、评定出测试的结果。

14.2 建筑材料的基本性质试验

14.2.1 密度试验

1. 试验目的

材料的密度是指在绝对密实状态下单位体积的质量。利用密度可计算材料的孔隙率和密实度。孔隙率的大小会影响到材料的吸水率、强度、抗冻性及耐久性等，对于砖、石材、水泥等建筑材料，密度是一项重要指标。

2. 主要仪器设备

(1) 李氏瓶（见图 14-1）。

(2) 天平（500g，精确至 0.01g）。

(3) 筛子（孔径 0.200mm 或者 900 孔/cm^2）。

(4) 鼓风烘箱。

(5) 量筒、干燥器、温度计等。

3. 试样制备

(1) 将适量的材料（如砖、砂、石或土）试样研磨，用筛子除去筛余物，把盛有细粉试样的搪瓷盘放到 105～110℃的烘箱中，烘至恒重。

(2) 把烘干的试样放入干燥器中冷却至室温待用。

4. 试验步骤

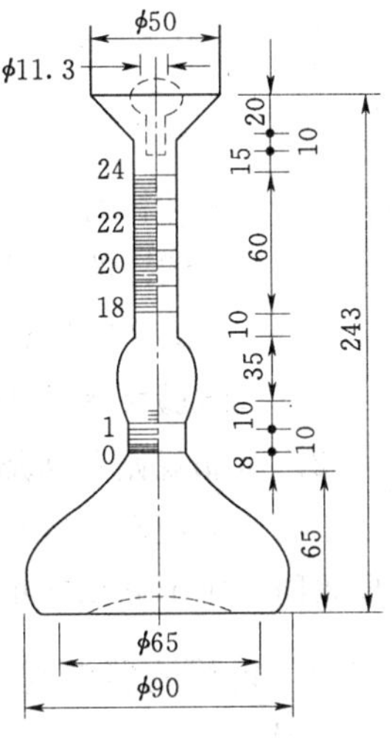

图 14-1　李氏瓶示意图
（单位：mm）

（1）在李氏瓶中注入与试样不起反应的液体至凸颈下部，记下刻度数 V_0（cm^3）。将李氏瓶放在盛水的容器中，在试验过程中保持水温为 20℃。

（2）用天平称取 60～90g 试样，用漏斗和小勺小心地将试样慢慢送到李氏瓶内（不能大量倾倒，防止在李氏瓶喉部发生堵塞），直至液面上升至接近 $20cm^3$ 为止。再称取未注入瓶内剩余试样的质量，计算出送入瓶中试样的质量 m（g）。

（3）用瓶内的液体将粘附在瓶颈和瓶壁的试样洗入瓶内液体中，转动李氏瓶使液体中的气泡排出，记下液面刻度 V_1（cm^3）。

（4）将注入试样后的李氏瓶中的液面读数 V_1，减去未注入前的读数 V_0，得到试样的密实体积 V（cm^3）。

5. 试验结果计算

材料的密度按下式计算（精确至 $0.01g/cm^3$）：

$$\rho=\frac{m}{V} \tag{14-7}$$

式中　ρ——材料的密度，g/cm^3；

m——装入瓶中试样的质量，g；

V——装入瓶中试样的绝对体积，cm^3。

按规定，同一试样的密度试验应两次平行试验，以其计算结果的算术平均值为最后结果，但两个结果之差不应超过 $0.02g/cm^3$。

14.2.2　表观密度试验

1. 试验目的

材料的表观密度是指在自然状态下单位体积的质量。利用材料的表观密度可以估计材料的强度、吸水性、保温性等，同时可用来计算材料的自然体积或结构物质量。本试验以烧结普通砖为试件。

2. 主要仪器设备

（1）游标卡尺（精度 0.1mm）。

（2）天平（精度 0.1g）。

（3）鼓风烘箱。

（4）干燥器、直尺等。

3. 试验步骤

（1）对几何形状规则的材料：将待测材料的试样放入 105～110℃的烘箱中烘至恒重，取出置于干燥器中冷却至室温。

1）用游标卡尺量出试样尺寸，试样为正方体或平行六面体时，以每边测量上、中、下三次的算术平均值为准，并计算出体积 V_0；试样为圆柱体时，以两个互相垂直的方向量其直径，各方向上、中、下测量三次，以六次的算术平均值为其直径，并计算出体积 V_0。

2）用天平称量出试样的质量 m（g）。

3）试验结果计算。材料的表观密度按下式计算：

$$\rho_0 = \frac{m}{V_0} \tag{14-8}$$

式中 ρ_0——材料的表观密度，g/cm³；

m——试样的质量，g；

V_0——试样的体积，cm³。

以五次试验结果的平均值作为最终测定结果，精确至 0.01g/cm³。

（2）对非规则几何形状的材料（如卵石等）：其自然状态下的体积 V_0 可用排液法测定，在测定前应对其表面封蜡，封闭试样的开口孔后，再用容量瓶或广口瓶进行测试。其余步骤同规则形状试样的测试。

14.2.3 堆积密度试验

1. 试验目的

堆积密度是指散粒或粉状材料（如砂、石等）在自然堆积状态下（包括颗粒内部的孔隙及颗粒之间的空隙）单位体积的质量。利用材料的堆积密度可估算散粒材料的堆积体积及质量，同时可考虑材料的运输工具及估计材料的级配情况等。

2. 主要仪器设备

（1）鼓风烘箱。

（2）容量筒。

（3）天平。

（4）标准漏斗、直尺、浅盘、毛刷等。

3. 试样制备

将试样放入浅盘中，将浅盘放入温度为 105～110℃的烘箱中烘至恒重，再放入干燥器中冷却至室温，分为两份大致相等的待用。

4. 试验步骤

（1）称取标准容器的质量 m_1（g）。

（2）取试样一份，经过标准漏斗将其徐徐装入标准容器内，待容器顶上形成锥形，用钢尺将多余的材料沿容器口中心线向两个相反方向刮平。

（3）称取容器与材料的总质量 m_2（g）。

5. 试验结果计算。

试样的堆积密度可按下式计算（精确至 0.01g/cm³）：

$$\rho_0' = \frac{m_2 - m_1}{V_0'} \tag{14-9}$$

式中 ρ_0'——材料的堆积密度，g/m³；

m_1——标准容器的质量，g；

m_2——标准容器和试样总质量，g；

V_0'——标准容器的容积，m³。

以两次试验结果的算术平均值作为堆积密度测定的结果。

14.2.4 吸水率试验

材料的吸水率是指材料吸水饱和时的吸水量占干燥材料的质量或体积之比。本试验以加气混凝土为试件。

1. 仪器设备

(1) 天平。

(2) 烘箱。

(3) 干燥箱。

(4) 游标卡尺等。

2. 试验步骤

(1) 将三个尺寸为 100mm 的立方体试样放入烘箱内，在 (60±5)℃温度下保温 24h，然后在 (80±5)℃温度下保温 24h，再在 (105±5)℃温度下烘干至恒重，再放到干燥器中冷却至室温，称其质量 m_g (g)。

(2) 将试件放入水温为 (20±5)℃的恒温水槽内，然后加水至试件高度的 1/3 处，过 24h 后再加水至试样高度的 2/3 处，经 24h 后，加水高出试样 30mm 以上，保持 24h。这样逐次加水的目的在于使试件孔隙中空气逐渐逸出。

(3) 从水中取出试件，用湿布抹去表面水分，立即称取每块质量 m_b (g)。

(4) 试验结果计算，按下式计算试件吸水率：

质量吸水率
$$W_m = \frac{m_b - m_g}{m} \times 100\% \tag{14-10}$$

积吸水率
$$W_V = \frac{m_b - m_g}{V_0} \times 100\% \tag{14-11}$$

式中 m_g——试件干燥质量，g；

m_b——试件吸水饱和质量，g；

V_0——干燥材料在自然状态下的体积，cm^3。

以三个试件吸水率的算术平均值作为测定结果，精确至 0.1%。

14.3 钢 筋 试 验

14.3.1 一般规定

(1) 取样的代表批量。同一截面尺寸和同一炉（罐）号组成的钢筋分批验收时，每批钢筋的质量不大于 60t。

(2) 钢筋应有出厂质量合格证明书或试验报告单。验收时应对抽样进行机械性能试验。包括拉力试验和冷弯试验等项目。若其中有一个不合格，该批次钢筋即为不合格。

(3) 钢筋在使用中若有脆断、焊接性能不良或机械性能显著不正常时，尚应进行化学成分分析检验。

(4) 取样方法和结果评定的基本要求是：自每批钢筋中任意抽取两根，在距每根端部 500mm 外各取一组（两根试件）试样。在每组试样中分别各取一根拉力试件和一根冷弯试件。在进行拉力试验的两根中，若一根试件的屈服点、抗拉强度和伸长率三个指标中有一个未达到标准规定的要求时，应再抽取双倍（4 根）钢筋，制取双倍（4 根）试件重作试验；若经加倍试验后仍有一根试件达不到标准要求，则不论这个指标在第一次试验中是否合格，其拉力试验项目则评为不合格。在冷弯试验中，若有一根不符合标准要求，也应抽取双倍的钢筋，制成双倍试件重新试验；若加倍试验后仍有一根试件不合格，则认为该批钢筋冷弯试验项目不合格。

(5) 试验应在（20±10)℃的温度环境下进行，若试验温度超过这一范围，应在试验记录和报告中注明。

14.3.2 钢筋的拉伸性能试验

1. 试验目的

测定低碳钢的屈服强度、抗拉强度、伸长率三个指标，作为评定钢筋强度等级的主要技术依据。

2. 主要仪器设备

(1) 万能试验机。为保证机器安全和试验机的准确，其吨位选择最好是使试件达到最大荷载时，指针位于第三象限（即 180°～270°之间)，试验机的测力示值误差不大于 1%。

(2) 游标卡尺，精度 0.1mm。

(3) 钢板尺等。

3. 试件制备

(1) 抗拉试验用的钢筋试件一般不经过车削加工，可以用两个或一系列等分小冲点或细划线标出原始标距（标记不应影响试样断裂)。

(2) 试件原始尺寸的测定。

1) 测量标距长度 l_0，精确到 0.1mm。

2) 圆形试件横断面直径应在标距的两端及中间处，两个相互垂直的方向上各测一次，取其算术平均值，选用三处测得的横截面面积中最小值，横截面面积按下式计算：

$$S_0=\frac{1}{4}\pi d_0^2 \tag{14-12}$$

式中 S_0——试件的横截面积，mm^2；

d_0——圆形试件原始横断面直径，mm。

4. 试验步骤

(1) 屈服强度与抗拉强度的测定。

1) 调整试验机测力度盘的指针，使对准零点，并拨动副指针，使与主指针重叠。

2) 将试件固定在试验机夹头内，开动试验机进行拉伸。拉伸速度为：屈服前，应力增加速度应按表 14-1 规定，并保持试验机控制器固定于这一速率位置上，直至该性能测出为止；测定抗拉强度时，平行长度的应变速率不应超过 0.008/s。

表 14-1　　钢筋拉伸试验应力速率

材料弹性模量 (MPa)	应力速率 $(N/mm^2)\cdot S^{-1}$	
	最小	最大
<15000	2	20
≥15000	6	60

3）钢筋在拉伸试验时，读取测力度盘指针首次回转前指示的恒定力或首次回转时指示的最小力所对应的应力，即为下屈服强度 R_{el}（MPa）；钢筋屈服之后继续施加荷载直至将钢筋拉断，从测力度盘上读取试验过程中的最大力 F_m（N）。

（2）伸长率的测定。

1）将已拉断试件的两端在断裂处对齐，尽量使其轴线位于一条直线上。如拉断处由于各种原因形成缝隙，则此缝隙应计入试件拉断后的标距部分长度内。

2）如拉断处到临近标距端点的距离大于 $1/3l_0$ 时，可用卡尺直接量出已被拉长的标距长度 l_1（mm）。

3）如拉断处到临近标距端点的距离不大于 $1/3l_0$ 时，可按下述移位法计算标距 l_1（mm）：在长段上从拉断处 O 点取基本等于短段格数，得 B 点，接着取等于长段所余格数（偶数）之半得 C 点；或者取所余格数（奇数）减 1 与加 1 之半，得到 C 与 C_1 点，移位后的 l_1 分别为 $AO+OB+2BC$ 或 $AO+OB+BC+BC_1$（见图 14－2）。

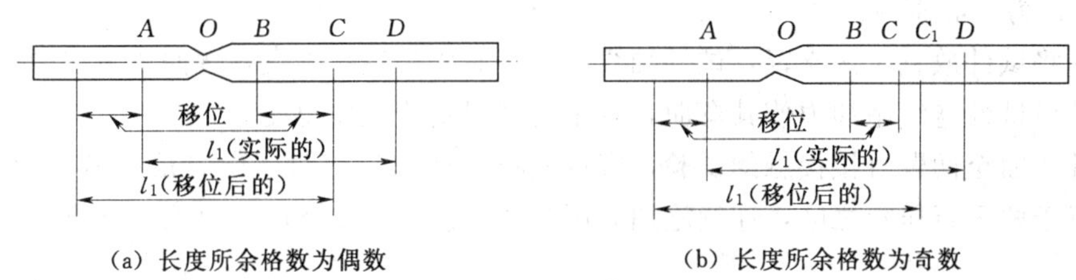

(a) 长度所余格数为偶数　　(b) 长度所余格数为奇数

图 14－2　钢筋伸长率断后标距移位法

4）如试件在标距端点上或标距处断裂，则试验结果无效，应重新试验。

5. 试验结果处理

（1）抗拉强度按下式计算：

$$R_m=\frac{F_m}{S_0} \tag{14-13}$$

式中　R_m——屈服强度，MPa；

F_m——最大荷载，N；

S_0——试件原横截面面积，mm^2。

（2）伸长率按下式计算（精确至 1%）：

$$A=\frac{l_u-l_0}{l_0}\times 100\% \tag{14-14}$$

式中　A——伸长率；

l_0——原始标距长度，mm；

l_u——试件拉断后直接量出或按移位法确定的标距部分长度，mm，（测量精确至 0.1mm）。

（3）当试验结果有一项不合格时，应另取双倍数量的试样重做试验，如仍有不合格项目，则该批钢材判为拉伸性能不合格。

14.3.3 钢筋的弯曲（冷弯）性能试验

1. 试验目的

通过检验钢筋的在达到规定的弯曲程度时的弯曲变形性能，并评定钢筋的质量。

2. 主要仪器设备

压力机或万能试验机

3. 试件制备与试验步骤

(1) 试件的弯曲外表面不得有划痕。

(2) 试样加工时，应去除剪切或火焰切割等形成的影响区域。

(3) 当钢筋直径小于 35mm 时，不需加工，直接试验。

(4) 当钢筋直径大于 35mm 时，应加工成直径 25mm 的试件。加工时应保留一侧原表面，弯曲试验时，原表面应位于弯曲的外侧。

(5) 弯曲试件长度根据试件直径和弯曲试验装置而定，通常按下式确定试件长度：

$$l=5a+150 \tag{14-15}$$

(6) 调整两支辊间距离 $L=(d+3a)\pm0.5a$，此距离在试验期间保持不变（见图 14-3），d 为弯心直径。

(7) 将试件放置于两支辊，试件轴线应与弯曲压头轴线垂直，弯曲压头在两支座之间的中点处对试件连续施加力使其弯曲，直至达到规定的弯曲角度。

试件弯曲至两臂直接接触的试验，应首先将试件初步弯曲（弯曲角度尽可能大），然后将其置于两平行压板之间，连续施加力压其两端使进一步弯曲，直至两臂直接接触。

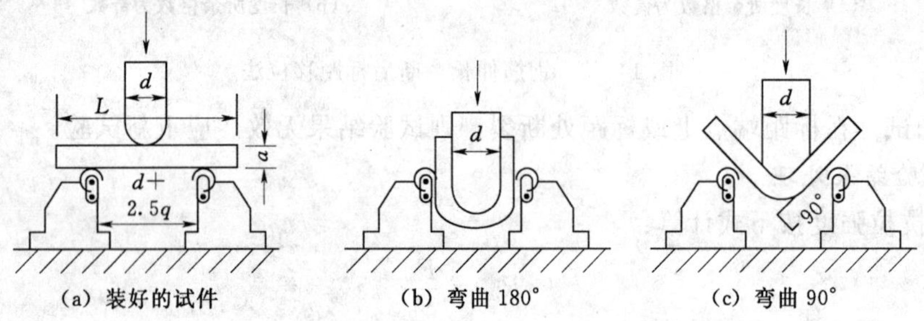

图 14-3 钢筋冷弯试验图

4. 评定

按以下五种试验结果评定方法进行评定，若无裂纹、裂缝或裂断，则评定试件合格。

(1) 完好。试件弯曲处的外表面金属基本上无肉眼可见因弯曲变形产生的缺陷时，称为完好。

(2) 微裂纹。试件弯曲外表面金属基本上出现细小裂纹，其长度不大于 2mm，宽度不大于 0.2mm 时，称为微裂纹。

(3) 裂纹。试件弯曲外表面金属基本上出现裂纹，其长度大于 2mm，而小于或等于 5mm，宽度大于 0.2mm，而小于或等于 0.5mm 时，称为裂纹。

(4) 裂缝。试件弯曲外表面金属基本上出现明显开裂，其长度大于 5mm，宽度大于 0.5mm 时，称为裂缝。

(5) 裂断。试件弯曲外表面出现沿宽度贯穿的开裂，其深度超过试件厚度的 1/3 时，称为裂断。

注：在微裂纹、裂纹、裂缝中规定的长度和宽度，只要有一项达到某规定范围，即应按该级评定。

14.4 水泥的基本性质试验

14.4.1 水泥试验的一般规定

1. 取样方法

以同一水泥厂的同品种、同期到达的水泥，不超过400g为一个取样单位。取样应有代表性，可连续取，也可从20个以上不同的部位各抽取约1kg水泥，总数至少10kg。

2. 养护条件

试验室温度17～25℃，相对湿度50%。养护箱温度20±3℃，相对湿度应大于90%。

3. 对试验材料的要求

(1) 水泥试样应充分拌匀。

(2) 试验用水必须是洁净的淡水。

(3) 水泥试样、标准砂、拌和用水等温度应与试验室温度相同。

14.4.2 水泥细度测定

1. 试验目的

通过试验来检验水泥的粗细程度，作为评定水泥质量的依据之一；水泥细度检验分为负压筛法、水筛法和手工干筛法三种，当三种测定的结果发生争议时，以负压筛为准。

2. 主要仪器设备

(1) 负压筛析仪，由筛座、负压筛、负压源及收尘器组成（见图14-4）。

(2) 水筛（水筛架和喷头）。

(3) 干筛。

(4) 天平等。

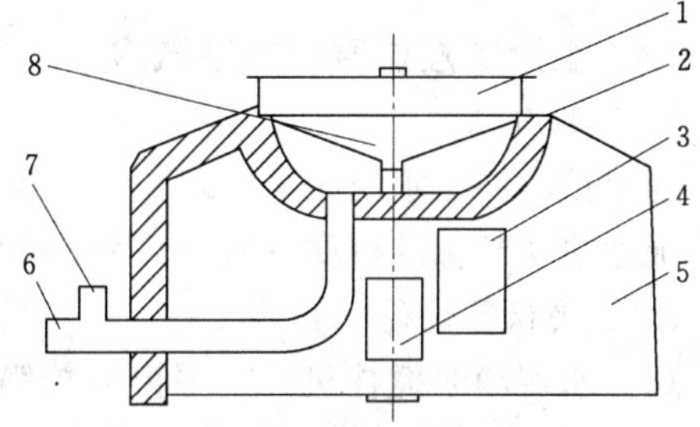

图14-4 负压筛析仪示意图

1—0.045mm方孔筛；2—橡胶垫圈；3—控制板；4—微电机；5—壳体；6—抽气口（接收尘器）；7—风门（调节负压）；8—喷气嘴

3. 试验步骤

(1) 负压筛法。

1) 筛析试验前，应把负压筛放在筛座上，盖上筛盖，接通电源，检查控制系统，调节负压至4000～6000Pa范围内。

2) 称取试样25g，置于洁净的负压筛中，盖上筛盖，放在筛座上，开动筛析仪连续筛析2min，在此期间如有试样附着筛盖上，可轻轻地敲击，使试样落下。筛毕，用天平称量筛余物。

3) 当工作负压小于4000Pa时，应清理吸尘器内水泥，使负压恢复正常。

(2) 水筛法，水筛法测定水泥细度，应采用图14-5的所示装置进行。

1) 筛析试验前，应检查水中无泥、砂，调整好水压及水筛架的位置，使其能正常运

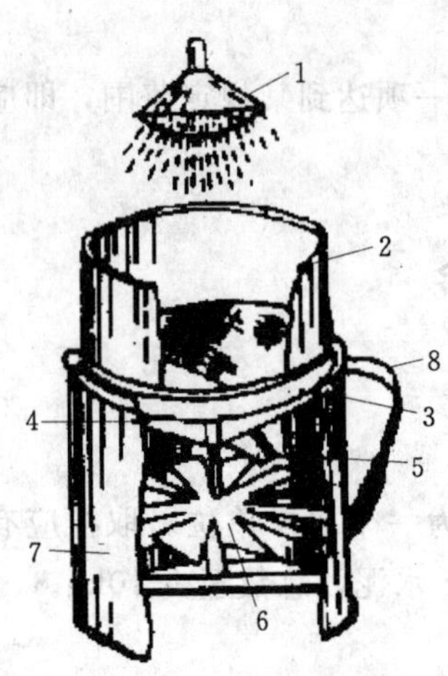

图 14-5　水泥细度筛

1—喷头；2—标准筛；3—旋转托架；4—集水斗；5—出水口；6—叶轮；7—外筒；8—把手

转。喷头底面和筛网之间的距离为 35～75mm。

2）称取试样 50g，置于洁净的水筛中，立即用洁净的水冲洗至大部分细粉通过后，放在水筛架上，用水压为（0.05±0.02）MPa 的喷头连续冲洗 3min。

3）筛毕，用少量水把筛余物冲至蒸发皿中，等水泥颗粒全部沉淀后小心将水倾出，烘干并用天平称量筛余物。

（3）手工干筛法。

在没有负压筛析仪和水筛的情况下，允许用手工干筛法。试验步骤如下：

1）称取试样 50g，倒入干筛内。

2）用一只手执筛往复摇动，另一只手轻轻拍打，拍打速度每分钟约 120 次，每 40 次向同一方向转动 60°，使试样均匀分布在筛网上，直至每分钟通过的试样量不超过 0.05g 为止。

3）称量筛余物（称量精确至 0.1g）。

（4）试验结果计算。水泥细度按试样筛余百分数（精确至 0.1%）计算：

$$F=\frac{R_s}{W}\times 100\% \tag{14-16}$$

式中　F——水泥试样的筛余百分数，%；

R_s——水泥筛余物的质量，g；

W——水泥试样的质量，g。

14.4.3　水泥标准稠度用水量试验

1. 试验目的

通过试验测定水泥净浆达到水泥标准稠度（统一规定的浆体可塑性）时的用水量。测定水泥净浆达到标准稠度时的用水量，以便为进行凝结时间和安定性试验作好准备。

2. 主要仪器设备

（1）水泥净浆搅拌机，主要由搅拌锅、搅拌叶片、传动机构和控制系统组成（见图 14-6），搅拌叶片在搅拌锅内作旋转方向相反的公转和自传，并可在竖直方向调节，搅拌机可以升降，控制系统具有按程序自动控制与手动控制两种功能。

（2）测定水泥标准稠度和凝结时间的维卡仪，包括试杆和试模（见图 14-7），滑动部分的质量为（300±2）g，金属空心试锥锥底直径 40mm，高 50mm，装净浆用锥模上部内径 60mm，锥高 75mm。

（3）天平（称量 1000g，精确至 0.1g）。

（4）标准养护箱、量筒（刻度 0.1ml）、秒表、拌和铲等。

3. 试验方法及步骤

按照《水泥标准稠度用水量、凝结时间、安定性检验方法》（GB 1346—2001），标准稠度用水量可用调整用水量法或固定水量法确定，当发生争议时应以前者为准；水泥标准稠度状态的测定可以用标准法和代用法。标准法是以试杆［见图 14-7（b）］沉入净浆并距底板（6±1）mm 时为标准稠度净浆；代用法是采用试锥沉到规定的深度时为标准稠度或标准稠度净浆，利用所用水量来确定水泥的标准稠度。

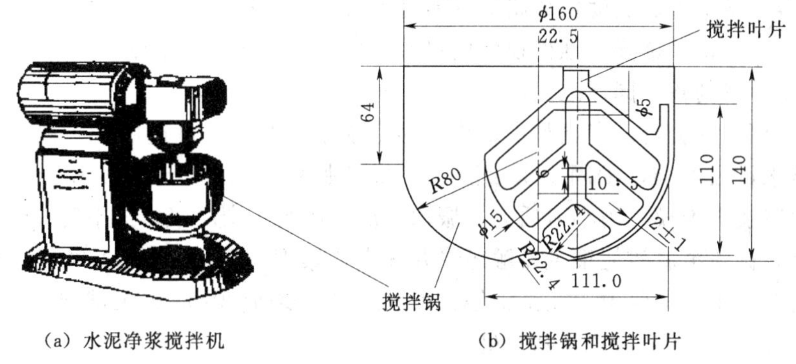

（a）水泥净浆搅拌机　　（b）搅拌锅和搅拌叶片

图 14－6　水泥净浆搅拌机示意图（单位：mm）

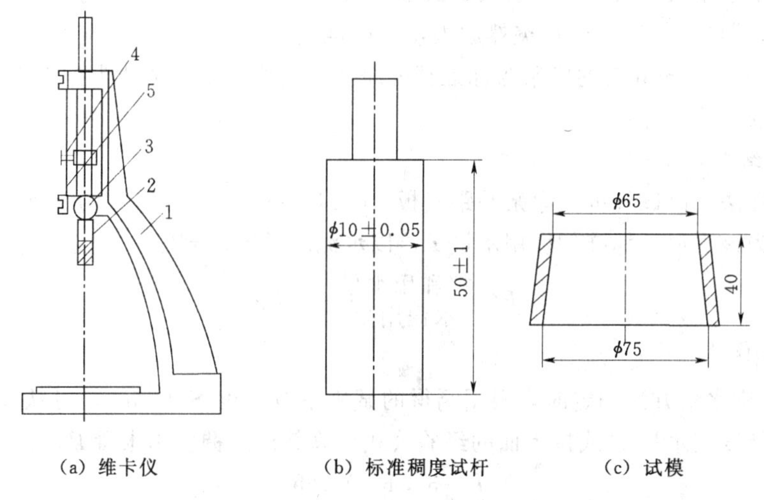

（a）维卡仪　　（b）标准稠度试杆　　（c）试模

图 14－7　测定水泥标准稠度和凝结时间的维卡仪

1—铁座；2—金属圆棒；3—松紧螺丝；4—指针；5—标尺

（1）标准法试验方法和步骤。

1）试验前检查。仪器金属棒应能自由滑动，搅拌机运转正常等。

2）调零点。将标准稠度试杆装在金属棒下，调整至试杆接触玻璃板时指针对准零点。

3）水泥净浆制备。用湿布将搅拌锅和搅拌叶片擦一遍，将拌和用水倒入搅拌锅内，然后在 5～10s 内小心将称量好的 500g 水泥试样加入水中（按经验找水）；拌和时，先将锅放到搅拌机锅座上，升至搅拌位置，启动搅拌机，慢速搅拌 120s，停拌 15s，同时将叶片和锅壁上的水泥浆刮入锅中，接着快速搅拌 120s 后停机。

4）标准稠度用水量的测定。拌和完毕，立即将水泥净浆一次装入已置于玻璃板上的圆模内，用小刀插捣、振动数次，刮去多余净浆；抹平后迅速放到维卡仪上，并将其中心定在试杆下，降低试杆直至与水泥净浆表面接触，拧紧螺丝，然后突然放松，让试杆自由沉入净浆中。以试杆沉入净浆并距底板（6±1）mm 的水泥净浆为标准稠度净浆。其拌和用水量为该水泥的标准稠度用水量 P，按水泥质量的百分比计。升起试杆后立即擦净。

（2）代用法试验方法和步骤。

1）仪器设备检查。稠度仪金属滑杆能自由滑动，搅拌机能正常运转等。

2）调零点。将试锥降至锥模顶面位置时，指针应对准标尺零点。

3）水泥净浆制备。同标准法。

4）标准稠度的测定。有调整水量法和固定水量法两种，可选用任一种测定，如有争议时以调整水量法为准。①固定水量法。拌和用水量为 142.5mL。拌和结束后，立即将拌和好的净浆装入锥模，用小刀插捣，振动数次，刮去多余净浆；抹平后放到试锥下面的固定位置上，调整金属棒使锥尖接触净浆并固定松紧螺丝 1～2s，然后突然放松，让试锥垂直自由地沉入水泥净浆中。在试锥停止下沉或释放试锥 30s 时记录试锥下沉深度 S。整个操作应在搅拌后 1.5min 内完成。②调整水量法。

拌和用水量按经验找水。拌和结束后，立即将拌和好的净浆装入锥模，用小刀插捣、振动数次，刮去多余净浆；抹平后放到试锥下面的固定位置上，调整金属棒使锥尖接触净浆并固定松紧螺丝 1～2s，然后突然放松，让试锥垂直自由地沉入水泥净浆中。当试锥下沉深度为（28±2）mm 时的净浆为标准稠度净浆，其拌和用水量即为标准稠度用水量 P，按水泥质量的百分比计。

4. 试验结果计算

（1）标准法。以试杆沉入净浆并距底板（6±1）mm 的水泥净浆为标准稠度净浆。其拌和用水量为该水泥的标准稠度用水量 P，以水泥质量的百分比计，按下式计算：

$$P=\frac{\text{拌和用水量}}{\text{水泥用量}}\times 100\% \tag{14-17}$$

（2）代用法。

1）用固定水量方法测定时，根据测得的试锥下沉深度 S（mm），可从仪器上对应标尺读出标准稠度用水量 P 或按下面的经验公式计算其标准稠度用水量 P（%）。

$$P=33.4-0.185S \tag{14-18}$$

当试锥下沉深度小于 13mm 时，应改用调整水量方法测定。

2）用调整水量方法测定时，以试锥下沉深度为（28±2）mm 时的净浆为标准稠度净浆，其拌和用水量为该水泥的标准稠度用水量 P，以水泥质量百分数计，计算公式同标准法。

如下沉深度超出范围，须另称试样，调整水量，重新试验，直至达到（28±2）mm 为止。

14.4.4 水泥凝结时间的测定试验

1. 试验目的

测定水泥达到初凝和终凝所需的时间（凝结时间以试针沉入水泥标准稠度净浆至一定深度所需时间表示），用以评定水泥的质量。

2. 主要仪器设备

（1）标准法维卡仪，测定凝结时间的仪器同测定标准稠度用水量仪器，只是取下试杆，用试针（见图 14-8）代替试杆。

（2）水泥净浆搅拌机。

（3）湿气养护箱。

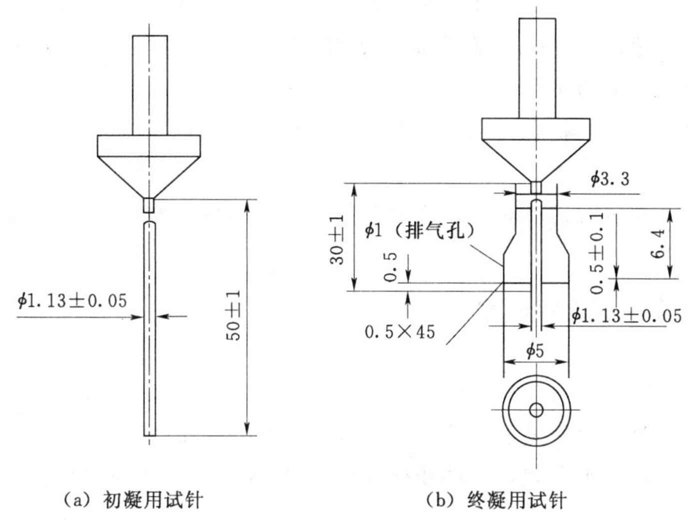

图 14-8　测定水泥凝结时间用试针（单位：mm）

3. 试验步骤

（1）试验前准备，将圆模内侧稍涂上一层机油，放在玻璃板上，调整凝结时间测定仪的试针接触玻璃板时，指针应对准标准尺零点。

（2）以标准稠度用水量的水，按测标准稠度用水量的方法制成标准稠度水泥净浆后，立即一次装入圆模振动数次刮平，然后放入湿汽养护箱内，记录开始加水的时间作为凝结时间的起始时间。

（3）试件在湿气养护箱内养护至加水后 30min 时进行第一次测定。测定时，从养护箱中取出圆模放到试针下，使试针与净浆面接触，拧紧螺丝 1～2s 后突然放松，试针垂直自由沉入净浆，观察试针停止下沉时指针的读数。临近初凝时，每隔 5min 测定一次，当试针沉至距底板（4±1）mm 即为水泥达到初凝状态。从水泥全部加入水中至初凝状态的时间即为水泥的初凝时间，用（min）表示。

（4）初凝测出后，立即将试模连同浆体以平移的方式从玻璃板上取下，翻转 180°，直径大端向上，小端向下，放在玻璃板上，再放入湿气养护箱中养护。

（5）取下测初凝时间的试针，换上测终凝时间的试针。

（6）临近终凝时间每隔 15min 测一次，当试针沉入净浆 0.5mm 时，即环形附件开始不能在净浆表面留下痕迹时，即为水泥的终凝时间。

（7）由开始加水至初凝、终凝状态的时间分别为该水泥的初凝时间和终凝时间，用分钟（min）和小时（h）表示。

（8）在测定时应注意，最初测定的操作时应轻轻扶持金属棒，使其徐徐下降，防止撞弯试针，但结果以自由下沉为准；在整个测试过程中试针沉入净浆的位置距圆模至少大于 10mm；每次测定完毕需将试针擦净并将圆模放入养护箱内，测定过程中要防止圆模受振；每次测试时不能让试针落入原孔，测得结果应以两次都合格为准。

4. 试验结果的确定与评定

(1) 自加水起至试针沉入净浆中距底板（4±1）mm时，所需的时间为初凝时间；至试针沉入净浆中不超过0.5mm（环形附件开始不能在净浆表面留下痕迹）时所需的时间为终凝时间；用min和h表示。

(2) 达到初凝或终凝状态时应立即重复测一次，当两次结论相同时才能定为达到初凝或终凝状态。

评定方法：将测定的初凝时间、终凝时间结果，与国家规范中的凝结时间相比较，可判断其合格性与否。

14.4.5 水泥安定性的测定试验

1. 试验目的

安定性是指水泥硬化后体积变化的均匀性情况。水泥中如果含有较多的游离氧化钙、氧化镁或者硫酸盐时，会使其发生不均匀的体积变化，造成水泥体积安定性不良的各种危害。本次试验主要检验水泥硬化后体积变化的是否均匀，是否因为体积变化而引起膨胀、裂缝或者翘曲。

根据《水泥标准稠度用水量、凝结时间、安全性检验方法》（GB 1346—2001）的规定，游离氧化钙可以用沸煮法，并可用试饼法或雷氏法，试饼法是观察沸煮后的外形变化来判断其安定性；雷氏法是根据所测定的水泥净浆试样的雷氏夹沸煮后的膨胀值来判断其安定性。当对采用的不同方法的结果有争议时以雷氏法为准。

2. 主要仪器设备

(1) 沸煮箱（见图14-9）。

(2) 雷氏夹（见图14-10）。

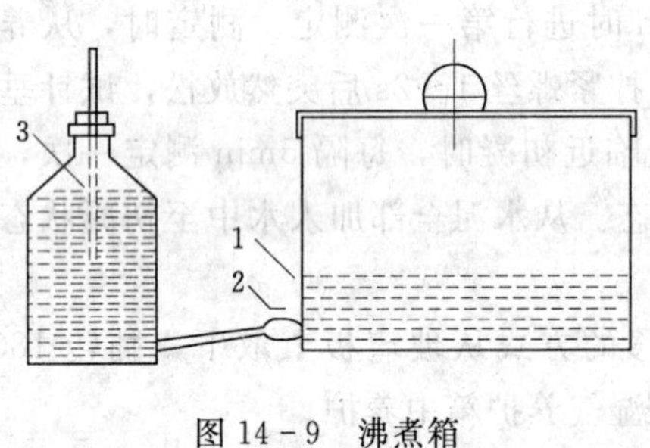

图14-9 沸煮箱

1—篦板；2—阀门；3—水位置

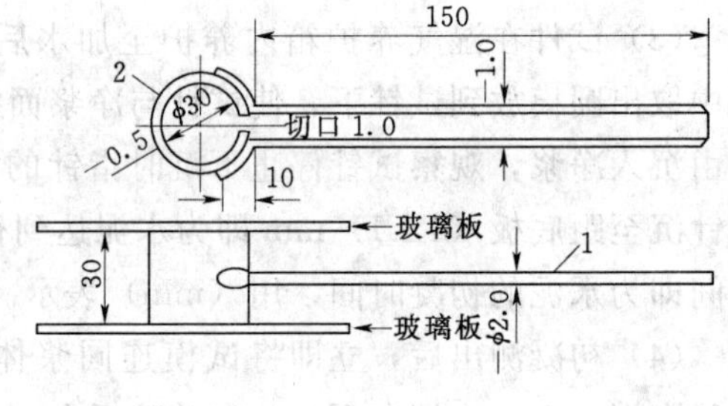

图14-10 雷氏夹

1—指针；2—环模

(3) 雷氏夹膨胀值测定仪（见图14-11）。

(4) 其他同标准稠度用水量试验。

3. 试验方法及步骤

(1) 测定前的准备工作。若采用试饼法时，一个样品需要准备两块约100mm×100mm的玻璃板；若采用雷氏法，每个雷氏夹需配备质量约为75～85g的玻璃板两块。凡与水泥净浆接触的玻璃板和雷氏夹表面都要稍稍涂上一薄层机油。

(2) 水泥标准稠度净浆的制备。以标准稠度用水量加水，按前述方法制成标准稠度水泥净浆。

（3）成型方法。

1）试饼成型。

将制好的净浆取出一部分分成两等份，使之成球形，放在预先准备好的玻璃板上，轻轻振动玻璃板，并用湿布擦过的小刀由边缘向中间抹动，做成直径为70～80mm、中心厚约10mm、边缘渐薄、表面光滑的试饼，然后将试饼放入湿汽养护箱内养护（24±2）h。

2）雷氏夹试件的制备。

将预先准备好的雷氏夹放在已稍擦油的玻璃板上，并立即将已制好的标准稠度净浆装满试模，装模时一只手轻轻扶持试模，另一只手用宽约10mm的小刀插捣15次左右，然后抹平，盖上稍涂油的玻璃板，接着立即将试模移至湿汽养护箱内养护（24±2）h。

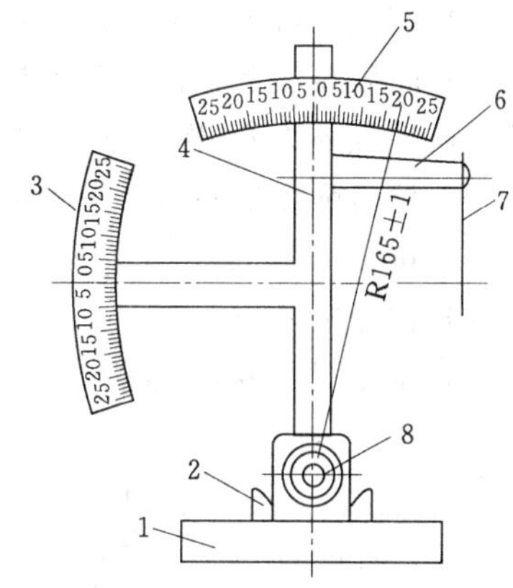

图14－11　雷氏夹膨胀测定仪

1—底座；2—模子座；3—测弹性标尺；4—立柱；5—测膨胀值标尺；6—悬臂；7—悬丝；8—弹簧顶扭

（4）沸煮。

1）调整沸煮箱内的水位，使试件能在整个沸煮过程中浸没在水里，并在煮沸的中途不需添补试验用水，同时又保证能在（30±5）min内升至沸腾。

2）脱去玻璃板取下试件，先测量雷氏夹指针尖端间的距离（A），精确到0.5mm，接着将试件放入沸煮箱水中的试件架上，指针朝上，试件之间互不交叉，然后在（30±5）min内加热至沸，并恒沸3h±5min。

沸煮结束，即放掉箱中的热水，打开箱盖，待箱体冷却至室温，取出试件进行判别。

（5）试验结果的判别。

1）试饼法判别。目测试饼未发现裂缝，用直尺检查也没有弯曲时，则水泥的安定性合格，反之为不合格。若两个判别结果有矛盾时，该水泥的安定性为不合格。

2）雷氏夹法判别。测量试件指针尖端间的距离（C），记录至小数点后1位，当2个试件煮后增加距离（C－A）的平均值不大于5.0mm时，即认为该水泥安定性合格，否则为不合格。当2个试件沸煮后的（C－A）超过4.0mm时，应用同一样品立即重做一次试验。再如此，则认为该水泥安定性不合格。

14.4.6　水泥胶砂强度检验

1. 试验目的

检验水泥各龄期强度，以确定强度等级；或已知强度等级，检验强度是否满足规范要求。掌握国家标准《水泥胶砂强度的测定方法（ISO法）》（GB/T 17671—1999），正确使用仪器设备并熟悉其性能。

2. 主要仪器设备

（1）行星式水泥胶砂搅拌机，应符合《水泥胶砂强度的测定方法（ISO法）》（GB/T 17671—1999）要求：工作时搅拌叶片既绕自身轴线又沿搅拌锅周边公转，运动轨道似行星式的水泥胶砂搅拌机。

(2) 试模，可装拆的三连模，由隔板、端板和底座组成（见图 14－12）。

(3) 胶砂振实台，由同步电机带动凸轮转动，使振动部分上升定值后自由落下，产生振动，振动频率为 60 次/（60±2）秒，落距（15±0.3）mm。

(4) 抗折强度试验机（见图 14－13）。

(5) 抗压试验机。

(6) 抗压夹具。

(7) 刮平尺、养护室等。

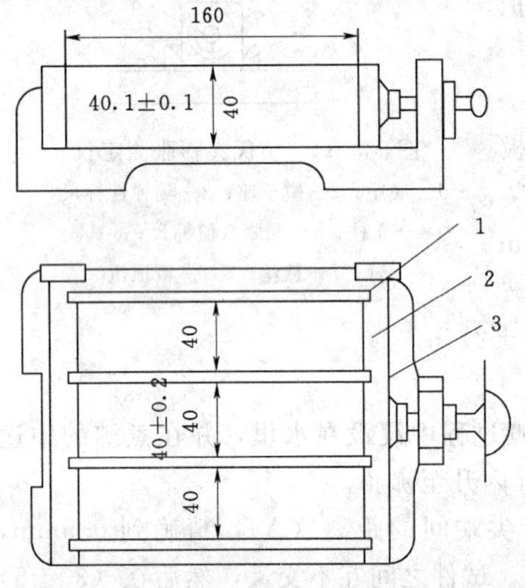

图 14－12　试模

1—隔板；2—端板；3—底座

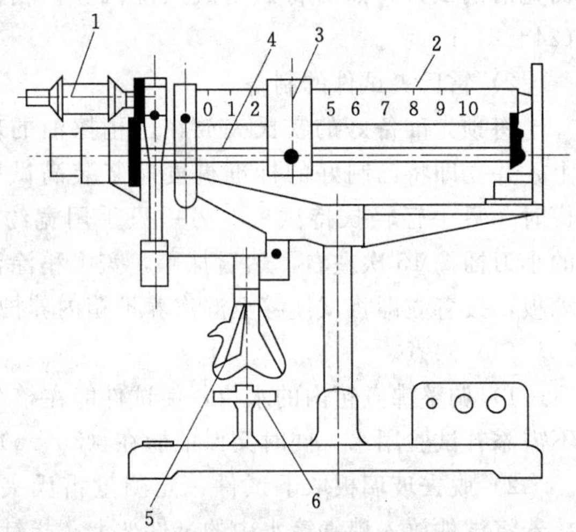

图 14－13　水泥抗折试验机

1—平衡砣；2—大杠杆；3—游动砝码；4—丝杆；5—抗折夹具；6—手轮

3. 试验步骤

(1) 试验前准备。成型前将试模擦净，四周的模板与底板接触面上应涂黄油，紧密装配，防止漏浆，内壁均匀刷一薄层机油。

(2) 胶砂制备。试验用砂采用中国 ISO 标准砂，其颗粒分布和湿含量应符合《水泥胶砂强度的测定方法（ISO 法）》（GB/T17671—1999）的要求。

1) 胶砂配合比。试样是按胶砂的质量配合比进行拌制的，配合比为水泥：标准砂：水＝1∶3∶0.5。一锅胶砂成三条试样，每锅材料需要量为：水泥（450±2）g；标准砂（1350±5）g；水（225±1）mL。

2) 搅拌。每锅胶砂用搅拌机进行搅拌。可按下列程序操作：①胶砂搅拌时先把水加入锅里，再加水泥，把锅放在固定架上，上升至固定位置。②立即开动机器，低速搅拌 30s 后，在第二个 30s 开始的同时均匀地将砂子加入；把机器转至高速再拌 30s。③停拌 90s，在第一个 15s 内用一胶皮刮具将叶片和锅壁上的胶砂刮入锅中间，在高速下继续搅拌 60s，各个搅拌阶段的时间误差应在±1s 以内。

(3) 试样成型。

试样是 40mm×40mm×160mm 的棱柱体。胶砂制备后应立即进行成型，将空试模和模套固定在振实台上，用一个适当勺子直接从搅拌锅里将胶砂分两层装入试模，装第一层时，每个槽里约放300g胶砂，用大播料器垂直架在模套顶部沿每一个模槽来回一次将料层播平，接着振实60次。再装第二层胶砂，用小播料器播平，再振实60次。移走模套，从振实台上取下试模，用一金属直尺以近似90℃的角度架在试模模顶的一端，然后沿试模长度方向以横向锯割动作慢慢向另一端移动，一次将超过试模部分的胶砂刮去，并用同一直尺以近乎水平的情况下将试体表面抹平。

（4）试件的养护。

1）脱模前的处理及养护。将试模放入雾室或湿箱的水平架子上养护，湿空气应能与试模周边接触。另外，养护时不应将试模放在其他试模上。一直养护到规定的脱模时间时取出脱模，脱模前用防水墨汁或颜料对试体进行编号和做其他标记，两个龄期以上的试体，在编号时应将同一试模中的三条试体分在两个以上龄期内。

2）脱模。脱模应非常小心，可用塑料锤或橡皮榔头或专门的脱模器。对于24h龄期的，应在破型试验前20min内脱模；对于24h以上龄期的，应在20～24h之间脱模。

3）水中养护。将做好标记的试样水平或垂直放在（20±1）℃水中养护，水平放置时刮平面应朝上，养护期间试体之间间隔或试体上表面的水深不得小于5mm。

（5）强度试验。

1）强度试验试样的龄期。试样龄期是从加水开始搅拌时算起的，各龄期的试样必须在表14-2规定的时间内进行强度试验。试样从水中取出后，在强度试验前应用湿布覆盖。

表14-2　　各龄期强度试验时间规定

龄　期	时　间	龄　期	时　间
24h	24h±15min	7d	7d±2h
48h	48h±30min	>28d	28d±8h
72h	72h±45min		

2）抗折强度试验。

①每龄期取出三条试样先做抗折强度试验。试验前须擦去试样表面的附着水分和砂粒，清除夹具上圆柱表面粘着的杂物，试样放入抗折夹具内，应使侧面与圆柱接触。

②采用杠杆式抗折试验机试验时，试样放入前，应使杠杆成平衡状态。将试件一个侧面放在试验机支撑圆柱上，试件长轴垂直于支撑，以（50±10）N/s的速率均匀地将荷载垂直地加在棱柱体相对侧面上，直至折断，记录抗折破坏荷载F_f（N）。

③抗折强度R_f按下式计算（精确至0.1MPa）：

$$R_f=\frac{1.5F_fL}{b^3} \qquad (14-19)$$

式中　F_f——折断时施加于棱柱体中部的荷载，N；

L——支撑圆柱之间的距离，mm；

b——棱柱体正方形截面的边长，mm。

以一组3个棱柱体抗折结果的平均值作为试验结果。当3个强度值中有超出平均值±10%时，应剔除后再取平均值作为抗折强度试验结果。

3）抗压强度试验。

①抗折强度试验后的断块应立即进行抗压试验。抗压试验须用抗压夹具进行，试体受压面为40mm×40mm。试验前应清除试体受压面与压板间的砂粒或杂物。试验时以试样的侧面作为受压面，试体的底面靠紧夹具定位销，半截棱柱体中心与压力机压板中心差应在±0.5mm内，试件露在压板外部分约有10mm。在整个加荷过程中以（2400±200）N/s的速率均匀地加荷直至破坏，并记录破坏荷载 F_c（N）。

②抗压强度按下式计算，精确至0.1MPa：

$$R_c=\frac{F_c}{A} \tag{14-20}$$

式中　F_c——破坏时的最大荷载，N；

A——受压部分面积，mm^2，$40mm\times40mm=1600mm^2$。

以一组3个棱柱体上得到的6个抗压强度测定值的算术平均值为试验结果。如6个测定值中有一个超出6个平均值的±10%，就应剔出这个结果，而以剩下5个的平均数为结果；如果5个测定值中再有超过它们平均数±10%，则该组结果作废。

14.5　砌筑材料强度试验

14.5.1　砌墙砖强度试验

1. 试验目的

通过测定烧结普通黏土砖、空心砖、多孔砖的强度，作为评定砖强度等级的依据。熟悉黏土砖抗压强度的测定方法和强度等级的评定方法。

2. 主要仪器设备

（1）压力试验机，压力试验机示值相对误差不大于±1%，其下加压板应为球铰支座，预期最大破坏荷载应在量程的20%～80%之间；

（2）抗压试件制备平台，制备平台必须平整水平，可用金属或其他材料制作；

（3）锯砖机或切砖器、直尺、镘刀等。

3. 试件制备

（1）普通烧结砖。

1）取烧结普通砖试样数量为10块。

2）在试样制备平台上，将已断开的半截砖放入室温的净水中浸10～20min后取出，并以断口相反方向叠放，两者中间抹以厚度不超过5mm稠度适宜的水泥净浆（用强度等级为32.5或42.5级的普通硅酸盐水泥调制），上下两面用厚度不超过3mm的同种水泥浆抹平。制成的试件上下两面须相互平行，并垂直于侧面，如图14-14所示。

（2）多孔砖以单块整砖沿竖孔方向加压，空心砖以单块整砖以大面受压方向加压；试件制作采用坐浆法操作，即将玻璃板置于试件制备平台上，其上铺一张湿的垫纸，纸上铺一层厚度不超过5mm的水泥净浆（要求水泥净浆用32.5级的普通硅酸盐水泥调制成，且其稠度适当），将以已在水中浸泡10～20min的试样平稳地将受压面坐放在水泥浆上，在另一受压面上稍加压力，使整个水泥层与砖受压面相互黏结，砖的侧面应垂直于玻璃板。待水泥浆适当凝固后，连同玻璃板翻放在另一铺纸浆的玻璃板上，再进行坐浆，用水平尺校正好玻璃板的水平度以保持两受力面平行。

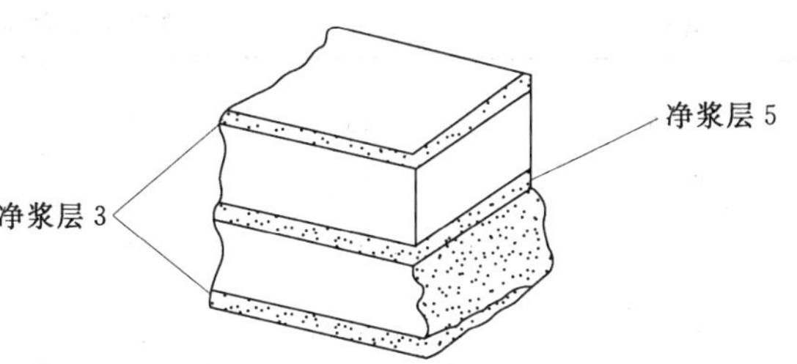

图 14－14　黏土砖抗压试件

4. 试件养护

制成的抹面试件应置于不低于 10℃的不通风室内养护 3d，再进行试验。

5. 试验步骤

（1）测量每个试件连接面或受压面的长、宽尺寸各 2 个，分别取其平均值，精确至 1mm。

（2）将试件平放在加压板的中央，垂直于受压面加荷，加载应均匀平稳，不得发生冲击或振动。加荷速度以（5±0.5）kN/s 为宜，直至试件破坏为止，记录试件最大破坏荷载 P。

6. 试验结果计算与处理

（1）每块试件的抗压强度 f_i 按下式计算，精确至 0.1MPa：

$$f_i=\frac{P}{LB} \tag{14-21}$$

式中　f_i——抗压强度，MPa；

P——最大破坏荷载，N；

L——受压面（连接面）的长度，mm；

B——受压面（连接面）的宽度，mm。

（2）试验结果以试样抗压强度的算术平均值和标准值表示，分别按下式计算，精确至 0.1MPa：

$$\overline{f}=\frac{1}{10}\sum_{i=1}^{10}f_i \tag{14-22}$$

$$f_K=\overline{f}-1.8S \tag{14-23}$$

$$S=\sqrt{\frac{1}{9}\sum_{i=1}^{10}(f_i-\overline{f})^2} \tag{14-24}$$

$$\delta=\frac{S}{\overline{f}} \tag{14-25}$$

式中　$\overline{f}$——10 块砖样的抗压强度算术平均值，MPa；

f_K——强度标准值，MPa；

S——10 块砖样的抗压强度标准差，MPa；

δ——砖强度的变异系数。

变异系数 $\delta \leqslant 0.21$ 时，按抗压强度平均值 $\overline{f}$ 和强度标准值 f_K 指标评定砖的强度等级；$\delta>0.21$ 时，按抗压强度平均值 $\overline{f}$ 和单块最小抗压强度值 f_{min} 指标评定砖的强度等级。具体可对照表 14－3 进行评定。

表 14-3　　烧结普通砖的强度等级　　单位：MPa

强度等级	抗压强度平均值 $\overline{f}$，≥	δ≤0.21	δ>0.21
		强度标准值 f_K，≥	单块最小抗压强度值 f_{min}
MU30	30.0	22.0	25.0
MU25	25.0	18.0	22.0
MU20	20.0	14.0	16.0
MU15	15.0	10.0	12.0
MU10	10.0	6.5	7.5

14.5.2　蒸压加气混凝土砌块

1. 仪器设备

(1) 压力机（300～500kN）。

(2) 锯砖机或切砖器、直尺等。

2. 试件制备

沿制品膨胀方向中心部分上、中、下顺序锯取一组，上块上表面距离制品顶面30mm，中块在正中处，下块下表面距离制品底面30mm。制品的高度不同，试件间隔略有不同。试件为立方体，尺寸为100mm×100mm×100mm，试件在质量含水率为25%～45%下进行试验。

3. 试验步骤

(1) 测量试件的尺寸，精确至1mm，并计算试件的受压面积（mm^2）。

(2) 将试件放在材料试验机的下压板的中心位置，试件的受压方向应垂直于制品的膨胀方向，以（2.0±0.5）kN/s的速度连续而均匀地加荷，直至试件破坏为止，记录最大破坏荷载 P（N）。

(3) 将试验后的试件全部或部分立即称质量，然后在（105±5）℃温度下烘至恒质，计算其含水率。

4. 结果计算与评定

抗压强度按下式计算：

$$f_{cc}=\frac{p_1}{A_1} \tag{14-26}$$

式中　f_{cc}——试件的抗压强度，MPa；

p_1——破坏荷载，N；

A_1——试件受压面积，mm^2。

按三块试件试验值的算术平均值进行评定，精确至0.1MPa。

14.6　混凝土用集料试验

14.6.1　取样方法

1. 细集料的取样方法和数量

细集料的取样应按批进行，每组试样的代表批量不宜超过400m^3或600t。

在料堆取样时，取样部位应均匀分布。取样前应将取样部位表层铲除，然后从各部位抽取大致相等的试样 8 份，将这 8 份料混合均匀后组成一组试样，进行各项试验的每组试样应不小于表 14－4 规定的最少取样量。

表 14－4　　混凝土用集料试验取样数量规定

试验项目	细集料（kg）	粗集料（kg）							
		集料最大粒径（mm）							
		10.0	16.0	20.0	25.0	31.5	40.0	63.0	80.0
筛分析	4.4	10	15	20	30	30	40	60	80
表观密度	2.6	8	8	8	8	12	16	24	24
堆积密度	5.0	40	40	40	40	80	80	120	120
含水量	1.0	2	2	2	2	3	3	4	6

试验时需按四分法缩取各项试验所需试样的数量，其步骤是：将每组试样在自然状态下置于平板上拌匀，并摊成厚度约为 20mm 的圆饼形，在试样堆上过中心划一个“十”字，将该试样分成大致相等的四份，取其对角的两份作为缩分的试样。重新照上述四分法缩取，直至缩分后试样量略多于该项试验所需的量为止，也可以利用分料器对试样进行缩分。

2. 粗集料的取样方法和数量

粗集料的取样应按批进行，每组试样的代表批量不宜超过 400m^3 或 600t。

在料堆取样时，应分别在料堆的顶部、中部和底部均匀分布各 5 个（共计 15 个）取样部位，取样前先将取样部位的表层铲除，然后由各部位抽取大致相等的试样共 15 份，混合均匀后组成一组试样。进行各项试验时每组试样的数量应不小于表 14－4 规定的最少取样量。

试验时需将每组试样分别缩分至各项试验所需试样的数量，其步骤是：将每组试样在自然状态下于平板拌匀，并堆成锥体，然后按四分法缩取，至缩分后试样量略多于该项试验所需的量为止。

14.6.2　砂的筛分析试验

1. 试验目的

通过试验测定砂的颗粒级配，计算砂的细度模数，评定砂的粗细程度。

2. 主要仪器设备

（1）方孔筛，孔径为 150μm、300μm、600μm、1.18mm、2.36mm、4.75mm 及 9.50mm 的筛各一个，并附有筛底和筛盖。

（2）天平（称量 1000g，感量 1g）。

（3）鼓风烘箱。

（4）摇筛机。

（5）浅盘、毛刷等。

3. 试样制备

按规定取样，用四分法分取不少于 4400g 试样，并将试样缩分至 1100g，放在烘箱中于（105±5)℃下烘干至恒量，待冷却至室温后，筛除大于 9.50mm 的颗粒（并算出其筛余百分率），分为大致相等的两份备用。

4. 试验步骤

（1）准确称取试样 500g，精确到 1g。

（2）将标准筛按孔径由大到小的顺序叠放，加底盘后，将称好的试样倒入最上层的 4.75mm 筛内，加盖后置于摇筛机上，摇约 10min。

（3）将套筛自摇筛机上取下，按筛孔大小顺序再逐个用手筛，筛至每分钟通过量小于试样总量 0.1%为止。通过的颗粒并入下一号筛中，并和下一号筛中的试样一起过筛，按这样的顺序进行，直至各号筛全部筛完为止。

（4）称取各号筛上的筛余量，试样在各号筛上的筛余量不得超过 200g，否则应将筛余试样分成两份，再进行筛分，并以两次筛余量之和作为该号的筛余量。

5. 试验结果计算与评定

（1）计算分计筛余百分率：各号筛上的筛余量与试样总量相比，精确至 0.1%。

（2）计算累计筛余百分率：每号筛上的筛余百分率加上该号筛以上各筛余百分率之和，精确至 0.1%。筛分后，若各号筛的筛余量与筛底的量之和同原试样质量之差超过 1%时，须重新试验。

（3）砂的细度模数按下式计算，精确至 0.1：

$$M_x = \frac{(A_2 + A_3 + A_4 + A_5 + A_6) - 5A_1}{100 - A_1} \qquad (14-27)$$

式中 M_x——细度模数；

$A_1 \sim A_6$——分别为 4.75mm、2.36mm、1.18mm、600μm、300μm、150μm 筛的累计筛余百分率。

（4）累计筛余百分率取两次试验结果的算术平均值，精确至 1%。细度模数取两次试验结果的算术平均值，精确至 0.1；如两次试验的细度模数之差超过 0.20 时，须重新试验。

14.6.3 砂的表观密度测定试验（标准方法）

1. 试验目的

通过试验测定砂的表观密度，为计算砂的空隙率和混凝土配合比设计提供依据。

2. 主要仪器设备

（1）容量瓶（500mL）。

（2）天平（称量 1kg，感量 1g）。

（3）鼓风烘箱。

（4）干燥器、搪瓷盘、滴管、毛刷等。

3. 试验制备

试样按规定取样，并将试样缩分至 660g，放在烘箱中于（105±5)℃下烘干至恒量，待冷至室温后，分成大致相等的两份备用。

4. 试验步骤

（1）称取上述试样 300g（m_0），装入容量瓶，注入冷开水至接近 500mL 的刻度处，用手旋转摇动容量瓶，使砂样充分摇动，排除气泡，塞紧瓶盖，静置24h，然后用滴管小心加水至容量瓶颈刻500mL刻度线处，塞紧瓶塞，擦干瓶外水分，称其质量 m_1，精确至1g。

(2) 将瓶内水和试样全部倒出，洗净容量瓶，再向瓶内注水至瓶颈500mL刻度线处，擦干瓶外水分，称其质量 m_2，精确至1g。试验时试验室温度应在20～25℃。

5. 试验结果计算与评定

(1) 砂的表观密度按下式计算，精确至0.01g/cm³：

$$\rho_0=\frac{m_0}{m_0+m_2-m_1}\rho_{水} \tag{14-28}$$

式中 ρ_0——砂的表观密度，kg/m³；

$\rho_{水}$——水的密度，取1000kg/m³；

m_0——烘干试样的质量，g；

m_1——试样、水及容量瓶的总质量，g；

m_2——水及容量瓶的总质量，g。

(2) 表观密度取两次试验结果的算术平均值，精确至0.01g/cm³；如两次试验结果之差大于20kg/m³，须重新试验。

14.6.4 砂的堆积密度测定试验

1. 试验目的

通过试验测定砂的堆积密度，为混凝土配合比设计和估计运输工具的数量或存放堆场的面积等提供依据。

2. 主要仪器设备

(1) 鼓风烘箱。

(2) 容量筒（圆柱形金属筒，容积为1L，内径108mm，净高109mm，壁厚2mm）。

(3) 天平（称量10kg，感量1g）。

(4) 标准漏斗（见图14-15）。

(5) 直尺、浅盘、毛刷等。

3. 试样制备

按规定取样，用搪瓷盘装取试样约3L，置于温度为(105±5)℃的烘箱中烘干至恒量，待冷却至室温后，筛除大于4.75mm的颗粒，分成大致相等的两份备用。

4. 试验步骤

(1) 松散堆积密度的测定。取一份试样，用漏斗或料勺，从容量筒中心上方50mm处慢慢装入，等装满并超过筒口后，用钢尺或直尺沿筒口中心线向两个相反方向刮平（试验过程应防止触动容量瓶），称出试样与容量筒的总质量 m_2，精确至1g。

(2) 紧密堆积密度的测定。取试样一份分两次装

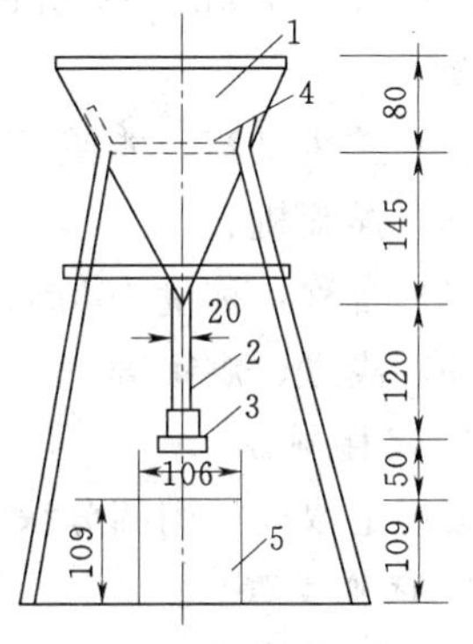

图14-15 砂堆积密度漏斗
(单位：mm)
1—漏斗；2—20mm管子；3—活动门；4—筛子；5—容量瓶

入容量筒。装完第一层后，在筒底垫一根直径为10mm的圆钢，按住容量筒，左右交替击地面25次。然后装入第二层，装满后用同样的方法进行颠实（但所垫放圆钢的方向与第一层的方向垂直）。再加试样直至超过筒口，然后用钢尺或直尺沿中心线向两个相反的方向刮平，称出试样与容量筒的总质量 m_2，精确至0.1g。

（3）容量筒校正。以温度为（20±2）℃的饮用水装满容量筒，用玻璃板沿筒口滑移，使其紧贴水面。擦干筒外壁水分，称其质量 m_2'（kg）。倒出水并称擦干后容量筒和玻璃板的质量 m'_1（kg）。由于水的密度是1000kg/m³，可用下式计算筒的容积：

$$V_0' = m_2' - m_1' \tag{14-29}$$

5. 试验结果计算与评定

（1）砂的松散或紧密堆积密度按下式计算，精确至0.01g/cm³：

$$\rho_0' = \frac{m_2 - m_1}{V_0'} \times 1000 \tag{14-30}$$

式中 m_2——试样与容量筒总质量，g；

m_1——容量筒的质量，g；

V_0'——容量筒的容积，L。

（2）堆积密度取两次试验结果的算术平均值，精确至0.01g/cm³。

（3）砂的空隙率按下式计算（精确至1%）：

$$P_0 = \left(1 - \frac{\rho_0'}{\rho_0}\right) \times 100\% \tag{14-31}$$

14.6.5 石子的筛分析试验

1. 试验目的

通过筛分试验测定碎石或卵石的颗粒级配，以便于选择优质粗集料，达到节约水泥和改善混凝土性能的目的。

2. 主要仪器设备

（1）方孔筛，孔径为2.36mm、4.75mm、9.50mm、16.0mm、19.0mm、26.5mm、31.5mm、37.5mm、53.0mm、63.0mm、75.0mm及90.0mm的筛各一个，并附有筛底和筛盖。

（2）鼓风烘箱，能使温度控制在（105±5）℃。

（3）摇筛机。

（4）台称，称量10kg，感量1g。

（5）浅盘、烘箱等。

3. 试样制备

按规定取样，用四分法缩取试样，经烘干或风干后备用。

4. 试验步骤

（1）称取按表14-4的规定质量的试样一份，精确到1g。将试样倒入按孔径大小从上到下组合的套筛上。

（2）将套筛放在摇筛机上，摇10min；取下套筛，按筛孔大小顺序再逐个进行手筛，筛至每分钟通过量小于试样总量的0.1%为止，通过的颗粒并入下一个筛，并和下一号筛中的试样一起过筛，直至各号筛全部筛完。当筛余颗粒的粒径大于19.0mm，在筛分过程中允许用手指拨动颗粒。

(3) 称出各号筛的筛余量，精确至1g。筛分后，如所有筛余量与筛底的试样之和与原试样总量相差超过1%，则须重新试验。

5. 试验结果计算与评定

(1) 计算分计筛余百分率（各筛上的筛余量占试样总量的百分率），精确至0.1%。

(2) 计算各号筛上的累计筛余百分率（该号筛的分计筛余百分率与该号筛以上各分计筛余百分率之和），精确至0.1%。

(3) 根据各号筛的累计筛余百分率，评定该试样的颗粒级配。粗集料各号筛上的累计筛余百分率应满足国家规范规定的粗集料颗粒级配的范围要求。

14.6.6 石子的表观密度测定

1. 试验目的

通过试验测定石子的表观密度，为评定石子质量和混凝土配合比设计提供依据；石子的表观密度可以反映骨料的坚实、耐久程度，因此是一项重要的技术指标。

石子的表观密度测定方法有液体比重天平法和广口瓶法。

2. 主要仪器设备

(1) 液体比重天平法。

1) 鼓风烘箱。

2) 吊篮。

3) 台秤。

4) 方孔筛。

5) 盛水容器（有溢水孔）。

6) 温度计、浅盘、毛巾等。

(2) 广口瓶法。

1) 广口瓶，1000mL，磨口并带玻璃片。

2) 天平（称量5kg，感量1g）。

3) 方孔筛，孔径为4.75mm的筛一只。

4) 鼓风烘箱、浅盘、温度计、毛巾等。

3. 试样制备

按规定取样，用四分法缩分试样，经烘干或风干后筛除小于4.75mm的颗粒，洗刷干净后，分为大致相等的两份备用。

4. 试验步骤

(1) 液体比重天平法。

1) 取试样一份装入吊篮，并浸入盛有水的容器中，液面至少高出试样表面50mm。浸水24h后，移放到称量用的盛水容器内，然后上下升降吊篮以排除气泡（试样不得露出水面）。吊篮每升降一次约1s，升降高度为30～50mm。

2) 测定水温后（吊篮应全浸在水中），准确称出吊篮及试样在水中的质量m_1，精确至5g，称量盛水容器中水面的高度由容器的溢水孔控制。

3）提起吊篮，将试样倒入浅盘，置于烘箱中烘干至恒重，冷却至室温，称出其质量 m_0，精确至5g。

4）称出吊篮在同样温度水中的质量 m_2，精确至5g。称量时盛水容器内水面的高度由容器的溢水孔控制。

注：试验时各项称量可以在15～25℃范围内进行，但从试样加水静止的2h起至试验结束，其温度变化不得超过2℃。

（2）广口瓶法。

1）将试样浸水24h，然后装入广口瓶（倾斜放置）中，注入清水，摇晃广口瓶以排除气泡。

2）向瓶内加水至凸出瓶口边缘，然后用玻璃片迅速滑行，滑行中应紧贴瓶口水面。擦干瓶外水分，称取试样、水、广口瓶及玻璃片的总质量 m_1，精确至1g。

3）将广口瓶中试样倒入浅盘，然后在（105±5）℃的烘箱中烘干至恒重，冷却至室温后称其质量 m_0，精确至1g。

4）将广口瓶洗净，重新注入饮用水，并用玻璃片紧贴瓶口水面，擦干瓶外水分，称取水、广口瓶及玻璃片总质量 m_2，精确至1g。

注：此法为简易法，不宜用于石子的最大粒径大于37.5mm的情况。

5. 试验结果计算与评定

（1）石子的表观密度按下式计算，精确至0.01g/cm³：

$$\rho_0=\left(\frac{m_0}{m_0+m_2-m_1}\right)\rho_{水} \tag{14-32}$$

（2）表观密度取两次试验结果的算术平均值，精确至0.01g/cm³；如两次试验结果之差大于0.02g/cm³，须重新试验。对材质不均匀的试样，如两次试验结果之差大于20kg/m³，可取四次试验结果的算术平均值。

14.6.7 石子的堆积密度测定试验

1. 试验目的

石子的堆积密度的大小是粗骨料级配优劣和空隙多少的重要标志，且是进行混凝土配合比设计的必要资料，或用以估计运输工具的数量及存放堆场面积等。

2. 主要仪器设备

（1）台秤，称量50kg，感量50g。

（2）容量筒，所用规格见表14-5。

（3）垫棒、直尺等。

表14-5　容量筒规格

石子最大粒径（mm）	容量筒容积（L）	容量筒内径（mm）	容量筒净高（mm）
9.5、16.0、19.0、26.5	10	208	294
31.5、37.5	20	294	294
53.0、63.0、75.0	30	360	294

3. 试样制备

按规定取样，烘干或风干后，拌匀并把试样分为大致相等的两份备用。

4. 试验步骤

(1) 松散堆积密度的测定。取试样一份，用取样铲从容量筒口中心上方 50mm 处，让试样自由落下，当容量筒上部试样呈锥体并向四周溢满时，停止加料。除去凸出容量筒表面的颗粒，以适当的颗粒填入凹陷处，使凹凸部分的体积大致相等。称出试样和容量筒的总质量 m_2，精确至 10g。

(2) 紧密堆积密度的测定。将容量桶置于坚实的平地上，取试样一份，用取样铲将试样分三次自距容量桶上口 50mm 高度处装入桶中，每装完一层后，在桶底放一根垫棒，将桶按住，左右交替颠击地面 25 次。将三层试样装填完毕后，再加试样直至超过桶口，用钢尺或直尺沿桶口边缘刮去高出的试样，并用适合的颗粒填平凹处，使表面凸起部分与凹陷部分的体积大致相等。称出试样和容量筒的总质量 m_2，精确至 10g。

(3) 容量筒校正。以温度为 (20±5)℃ 的饮用水装满容量筒，用玻璃板沿筒口滑移，使其紧贴水面。擦干筒外壁水分，称其质量 m_2'(kg)。倒出水并称擦干后容量筒和玻璃板的质量 m_1'(kg)。由于水的密度是 $1000kg/m^3$，可用下式计算筒的容积：

$$V_0' = m_2' - m_1' \tag{14-33}$$

5. 试验结果计算与评定

(1) 石子的松散或紧密堆积密度按下式计算，精确至 $10kg/m^3$：

$$\rho_0' = \frac{m_2 - m_1}{V_0'} \times 1000 \tag{14-34}$$

式中 m_2——试样与容量筒总质量，g；

m_1——容量筒的质量，g；

V_0'——容量筒的容积，L。

(2) 堆积密度取两次试验结果的算术平均值，精确至 $0.01g/cm^3$。

(3) 石子的空隙率按下式计算（精确至 1%）：

$$P_0 = \left(1 - \frac{\rho_0'}{\rho_0}\right) \times 100\% \tag{14-35}$$

14.6.8 石子的压碎指标测定试验

1. 试验目的

通过测定碎石或卵石抵抗压碎的能力，以间接地推测其相应的强度，评定石子的质量。

2. 主要仪器设备

(1) 压力试验机。

(2) 压碎值测定仪。

(3) 方孔筛，孔径为 2.36mm。

(4) 台秤（称量 50kg，感量 50g）。

(5) 垫棒等。

3. 试样制备

按规定取样，风干后筛除大于19.0mm及小于9.50mm的颗粒，并去除针片状颗粒，拌匀后分成大致相等的三份备用（每份3000g）。

4. 试验步骤

（1）称量石子 m_1 置圆模于底盘上，取试样1份，分两层装入模内，每装完一层试样后，一手按住模子，一手将底盘放在圆钢上震颤摆动，左右交替颠击地面各25次，两层颠实后，平整模内试样表面，盖上压头。

（2）将装有试样的模子置于压力机上，开动压力试验机，按1kN/s的速度均匀加荷200kN并稳荷5s，然后卸荷，取下受压圆模，倒出试样，用孔径2.36mm的筛筛除被压碎的细粒，称取留在筛上的试样质量 m_2，精确至1g。

5. 结果计算与评定

（1）压碎指标值按下式计算，精确至0.1%：

$$Q_e=\frac{m_1-m_2}{m_1}\times 100\% \tag{14-36}$$

（2）压碎指标值取三次试验结果的算术平均值，精确至1%。

14.7 普通混凝土试验

14.7.1 普通混凝土拌和物取样及试样制备

混凝土工程施工中取样进行混凝土试验时，其取样方法和原则应按照现行的《混凝土结构工程施工及验收规范》及《混凝土强度检验评定标准》的有关规定进行。

拌制混凝土的原材料应符合技术要求，并与施工实际用料相同。在拌和前，材料的温度应与室温（20±5℃）相同。拌制混凝土的材料用量以质量计，称量的精度为：骨料±1%，水、水泥及混合材料为±0.5%。

14.7.2 普通混凝土拌和物试验室拌和方法

1. 试验目的

学会混凝土拌和物的拌制方法，比较两种拌和方法拌制的混凝土的性能；为测试和调整混凝土的性能及进行混凝土配合比设计打下基础。

2. 主要仪器设备

（1）混凝土搅拌机，容量75～100L，转速18～22r/min。

（2）磅秤（称量50kg，感量50g）。

（3）天平（称量5kg，感量1g）。

（4）拌和钢板等。

3. 拌和方法

按所选混凝土配合比备料，拌和环境温度为（20±5)℃。

（1）人工拌和法。

1）干拌。首先用湿布润湿拌和钢板和拌铲，将砂平摊在拌和板上，再倒入水泥，用拌铲自拌和板一端翻拌至另一端，如此反复，直至拌匀；加入石子，继续翻拌至均匀为止。

2）湿拌。在混合均匀的干拌和物中间作一凹槽，倒入已称量好的水（约一半），翻拌数次，并徐徐加入剩下的水，继续翻拌，直至均匀。

3）拌和时间控制。拌和从加水时算起，应在10min内完成。

（2）机械拌和法。

1）预拌。拌前先对混凝土搅拌机挂浆，即用按配合比要求的水泥、砂、水及少量石子，在搅拌机中搅拌（涮膛），然后倒出多余砂浆。其目的是防止正式拌和时水泥浆挂失影响到混凝土的配合比。

2）拌和。向搅拌机内依次加入石子、水泥、砂子，开动搅拌机搅动2～3min。

3）将拌和物从搅拌机中卸出，倒在拌和钢板上，人工拌和1～2min。

14.7.3 普通混凝土拌和物工作性（和易性）试验——混凝土的坍落度试验

1. 试验目的

通过测定骨料最大粒径不大于37.5mm、坍落度值不小于10mm的塑性混凝土拌和物的坍落度，同时评定混凝土拌和物的黏聚性和保水性，为混凝土配合比设计、混凝土拌和物质量评定提供依据。

2. 主要仪器设备

（1）坍落度仪，如图14－16所示。

（2）直尺、小铲、漏斗等。

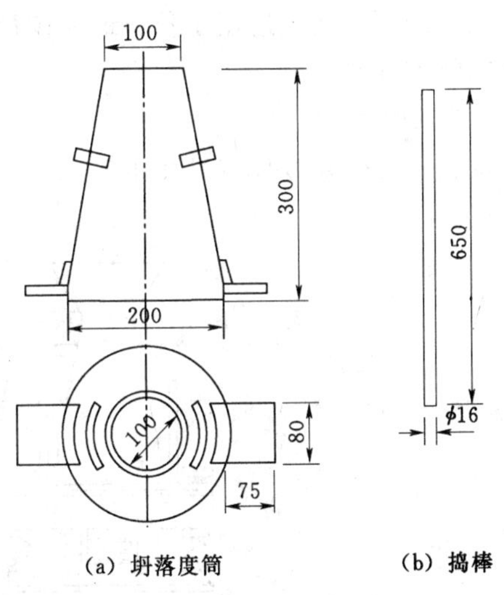

图14－16 坍落度仪（单位：mm）

3. 试验步骤

（1）每次测定前，用湿布湿润坍落度筒、拌和钢板及其他用具，并把筒放在不吸水的刚性水平底板上，然后用脚踩住两个脚踏板，使坍落度筒在装料时保持位置固定。

（2）取拌好的混凝土拌和物15L，用小铲分三层均匀地装入筒内，使捣实后每层高度为筒高的1/3左右。每层用捣棒沿螺旋方向在截面上由外向中心均匀插捣25次。插捣筒边混凝土时，捣棒可以稍稍倾斜。插捣底层时，捣棒应贯穿整个深度，插捣第二层和顶层时，捣棒应插透本层至下一层的表面。浇灌顶层时，混凝土应灌到高出筒口，插捣过程中，如混凝土沉落到低于筒口，则应随时加料，顶层插捣完毕后，刮去多余混凝土，并用镘刀抹平。

（3）清除筒边底板上的混凝土后，垂直平稳地提起坍落度筒。坍落度筒的提离过程应在5～10s内完成。从开始装料到提起坍落度筒的整个过程应不间断地进行，并应150s内完成，如图14－17所示。

4. 试验结果确定与处理

（1）提起坍落度筒后，立即量测筒高与坍落后混凝土试体最高点之间的高度差，即为该混凝土拌和物的坍落度值。混凝土拌和物坍落度以mm为单位，结果精确至1mm。

（2）坍落度筒提离后，如混凝土发生崩坍或一边剪坏现象，则应重新取样再测定。如

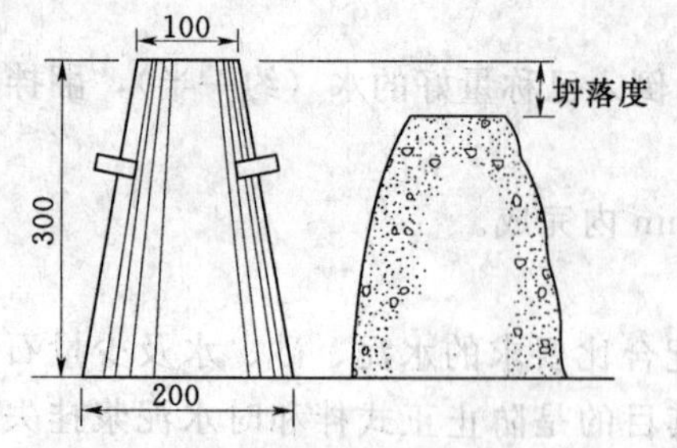

图 14-17　坍落度试验（单位：mm）

第二次试验仍出现上述现象，则表示该混凝土拌和物和易性不好，应予记录备查。

（3）观察坍落后的混凝土试体的黏聚性和保水性。黏聚性的检查方法是用捣棒在已坍落的混凝土锥体侧面轻轻敲打，此时，如果锥体逐渐下沉，则表示黏聚性良好，如果锥体倒塌、部分崩裂或出现离析现象，则表示黏聚性不好。保水性以混凝土拌和物中稀浆析出的程度来评定。如坍落度筒提起后无稀浆或仅有少量稀浆自底部析出，则表示此混凝土拌和物保水性良好；坍落度筒提起后如有较多的稀浆从底部析出且锥体部分的混凝土也因失浆而骨料外露，则表明此混凝土拌和物的保水性能不好。

当混凝土拌和物的坍落度大于220mm时，用钢尺测量混凝土扩展后最终的最大直径和最小直径，两者之差小于50mm时，用其算术平均值作为坍落扩展度值；否则，此试验无效。

坍落度和坍落扩展度值以毫米为单位，测量精确至1mm，结果表达修约至5mm。

14.7.4　普通混凝土拌和物工作性（和易性）试验——维勃稠度试验

维勃稠度法，适用于骨料最大粒径不大于40mm，维勃稠度在5～30s之间的混凝土拌和物稠度测定。

1. 仪器设备

（1）维勃稠度仪（见图14-18）；

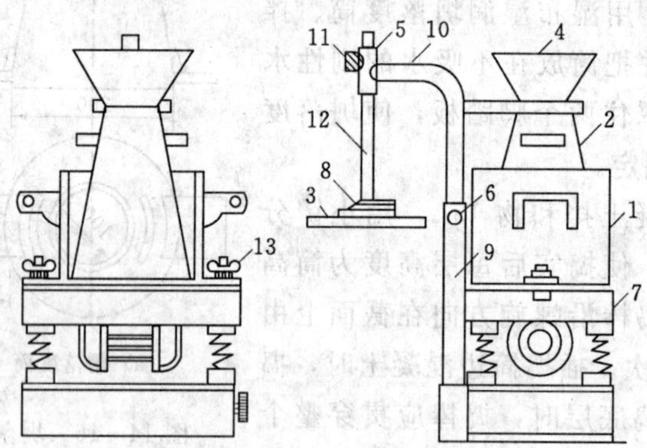

图 14-18　维勃稠度仪

1—容器；2—坍落度筒；3—透明圆盘；4—喂料斗；5—套筒；6—定位螺钉；7—振动台；8—荷重；9—支柱；10—旋转架；11—测杆螺丝；12—测杆；13—固定螺丝

（2）振动台，台面长380mm，宽260mm，频率为（50±3）Hz。

（3）容器，内径为（240±5）mm，高为（200±2）mm，筒壁厚3mm，筒底厚7.5mm。

（4）坍落度筒、旋转架、透明圆盘、捣棒、小铲和秒表等。

2. 试验步骤

（1）将维勃稠度仪放在坚实水平面上，用湿布把容器、坍落度筒、喂料口内壁及其他用具润湿。

（2）将喂料口提到坍落度筒上方扣紧，校正容器位置，使其中心与喂料中心重合，然后拧紧固定螺丝。

（3）把按要求取得的混凝土拌和物用小铲分三层经喂料口均匀地装入筒内，装料及插捣的方法同坍落度试验。

（4）把喂料口转离，垂直提起坍落度筒，注意不能使混凝土试样产生横向的扭动。

（5）把透明圆盘转到混凝土圆台体顶面，放松测杆螺钉，降下圆盘，使其轻轻接触到混凝土顶面。

（6）拧紧定位螺钉，检查测杆螺钉是否完全放松。

（7）开启振动台的同时用秒表计时，当振动到透明圆盘的底面被水泥浆布满的瞬间停止计时，关闭振动台。由秒表读出时间为混凝土拌和物的维勃稠度值，精确至1s。

14.7.5 普通混凝土拌和物的表观密度试验

1. 试验目的

测定混凝土拌和物捣实后的单位体积重量（即表观密度），以提供核实混凝土配合比计算中的材料用量之用。

2. 主要仪器设备

（1）台秤（称量50kg，感量50g）。

（2）振动台。

（3）捣棒等。

3. 试验步骤

（1）用湿布把容量筒内外擦干净，称出其重量，精确至50g。

（2）混凝土的装料及捣实方法应视拌和物的稠度而定。一般来说，坍落度不大于70mm的混凝土，用振动台振实为宜；大于70mm的用捣棒捣实为宜。

（3）用刮刀将筒口多余的混凝土拌和物刮去，表面如有凹陷应予填平。将容量筒外壁擦净，称出混凝土与容量筒总重，精确至50g。

4. 试验结果计算

混凝土拌和物的表观密度按下式计算，精确至0.01g/cm³。

$$\gamma_h=\frac{m_2-m_1}{V}\times 1000 \qquad (14-37)$$

式中 γ_h——混凝土的表观密度，kg/m³；

m_1——容量筒的质量，kg；

m_2——容量筒和试样总质量，kg；

V——容量筒的容积，L。

14.7.6 普通混凝土立方体抗压强度试验

1. 试验目的

掌握《普通混凝土力学性能试验标准》（GB/T 50081—2002）及《混凝土强度检验评定标准》（GBJ 107—1987），根据检验结果确定、校核配合比，并为控制施工质量提供依据。

2. 主要仪器设备

(1) 压力试验机，精度为±1%，试件破坏荷载必须大于压力机全量程的20%且小于压力机全量程的80%。

(2) 混凝土搅拌机。

(3) 振动台，空载频率为（50±3）Hz，空载时振幅约为（0.5±0.02）mm。

(4) 试模，由铸铁或钢制成，具有足够的刚度并拆装方便。

(5) 养护室。

(6) 捣棒、金属直尺等。

3. 试件制作

(1) 制作试件前应检查试模，拧紧螺栓并清刷干净，在其内壁涂上一薄层矿物油脂。一般以3个试件为一组。

(2) 试件的成型方法应根据混凝土拌和物的稠度来确定。

1) 坍落度大于70mm的混凝土拌和物采用人工捣实成型。将搅拌好的混凝土拌和物分两层装入试模，每层装料的厚度大约相同。插捣时用钢制捣棒按螺旋方向从边缘向中心均匀进行。插捣底层时，捣棒应达到试模底面；插捣上层时，捣棒应贯穿下层深度约20～30mm。并用镘刀沿试模内侧插捣数次。每层的插捣次数应根据试件的截面而定，一般为每100cm^{2}截面积不应少于12次。捣实后，刮去多余的混凝土，并用镘刀抹平。

2) 坍落度小于70mm的混凝土拌和物采用振动台成型。将搅拌好的混凝土拌和物一次装入试模，装料时用镘刀沿试模内壁略加插捣并使混凝土拌和物稍有富余，然后将试模放到振动台上，振动时应防止试模在振动台上自由跳动，直至混凝土表面出浆为止，刮去多余的混凝土，并用镘刀抹平。

4. 试件养护

(1) 采用标准养护的试件成型后应覆盖表面，以防止水分蒸发，并在温度（20±5)℃下静置一昼夜至两昼夜，然后拆模编号。再将拆模后的试件立即放在温度为（20±3)℃、湿度为90%以上的标准养护室的架子上养护，彼此相隔10～20mm。

(2) 无标准养护室时，混凝土试件可放在温度为（20±3)℃的不流动水中养护，水的pH值不应小于7。

(3) 与构件同条件养护的试件成型后，应覆盖表面，试件的拆模时间可与实际构件的拆模时间相同，拆模后试件仍需保持同条件养护。

5. 试验步骤

(1) 试件从养护地点取出后，应尽快进行试验，以免试件内部的温湿度发生显著变化。

(2) 先将试件擦拭干净，测量尺寸，并检查外观，试件尺寸测量精确到1mm，并据此计算试件的承压面积。

(3) 将试件安放在试验机的下压板上，试件的承压面应与成型时的顶面垂直。试件的中心应与试验机下压板中心对准。开动试验机，当上板与试件接近时，调整球座，使接触均衡。

(4) 试验应连续而均匀地加荷，混凝土强度等级低于C30时，其加荷速度为0.3～0.5MPa/s；若混凝土强度等级高于或等于C30时，则为0.5～0.8MPa/s。当试件接近破坏而开始迅速变形时，停止调整试验机油门，直到试件破坏，并记录破坏荷载。

(5) 试件受压完毕，应清除上下压板上粘附的杂物，继续进行下一次试验。

6. 试验结果计算与处理

(1) 混凝土立方体试件抗压强度按下式计算，精确至0.1MPa：

$$f_{cu}=\frac{F}{A} \tag{14-38}$$

式中 f_{cu}——混凝土立方体试件的抗压强度值，MPa；

F——试件破坏荷载，N；

A——试件承压面积，mm^2。

(2) 以3个试件测值的算术平均值作为该组试件的抗压强度值。如3个测值中最大值或最小值中有1个与中间值的差值超过中间值的15%时，则把最大及最小值舍去，取中间值作为该组试件的抗压强度值。如最大值和最小值与中间值的差均超过中间值的15%，则该组试件的试验结果作废。

(3) 混凝土立方体抗压强度是以150mm×150mm×150mm的立方体试件作为抗压强度的标准值，当混凝土强度等级低于C60时，其他尺寸试件的测定结果应乘以尺寸换算系数。200mm×200mm×200mm试件，其换算系数为1.05；100mm×100mm×100mm试件，其换算系数为0.95。当混凝土强度等级不小于C60时，宜采用标准试件，使用非标准试件时，尺寸换算系数应由试验确定。

14.8 建筑砂浆试验

14.8.1 砂浆拌和物试样制备

(1) 试验用水泥和其他原材料应与现场使用材料一致。

(2) 试验室拌制砂浆时，材料称量的精确度：水泥、外加剂等为±0.5%；砂、石灰膏、黏土膏、粉煤灰和磨细生石灰粉为±1%。

14.8.2 建筑砂浆的拌和

1. 试验目的

学会建筑砂浆拌和物的拌制方法，为测试和调整建筑砂浆的性能，进行砂浆配合比设计打下基础。

2. 主要仪器设备

(1) 砂浆搅拌机。

(2) 磅秤（称量50kg，感量50g）。

(3) 拌和钢板等。

3. 拌和方法

按所选建筑砂浆配合比备料，称量要准确。

(1) 人工拌和法。

1) 将拌和钢板与拌铲等用湿布润湿后，将称好的砂子平摊在拌和板上，再倒入水泥，用拌铲自拌和板一端翻拌至另一端，如此反复，直至拌匀。

2) 将拌匀的混合料集中成锥形，在堆上做一凹槽，将称好的石灰膏或黏土膏倒入凹槽中，再倒入适量的水将石灰膏或黏土膏稀释（如为水泥砂浆，将称好的水倒一部分到凹槽里），然后与水泥及砂一起拌和，逐次加水，仔细拌和均匀。

3) 拌和时间一般需 5min，和易性满足要求即可。

(2) 机械拌和法。

1) 拌前先对砂浆搅拌机挂浆，即用按配合比要求的水泥、砂、水，在搅拌机中搅拌（涮膛），然后倒出多余砂浆。其目的是防止正式拌和时水泥浆挂失影响到砂浆的配合比。

2) 将称好的砂、水泥倒入搅拌机内。

3) 开动搅拌机，将水徐徐加入（如是混合砂浆，应将石灰膏或黏土膏用水稀释成浆状），搅拌时间从加水完毕算起为 3min。

4) 将砂浆从搅拌机倒在钢板上，再用铁铲翻拌几次，使之均匀。

14.8.3 建筑砂浆的稠度试验

1. 试验目的

通过稠度试验，可以测得达到设计稠度时的加水量，或在现场对要求的稠度进行控制，以保证施工质量。

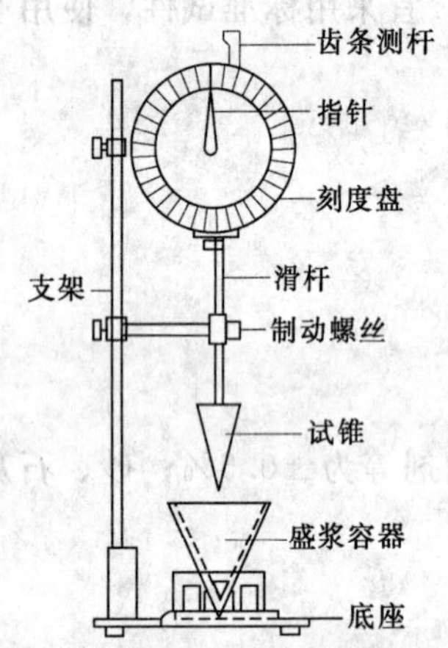

图 14-19 砂浆稠度测定仪

2. 主要仪器设备

(1) 砂浆稠度测定仪（见图 14-19）。

(2) 钢制捣棒，直径 10mm、长 350mm、端部磨圆。

(3) 台秤、量筒、秒表等。

3. 试验步骤

(1) 将盛浆容器和试锥表面用湿布擦干净后，将拌好的砂浆物一次装入容器，使砂浆表面低于容器口约 10mm 左右，用捣棒自容器中心向边缘插捣 25 次，然后轻轻地将容器摇动或敲击 5～6 下，使砂浆表面平整，随后将容器置于稠度测定仪的底座上。

(2) 拧开试锥滑杆的制动螺丝，向下移动滑杆，当试锥尖端与砂浆表面刚接触时，拧紧制动螺丝，使齿条侧杆下端刚接触滑杆上端，并将指针对准零点上。

(3) 拧开制动螺丝，同时计时间，待 10s 立刻固定螺丝，将齿条测杆下端接触滑杆上端，从刻度盘上读出下沉深度（精确到 1mm）即为砂浆的稠度值。

(4) 圆锥形容器内的砂浆，只允许测定一次稠度，重复测定时，应重新取样测定。

4. 试验结果评定

(1) 取两次试验结果的算术平均值作为砂浆稠度的测定结果，计算值精确至 1mm。

(2) 两次试验值之差如大于 20mm，则应另取砂浆搅拌后重新测定。

14.8.4　建筑砂浆的分层度试验

1. 试验目的

测定砂浆拌和物在运输及停放时的保水能力及砂浆内部各组分之间的相对稳定性，以评定其和易性。

2. 主要仪器设备

（1）砂浆分层度测定仪（见图 14－20）。

（2）砂浆稠度测定仪。

（3）水泥胶砂振实台。

（4）秒表等。

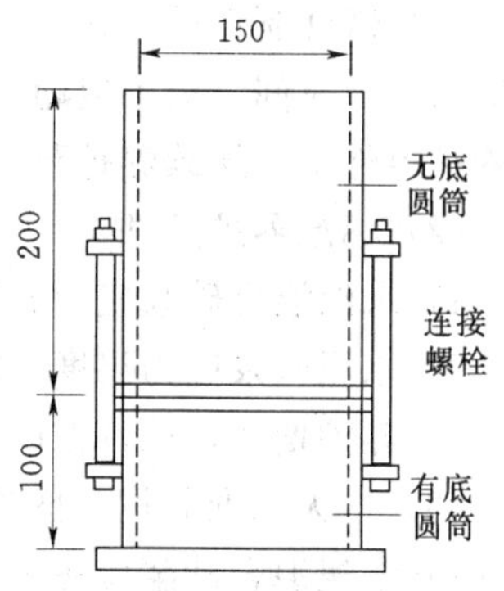

图 14－20　砂浆稠度分层度仪

3. 试验步骤

（1）首先将砂浆拌和物按稠度试验方法测定稠度。

（2）将砂浆拌和物一次装入分层度筒内，待装满后，用木锤在容器周围距离大致相等的四个不同地方轻轻敲击1～2下，如砂浆沉落到低于筒口，则应随时添加，然后刮去多余的砂浆并用镘刀抹平。

（3）静置 30min 后，去掉上节 200mm 砂浆，剩余的 100mm 砂浆倒出放在拌和锅内拌 2min，再按稠度试验方法测其稠度。前后测得的稠度之差即为该砂浆的分层度值（cm）。

4. 试验结果评定

砂浆的分层度宜在 10～30mm 之间，如大于 30mm 易产生分层、离析和泌水等现象，如小于 10mm 则砂浆过干，不宜铺设且容易产生干缩裂缝。

14.8.5　建筑砂浆的立方体抗压强度试验

1. 试验目的

测定建筑砂浆立方体的抗压强度，以便确定砂浆的强度等级并判断是否达到设计要求。

2. 主要仪器设备

（1）压力试验机，采用精度不大于±2%的试验机，其量程应能使试件预期破坏荷载值不小于全量程的 20%，也不大于全量程的 80%。

（2）试模，铸铁或具有足够刚度、拆装方便的塑料试模，其几何尺寸为 70.7mm×70.7mm×70.7mm 立方体。

（3）捣棒、垫板等。

3. 试件制备

（1）制作砌筑砂浆试件时，将无底试模放在预先铺有吸水性较好的湿纸的普通黏土砖上（砖的吸水率不小于 10%，含水率不大于 2%），试模内壁事先涂刷脱膜剂或薄层机油。

（2）放在砖上的湿纸，应为湿的新闻纸（或其他未粘过胶凝材料的纸），纸的大小要以能盖过砖的四边为准，砖的使用面要求平整，凡砖四个垂直面粘过水泥或其他胶结材料后，不允许再使用。

（3）向试模内一次注满砂浆，用捣棒均匀由外向里按螺旋方向插捣 25 次，为了防止低稠度砂浆插捣后，可能留下孔洞，允许用油灰刀沿模壁插数次，使砂浆高出试模顶面6～8mm。

(4) 当砂浆表面开始出现麻斑状态时（约15～30min），将高出部分的砂浆沿试模顶面削去抹平。

4. 试件养护

(1) 试件制作后应在（20±5)℃温度环境下停置一昼夜（24±2）h，当气温较低时，可适用延长时间，但不应超过两昼夜，然后对试件进行编号并拆模。试件拆模后，应在标准养护条件下，继续养护至28d，然后进行试压。

(2) 标准养护条件。

1) 水泥混合砂浆应为温度（20±3)℃，相对湿度60%～80%。

2) 水泥砂浆应为温度（20±3)℃，相对湿度90%以上。

3) 养护期间，试件彼此间隔不少于10mm。

(3) 当无标准养护条件时，可采用自然养护。

1) 水泥混合砂浆应在正常温度，相对湿度为60%～80%的条件下（如养护箱中或不通风的室内）养护；

2) 水泥砂浆应在正常温度并保持试块表面湿润的状态下（如湿砂堆中）养护；

3) 养护期间必须作好温度记录。

(4) 在有争议时，以标准养护为准。

5. 立方体抗压强度试验

(1) 试件从养护地点取出后，应尽快进行试验，以免试件内部的温度发生显著变化。试验前先将试件擦拭干净，测量尺寸，并检查其外观，试件尺寸测量精确至1mm，并据此计算试件的承压面积，如实测尺寸与公称尺寸之差不超过1mm，可按公称尺寸进行计算。

(2) 将试件安放在试验机的下压板上（或下垫板上），试件的承压面应与成型时的顶面垂直，试件中心应与试验机下压板中心对准。开动试验机，当上压板与试件（或上垫板）接近时，调整球座，使接触面均衡承压。试验时应连续而均匀地加荷，加荷速度应为0.5～1.5kN/s（砂浆强度5MPa以下时，取下限时宜；砂浆强度5MPa以上时，取上限为宜），当试件接近破坏而开始迅速变形时，停止调整试验油门，直至试件破坏，然后记录破坏荷载。

6. 试验结果计算与处理

(1) 砂浆立方体抗压强度应按下式计算，精确至0.1MPa：

$$f_{m,cu}=\frac{N_u}{A} \tag{14-39}$$

式中 $f_{m,cu}$——砂浆立方体试件的抗压强度值，MPa；

N_u——试件破坏荷载，N；

A——试件承压面积，mm^2。

(2) 以6个试件测定值的算术平均值作为该组试件的抗压强度值，平均值计算精确至0.1MPa。

当6个试件的最大值或最小值与平均值的差超过20%时，以中间4个试件的平均值作为该组试件的抗压强度值。

14.9 沥 青 试 验

14.9.1 沥青的针入度试验

1. 试验目的

通过测定沥青针入度，可以评定其黏滞性并依针入度值确定沥青的牌号。

本方法适用于测定针入度小于 350 的石油沥青。石油沥青的针入度以标准针在一定的荷重、时间及温度条件下垂直穿入沥青试样的深度来表示，单位为 0.1mm。如未另行规定，标准针、针连杆和附加砝码的合计质量为（100±0.05）g，温度为 25℃，时间为 5s。特定试验条件参照表 14－6 的规定。

表 14－6　针入度特定试验条件规定

温度（℃）	荷重（g）	时间（s）	温度（℃）	荷重（g）	时间（s）
0	200±0.05	60	46	50±0.05	5
4	400±0.05	60			

2. 主要仪器设备

（1）针入度仪，其构造如图 14－21 所示。

（2）标准针，由硬化回火的不锈钢制成，针长约 50mm，直径为 1.00～1.02mm，针的一端磨成锥形，针装在一个黄铜或不锈钢的金属箍中，针露在外面的长度为 40～45mm，针箍及附加总重为（2.50±0.05）g。

（3）恒温水浴，容量不少于 10L，能保持温度在试验温度的±0.1℃范围内。

（4）试样皿，金属或玻璃的圆柱形平底皿，尺寸见表 14－7。

（5）平底玻璃皿、温度计、秒表、石棉筛、可控制温度的砂浴或密闭电炉等。

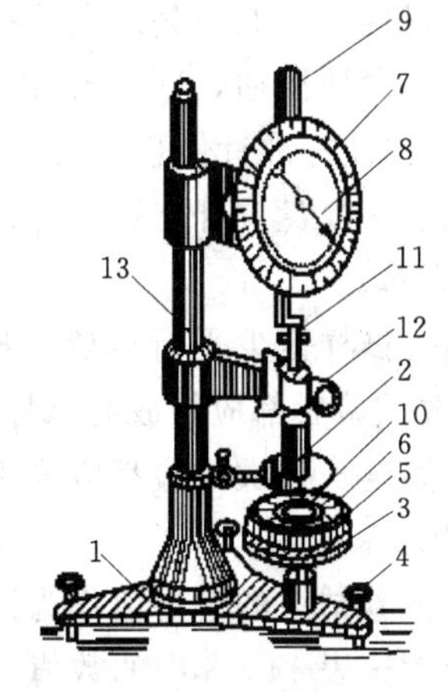

图 14－21　针入度仪

1—底座；2—小镜；3—圆形平台；4—调平螺丝；5—保温皿；6—试样；7—刻度盘；8—指针；9—活杆；10—标准针；11—连杆；12—按钮；13—砝码

表 14－7　试 样 皿 尺 寸　　单位：mm

针　入　度	直径	深度	针　入　度	直径	深度
针入度小于 200 时	55	35	针入度为 350～500 时	50	60
针入度为 200～350 时	55	70			

3. 试样制备

（1）将预先除去水分的试样在砂浴或密闭电炉上加热，并不断搅拌（以防局部过热），加热到使样品能够流动。加热温度不得超过100℃，加热时间不超过30min。加热和搅拌过程中避免试样中进入气泡。

（2）将试样倒入预先选好的试样皿内，试样深度应大于预计穿入深度10mm。

（3）将试样皿在15～30℃的空气中冷却1～1.5h（小试样皿）或1.5～2h（大试样皿），在冷却中应遮盖试样皿，以防落入灰尘。然后将试样皿移入保持试验温度的恒温水浴中，水面应高于试样表面10mm以上，恒温1～1.5h（小试样皿）或1.5～2h（大试样皿）。

4. 试验步骤

（1）调整针入度的水平，检查针连杆和导轨，以确认无水和其他外来物，无明显摩擦。用合适的溶剂清洗标准针，用干棉花将其擦干，把标准针插入针连杆中固紧。

（2）将已恒温好的试样皿从水槽中取出，放入水温控制在试验温度±0.1℃的平底玻璃皿中的三脚架上，试样表面以上的水层深度应不少于10mm。

（3）将盛有试样的平底玻璃皿放在针入度的平台上。慢慢放下针连杆，使针尖刚好与试样表面接触，必要时用放置在合适位置的光源反射来观察。拉下刻度盘的拉杆，使与针连杆顶端轻轻接触，调节刻度盘的指针为零。

（4）用手紧压按钮，同时开动秒表，使标准针自由下落穿入沥青试样，到规定时间（5s）停压按钮使标准针停止移动。

（5）拉下刻度盘拉杆与针连杆顶端接触，此时刻度盘指针的读数即为试样的针入度，用0.1mm表示。

（6）同一试样至少平行试验三次，各测点间及测定点与试样皿之间的距离不应小于10mm。每次试验后都应将放有试样皿的平底玻璃皿放入恒温水槽，使平底玻璃皿中的水温保持试验温度。每次试验都应采用干净针。

5. 试验结果处理

以三次试验结果的平均值作为该沥青的针入度。三次试验所测针入度的最大值与最小值之差不应大于表14-8中的数值。如差值超过表中数值，则试验须重做。

表14-8　　针入度测定最大允许差值

针入度	0～49	50～149	150～249	250～350
最大允许差值	2	4	6	10

14.9.2 沥青的延度试验

1. 试验目的

通过测定沥青的延度，可以评定其塑性的好坏，评定其塑性并依延度值确定沥青的牌号。

2. 主要仪器设备

（1）延度仪（见图14-22）。

（2）试模，由两个端模和两个侧模组成，形状及尺寸，如图14-23所示。

（3）恒温水浴、温度计、金属筛网、隔离剂。

（4）瓷皿或金属皿、温度计和筛（孔径为 0.3～0.5mm 金属网）等。

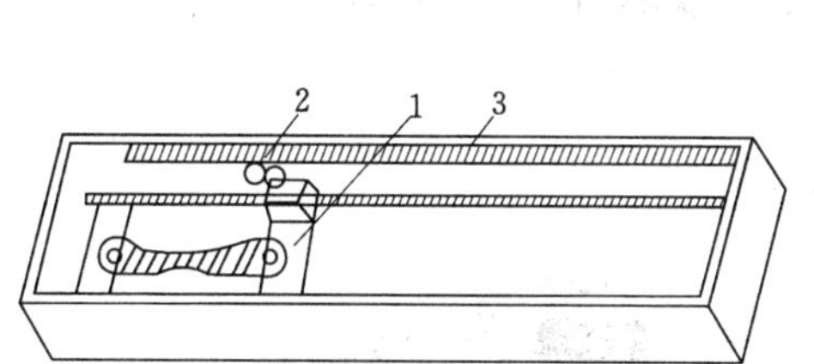

图 14-22　沥青延度仪

1—滑动板；2—指针；3—标尺

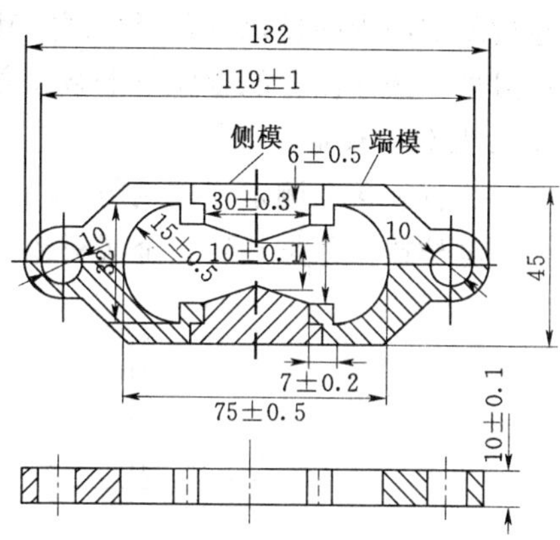

图 14-23　延度仪试模

3. 试样制备

（1）将隔离剂拌和均匀，涂于磨光的金属板及侧模的内表面，以防沥青粘在试模上。

（2）用与针入度试验相同的方法准备沥青试样，待试样呈细流状，自试模的一端至另一端往返注入模中，并使试件略高于试模。

（3）试件在 15～30℃的空气中冷却 30～40min，然后置于规定试验温度的恒温水浴中，保持 30min 后取出，用热刀将高出试模的沥青刮走，使沥青面与模面齐平。沥青的刮法应自中间向两端，表面应刮得十分平滑。

（4）恒温。将金属板、试模和试件一起放入水浴中，并在试验温度（25±5)℃下保持 1～1.5h。

4. 试验步骤

（1）检查延度仪拉伸速度是否满足要求［一般为（5±0.5）cm/min］，然后移动滑板使其指针对准标尺的零点。将延度仪水槽注水，并保持水温达试验温度±0.5℃。

（2）将试件移至延度仪水槽中，然后从金属板上取下试件，将试模两端的孔分别套在滑板及槽端的金属柱上，水面距试件表面应不小于 25mm，然后去掉侧模。

（3）测得水槽中水温为试验温度±0.5℃时，开动延度仪（此时仪器不得有振动），观察沥青的拉伸情况。在测定时，如发现沥青细丝浮于水面或沉入槽底时，应在水中加入乙醇或食盐调整水的密度至与试样的密度相近后，再重新试验。

（4）试件拉断时指针所指标尺上的读数，即为试件的延度，以 cm 表示。在正常情况下，试件应拉伸成锥尖状，在断裂时实际横断面为零。如不能得到上述结果，应在报告中说明。

5. 试验结果处理

取 3 个平行测定值的平均值作为测定结果。若 3 次测定值不在其平均值的 5%以内，但其中两个较高值在平均值的 5%以内，则可弃掉最低值，取两个较高值的平均值作为测定结果，否则重新测定。

14.9.3 沥青的软化点试验

1. 试验目的

通过测定沥青的软化点，可以评定其温度感应性并依软化点值确定沥青的牌号；也是在不同温度下选用沥青的重要技术指标之一。

2. 主要仪器设备

(1) 沥青软化点测定仪（见图 14-24）。

(2) 电炉或其他加热器、金属板或玻璃板、金属筛网、隔离剂等。

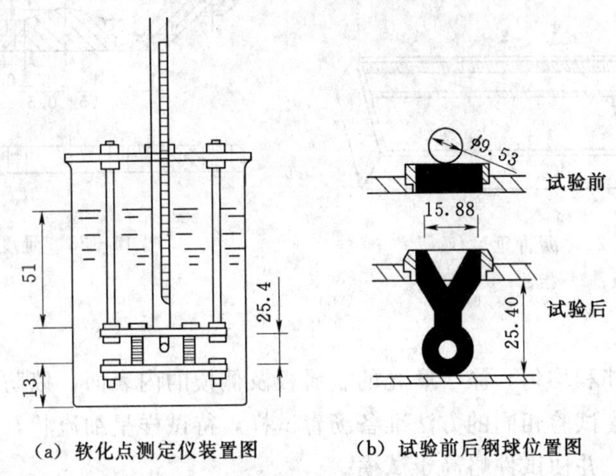

(a) 软化点测定仪装置图　　(b) 试验前后钢球位置图

图 14-24　沥青软化点测定仪（单位：mm）

3. 试件制备

(1) 将试样环置于涂有隔离剂的金属板或玻璃板上，将沥青试样（准备方法同针入度试验）注入试样环内至略高于环面为止，如估计软化点在 120℃以上时，应将试样环及金属板预热至 80～100℃。

(2) 将试样在室温冷却 30min 后，用热刀刮去高出环面的试样，使之与环面齐平。

(3) 估计软化点不高于 80℃的试样，将盛有试样的试样环及金属板置于盛满水的保温槽内，水温保持 (5±0.5)℃，恒温 15min；预估软化点高于 80℃的试样，将盛有试样的试样环及金属板置于盛满甘油的保温槽内，水温保持 (32±1)℃，恒温 15min。或将盛有试样的试样环水平地安放在试验架中层板的圆孔上，然后放在烧杯中，恒温 15min，温度要求同保温槽。

(4) 烧杯内注入新煮沸并冷却至 5℃的蒸馏水（预估软化点不高于 80℃的试样），或注入预先加热至 32℃的甘油（预估软化点高于 80℃的试样），使水或甘油液面略低于连接杆上深度标记。

4. 试验步骤

(1) 从水中或甘油保温槽中，取出盛有试样的试样环放置在环架中层板的圆孔中，为了使钢球位置居中，应套上钢球定位器，然后把整个环架放入烧杯中，调整水面或甘油面至连接杆上的深度标记，环架上任何部分不得有气泡。再将温度计由上层板中心孔垂直插入，使水银球底部与试样环下部齐平。

（2）将烧杯移放至有石棉网的电炉或三脚架煤气灯上，然后将钢球放在试样上（务必使各环的平面在全部加热时间内处于水平状态）立即加热，使烧杯内水或甘油温度上升速度在 3min 内保持（5±0.5）℃/min，在整个测定过程中如温度的上升速度超过此范围时，则试验应重做。

（3）试样受热软化，包裹沥青试样的钢球在重力作用下，下降至与下层底板表面接触时的温度即为试样的软化点。

5. 试验结果处理

取平行测定两个结果的算术平均值作为测定结果。

平行测定的两个结果的偏差不得大于下列规定：软化点低于 80℃时，允许差值为 1℃；软化点为 80～100℃，允许差值为 2℃；软化点为 100～140℃，允许差值为 3℃。否则试验重做。

14.10 混凝土试验室配合比试验

14.10.1 普通混凝土配合比设计试验

1. 试验的目的与要求

（1）目的：掌握普通混凝土的配合比设计过程、拌和物的和易性和强度的试验方法，培养综合设计试验能力。

（2）要求：根据提供的工程情况和原材料，依据《普通混凝土配合比设计规程》（JGJ55—2000）设计出普通混凝土的最初配合比，然后进行试配和调整，确定符合工程要求的普通混凝土配合比。

2. 工程情况和原材料条件

某工程的钢筋混凝土梁，混凝土设计强度等级为 C30，施工要求坍落度为 35～50mm，混凝土采用机械搅拌，机械振捣。根据施工单位近期统计资料，混凝土强度标准差为 4.6MPa。

原材料：水泥为 P·O42.5，密度为 3.1g/cm^3；砂为中砂；碎石为 5～31.5mm；水为自来水。

3. 试验步骤

（1）原材料性能试验。

1）水泥性能试验：细度、凝结时间、安定性、胶砂强度试验。

2）砂：表观密度、堆积密度、筛分析。

3）碎石：表观密度、堆积密度、筛分析、压碎指标试验。

（2）计算初步配合比。

依据《普通混凝土配合比设计规程》（JGJ 55—2000）的规定，根据给定的工程情况和原材料条件，试验测得的原材料性能进行配合比计算，求每立方米混凝土中各种材料用量。

（3）配合比的试配。

（4）配合比的调整和确定。

（5）换算施工配合比。

参 考 文 献

[1] 李湘洲．建筑装饰装修材料便携手册［M］．北京：机械工业出版社，2009.

[2] 朋改非．土木工程材料［M］．武汉：华中科技大学出版社，2008.

[3] 魏鸿汉．建筑材料［M］．北京：中国建筑工业出版社，2007.

[4] 陈志源，李启令．土木工程材料［M］．武汉：武汉理工大学出版社，2003.

[5] 陕西省建筑科学研究设计院．砌筑砂浆配合比设计规程［S］．北京：中国建筑工业出版社，2001.

[6] 蔡丽朋．建筑材料［M］．北京：化学工业出版社，2005.

[7] 黄家俊．建筑材料与检测技术［M］．武汉：武汉工业出版社，2003.

[8] 高琼英 建筑材料．第二版［M］．武汉：武汉理工大学出版社，2002.

[9] 张海梅，袁雪峰．建筑材料．第三版．北京：科学出版社，2005.

[10] 王春阳．建筑工程材料．北京：地震出版社，2001.

[11] 王伯林，刘晓敏．建筑材料．北京：科学出版社，2004.

[12] 宋春燕．建筑材料．北京：中国计划出版社，2003.

[13] 葛新亚．建筑装饰材料．武汉：武汉理工大学出版社，2004.

[14] 黄伟典．建筑材料．北京：中国电力出版社，2007.

[15] 刘富玲，赵华玮．郑州：郑州大学出版社，2006.

[16] 杨炎克，李固华，潘绍伟．建筑材料．成都：西南交通大学出版社．2006.

[17] 湖大、天大、同济、东南合编．建筑材料．第四版．北京：中国建筑工业出版社．2002.

[18] 李亚杰．建筑装饰材料．第四版．北京：中国水利水电出版社．2001.

[19] 张健．建筑材料与检测．北京：化学工业出版社．2003.

[20] 柯国军．土木工程材料．北京：北京大学出版社，2006.

[21] 赵方冉．土木工程材料．上海：同济大学出版社，2004.

[22] 郑德明，钱红萍．土木工程材料．北京：机械工业出版社，2005.

[23] 向才旺．建筑装饰材料．第二版．北京：中国电力工业出版社，2004.

[24] 钟祥璋．建筑吸声材料与隔声材料．北京：化学工业出版社，2005.